Melhoramento de plantas

8ª EDIÇÃO

Aluízio Borém | Glauco V. Miranda | Roberto Fritsche-Neto

oficina de textos

Copyright © 2021 Oficina de Textos

Grafia atualizada conforme o Acordo Ortográfico da Língua Portuguesa de 1990, em vigor no Brasil desde 2009.

CONSELHO EDITORIAL Cylon Gonçalves da Silva; Doris C. C. K. Kowaltowski; José Galizia Tundisi; Luis Enrique Sánchez; Paulo Helene; Rozely Ferreira dos Santos; Teresa Gallotti Florenzano

CAPA E PROJETO GRÁFICO Malu Vallim
DIAGRAMAÇÃO Luciana Di Iorio
PREPARAÇÃO FIGURAS Maria Clara
PREPARAÇÃO DE TEXTOS Natália Pinheiro Soares
REVISÃO DE TEXTOS Renata Sangeon
IMPRESSÃO E ACABAMENTO BMF gráfica e editora

Dados Internacionais de Catalogação na Publicação (CIP)
(Câmara Brasileira do Livro, SP, Brasil)

Borém, Aluízio
    Melhoramento de plantas / Aluízio Borém, Glauco Vieira Miranda, Roberto Fritsche-Neto. -- 8. ed. -- São Paulo : Oficina de Textos, 2021.

Bibliografia
ISBN 978-65-86235-25-8

    1. Plantas - Bancos de genes 2. Plantas - Biotecnologia I. Miranda, Glauco Vieira. II. Fritsche-Neto, Roberto. III. Título.

21-72340   CDD-581.4

Índices para catálogo sistemático:
1. Plantas : Botânica 581.4

Aline Graziele Benitez - Bibliotecária - CRB-1/3129

Todos os direitos reservados à Editora Oficina de Textos
Rua Cubatão, 798
CEP 04013-003 São Paulo SP
tel. (11) 3085-7933
www.ofitexto.com.br   atend@ofitexto.com.br

Aluízio Borém | Engenheiro Agrônomo, M. Sc., Ph. D.
Glauco Vieira Miranda | Engenheiro Agrônomo, M. Sc., D. Sc.
Roberto Fritsche-Neto | Engenheiro Agrônomo, M. Sc., D. Sc.

O melhoramento de plantas exige que os procedimentos sejam cada vez mais rápidos, com menores custos e cada vez mais eficientes. Atualmente, o melhoramento é arte, ciência e negócio.

agradecimentos

Ao Professor Tuneo Sediyama, da Universidade Federal de Viçosa, por ter me iniciado no estudo e na prática de melhoramento de plantas (Borém).

Ao Professor Walter R. Fehr, da Universidade Estadual de Iowa (EUA), pelos ensinamentos e pela visão dinâmica do melhoramento de plantas moderno e ousado (Borém).

Ao Professor Donald C. Rasmusson, da Universidade de Minnesota (EUA), pela visão prática, contextualizada e racional do desenvolvimento de cultivares (Borém).

Ao Professor Clibas Vieira (*in memoriam*), eterno Mestre, pelos ensinamentos (Borém e Glauco).

Aos professores e pesquisadores que me influenciaram no caminho do melhoramento de plantas, em especial ao Dr. Plínio I. M. de Souza (Embrapa/CPAC) e ao Professor Nagib Nassar (UnB) (Glauco).

Aos meus ex-estudantes de graduação e pós-graduação, em especial ao Leandro Vagno de Souza e Ronaldo Rodrigues Coimbra (Glauco).

Aos membros do Programa Milho UFV, em especial aos Professores João Carlos Cardoso Galvão e José Roberto Assis De Bem (Glauco).

Aos meus novos estudantes da Universidade Tecnológica Federal do Paraná (UTFPR), que renovam minha energia diariamente para a continuidade da passagem do conhecimento (Glauco).

Aos meus filhos, Thales e Tarsila, e à minha esposa, Ana Raquel, que dividiram o tempo para a realização deste livro (Glauco).

Aos Professores Arione da Silva Pereira (Embrapa Clima Temperado), Claudio Lopes de Souza Jr. (ESALQ-USP), Marcos Deon Vilela de Resende (Embrapa Florestas), Rex Bernardo

(Universidade de Minnesota-EUA), Pedro Crescêncio Souza Carneiro (UFV) e Aluízio Borém (UFV), pelos ensinamentos em genética e melhoramento de plantas (Roberto).

Aos meus estudantes e colegas de trabalho da ESALQ-USP (Roberto).

prefácio
à 8ª edição

O melhoramento de plantas vem adicionando novas técnicas e conceitos da agricultura sustentável aos tradicionais métodos de seleção praticados nos últimos 120 anos e que foram responsáveis para que as previsões catastróficas de Malthus não se realizassem.

As novas técnicas de melhoramento genético estão relacionadas ao uso da biotecnologia, como os marcadores moleculares, o sequenciamento de DNA, a engenharia genética, os transgênicos, entre outros. Esses assuntos são tratados no livro de forma simples e objetiva.

A agricultura sustentável, baseada nos aspectos econômicos, sociais e agroecológicos, executa e prioriza os diversos aspectos da seleção de plantas associados com a preservação do ambiente, da variabilidade genética e da interação com o homem e suas condições sociais, culturais e econômicas, tudo isso para aumentar a distribuição de riqueza e conhecimento, de forma ecologicamente responsável.

Durante o preparo deste livro, tivemos cuidado especial com a apresentação dos fundamentos teóricos do melhoramento de plantas e sua aplicação. A integração da teoria com os aspectos práticos é essencial para o melhorista de sucesso. Assim, esta obra foi escrita com o objetivo de tornar acessíveis os conhecimentos atualizados de melhoramento de plantas aos estudantes de graduação em Agronomia e pós-graduação em Genética e Melhoramento, Fitotecnia e Fitopatologia, bem como aos profissionais das áreas de Melhoramento de Plantas e Produção de Sementes. Além disso, extensa e atualizada bibliografia foi incluída no final do livro, visando estimular os leitores que desejarem aprofundar-se em qualquer tópico abordado.

Escrevemos este livro como parte de nossa modesta contribuição à formação intelectual daqueles que se dedicam ao desenvolvimento de novos cultivares. Mesmo tendo sido tarefa dura e desgastante, esta obra foi realizada com o entusiasmo de um melhorista, que, ao registrar um cultivar, pretende encontrar nele o produto do seu trabalho e sua contribuição para a melhoria do bem-estar da população.

Esta oitava edição foi acrescida de novos capítulos, vários outros receberam acréscimos e muitos foram atualizados, à luz de novos paradigmas dos cenários científico e econômico. Além disso, outros capítulos foram eliminados em razão de outras obras dos autores já abordarem, com mais detalhes, os seus conteúdos.

Esperamos que esta obra estimule os jovens melhoristas e sirva de referência aos mais experientes na tão nobre e empolgante atividade de melhoramento de plantas.

Viçosa, janeiro de 2021.

Borém, Glauco e Roberto

prefácio à 1ª edição

(*FOREWORD*)

I take pleasure in writing the foreword for this plant breeding book because plant breeding offers outstanding opportunities to contribute to the well-being of mankind. The contribution to mankind comes about when new varieties of food, feed, and fiber crops are developed that increase productivity and reliability. Such varieties have become available and are being grown by large as well as small farmers. Ultimately the improved performance benefits society as a whole. Furthermore, good opportunities exist to increase contributions in the future through plant breeding. In the major crops many traits such as resistance to disease and insects deserve more attention, and in small acreage crops plant breeding programs are deserving a greater effort.

Dr. Borém's first exposure to plant breeding was at Universidade Federal de Viçosa where he was inspired by gifted teachers such as Drs. Tuneo Sediyama and Clibas Vieira (*in memoriam*). He subsequently studied at two of the largest and most prestigious plant breeding graduate centers in North America, i.e., at Iowa State University and the University of Minnesota. These programs are noted for providing excellent in-depth courses in applied and basic subjects and for a rich research experience. At these institutions, Dr. Borém had the benefit of associating with and taking courses from such prominent plant breeder/geneticists as Walter Fehr, Arnell Hallauer, and Ronald Philips. It was my pleasure to serve as his advisor for his doctorate program at the University of Minnesota.

This book was written to provide a broad integrated treatment of the subject of plant breeding and relies heavily on information gleaned by Dr. Borém during his study of plant breeding at Iowa State University and the University of Minnesota. Fundamental principles about plant breeding and genetics, background information needed in making plant breeding decisions and methods of breeding are emphasized. Information from related fields of knowledge such as plant pathology, plant physiology, agronomy, experimental design, cytogenetics, quantitative and molecular genetics is incorporated in selected chapters. The first several chapters provide introductory and background information. Chapters 13-20 focus on selection and breeding methods. The later chapters, 21-27, concentrate on special techniques and newer technologies.

The book is intended to be used by beginning and advanced students, as well as to serve as a reference for those interested in independent study of plant breeding. Instructors using this book are encouraged to select specific chapters to meet classroom needs depending on the desired level of instruction and the time available. Some readers will benefit from the list of references that accompany each chapter.

Finally, I would like to thank Dr. Borém for accepting the challenge of writing this book. It is not a surprise that he would undertake such a task as Dr. Borém was an unusually attentive and hard-working student.

Donald C. Rasmusson
University of Minnesota

sumário

1 **MELHORAMENTO DE PLANTAS E A SOCIEDADE** 19
   1.1 Importância do melhoramento de plantas 20
   1.2 Produtividade 24
   1.3 Resistência a doenças 25
   1.4 Resistência a insetos 25
   1.5 Qualidade nutricional 26
   1.6 Tolerância às condições adversas de clima e solo 26
   1.7 Introdução de caracteres exóticos 27
   1.8 Plantas ornamentais 27
   1.9 Biocombustíveis 27

2 **MELHORAMENTO EM ALGUMAS ESPÉCIES AGRONÔMICAS** 29
   2.1 Milho 29
   2.2 Soja 31
   2.3 Feijão 31
   2.4 Arroz 31
   2.5 Aveia 32
   2.6 Algodão 32
   2.7 Girassol 33
   2.8 Maçã 33

3 **PLANEJAMENTO DO PROGRAMA DE MELHORAMENTO** 35
   3.1 A oportunidade de negócios com a pequena empresa de melhoramento de plantas 39

4 Sistemas reprodutivos... 41
- 4.1 Reprodução sexual 42
- 4.2 Reprodução assexual..................................... 47
- 4.3 Os métodos de melhoramento e os sistemas reprodutivos............................. 47

5 Recursos genéticos 49
- 5.1 Centros de diversidade das plantas cultivadas 49
- 5.2 Uso e manutenção de germoplasma.......................... 55

6 Variabilidade genética *de novo* 65
- 6.1 Mutações.. 65
- 6.2 Agentes mutagênicos 66
- 6.3 Indução de mutações no melhoramento de plantas............................. 68
- 6.4 Transformação gênica.................................... 69
- 6.5 Variação somaclonal..................................... 70

7 Herdabilidade... 72
- 7.1 Componentes da herdabilidade........................... 72
- 7.2 Fatores que afetam a herdabilidade 75
- 7.3 Métodos para estimação da herdabilidade................ 77
- 7.4 Considerações finais.................................... 89

8 Interação genótipo × ambiente...................... 92
- 8.1 Principais causas da interação genótipo × ambiente............................. 94
- 8.2 Uso das informações sobre a interação genótipo × ambiente............................. 95

9 Adaptabilidade e estabilidade de comportamento... 100
- 9.1 Homeostase 101
- 9.2 Tipos de estabilidade................................... 102
- 9.3 Métodos de análise da estabilidade 103
- 9.4 Estimando a adaptabilidade e a estabilidade 111
- 9.5 Melhoramento visando à estabilidade................... 112

10 Seleção de genitores 113
- 10.1 Tipos de cruzamento 114
- 10.2 Importância da seleção de genitores 115
- 10.3 Genitores potenciais 117
- 10.4 Filosofias de seleção de genitores 118
- 10.5 Métodos de seleção de genitores 120

11 Cultivares 128
- 11.1 Tipos de cultivares 129

12 Introdução de germoplasma 134
- 12.1 Uso da introdução de germoplasma 135

13 Seleção no melhoramento de plantas 137
- 13.1 Teoria das linhas puras 138
- 13.2 Seleção genealógica 139
- 13.3 Seleção massal 141

14 Hibridação no melhoramento de plantas 144
- 14.1 Tipos de população 146
- 14.2 Número *versus* tamanho de populações 149

15 Método da população 153
- 15.1 Descrição do método 154
- 15.2 Princípio do método da população 157
- 15.3 Modificações no método da população 159

16 Método genealógico 163
- 16.1 Descrição do método 164
- 16.2 Princípio do método genealógico 166
- 16.3 Seleção durante as gerações segregantes 168
- 16.4 Modificações no método genealógico 171
- 16.5 Considerações finais...176

17 Método descendente de uma única semente 177
- 17.1 Descrição do método 179
- 17.2 Princípios do método SSD 181
- 17.3 Seleção durante as gerações segregantes 182
- 17.4 Modificações no método SSD 183
- 17.5 Consequências genéticas do SSD 184

18 Método dos retrocruzamentos 186
- 18.1 Teoria dos retrocruzamentos 187
- 18.2 Estratégias para transferência de mais de uma característica 193
- 18.3 Potencial de sucesso do método 195
- 18.4 Retrocruzamentos para introgressão de germoplasma 196
- 18.5 Procedimentos 196
- 18.6 Retrocruzamentos em espécies alógamas 199
- 18.7 Considerações finais 199

19 Populações alógamas 201
- 19.1 Equilíbrio de Hardy-Weinberg 203
- 19.2 Estruturas de populações alógamas 209
- 19.3 Comparação de estrutura genética 210
- 19.4 Seleção 211

20 Seleção recorrente 216
- 20.1 Métodos de seleção recorrente 218
- 20.2 Métodos intrapopulacionais 220

21 Endogamia e heterose 234
- 21.1 Endogamia 234
- 21.2 Heterose 238

22 Cultivares híbridos 246
- 22.1 Híbridos comerciais 249
- 22.2 Fases para desenvolvimento dos híbridos 250

22.3 *Top cross* 253
22.4 Grupos heteróticos 255
22.5 Predição de comportamento de híbridos 257
22.6 Heterose em espécies autógamas 258
22.7 Produção comercial de híbridos 260
22.8 Tecnologia SPT (*seed production technology*) 262

23 Melhoramento de espécies assexuadamente propagadas 264
23.1 Estrutura genética 265
23.2 Origem da variabilidade e escolha de genitores 266
23.3 Esquema geral de seleção 266
23.4 Vantagens × desvantagens 269

24 Melhoramento visando à resistência a doenças 271
24.1 Fontes de resistência 272
24.2 Interação patógeno × hospedeiro 274
24.3 Base molecular da interação patógeno × hospedeiro 275
24.4 Raças fisiológicas 280
24.5 Tipos de resistência 282
24.6 Estratégias de melhoramento 285

25 Melhoramento por meio de ideótipos 288
25.1 Fundamentos do melhoramento por meio de ideótipos 289
25.2 Procedimento 290
25.3 Fatores que limitam o progresso genético 292
25.4 Ideótipo de trigo 293
25.5 Ideótipo de milho 294
25.6 Ideótipo de feijoeiro 295
25.7 Ideótipo de cevada 296

26 Produção de duplo-haploides 298
26.1 Obtenção de indivíduos haploides 300
26.2 Cultura de anteras 301

26.3 Cruzamentos interespecíficos 303
26.4 Obtenção dos duplo-haploides 311

27 Registro e proteção de cultivares 317
27.1 Proteção de cultivares 321

28 Perspectivas do melhoramento de plantas 326
28.1 Iniciativa privada e o setor público 328
28.2 Empresas da iniciativa privada 329

29 Exemplos de programas de melhoramento 331

Glossário 345

Referências bibliográficas 371

introdução

O melhoramento de plantas é a mais valiosa estratégia para o aumento da produtividade de forma sustentável e ecologicamente equilibrada. Inicialmente era uma arte, pois desde a época dos primeiros agricultores as sementes dos tipos mais desejáveis eram separadas para a propagação da espécie. Atualmente, os vastos conhecimentos científicos têm conduzido o melhorista a resultados previsíveis, acompanhando a evolução tecnológica e contribuindo para o bem-estar da humanidade.

Estima-se que metade do incremento da produtividade das principais espécies agronômicas nos últimos 50 anos seja atribuída ao melhoramento genético. Em face da crescente preocupação com a ética ecológica e valorização da agricultura sustentável, o melhorista assume ainda maior responsabilidade na elevação da produção mundial de alimentos, buscando reduzir a quantidade dos insumos utilizados.

O melhoramento de plantas é uma ciência biológica, o que significa que não existem métodos únicos para se atingirem objetivos específicos, ou seja, não há receita que possa ser generalizadamente prescrita para o desenvolvimento de novos cultivares. O melhorista deve, de forma crítica, avaliar cada situação e otimizar os recursos disponíveis para alcançar os objetivos dentro da melhor relação custo-benefício.

O mercado atual exige melhoristas ecléticos e dinâmicos e com afinidade para o trabalho em equipe; por isso, o melhorista moderno necessita de sólida formação em vasto e inesgotável campo científico. Além disso, com as novas tecnologias nas áreas de genética molecular, cultura de tecidos e bioquímica, entre outras, o melhorista do terceiro milênio precisa estar apto para avaliar os novos recursos e adotar aqueles que contribuirão para o aumento do ganho genético a um custo aceitável.

Aluízio Borém
Glauco V. Miranda
Roberto Fritsche-Neto

um

MELHORAMENTO DE PLANTAS E A SOCIEDADE

É perturbador saber que cerca de 840 milhões de pessoas se encontram famintas ou subnutridas. São também impressionantes os fatos de que a população mundial de 7,5 bilhões alcançará 9 bilhões no ano de 2050 e que a produção agrícola precisa aumentar em 60% para atender a essa demanda de alimentos em apenas 38 anos. Isso significa a quantidade adicional por ano de um bilhão de toneladas de cereais e 200 milhões de toneladas de carne.

Muitos desafios têm que ser superados por todos os atores do setor agrícola. Entre esses desafios, pode-se destacar que: o crescimento populacional e econômico tem ocorrido de forma mais acelerada nos países em desenvolvimento que não possuem ciência, tecnologia e recursos adequados para atender a essa necessidade de mais alimentos, tanto em quantidade como em qualidade; a área de expansão agrícola é limitada, podendo ser aumentada em apenas 5% (69 milhões de hectares); o aumento da produtividade agrícola precisa ser pelo menos o mesmo dos últimos 50 anos, inclusive para conter o preço dos alimentos, restringindo ainda mais o acesso aos países em desenvolvimento; a necessidade de produção de não alimentos concorre com a área de produção de alimentos; há necessidade de aumentar a sustentabilidade da produção agrícola, com melhor aproveitamento do uso da água e outros recursos não renováveis, florestas e biodiversidade; por volta de 25%

da área agricultável está degradada; em muitos países há falta de água; e estão ocorrendo mudanças climáticas e eventos climáticos extremos.

A fome não é fato novo na história mundial. O risco de o crescimento populacional não ser acompanhado pelo aumento da produção de alimentos foi estudado pelo economista inglês Thomas Robert Malthus (1768-1834) há aproximadamente 200 anos. As ousadas previsões de Malthus não se concretizaram até o presente, em virtude do surgimento de novas fronteiras agrícolas e da inclusão de novas técnicas e insumos no sistema produtivo. A agricultura mecanizada, com uso de insumos e de novos cultivares, resultou em produtividade que Malthus não pôde prever. Embora atualmente exista produção de alimentos em excesso em vários países, diversas regiões do mundo ainda se encontram subjugadas à fome e à desnutrição.

Importantes mudanças ambientais têm sido observadas, como a diminuição da cobertura de gelo, o aumento do nível do mar e as alterações dos padrões climáticos. Essas mudanças podem influenciar não só as atividades humanas relacionadas à agricultura e ao povoamento de regiões, mas também os ecossistemas, fazendo com que algumas espécies possam ser forçadas a sair dos seus *habitats*, com possibilidade de extinção, enquanto outras podem espalhar-se, invadindo outros ecossistemas.

Os desafios da agricultura têm proporcionado oportunidades para um conjunto de ações públicas e técnicas de diferentes áreas para mitigar os efeitos, entre as quais: melhores práticas agronômicas; inovações em pesquisa, ensino, extensão e infraestrutura; e medidas de redução de perda de alimentos e lixo. Como se poderá constatar, o melhoramento de plantas é uma das ciências que tem mostrado resultados para aumentar a produção e a produtividade agrícola com a obtenção de novos cultivares adaptados às diferentes necessidades locais, de ambiente e mercado, aumentando a segurança alimentar local.

1.1 Importância do melhoramento de plantas

Muitas definições de melhoramento de plantas têm sido apresentadas por diferentes autores, como: (i) a evolução conduzida pelo homem (Vavilov, 1935); (ii) a adaptação genética das plantas a serviço do homem (Frankel, 1958); (iii) um exercício de exploração de sistemas genéticos das plantas (Williams, 1964); (iv) a ciência e arte da manipulação genética das plantas para torná-las mais úteis ao homem (Allard, 1977); (v) a aplicação de técnicas para se explorar o potencial genético das plantas (Stoskopf; Tomes; Christie, 1993);

e (vi) a arte, ciência e negócio de alteração genética das plantas para benefício do homem (Bernardo, 2010).

A seleção de plantas, ou melhoramento, como arte, vem sendo realizada desde os primórdios da agricultura, quando os agricultores iniciaram a adaptação das plantas, selecionando as espécies e variedades mais desejáveis. Esse melhoramento realizado de forma empírica resultou nas primeiras mudanças alélicas dirigidas. Os resultados desses esforços contribuíram de forma decisiva para o processo evolucionário das espécies cultivadas. Com a descoberta da reprodução sexual no reino vegetal, a hibridação entre acessos contrastantes foi incorporada às técnicas de melhoramento. Todavia, foram os clássicos experimentos de Mendel e a teoria de Darwin que forneceram as bases para o entendimento da hereditariedade, da seleção de indivíduos, do melhoramento e desenvolvimento de cultivares. Muitos dos primeiros melhoristas eram agricultores com aguçado instinto de observação, que, ao detectarem plantas atípicas no campo, colhiam-nas para a obtenção de sementes, realizando o melhoramento como arte. Atualmente, o melhoramento de plantas é uma ciência que estabelece hipóteses e as avalia pelo método científico com base no conhecimento em:

* *Genética:* os conhecimentos dos princípios das segregações gênicas e cromossômicas, do grau de parentesco entre indivíduos e da identificação e expressão dos genes permitem a escolha dos mais eficientes métodos de melhoramento, bem como do tipo de cultivar a ser comercializado. Muitos dos conceitos aceitos atualmente são ainda fundamentados nos estudos de Darwin e Mendel sobre hereditariedade e seleção natural, respectivamente.

* *Estatística:* a avaliação do desempenho relativo de centenas ou milhares de plantas geneticamente distintas só se tornou possível com o desenvolvimento de técnicas experimentais e de análises genético-estatísticas, que permitem afirmar, com dada probabilidade de certeza, que determinados indivíduos são superiores geneticamente aos demais. Essa foi a área que alavancou o melhoramento no século XX, de modo que, atualmente, é quase impossível separar o que é melhoramento e o que é estatística. Sua integração com a genética iniciou-se, principalmente, com os estudos de R. A. Fisher (1890-1962) na Estação Experimental Rothamsted, na Inglaterra.

* *Biologia molecular:* o conhecimento do DNA, RNA e proteínas permite identificar, construir e transferir o gene para diferentes organismos.

- *Bioquímica:* o conhecimento das relações entre enzimas, proteínas e outras moléculas permite a seleção de plantas com melhor qualidade nutricional ou sabor.
- *Fisiologia:* a compreensão do processo de crescimento e desenvolvimento das plantas facilita a seleção de tipos mais adaptáveis a diferentes latitudes, tipos de solo, clima e condições de cultivo e estresses bióticos e abióticos.
- *Botânica:* o conhecimento de botânica permite entender a anatomia, a taxonomia e o sistema reprodutivo das espécies e, assim, estabelecer estratégias de hibridação para que somente os indivíduos superiores agronomicamente deixem descendentes.
- *Fitopatologia:* o conhecimento da etiologia dos hospedeiros, assim como as relações genéticas das interações patógenos-hospedeiros, é fundamental para identificar possíveis resistências das plantas e as melhores estratégias de seleção de indivíduos superiores.
- *Entomologia:* o conhecimento das relações praga-hospedeiro-ambiente é fundamental para identificar a resistência aos insetos e definir as melhores estratégias de seleção de indivíduos superiores.
- *Agronomia:* o conhecimento da planta e de seu sistema produtivo e das demandas dos produtores, consumidores e indústria é fundamental para o desenvolvimento de cultivares com alta aceitação por toda a cadeia produtiva.

Dependendo do objetivo do melhoramento de plantas, outras ciências são fundamentais, como citogenética, nutrição humana ou animal, ciência do solo, sem necessidade de o melhorista ser especialista em todas elas, obviamente. A maneira adotada, então, em vários programas de melhoramento, para o domínio de diversas áreas, é o trabalho em equipes multidisciplinares.

As ciências por trás do melhoramento de plantas dão ao melhorista as bases para decidir quais genitores serão cruzados, qual o método de seleção a ser usado, quais progênies manter e qual cultivar lançar. Entretanto, não há o "melhor e único caminho" para melhorar uma espécie. Para o delineamento e condução de um programa de melhoramento há diversos fatores, alguns até subjetivos, e as várias combinações diferentes podem conduzir ao sucesso (Bernardo, 2010). Se não tivesse sido realizado o melhoramento de plantas no último século, os cultivares disponíveis somente suportariam a população de alguns milhões de pessoas, a população mundial jamais teria atingido os 7,5 bilhões e a teoria de Malthus estaria correta.

O melhoramento de plantas integra os avanços na ciência com as questões ambientais e sociais para obter produtos que trazem benefícios ambientais, como despoluição do solo e melhoria da qualidade da água e do ar, e justiça social, com a produção de alimentos onde ocorre fome, e permite que se reduza a pressão em recursos naturais. O melhoramento de plantas é a forma mais ecologicamente responsável de se aumentar a produção de alimentos, com a adaptação da planta ao ambiente, e não do ambiente à planta. Com o aumento do potencial produtivo das espécies cultivadas, diminui-se a pressão por inclusão de novas áreas cultivadas no sistema produtivo.

O melhoramento de plantas é uma atividade contínua porque a população global continua a crescer e as circunstâncias naturais, econômicas e sociais mudam constantemente; com isso, as necessidades e as preferências do consumidor também se alteram. A continuidade dos programas de melhoramento de plantas é a única forma de assegurar que os cultivares estejam prontamente disponíveis quando necessitados e de acordo com as mudanças climáticas ou comportamentais que vêm ocorrendo sutilmente através dos anos.

Principal sustentáculo para que a agricultura possa disponibilizar alimentos, fibras, energia e lazer para a sociedade, o melhoramento de plantas é a base para a alimentação humana, fornecendo frutas, verduras, cereais e oleaginosas. Na alimentação animal, melhora as forrageiras, que mantêm a produção de carnes, leite e ovos, e, na energia, trabalha com muitas espécies fornecedoras de etanol e biodiesel. Em futuro breve, com os avanços científicos, o melhoramento de plantas produzirá alimentos funcionais (nutracêuticos), para a manutenção da saúde humana e animal, e espécies vegetais para a produção de fármacos e biopolímeros.

Além disso, essa ciência também permite o desenvolvimento de cultivares resistentes ou tolerantes a pragas, doenças e estresses abióticos. O desenvolvimento de cultivares adaptados a regiões específicas aumenta a segurança alimentar local, tornando aquela localidade menos dependente de importação de alimentos, principalmente em épocas de crises mundiais.

O melhoramento de plantas permite ainda que regiões desenvolvam sistemas produtivos eficientes para competir na economia global, bem como para atender a nichos específicos de mercado, proporcionando diferencial competitivo para países, regiões ou empresas, pois se podem criar novos produtos com valor agregado. Ademais, é a forma mais eficiente de levar diretamente as descobertas dos laboratórios de pesquisa para o agricultor, consumidor e demais integrantes dos arranjos produtivos, por meio da comercialização de mudas e sementes melhoradas. Essa ciência também viabiliza a produção de energia renovável, de alimentos seguros e de biofábricas, com o surgimento de novos negócios.

Nesse cenário, o melhoramento de plantas tem sido conduzido com alguns objetivos específicos, como: aumentar ou estabilizar a produtividade; aumentar a qualidade ou a quantidade de proteínas, óleos, açúcares, vitaminas, minerais e conservação pós-colheita; obter cultivares resistentes às doenças e às pragas; aumentar a tolerância às condições adversas de clima ou solo; e introduzir caracteres exóticos, ou seja, características inexistentes nas espécies, que permitam a produção de biofármacos, a resistência a herbicidas etc.

1.2 Produtividade

A produtividade agrícola (fenótipo), de maneira geral, está em função da genética, do ambiente e da interação genética × ambiente. O melhoramento de plantas trata de duas dessas causas: a genética e a interação genética × ambiente. Nota-se, portanto, a importância dessa ciência para aumentar a produção global de alimentos, cujas estratégias são o aumento da produtividade ou o aumento da área cultivada.

O aumento da produtividade, considerado de máxima importância, tem sido alcançado por meio de melhoria do manejo cultural, ou seja, pela utilização de insumos e práticas agronômicas adequadas, e de cultivares melhorados. Em diversas culturas, como soja, milho, arroz, trigo, algodão, entre outras, têm-se conseguido aumentos de produtividade anuais por volta de 2% nos últimos anos. No entanto, os recordes de produtividades em pequena escala ainda estão muito distantes de serem atingidos em lavouras comerciais, devido às dificuldades de manejos agronômicos em grandes áreas comerciais, em comparação ao manejo em áreas experimentais.

Talvez a contribuição mais reconhecida do melhoramento de plantas para o aumento da produtividade tenha sido feita pelo melhorista americano Norman Ernest Borlaug, que ganhou o Prêmio Nobel da Paz em 1970. Durante a metade do século XX, Borlaug desenvolveu cultivares de trigos semianãos com alta capacidade produtiva no México, Paquistão e Índia. Como resultado, o México se tornou o maior exportador de trigo em 1963 e de 1965 a 1970; e a produção dessa espécie dobrou no Paquistão e na Índia, o que garantiu a segurança alimentar local. Duas razões foram apontadas para as produtividades recordes dos cultivares semianãos de trigo: a maior eficiência fisiológica para absorver nitrogênio e a não apresentação do acamamento típico das plantas sob elevadas doses de nitrogênio, que inviabiliza a colheita. Esses cultivares associados ao aumento de produção foram os primeiros passos da *Revolução Verde* nos anos 1950. Revolução Verde é a terminologia usada para descrever a transformação tecnológica da agricultura em muitos países em desenvolvimento que permitiu significativos aumentos na produção de alimentos. A expressão foi primeiramente usada em 1968 pelo diretor da United States Agency for International Development (USAID), Willian Gaud. Com isso, o melhoramento de plantas anulou uma das mais temidas ameaças que pairavam sobre a humanidade no século XX: a fome em massa devida à escassez de alimentos.

1.3 Resistência a doenças

Uma das mais significativas contribuições dos melhoristas de cevada foi a introdução do gene T, que confere resistência vertical à ferrugem do colmo nos cultivares desenvolvidos nos últimos 50 anos. Novas raças virulentas do patógeno *Puccinia graminis* Pers. f.sp. *Tritici* têm-se desenvolvido esporadicamente, porém a cultura da cevada tem sido preservada de perdas econômicas causadas por esse patógeno nas últimas décadas, em virtude da resistência conferida pelo gene T.

Outro exemplo é o caso da papaicultura no Havaí (EUA), exposta à virose mancha anelar (Yeh et al., 1992). Com a introdução dessa doença no Havaí, as plantações de mamão foram comprometidas devido à natureza epidêmica que a virose assumiu, prejudicando a qualidade dos frutos e inviabilizando a papaicultura local. Não existem acessos resistentes a essa virose na própria espécie ou em espécies relacionadas. A solução para esse desafio foi a introdução de um gene exótico à espécie, via biotecnologia, que fez com que o mamão papaia se tornasse resistente. Fritsche-Neto e Borém (2012) relatam muitos outros exemplos da contribuição do melhoramento no desenvolvimento de cultivares resistentes em diversas espécies.

1.4 Resistência a insetos

Um exemplo do sucesso no melhoramento de plantas para a resistência aos insetos são os cultivares transgênicos com o gene Bt (*Bacillus thuringiensis*). O primeiro cultivar transgênico Bt foi lançado em 1995, nos Estados Unidos: uma batata expressando a proteína Cry3A para controle da broca. Com isso, houve redução de 40% do uso de inseticidas químicos nessa cultura. Posteriormente, o gene foi introduzido em algodão e milho. Em 2011, 160 milhões de hectares foram ocupados com cultivares geneticamente modificados (GM) em diferentes países.

1.5 Qualidade nutricional

Aproximadamente três bilhões de pessoas sofrem com os efeitos da deficiência de micronutrientes porque não têm condições financeiras para adquirir carne vermelha, frango, peixe, frutas, legumes e hortaliças em quantidade suficiente. As principais deficiências na população humana são de ferro, vitamina A, iodo e zinco.

O melhoramento de plantas contribui para reduzir essa situação indesejável, desenvolvendo cultivares que apresentam maior conteúdo de minerais e vitaminas de maneira sustentável e de baixo custo, para alcançar as populações com limitado acesso aos alimentos enriquecidos com vitaminas e outros nutrientes.

Atualmente existe uma iniciativa internacional para o desenvolvimento de cultivares biofortificados que produzam alimentos enriquecidos com vitaminas e micronutrientes, denominada *HarvestPlus*. Essa iniciativa tem atendido às regiões mais afetadas pela deficiência nutricional, e as espécies priorizadas por esse projeto são feijão, mandioca, milho, arroz, batata-doce e trigo.

Diversos outros projetos foram executados para a melhoria da qualidade nutricional, como o milho com alta qualidade proteica (QPM), que apresenta teor de triptofano e lisina 33% acima do normalmente encontrado nos cultivares de milho. Outro exemplo de cultivo com alta qualidade nutricional é o arroz *Golden Rice*, desenvolvido via biotecnologia e com elevado conteúdo de β-caroteno, um precursor da vitamina A.

1.6 Tolerância às condições adversas de clima e solo

O melhor exemplo da contribuição do melhoramento de plantas à adaptação de uma espécie às condições adversas de clima ocorreu com a soja no Brasil. Na década de 1970, cultivares dessa espécie floresciam muito precocemente quando plantados na região central do Brasil e, consequentemente, a produtividade de grãos era muito baixa e economicamente inviável. Com esforços de diversas instituições brasileiras de pesquisa, conseguiu-se desenvolver variedades de soja com período juvenil longo, a partir de uma variedade exótica que não florescia precocemente. Essa variedade permitiu que a sojicultura pudesse expandir para as regiões de baixa latitude no Brasil, sendo plantada hoje até nos Estados do extremo norte. Além desse exemplo, Fritsche-Neto e Borém (2012) descrevem inúmeros exemplos do melhoramento para estresses abióticos.

1.7 Introdução de caracteres exóticos

O melhoramento convencional de plantas é frequentemente limitado às barreiras reprodutivas entre as espécies. O desenvolvimento da transformação genética de plantas abriu novas perspectivas para o seu melhoramento, tornando possível transferir genes entre espécies ou gêneros e disponibilizar novas características relacionadas aos estresses bióticos ou abióticos. Os sistemas de transformação para as principais espécies de interesse agrícola estão se tornando rotineiros em diversos laboratórios. Desde 1994, os Estados Unidos vêm plantando cultivares transgênicos de diferentes espécies e com diferentes características. Em 2021, 31 países utilizaram esses cultivares, sendo o Brasil o segundo maior em área cultivada com organismos geneticamente modificados (OGMs) e o que apresenta a maior taxa de crescimento anual no uso dessas tecnologias.

Estima-se que 497 milhões de quilos de defensivos químicos deixaram de ser usados graças à adoção de transgênicos resistentes a insetos (Bt) e a herbicidas entre 1996 e 2012. Além disso, somente em 2012, 26,7 bilhões de quilos de dióxido de carbono, um volume equivalente à emissão de 11,8 milhões de carros em um ano, deixaram de ser lançados na atmosfera com o plantio de cultivares geneticamente modificados.

1.8 Plantas ornamentais

O melhoramento tem atuado também na obtenção de plantas ornamentais e flores, com resultados muito expressivos. Diversas espécies apresentam híbridos com beleza e aroma exuberantes que cativam o consumidor. Merecem destaques as flores de corte: rosas, crisântemos, lírios, gipsófilas, gladíolos, antúrios, estrelítzias, gérberas, helicônias e cravos; as flores de vaso: violetas, prímulas, gloxínias, orquídeas, bromélias, azáleas e begônias; os arbustos de vaso: fícus, *dieffenbachias*, asplênios, ciprestres, dracenas, fitônias, espatifilos, peperômias, filodendros, samambaias e *syngonium*; e plantas para paisagismo: palmeiras, primaveras, *hibiscus*, cicas, tuias, sálvias, tagetes, *impatiens*, gerânios, petúnias e cravinas.

1.9 Biocombustíveis

O melhoramento de plantas tem obtido diversos cultivares para a produção de combustível a partir de cana-de-açúcar, sorgo, beterraba-açucareira, milho, sorgo sacarino, soja e mamona. Novas espécies começaram a ser exploradas, como as palmáceas de modo geral (dendê, macaúba) e o pinhão-manso, todos no Brasil, além do *miscanthus* nos Estados Unidos e o salgueiro na Inglaterra. No Brasil, diversos programas para bioenergia e para biocombustíveis estão sendo estabelecidos, tanto pela iniciativa privada como pela pública. Com as espécies florestais, alguns programas de melhoramento vêm enfatizando alterações na qualidade da madeira para torná-la mais eficiente para a produção de bioenergia: carvão, álcool etc.

Finalmente, vale a pena constatar que o melhoramento de plantas tem sido efetivo com todas as espécies agrícolas. A literatura registra os ganhos realizados com a cultura do milho nos Estados Unidos, de 1930 a 2004, avaliados por Duvick (2005).

Nos próximos capítulos, será apresentada a ciência do melhoramento de plantas e os seus métodos, que estão contribuindo para mitigar a fome e a pobreza causada pela falta de alimentos e para disponibilizar mais alimentos, fibras, biocombustíveis, biofármacos, ornamentação e despoluição ambiental para as próximas décadas.

dois

Melhoramento em algumas espécies agronômicas

No Brasil, diversas instituições têm-se dedicado ao melhoramento genético das plantas, como as universidades, as empresas estaduais de pesquisa, a Empresa Brasileira de Pesquisa Agropecuária (Embrapa) e várias empresas privadas. No entanto, o mercado de sementes e mudas é quase que atendido na sua totalidade pelas empresas privadas principalmente pelas espécies agronômicas de alto valor comercial, como soja, milho, algodão, cana-de-açúcar, entre outras.

2.1 Milho

O progresso genético obtido com a cultura do milho nos Estados Unidos, de 1930 a 2004, foi avaliado por Duvick (2005). Os cultivares de polinização aberta foram os primeiros a serem utilizados e predominaram até 1930. A partir daí, os híbridos se tornaram mais utilizados pelos agricultores, ressaltando-se que até 1960 prevaleciam os híbridos duplos (Fig. 2.1). Na década de 1960, os híbridos simples modificados e os triplos cresceram em popularidade. De 1970 até 1995, os híbridos simples se tornaram quase totalidade dos cultivares plantados. A partir de 1995, os híbridos simples transgênicos se estabeleceram, com predomínio de híbridos Bt para a resistência à broca europeia do milho (*Ostrinia nubilalis* Hubner). Associado à mudança dos tipos de híbridos, o manejo cultural também foi bastante alterado, com destaque para a redução do espaçamento entre linhas de plantio, o aumento do número de plantas por hectare, com predominância de densidade populacional de cerca de 80 mil, e o aumento na utilização de adubos nos Estados Unidos e Europa. Em média, 50% do aumento da produção de milho deveu-se ao melhoramento de plantas e à melhoria no manejo cultural. Esse aumento somente ocorreu graças à interação dessas duas esferas, uma vez que, individualmente, nenhuma das duas ciências poderia obter tal sucesso. As características que proporcionaram esse incremento foram a tolerância aos estresses abióticos (seca) e a resistência aos bióticos (doenças e pragas); além disso, mudanças morfológicas e fisiológicas aumentaram a eficiência no crescimento, desenvolvimento e partição dos fotoassimilados. Algumas características não foram alteradas em razão do interesse dos melhoristas em mantê-las, a exemplo do ciclo dos cultivares. Embora os melhoristas sempre tenham objetivado o aumento da produtividade de grãos, com a necessidade de selecionar também para adaptação geral, os híbridos passaram a apresentar aumento de tolerância aos estresses abióticos. Duvick (2005) relatou progresso genético de 78 kg ha^{-1} ano^{-1} nos Estados Unidos.

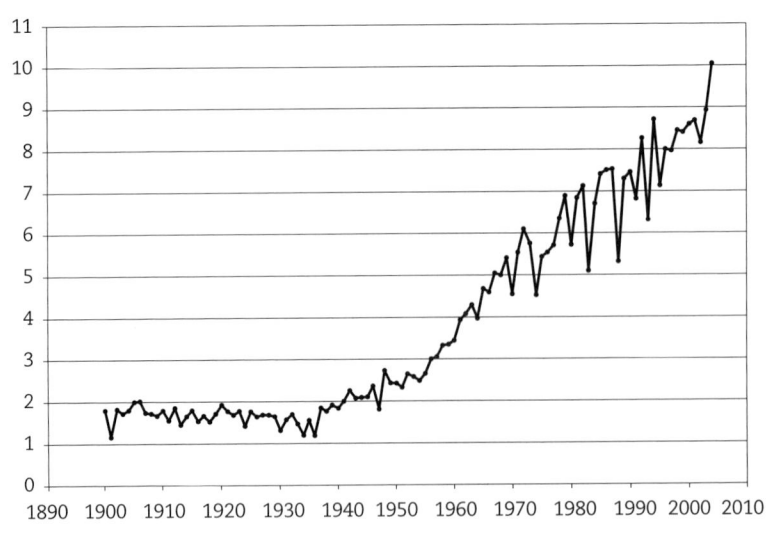

FIG. 2.1 *Evolução da produtividade de milho nos Estados Unidos no período de 1930 a 2004*
Fonte: Duvick (2005).

No Brasil, as variedades de milho foram amplamente utilizadas até o final da década de 1980 e posteriormente substituídas pelos híbridos duplos, que foram intensamente utilizados até a metade da primeira década deste século. Depois, chegaram os híbridos triplos, simultaneamente aos híbridos simples convencionais, que dominaram o mercado com mais de 70% dos cultivares disponíveis. A partir de 2010, os cultivares de híbridos simples transgênicos com cinco eventos se tornaram os mais comercializados, representando um terço dos cultivares oferecidos à venda. Ainda no Brasil, os espaçamentos entre linhas foram reduzidos de 1 m para até 0,45 m, e as populações são compostas por cerca de 60 mil plantas ha^{-1}.

2.2 Soja

No final dos anos 1970, a cultura da soja possuía apenas cinco milhões de hectares cultivados no Brasil; atualmente, devido ao melhoramento de plantas, com a seleção de cultivares com período juvenil longo para florescimento, o cultivo da soja ocupa cerca de 34 milhões de hectares no País.

O progresso genético médio anual com a cultura da soja foi de 0,89% nos cultivares de ciclo precoce, de 0,38% nos de ciclo semiprecoce e de –0,28% nos de ciclo médio, no período de 1985/86 a 1989/90, no Estado do Paraná. Esses valores foram menores que os obtidos nos cultivares precoce e semiprecoce nos cinco anos anteriores.

2.3 Feijão

O progresso genético para produtividade de grãos para o melhoramento do feijoeiro foi estimado com quatro ensaios de Valor de Cultivo e Uso (VCU), na região da depressão central do Rio Grande do Sul, durante os anos de 1998 a 2002 (Ribeiro et al., 2003). Esse progresso foi calculado em 0,88%, o que corresponde a 18,07 kg ha^{-1} ano^{-1}. Outras estimativas dos progressos genéticos para a produtividade de grãos do feijoeiro estão registradas na literatura: 1,90% em Minas Gerais (Abreu et al., 1994), 0,74% no Rio Grande do Sul (Antunes et al., 2000), 1,99% para o grupo preto e 1,02% para o grupo de cores no Paraná (Fonseca Júnior et al., 1996a, 1996b).

2.4 Arroz

O progresso genético obtido pelo melhoramento genético na cultura do arroz de terras altas no período de 1950 a 2001 foi avaliado em experimentos com 25 cultivares, desenvolvidos no período do estudo. Os progressos genéticos para a produtividade de grãos foram de 0,3% e 2,09% ao ano nos cultivares de ciclo precoce e tardio, respectivamente. A altura média das plantas dos cultivares foi reduzida em 21 cm no grupo precoce e em 38 cm no tardio, no período avaliado. Houve acréscimo médio de dez dias no ciclo, no grupo de cultivares precoce, e decréscimo de 13 dias no grupo tardio.

Em Minas Gerais, o progresso genético do arroz de sequeiro (*Oryza sativa* L.) foi avaliado no período de 1974/75 a 1994/95, utilizando-se os dados dos ensaios comparativos de cultivares e linhagens de arroz de sequeiro conduzidos no referido período. Os resultados mostraram que ocorreu progresso genético médio anual de 1,26% para os cultivares de ciclo precoce e de 3,37% para os de ciclo médio.

Os cultivares híbridos de arroz se mostraram importantes para os Estados Unidos e a China na última década, superando as variedades. Esses tipos de cultivares aumentaram a produtividade das lavouras em pelo menos 20% e forneceram alimentos para mais de 70 milhões de chineses a cada ano. Atualmente, mais de 50% da área orizícola desses dois países é plantada com híbridos. No Brasil, os híbridos de arroz começaram a ser comercializados a partir de 2003, porém ainda não possuem grande área de cultivo.

2.5 Aveia

Os cultivares de aveia-branca (*Avena sativa* L.) cultivados no sul do Brasil até princípios da década de 1980 eram provenientes do Uruguai e da Argentina, apresentando problemas de adaptação ao ambiente de cultivo. A partir dos anos 1970, programas de melhoramento começaram a desenvolver suas próprias populações segregantes, possibilitando o lançamento em escala comercial de dezenas de cultivares. O progresso genético nos programas de melhoramento de aveia-branca do Brasil foi avaliado com experimentos envolvendo 15 cultivares lançados em diferentes épocas. Os resultados obtidos indicaram progresso genético de 44 kg ha^{-1} ano^{-1} para produtividade de grãos, correspondendo a 22% em 40 anos.

2.6 Algodão

O progresso genético do programa de melhoramento de algodoeiro (*Gossypium hirsutum* L.) da Embrapa, no Mato Grosso, foi avaliado com os dados de 12 anos de pesquisa. Para produtividade (kg ha^{-1}), o progresso genético médio anual obtido foi de 3,93%. Quanto ao caráter rendimento de fibra (%), o progresso genético médio anual foi de 0,96%.

2.7 Girassol

O progresso genético do melhoramento do girassol (Helianthus annuus L.) em 15 anos na região central da Argentina foi avaliado para produtividade de óleo e para determinar as contribuições das mudanças na resistência a estresses bióticos e produtividade em condições ótimas. O progresso genético dos híbridos comerciais entre 1983 e 2005 para produtividade de óleo foi de 11,9 kg ha^{-1} ano^{-1}. Os híbridos com resistência a Verticillium dahliae Klebahn apresentaram progresso genético de 14,4 kg ha^{-1} ano^{-1}.

2.8 Maçã

A maçã é mais um dos exemplos da contribuição do melhoramento de plantas. Até a década de 1980, no mercado brasileiro havia somente maçãs importadas de alto custo. O primeiro trabalho de melhoramento de maçãs no Brasil foi feito em 1940 pelo agricultor paulista A. Bruckner, que recebeu 1.000 sementes vindas da Europa, entre as quais selecionou um cultivar, que ele chamou de Bruckner do Brasil. Desde então, inúmeros cultivares foram desenvolvidos, o que vem garantindo o abastecimento do mercado brasileiro com maçãs de excelente qualidade e de preço acessível (Bruckner, 2001).

A vida útil dos cultivares atualmente colocados no mercado é muito curta, haja vista a competição e o dinamismo dos programas de melhoramento por exigência de mercado e competidores. Assim, todos os anos novos cultivares da maior parte das espécies agronômicas são lançados no mercado, contribuindo para a rápida substituição daqueles pelos novos cultivares, que, em geral, são mais produtivos e trazem outras características superiores. Entretanto, muitas espécies de importância agronômica apresentam dificuldades na substituição de cultivares de maneira rápida porque são poliploides, propagadas assexuadamente e alógamas, como batata, cana-de-açúcar, batata-doce, morango, entre outras. Para estas, os melhoristas têm encontrado maiores desafios no desenvolvimento de novos cultivares, ao lidarem com o grande número de alelos pelo aumento do número básico de cromossomos, heterozigosidade e reprodução assexuada. Considera-se de maneira generalizada que a poliploidia é essencial para alta produtividade, que o desenvolvimento de variedades de linhas puras não é viável e que a propagação assexuada é ideal. Com isso, o desenvolvimento de novos cultivares tem sido mais moroso do que em outras espécies diploides e propagadas por sementes, como soja, arroz, feijão e outras. Assim, a vida útil daquelas espécies tem sido muito maior que as destas. Alguns melhoristas têm questionado essas suposições e proposto converter espécies, como a batata, em um diploide a ser propagado por sementes (Jansky et al., 2016). Embora uma conversão dessa magnitude seja sem precedentes, os possíveis ganhos genéticos são promissores demais para serem ignorados. Essa possibilidade abre novos horizontes para a atuação de melhoristas e empresas.

três

Planejamento do programa de melhoramento

O programa de melhoramento está vinculado a metas e mercados da empresa ou à necessidade dos agricultores, caso não haja interesse comercial no desenvolvimento de um novo cultivar. O melhorista de plantas está associado às necessidades das empresas, agricultores ou consumidores e deve atendê-los; caso isso não ocorra, o programa de melhoramento não terá seus cultivares semeados. Muitos interesses serão contraditórios, e a negociação entre as partes será necessária para se chegar a um senso comum, caso contrário não haverá sucesso. De toda forma, o melhorista não atua sozinho, mas sim dentro de um cenário empresarial ou do arranjo produtivo.

Antes de iniciar o programa de melhoramento de plantas, deve-se fazer seu planejamento. Uma das primeiras etapas é a definição específica dos objetivos no curto, médio e longo prazo, o que facilitará o planejamento e a sincronia das etapas específicas do melhoramento quanto às atividades subsequentes, como a fonte de germoplasma; o desenvolvimento de germoplasma-elite; a obtenção de linhagens endogâmicas; a avaliação de híbridos; a introgressão de eventos transgênicos; a produção de sementes genética dos genitores ou comercial dos híbridos; os ensaios de valor de cultivo e uso; as unidades de demonstração para os agricultores; e o registro e proteção dos cultivares e lançamento comercial.

Entre os objetivos mais comuns nos programas de melhoramento estão o desenvolvimento de cultivares adaptados a determinada região geográfica, o desenvolvimento de cultivares para determinado nicho de mercado, a maior tolerância às principais doenças da espécie, a tolerância ao alumínio, a melhor qualidade nutricional, a precocidade de plantas etc.

Para o estabelecimento dos objetivos do melhoramento de plantas, é necessário considerar todos os possíveis clientes, isto é, o produtor, a indústria e o consumidor. Por exemplo, a receptividade do novo cultivar de feijão pelo consumidor é mais importante do que a de um cultivar de milho com finalidade de produzir grãos, porque neste não há rejeição do consumidor quanto à cor do grão ou à qualidade de cozimento.

O programa de melhoramento deve apresentar processos flexíveis para permitir ajustes a novos objetivos de acordo com novas oportunidades de mercado e para a utilização de novas ferramentas tecnológicas que aumentem a eficiência de seleção de plantas superiores. Nesse particular, é preciso ter senso crítico e antever as tendências de demanda para o futuro, uma vez que o tempo médio para o desenvolvimento de um novo cultivar frequentemente é superior a cinco anos. Assim, por ocasião do planejamento do desenvolvimento do novo cultivar, precisa-se considerar que o produto deverá atender à demanda do mercado e que esta pode ser diferente daquela do início do desenvolvimento do cultivar. Se diversos objetivos forem estabelecidos, é prudente classificá-los em níveis de prioridade.

Fator importante para a gestão do programa de melhoramento é que os objetivos estejam publicados internamente, assim como os processos estabelecidos e os procedimentos desenvolvidos. Regular ou anualmente todos esses elementos precisam ser revistos e criticados para que ocorra uma melhoria contínua. Isso facilita a contribuição de todos os envolvidos no processo para elaborar novos objetivos.

Antes de iniciar um programa de melhoramento e após a empresa definir as metas de negócio ou mercado, o melhorista deve conhecer outros programas e visitar produtores de sementes e instituições de pesquisa, com o objetivo de conhecer o germoplasma disponível para entender o sucesso dos cultivares mais plantados. O sucesso do cultivar vai depender de seu posicionamento correto, uma vez que não existe cultivar perfeito, mas sim lavouras perfeitas que dependem da região, do ano e do pós-venda. Também uma revisão bibliográfica, incluindo o levantamento de projetos correlatos, a consulta de cultivares disponíveis no mercado e entrevistas com possíveis clientes, pode resultar em significativa economia de tempo e de esforços para quem planeja o programa de melhoramento de plantas.

Quando as informações sobre o modo de reprodução e a taxa de fecundação cruzada não estiverem disponíveis, como nos casos de espécies exóticas ou silvestres, deve-se conduzir um estudo preliminar para identificá-las. Deve-se, ainda, conhecer a herança das características em seleção e a influência do ambiente na expressão do genótipo. Em novas espécies, será necessário desenvolver formas de selecionar e priorizar o conjunto de características que influencia a principal característica de valor econômico.

Alguns dos obstáculos que o melhorista pode enfrentar na condução do programa de melhoramento incluem: mercado ou clientes-alvo mal definidos, limitado germoplasma, recursos econômicos e de pessoal limitados, falta de área ou campos experimentais, processos de melhoramento não otimizados e excesso de rapidez de lançamento para entrar no mercado.

De maneira bastante geral, após a definição de objetivos, o programa de melhoramento pode ser definido pelo germoplasma-elite e suplementar, desenvolvimento de linhagens, obtenção e avaliação de híbridos ou linhagens, produção de sementes genéticas, de pré-fundação e fundação (todas são classes de genéticas), pesquisa de produção de sementes, introgressão de eventos transgênicos ou mutagênicos, desenvolvimento do pacote tecnológico, registro e proteção dos cultivares, produção de sementes comercial, vendas e pós-vendas.

Com base nos objetivos e nos recursos genéticos, humanos e financeiros disponíveis, o melhorista deve selecionar o germoplasma-elite para o desenvolvimento do cultivar e, provavelmente, um germoplasma suplementar para ser utilizado como fonte de variabilidade genética adicional. Neste germoplasma, devem-se observar as seguintes características: resistência às doenças, variabilidade genética para ciclo, altura de planta, composição química dos grãos, entre outras. Um germoplasma suplementar com essas características em níveis compensadores em geral possui limitações quanto a uma ou mais características e, por isso, deve ser manipulado separadamente do germoplasma principal.

No desenvolvimento de linhagens, deve-se obter o maior número de gerações por ano, utilizar tecnologias mais rápidas em obter linhagens como di-haploides, identificar e priorizar as características que serão selecionadas nas populações segregantes, definir os testadores para capacidade de combinação, utilizar marcadores moleculares para aumentar a eficiência da seleção para genes recessivos ou segregantes e reduzir ao máximo o número de gerações de autofecundação para deixar a linhagem disponível à obtenção de híbridos e avaliar sua capacidade como receptora ou doadora de pólen.

No planejamento do programa, é necessário definir a rede experimental e, consequentemente, escolher os locais para avaliação dos genótipos desenvolvidos. A região de avaliação desses cultivares experimentais deve representar a área à qual o novo cultivar se destina. Para que seja avaliada a interação genótipo × ambiente, as linhagens ou os híbridos experimentais devem ser avaliados por mais de um ano e em diversas localidades. É fundamental que os híbridos sejam estudados em uma sequência de anos, uma vez que nos primeiros anos se utilizam poucos locais e milhares de híbridos. Nos anos seguintes, avaliam-se menos híbridos e muitos locais. Esse processo pode chegar de dois a quatro anos, a depender da espécie. Finalmente, poucos híbridos são repassados para ensaios em faixas em propriedades de agricultores para, no ano seguinte, serem comercializados ou testados em escala de dezenas de hectares antes de entrar no mercado.

Nas avaliações preliminares de produtividade e características agronômicas, quando o número das linhagens ou híbridos experimentais é grande, a escolha de uma ou duas localidades pode ser suficiente. Depois de a maioria das linhagens ou híbridos inferiores ser eliminada, o melhorista deve elevar o número de localidades para teste. Para avaliação de produtividade das linhagens ou híbridos experimentais no segundo ano, três ou quatro localidades podem ser suficientes; nas avaliações finais, recomendam-se dezenas.

Embora o custo do aumento do número de localidades para teste seja significativamente maior que o do aumento do número de repetições, só assim serão obtidas informações sobre a adaptabilidade das linhagens e híbridos experimentais, a magnitude da interação genótipo × ambiente e as exigências da lei que trata sobre o valor de cultivo e uso de cada espécie.

Os métodos de melhoramento têm sido exaustivamente comparados quanto ao progresso genético. Hallauer e Miranda (1988) relataram que os efeitos gênicos aditivos predominam sobre os epistáticos e de dominância na maioria das espécies agronômicas e que todos os métodos de melhoramento capitalizam tais efeitos. Esses autores demonstraram que, frequentemente, a escolha do método de melhoramento tem menor efeito no progresso genético do que se estima. Por exemplo, as falhas atribuídas ao método "espiga por fileira" em milho são, em geral, resultado do uso inadequado dos delineamentos experimentais. Uma abordagem mais completa dos principais métodos de melhoramento será apresentada nos capítulos posteriores.

À medida que os híbridos ou linhagens são avançadas no processo de avaliação, todo o pacote tecnológico deve ser desenvolvido com relação ao uso de herbicidas, fertilizantes, fungicidas e inseticidas, população de plantas, época de plantio de colheita e processamento pós-colheita. Também deve ser conduzido concomitantemente o processo de pesquisa de produção e aumento de sementes genéticas para a produção comercial. É fundamental que o processo de melhoramento e produção de sementes esteja muito bem sincronizado, para não atrasar o lançamento ou a disponibilização dos cultivares ao mercado.

Na maioria das vezes, a decisão de lançar o cultivar não é simples. A situação mais comum é aquela em que o melhorista tem confiança na superioridade da linhagem ou híbrido experimental em diversos aspectos, mas tem dúvidas em relação a outros. Por exemplo, a linhagem de soja UFV 72-4 superou as testemunhas UFV-1 e Santa Rosa em produtividade e qualidade de sementes nos ensaios experimentais conduzidos no norte de Minas Gerais, nos anos agrícolas 1975/76 e 1976/77. Todavia, nos anos agrícolas de 1973/74 a 1976/77, essa linhagem foi superada pela UFV-1 em produção de grãos. Em 1979, ela foi lançada como UFV-3.

As responsabilidades do melhorista não se encerram com o lançamento do cultivar, pois ele ainda deve se envolver na produção e manutenção da semente genética para sua contínua distribuição.

Após a linhagem ser aprovada como genitora de um híbrido ou lançada comercialmente como novo cultivar, pelo menos com soja, milho, arroz e algodão é necessária a introgressão de eventos transgênicos, a qual deve ser iniciada o mais rápido possível, para que o cultivar seja disponibilizado também o mais breve possível.

Antes do lançamento, é obrigatório cadastrar o futuro cultivar no Registro de Cultivares do Ministério da Agricultura, pois diversas exigências devem ser atendidas, como obter o Valor de Cultivo e Uso (VCU) ou ter autorização da Comissão Técnica Nacional de Biossegurança para avaliação em campo. Caso haja o interesse na proteção de cultivares, os testes de Distinguibilidade, Homogeneidade e Estabilidade (testes de DHE) devem ser realizados para a identificação dos descritores do cultivar e seu registro no Serviço de Proteção de Cultivares do Ministério da Agricultura.

3.1 A oportunidade de negócios com a pequena empresa de melhoramento de plantas

Nos últimos anos, a quase totalidade dos programas de melhoramento de plantas em empresas ou instituições públicas que comercializam cultivares de espécies de alto valor econômico foi interrompida ou tem tido pequena participação no mercado pela incapacidade do setor público de competir comercialmente com empresas de melhoramento de plantas da iniciativa privada.

Os cultivares são comercializados por meio de suas sementes e mudas, e, partir daí, uma série de atividades é desencadeada e relacionada com atividades paralelas ao melhoramento que não necessariamente estão sob responsabilidade do melhorista. No entanto, as atividades do melhoramento de plantas devem estar conectadas com todas as atividades relacionadas com a empresa de sementes ou mudas.

O melhorista deve estar consciente de que está desenvolvendo cultivares ou planejando um programa de melhoramento, ou seja, uma parte das atividades da empresa de sementes ou melhoramento.

Para programas de melhoramento que visam ao competitivo mercado de sementes e mudas, deve-se entender que o desenvolvimento de cultivares não é o suficiente para estabelecer uma empresa no mercado, pois existem muitas informações que necessitam ser identificadas e ser conhecidas ou estabelecidas, a saber:

- Produção e registros legais de sementes de genitores em suas diferentes categorias e suas purezas genéticas.
- Pesquisa de produção do híbrido ou da variedade.
- Produção comercial das sementes.
- Parceria com empresas que detenham patentes de eventos transgênicos.
- Desenvolvimento do produto e de mercado para identificar vantagens e desvantagens da interação do cultivar com o ambiente.
- Estratégias de comercialização, de marketing, de preços e de distribuição de sementes.
- Assistência pós-venda.
- Identificação dos concorrentes e suas vantagens e desvantagens.
- Identificação de fornecedores.
- Todas as questões de gestão empresarial associadas ao negócio.

Além disso, o empresário ou o melhorista proprietário do negócio precisa ter sólida formação técnico-científica e ser bom gestor, tomar decisões, ter capacidade de planejar, controlar, orientar e executar planos.

Para atingir o sucesso, comportamentos e ações empreendedoras são imprescindíveis, como planejar, ter metas, compromisso e persistência, buscar informações, ter exigência de qualidade e eficiência, ter iniciativa, ser autoconfiante e independente, possuir rede de relações e correr riscos calculados.

quatro

Sistemas reprodutivos

O modo de reprodução da espécie é um dos fatores que define os métodos de melhoramento que serão usados no desenvolvimento dos cultivares e o tipo de cultivar.

Para algumas espécies, os cultivares podem ser propagados sem alteração de sua constituição genética (clones), como a batata e a cana-de-açúcar. Nesses casos, os direitos de melhorista, protegidos pela Lei nº 9.456, de 25 de abril de 1997, podem não ser respeitados, e podem ocorrer prejuízos para todos na cadeia produtiva com a produção de sementes não certificadas ou não fiscalizadas.

Em espécies em que híbridos são comercializados, como milho, girassol, sorgo, arroz, tomate, entre outras, a produção dos híbridos somente pode ser realizada pelos cruzamentos dos genitores que dão origem ao híbrido; dessa forma, não é possível a multiplicação de sementes por terceiros. Assim, o direito do melhorista é garantido e todos da cadeia produtiva se beneficiam, com sementes de qualidade genética e fisiológica necessária para o sucesso de uma lavoura comercial de grãos.

Os exemplos anteriores ilustram a importância do sistema reprodutivo das espécies na definição do tipo de cultivar mais apropriado para cada caso ou situação: para a soja, são as linhas puras ou linhagens homozigotas; para o milho, os híbridos; e para a cana-de-açúcar, os cultivares clonais.

O conhecimento das particularidades da polinização da espécie que está sendo melhorada facilitará a hibridação e a maximização da variabilidade genética para a seleção, a produção comercial de sementes, a escolha de métodos de melhoramento aplicáveis à espécie, o esquema de condução das populações segregantes e o tipo de cultivar a ser comercializado ou disponibilizado aos agricultores.

4.1 Reprodução sexual

É baseada no processo meiótico de divisão celular, em que o número de cromossomos das células reprodutivas é reduzido à metade para formar os gametas: oosfera e grãos de pólen. O processo meiótico encontra-se detalhadamente descrito na literatura de biologia geral e citologia.

A divisão meiótica é de fundamental importância para a maximização de variabilidade genética por meio da segregação independente dos cromossomos e da recombinação gênica (crossing over). O número de gametas possíveis com n pares de cromossomos é dado por 2^n. Durante a fase do paquíteno, na divisão meiótica, os cromossomos homólogos pareados trocam partes entre si, aumentando consideravelmente a variabilidade genética. Diversos autores classificam as espécies cultivadas que se reproduzem por via sexual em três grupos: autógamas, alógamas e autógamas com frequente alogamia. Essa classificação não é perfeita, uma vez que as espécies cultivadas apresentam grande variação na taxa de autofecundação. Todavia, consideram-se como espécies alógamas aquelas com taxas de fecundação cruzada superiores a 95%, ou seja, menos de 5% de autopolinização. Já as espécies autógamas são aquelas com taxas de autofecundação superiores a 95% e, consequentemente, com menos de 5% de fecundação cruzada. Por sua vez, as espécies conhecidas como de fecundação intermediária ou mistas apresentam taxas de autofecundação e fecundação cruzada de 5% e 95% (Fig. 4.1).

4.1.1 Espécies autógamas

A autopolinização, que é a transferência do pólen de uma antera para o estigma da mesma flor ou de outra flor da mesma planta, resulta na ausência de incompatibilidade em autofecundação.

Diversos fenômenos podem favorecer a autopolinização, e o mais clássico é a cleistogamia, na qual a polinização se dá antes da antese. Um exemplo típico de cleistogamia ocorre na soja, quando os grãos de pólen atingem a maturidade e polinizam o estigma antes da abertura do botão floral. A autogamia é também

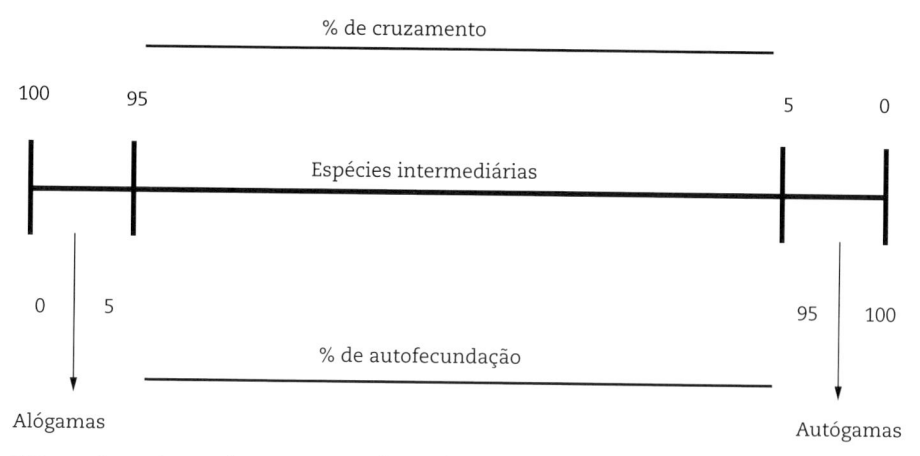

FIG. 4.1 *Percentagem de cruzamento e de autofecundação em espécies alógamas, autógamas e intermediárias*

favorecida por outros fenômenos, como estigma e estames envoltos por estruturas florais, como é o caso do tomateiro.

Uma pequena taxa de alogamia pode ocorrer nas espécies autógamas em razão da atividade de insetos visitando flores de diferentes plantas. Essa taxa de fecundação cruzada é, geralmente, inferior a 1% no caso da soja. Variações nas condições ambientais também podem afetar a taxa de alogamia de forma expressiva.

As espécies autógamas são constituídas por uma mistura de linhas homozigotas. Mesmo quando a fecundação cruzada ocorre na população, a heterozigose desaparece com as sucessivas autofecundações. Há evidências evolucionárias de que as espécies autógamas se originaram de ancestrais alógamos (Jain, 1976). Isso provavelmente ocorreu em ambientes chamados "abertos", onde uma espécie necessitava colonizar rapidamente uma área, mas havia poucos genitores próximos. Outra hipótese é de que a autogamia tenha surgido como forma de acumular mais rapidamente alelos favoráveis e manter as constituições genotípicas superiores para o ambiente em questão. Uma lista de algumas espécies autógamas é apresentada no Quadro 4.1.

Os mais comuns cultivares de espécies autógamas são as linhagens puras ou homozigotas. Deve-se considerar que, apesar de a espécie ser autógama, em algumas delas pode-se viabilizar a produção de híbridos por meio da esterilidade masculina, como ocorre no arroz e no tomate. Na grande maioria das espécies autógamas, não é possível ter cultivares híbridos, pela inviabilidade econômica de obter sementes com baixo custo e em quantidade suficiente para o plantio de grandes áreas.

Quadro 4.1 ALGUMAS ESPÉCIES AUTÓGAMAS DE IMPORTÂNCIA ECONÔMICA

Alface	Batata	Ervilha	Pêssego
Amendoim	Berinjela	Feijão	Soja
Arroz	Cevada	Lentilha	Tomate
Aveia	Crotalária	Linho	Trigo

4.1.2 Espécies alógamas

O número de espécies alógamas é superior ao de espécies autógamas. Isso pode ser entendido sob a perspectiva da evolução e da domesticação das espécies pelo homem.

Diversos mecanismos podem prevenir a autogamia ou favorecer a alogamia. O caso mais clássico é o da dioicia, em que alguns indivíduos produzem apenas flores masculinas e outros, somente flores femininas, como a palma, o mamão, o espinafre, a tâmara e a araucária. Essas espécies se reproduzem exclusivamente por alogamia, à semelhança dos animais. Acredita-se que esse sistema reprodutivo surgiu em plantas que evoluíram em ambientes chamados "fechados", em que cada genitor deixava poucos descendentes. No entanto, estes eram muito vigorosos devido ao efeito da heterose. Com isso, nas alógamas há significativa perda de vigor com a endogamia. Assim, essas espécies foram desenvolvendo mecanismos para evitar a autopolinização, como monoicia, autoincompatibilidade, protandria, protoginia e obstrução mecânica da autopolinização.

* *Monoicia*: há os dois órgãos reprodutivos na mesma planta, mas estão em estruturas separadas. Um exemplo é o milho, no qual o pendão é a estrutura masculina e a espiga, a feminina.
* *Protoginia*: o órgão reprodutivo feminino tem sua maturação antes do masculino. Com isso, não há coincidência entre a liberação do pólen e a receptividade deste pelos estigmas na mesma planta. Um exemplo é o antúrio.
* *Protandria*: o órgão reprodutivo masculino tem sua maturação antes do feminino. Com isso, há efeito semelhante à protoginia. Um exemplo é o milho.
* *Obstrução mecânica*: os órgãos masculino e feminino ficam distantes na mesma planta. Além disso, há estruturas vegetativas que dificultam que o pólen entre em contato com os estigmas da mesma planta. Um exemplo é o milho, em que o pendão fica na porção terminal da planta e as

espigas, nas axilas foliares. A disposição, o número e a angulação das folhas dificultam a autopolinização.

* *Autoincompatibilidade*: ocorre quando o pólen de uma planta entra em contato com o estigma da mesma planta, mas não há a fecundação, pois o crescimento do tubo polínico é interrompido. Há dois tipos principais: a gametofítica e a esporofítica (Fig. 4.2). A gametofítica é controlada por um único alelo da série "S". Quando um grão de pólen contém um alelo S que está presente no estigma, o crescimento do tubo polínico fica paralisado. Não há dominância e os descendentes produzidos são heterozigotos. Exemplos: maçã, abacaxi e centeio. Por outro lado, a esporofítica é determinada pelos alelos presentes no tecido diploide da planta-mãe. Há dominância, em que o alelo S_1 é dominante sobre o S_2, este é dominante sobre o S_3, que, por sua vez, é dominante sobre o S_4, e assim por diante. Existem mais de 40 alelos na série "S". Exemplo: brassicas.

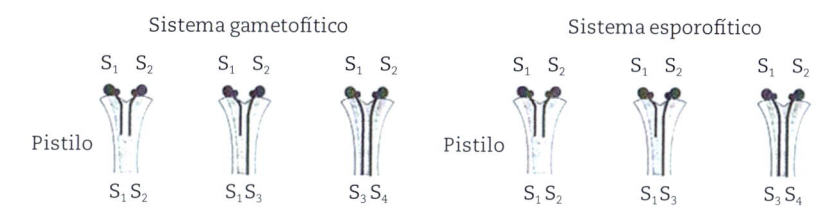

FIG. 4.2 *Sistemas de autoincompatibilidade*

Quando o vento é o agente de polinização, como ocorre no milho, os grãos de pólen são em geral abundantes. Por exemplo, um pendão de milho produz cerca de 25 milhões de grãos de pólen, que podem percorrer distâncias superiores a 100 m em condições normais de vento. Entretanto, mais de 90% do pólen de milho é depositado a uma distância de até 5 m da sua origem. Essa espécie apresenta uma taxa de alogamia de aproximadamente 95%.

Ao contrário das espécies autógamas, as populações de espécies alógamas são caracterizadas pela grande heterogeneidade. Cada indivíduo na população é altamente heterozigótico e distinto dos demais. Além disso, as populações naturais alógamas são consideradas mais flexíveis, por gradativamente otimizarem sua frequência gênica para o ambiente onde são cultivadas. Uma lista de algumas espécies alógamas é apresentada no Quadro 4.2.

Em espécies alógamas, o tipo de cultivar mais comum é o híbrido; no entanto, outros tipos também são viáveis, como os cultivares de polinização aberta.

Quadro 4.2 Algumas espécies alógamas de importância econômica

Abacate	Cebola	Mamona
Abóbora	Cenoura	Mandioca
Alfafa	Centeio	Manga
Batata-doce	Eucalipto	Maracujá
Beterraba	Goiaba	Milho
Brócolis	Kiwi	Pera
Cacau	Maçã	
Cana-de-açúcar	Mamão	

4.1.3 Espécies autógamas com frequente alogamia

Algumas espécies apresentam taxa natural de fecundação cruzada intermediária em relação à das espécies autógamas e das alógamas, estabelecendo-se como um grupo à parte. Essas espécies em geral não apresentam elevadas perdas de vigor com a endogamia. Acredita-se que esse sistema reprodutivo evoluiu dos demais, e tem como grande vantagem o fato de manter as combinações genotípicas e alelos favoráveis em parte dos descendentes por meio da autogamia. Ao mesmo tempo, por meio da alogamia, permite que novos alelos sejam inseridos e novas combinações genotípicas sejam formadas nos descendentes.

Uma lista parcial das espécies autógamas com frequente alogamia é apresentada na Tab. 4.1.

Tab. 4.1 Algumas espécies autógamas com frequente alogamia

Espécie	Taxa de alogamia (%)
Algodão	5 a 50
Berinjela	0 a 48
Canola	0 a 30
Fava	> 25
Quiabo	4 a 19
Sorgo	6

Os métodos de melhoramento utilizados em espécies autógamas com frequente alogamia não podem ser classificados facilmente, pois variam de acordo com a espécie. Por exemplo, o algodão é melhorado como uma espécie autógama, enquanto o sorgo, na maioria dos casos, como uma alógama. Entretanto, é possível também conduzir o melhoramento dessas espécies considerando e explorando suas taxas de autogamia e alogamia.

Os cultivares mais comuns para espécies autógamas com frequente alogamia são híbridos ou linhagens.

4.1.4 Como determinar o modo de reprodução?

Para a maioria das espécies de importância agrícola já se sabe o modo de reprodução. Entretanto, quando o objetivo é melhorar espécies ainda pouco estudadas, é necessário determinar seu modo de reprodução sexual.

Para isso, podem ser usadas algumas estratégias, como examinar a estrutura floral, fazer a avaliação das progênies obtidas por meio da polinização cruzada e autopolinização das plantas, avaliar a produção de sementes de plantas isoladas ou, ainda, usar genes marcadores. Com isso, é possível estimar as taxas de autogamia e de fecundação cruzada, além do efeito da autopolinização na viabilidade das progênies.

4.2 Reprodução assexual

Algumas espécies cultivadas são perpetuadas por propagação vegetativa, por causa da baixa produção de sementes ou da manifestação de variabilidade genética indesejável, como a autopoliploidia e genes deletérios recessivos, quando multiplicadas por sementes. Outros fatores que propiciam a propagação vegetativa são a exploração da heterose, a fixação clonal dos indivíduos superiores e a rápida colonização de ambientes abertos.

Em algumas espécies, as sementes são formadas sem a sequência normal da gametogênese e da fecundação. Nesse caso, as sementes resultam de reprodução assexual, denominada apomixia, como ocorre com os citros e em *brachiaria*.

A reprodução assexual pode ocorrer por intermédio de bulbos, ramas, tubérculos, rizomas, folhas e caules, além da cultura de tecidos, devido ao fenômeno da totipotência. Um grupo de plantas originárias de uma única planta, por reprodução assexuada, constitui um clone. Plantas do mesmo clone são idênticas entre si e à planta que lhes deu origem. A reprodução assexual pode facilitar o trabalho do melhorista, pois, identificado um tipo superior, este pode ser perpetuado, mantendo a sua identidade genética.

Algumas espécies de reprodução assexual são apresentadas no Quadro 4.3.

4.3 Os métodos de melhoramento e os sistemas reprodutivos

Como mencionado anteriormente, o modo de reprodução da espécie a ser melhorada é um dos fatores que define o método de melhoramento a ser utilizado. A frequência de utilização de alguns métodos no desenvolvimento de cultivares de espécies autógamas, alógamas e de reprodução assexuada está listada no Quadro 4.4. Conforme esse quadro, embora a maioria dos métodos possa ser utilizada nos três grupos de plantas, alguns deles são mais frequentemente usados em um grupo específico.

Quadro 4.3 Algumas espécies de reprodução assexual de importância econômica

Alfafa	Batata	Laranja
Alho	*Brachiaria*	Mandioca
Batata-doce	Cana-de-açúcar	Morango

Quadro 4.4 Frequência de utilização de alguns métodos de melhoramento de espécies autógamas, alógamas e de reprodução assexual

Método	Espécie autógama	Espécie alógama	Reprodução assexuada
Mutações	Ocasional	Rara	Ocasional
Introdução de plantas	Ocasional	Ocasional	Ocasional
Seleção massal	Rara	Frequente	Frequente
Hibridação			
Genealógico	Frequente	Frequente	Rara
SSD	Frequente	Ocasional	Rara
Retrocruzamentos	Frequente	Ocasional	Rara
Seleção recorrente	Frequente	Frequente	Rara
População	Ocasional	Rara	Rara

cinco

Recursos genéticos

A descoberta do Novo Mundo e a consequente migração das espécies cultivadas pelos cinco continentes foram importantes fatores para o desenvolvimento da agricultura mundial. O intercâmbio de espécies ainda é uma atividade essencial nos tempos atuais. As mais importantes culturas de determinado país não são, em geral, nativas. Por exemplo, as culturas de milho, soja, feijão, café e arroz não são nativas do Brasil. A batata, a beterraba-açucareira e a cevada destacam-se na Alemanha e em outros países europeus e, no entanto, são originárias de outras nações.

Além da diversidade de espécies que o homem cultiva, há variabilidade dentro de cada uma, de natureza genética e ambiental. A genética é de especial interesse para o melhorista; sem ela, não seria possível o melhoramento de plantas. Cabe ao melhorista determinar a proporção da ação gênica e do ambiente na expressão das características de interesse para, então, fazer predição do progresso ou ganho genético esperado.

A discussão dos métodos de melhoramento nos capítulos seguintes evidenciará o profundo efeito da seleção sobre a variabilidade genética das espécies.

5.1 Centros de diversidade das plantas cultivadas

Cabem ao geneticista russo Nikolai Ivanovich Vavilov os créditos do primeiro e mais importante trabalho sobre mensuração e distribuição da diversidade genética das espécies no mundo. Nascido em 1887, esse brilhante botânico e geneticista fluente em 16 idiomas, publicou em 1926 o tratado sobre os Centros de Origem das Plantas Cultivadas, considerado um dos grandes avanços na genética. Morou cerca de seis meses no Rio Grande do Sul, onde realizou estudos de diversidade. No entanto, somente em 1955 suas teorias foram publicadas em inglês. Foi condecorado pelo próprio Lenin e nomeado membro da Academia de Ciências da União Soviética. Em 1934 foi acusado de ser um geneticista burguês, seguidor das "teorias classistas de Mendel Morgan". Faleceu em 1943, aos 56 anos, abandonado na prisão, vítima de causas desconhecidas. Vavilov identificou algumas regiões do mundo isoladas por mares, montanhas, planícies ou desertos, nas quais observou grande diversidade de determinadas espécies, denominando-as centros de origem de plantas cultivadas.

Após o trabalho de Vavilov, inúmeras expedições foram organizadas, cobrindo os cinco continentes. Entre 1928 e 1980, mais de 20 expedições foram realizadas com o objetivo de estudar a variabilidade do gênero *Solanum*. Os pesquisadores provaram que estava correta a hipótese de Vavilov de que "o interior do centro de origem de uma espécie é caracterizado pelo acúmulo de alelos dominantes, enquanto o acúmulo de alelos recessivos ocorre preferencialmente na periferia dos centros". Outros autores evidenciaram que o centro de diversidade de algumas espécies não coincide com o centro de origem. Por exemplo, sabe-se que os centros de diversidade da cevada silvestre são a Ásia e a América do Sul, e não a Europa, inicialmente considerada seu centro de origem.

Entende-se por centro de origem o local de provável origem e evolução da espécie. Já centro de diversidade é o local com maior variabilidade da espécie. Muitas vezes eles podem coincidir, outras não, pois o centro de origem pode ter desaparecido no decorrer dos anos ou a espécie pode ter "migrado".

Vavilov identificou oito centros de origem de espécies, alguns dos quais foram assim divididos: (1) Chinês; (2) Indiano; (2a) Indo-Malaio; (3) Asiático Central; (4) Oriente Próximo; (5) Mediterrâneo; (6) Abissínio ou Etíope; (7) Mexicano do Sul e Centro-Americano; (8) Sul-Americano; (8a) Chiloé; e (8b) Brasil e Paraguai (Fig. 5.1). Esses centros estão separados por desertos, montanhas ou mares, e sua área total equivale a um quadragésimo da Terra. Algumas espécies originaram-se fora desses centros, como o girassol, que é oriundo da América do Norte, e a macadâmia, da Austrália. Das espécies que Vavilov classificou, aproximadamente 640 são originárias do Velho Mundo e outras 100, do Novo Mundo.

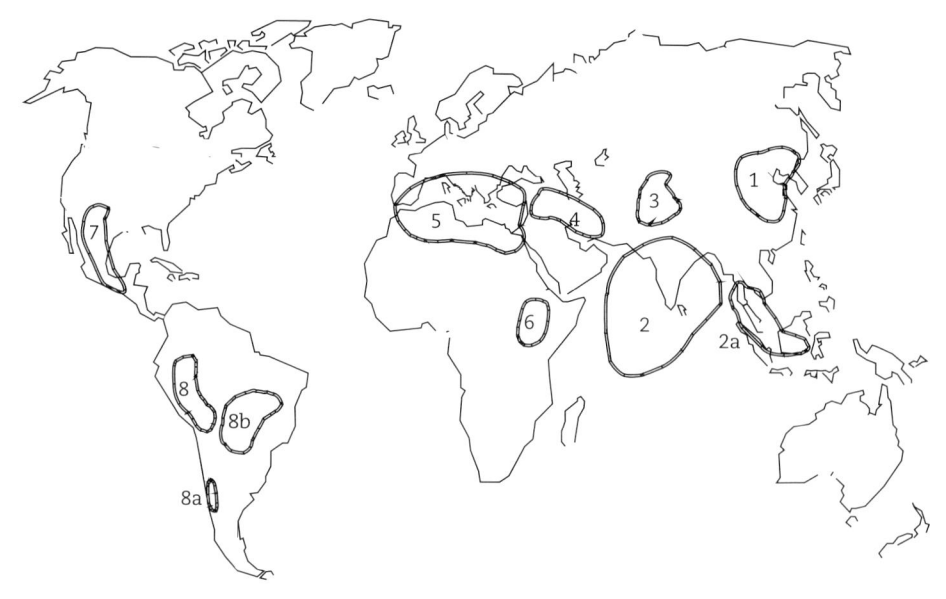

FIG. 5.1 *Localização dos centros de origem das espécies cultivadas*

Frequentemente, uma espécie identificada em um centro é encontrada também em outro. Quando isso ocorre, os tipos em cada um são distintos. Vavilov reconheceu centros primários onde se encontrava a maior diversidade de espécies. Os centros secundários surgiram de tipos que migraram do centro primário. Um exemplo é o milho, cujo centro primário é o México e o secundário, a China.

A importância do conhecimento desses centros de origem ou de diversidade, assim como de suas relações, está fundamentada em dois pontos: (i) ecológico – definir essas áreas como de proteção e conservação, visando preservar genes e variabilidade genética para o futuro; e (ii) melhoramento – aproveitar a variabilidade disponível para desenvolver cultivares superiores aos atuais.

Atualmente, muitos evolucionistas têm indicado que é mais apropriado o termo "centro de diversidade" do que "centro de origem" (Harlan, 1951; Harlan; Zohary, 1966). Harlan (1971) relatou que as espécies atuais sofreram profundas modificações durante o período de pós-domesticação, aumentando a distância genética entre si e seus parentes silvestres. Por exemplo, o trigo hexaploide foi desenvolvido a partir da hibridação de *Aegilops squarrosa* e o trigo tetraploide. Dessa forma, é mais correto dizer que a origem das plantas cultivadas ocorreu de maneira difusa e gradativa no tempo e espaço.

De acordo com estudo conduzido pela Academia Americana de Ciências, de aproximadamente 300.000 espécies vegetais descritas, somente 300 são utilizadas na alimentação humana. Entretanto, dessas 300, oito (arroz, trigo, cana-de-açúcar, milho, sorgo, soja, batata-doce e batata) são responsáveis por 76% do volume total. Amaranto e jojoba apresentam características de alto valor econômico e, por isso, têm sido citadas como espécies que merecem maior atenção dos melhoristas de plantas, para que sejam eliminadas características indesejáveis que inviabilizem a sua exploração em escala maior.

No Quadro 5.1 são apresentadas algumas espécies agronômicas com os respectivos centros de origem.

Quadro 5.1 CENTRO DE ORIGEM DE ALGUMAS ESPÉCIES DE IMPORTÂNCIA AGRONÔMICA

Espécie *Agronômica*	Centro principal	Espécie *Fruteiras e outras*	Centro principal
Alfafa	Ásia Menor	Banana	Etiópia
Amendoim	Brasil/Paraguai		Sudeste Asiático
Cevada	Ásia Menor	Castanha-do-pará	Amazônia
	Etiópia		
Trigo-mourisco	China	Cereja	Ásia Menor
			China/Japão
Milho	América Central	Coco	Sudeste Asiático
	Andes	Tâmara	Ásia Menor
Linho	Etiópia	Figo	Ásia Menor
	Ásia Menor	Uva	Ásia Central
Mandioca	Brasil/Paraguai	Cidra	Sudeste Asiático
Aveia	Ásia Menor		
		Limão	Índia/Birmânia
Arroz	Mediterrâneo	Melão	Ásia Central
	África Ocidental		Índia/Birmânia
	Índia/Miamar	Manga	Índia/Birmânia
	Sudeste Asiático	Azeitona	Mediterrâneo
Centeio	Ásia Menor		Ásia Menor
Trigo	Etiópia	Laranja	China
	Ásia Menor		Índia
Olerícolas			Birmânia
Aspargo	Mediterrâneo	Mamão	Sudeste Asiático
Beterraba	Ásia Menor		América Central
Fava	Ásia Central	Pêssego	China
Couve	Ásia Menor	Pera	Ásia Menor
	Mediterrâneo	Romã	Ásia Menor
Cenoura	Ásia Central	Cabaça	América Central
	Ásia Menor	Seringueira	América do Sul
Couve-flor	Mediterrâneo	Abacaxi	América Central
		Maracujá	Brasil/Paraguai

Quadro 5.1 (Continuação)

Espécie	Centro principal	Espécie	Centro principal
Feijão-comum	América Central	Gergelim	Etiópia Ásia Central
Pepino	Índia/Miamar China/África		
Alho	Ásia Central Ásia Menor	Morango	Sul do Chile Argentina
Alface	Mediterrâneo		
Feijão-de-lima	América Central		
Cebola	Etiópia Ásia Central		
Grão-de-bico	Ásia Menor Ásia Central	Melancia	Ásia Central
Batata	Andes	Cacau	América Central
Rabanete	China		
Tomate	América Central Andes	Café	Etiópia
Nabo	Mediterrâneo		

5.1.1 Erosão genética

Até a década de 1940, os centros de origem eram considerados fontes ilimitadas de variabilidade genética, mas, após a Segunda Guerra Mundial, a agricultura de países em desenvolvimento sofreu profundas mudanças. Concomitantemente, surgiram as primeiras preocupações com a chamada erosão genética, que é a perda de espécies, genótipos ou genes (variabilidade). Esse é um fenômeno irreversível. Pode ocorrer em áreas naturais ou degradadas (devido a queimadas, represas, estradas etc.), em banco de germoplasma mal preservado, ou em programas de melhoramento, devido à seleção intensa. A expansão das fronteiras agrícolas também contribuiu para o desaparecimento dos parentes silvestres das espécies cultivadas.

5.1.2 Vulnerabilidade genética

O desenvolvimento de cultivares com elevado potencial genético tem resultado na gradativa substituição dos antigos cultivares. O fato de novos cultivares apresentarem, em geral, base genética muito estreita, isto é, serem muito aparentados entre si, e a predominância de um restrito número deles ocupando grandes áreas de plantio têm sido considerados riscos para a agricultura, o que é denominado vulnerabilidade genética. Não há, na literatura, exemplos de epidemia comprovadamente causada por essa vulnerabilidade. Alguns autores argumentam que a escolha de genitores produtivos para os blocos de cruzamentos resulta na seleção inconsciente de características como resistência a doenças. Dessa forma, acumulam-se genes de resistência a doenças nos novos cultivares, e estes, mesmo sendo mais uniformes, tornam-se mais resistentes a uma gama de patógenos do que os não melhorados ou mais antigos.

Os centros de diversidade e os bancos de germoplasma possibilitam ao melhorista introduzir características no germoplasma ativo. A importância dos centros de diversidade torna-se mais evidente com a substituição das variedades nativas pelos cultivares. Os últimos, geneticamente mais uniformes que as nativas, são desenvolvidos visando à aptidão para mecanização e monocultivo. O desenvolvimento dos cultivares semianãos de trigo pelo CIMMYT, um dos responsáveis pela Revolução Verde, restaurou o equilíbrio entre a oferta e a demanda dessa espécie no mundo, porém significou a perda de germoplasma local em diversas regiões do planeta. A rápida disseminação desses cultivares na Índia e no Paquistão promoveu a substituição de um grande grupo de cultivares por outro relativamente pequeno em uma área superior a 10 milhões de hectares. Essa substituição resultou no imediato aumento da produtividade, mas atraiu a atenção de alguns geneticistas e ecologistas que se mostraram preocupados com a alta uniformidade genética e a consequente vulnerabilidade a epidemias de doenças e insetos.

Alguns autores afirmam que há razões para se preocupar com a redução na variabilidade genética, citando fatos históricos:

* *Batata*: a fome na Irlanda, em 1840, em razão da epidemia da requeima (*Phytophthora infestans*) nos batatais.
* *Trigo*: a epidemia da ferrugem do colmo do trigo (*Puccinia graminis*) nos Estados Unidos, em 1947.
* *Milho*: a dizimação dos campos de milho híbrido, em alguns países, portador do citoplasma T de macho-esterilidade, em 1970/71, em virtude da helmintosporiose (*Exserohilum turcicum*).

Embora seja justificável enfatizar os riscos da redução da variabilidade genética, em virtude do desenvolvimento de cultivares altamente produtivos e uniformes, não há evidências de que a agricultura atual seja mais vulnerável do que a praticada no início do século XX. Os novos cultivares são responsáveis, em parte, pelo aumento da oferta de alimentos. Deve também ser mencionado que, em relação à resistência às doenças, as variedades crioulas não oferecem qualquer vantagem sobre os cultivares. A expectativa é de que os novos cultivares possuam maior resistência horizontal aos patógenos do que as nativas, em virtude de, durante a seleção de genitores para seu desenvolvimento, o melhorista, muitas vezes inconscientemente, selecionar germoplasma resistente aos principais patógenos, ao incluir os cultivares superiores em seu bloco de cruzamentos (Heiser, 1988).

A eventual vulnerabilidade não se deve intrinsecamente apenas à falta de diversidade entre os cultivares no mercado, mas também à decisão do produtor de plantar um número restrito de cultivares em uma região. Embora deva ser objetivo dos programas de melhoramento desenvolver diversificado e grande número de cultivares produtivos, à medida que se aumentam as exigências para o lançamento de novos cultivares com resistência a doenças, esse número é reduzido, contribuindo para o incremento da vulnerabilidade genética.

5.2 Uso e manutenção de germoplasma

A primeira tentativa de definir o termo *germoplasma* ocorreu na Conferência sobre Exploração, Utilização e Conservação de Recursos Genéticos Vegetais, patrocinada pela FAO, em 1967, em Roma. Frankel e Bennett (1970) relataram:

> Para o pesquisador de um amplo campo de estudos, da evolução à genética e da fisiologia à bioquímica, uma completa representação da variação genética das espécies domesticadas e seus tipos silvestres é uma necessidade. Como Harlan sugere, a evolução de uma única espécie ainda não é completamente conhecida. O que já se conhece não somente explica os caminhos da origem das civilizações, mas também enriquece o entendimento do processo de domesticação e estende a capacidade de desenvolver novos cultivares.

O termo "germoplasma" é considerado vago e impreciso, mas abrange algumas das questões da hereditariedade, deixando espaço para o que está por ser entendido. Conforme relatou Witt (1985), embora de forma imprecisa, *germoplasma* tem sido definido como todo o material hereditário de uma espécie ou, ainda, uma amostra capaz de perpetuar parte da variabilidade genética de uma espécie.

Outros termos comumente usados sobre germoplasma são *subamostra* e *acesso*, os quais se referem respectivamente a: (i) porção de material biológico coletado e (ii) registro de um banco de germoplasma que "tenha a capacidade de manter constantes as frequências alélicas originais da subamostra, ao longo das gerações, na ausência de migração, mutação, seleção e deriva".

O espectro dos recursos genéticos pode ser estabelecido em seis categorias para cada espécie, indicando a ligação evolucionária e ecológica dos tipos domésticos atuais com tipos silvestres, como mostrado a seguir (Chang, 1985):

a. Espécies silvestres do mesmo gênero da cultivada; gêneros encontrados em regiões dos centros de origem primários ou secundários.
b. Variedades nativas ou crioulas e tipos especiais ou estoques genéticos.
c. Linhas puras e cultivares de polinização aberta oriundos de áreas onde o nível tecnológico se manteve relativamente constante nos últimos 50 anos.
d. Cultivares obsoletos, encontrados apenas em bancos de germoplasma.
e. Cultivares em uso desenvolvidos por melhoramento genético e utilizados em área de agricultura intensiva.
f. Outros produtos dos programas de melhoramento ou estudos genéticos.

5.2.1 Coleta de germoplasma

Antes de escolher o método de conservação, é necessário planejar bem a coleta dos acessos a serem incluídos nos bancos de germoplasma. Nesse processo, alguns cuidados e procedimentos precisam ser observados para que a coleta seja feita com sucesso.

Primeiramente, devem-se anotar os chamados "dados de passaporte", como, por exemplo, as coordenadas geográficas do ponto de coleta, uma breve descrição do local, data e horário da coleta etc. No momento da coleta, deve-se ainda ter o cuidado de amostrar toda a variabilidade alélica possível, mantendo as frequências alélicas originais da população. Isso depende muito do sistema reprodutivo da espécie, sendo a maior complexidade observada em alógamas. Para isso, é necessário fazer o balanço ideal entre o número de propágulos coletados e o tamanho efetivo da amostra, visando evitar efeitos gênicos indesejáveis, como a endogamia e a deriva genética. Mais detalhes sobre procedimentos de coleta podem ser encontrados em Vencovsky (1987).

5.2.2 Bancos de germoplasma

Banco de germoplasma é uma coleção viva de todo o patrimônio genético de uma espécie, incluindo acessos dos itens *a* a *f* anteriormente listados.

Há dois métodos básicos para a conservação de germoplasma: *ex situ* e *in situ*. Os bancos de germoplasma funcionam como conservação *ex situ*, em que uma amostra da variabilidade genética de determinada espécie é conservada em condições artificiais, fora do *habitat* da espécie. Em geral, o armazenamento de sementes se faz em temperatura e umidade baixas. Nessas condições, a viabilidade das sementes pode ser preservada por décadas. Todas as sementes do tipo ortodoxo adaptam-se bem ao armazenamento, e a longevidade do material armazenado aumenta, de forma logarítmica, com a redução da temperatura e da umidade. As sementes recalcitrantes não são conservadas por esse método, uma vez que a redução da umidade para abaixo de determinados valores lhes causa danos fisiológicos, a exemplo de sementes de cacau e café. Dados adicionais sobre aspectos fisiológicos e tecnológicos de sementes e o gerenciamento dos bancos de germoplasma são discutidos por Hanson (1985).

São atividades dos bancos de germoplasma: levantamento, aquisição, exploração e coleção; manutenção, multiplicação e rejuvenescimento; e caracterização, avaliação, documentação, distribuição e intercâmbio do maior número possível de amostras do germoplasma dentro das limitações físico-econômicas. O curador do banco de germoplasma deve estabelecer prioridades de coleta, em função do grau de importância, da diversidade e do risco de extinção de acessos. A Fig. 5.2 ilustra uma estratégia de gerenciamento de banco de germoplasma para espécies autógamas.

Os bancos de germoplasma devem possuir duas coleções: coleção-base, preservada no longo prazo, e coleção ativa, preservada no médio prazo.

A coleção ativa, também denominada coleção-núcleo (*core collection*), deve possuir reduzido número de acessos e maximizar o uso do germoplasma. Essa coleção deve ser representativa da coleção-base (70-80% da variabilidade; 10-15% dos acessos); sua função primária é constituir-se na primeira fonte de variabilidade para os programas de melhoramento, de onde sairá a maioria dos acessos distribuídos pelo banco de germoplasma. A coleção-base, contendo o maior número possível de acessos, deve ser utilizada quando a coleção ativa não apresentar acessos com as características desejadas.

As sementes armazenadas em câmaras frias, nos bancos de germoplasma, são mantidas em condições estáticas quanto ao aspecto evolucionário, conforme interesse do melhorista. Todavia, a interrupção do processo evolucionário dos acessos em bancos de germoplasma deve ser vista com critério, posto que a distância genética entre esses acessos e os cultivares em uso tende a aumentar nessa situação.

Nas coleções *in situ*, o germoplasma é preservado no seu *habitat* natural, em reservas cujo ambiente é similar ao da espécie. Muitos desses bancos de germoplasma *in situ* não são reconhecidos como tal, principalmente pela terminologia que recebem (exemplos: reserva biológica, parque natural etc.). Obviamente, nem todos os parques naturais são bancos de germoplasma, uma vez que a preservação de seus recursos não é monitorada. Um exemplo típico de banco de germoplasma *in situ* localiza-se no oeste mexicano, onde aproximadamente 140.000 ha da Serra de Manantlan foram designados como reserva biológica de

Zea diploperennis (teosinto diploide perene), um parente silvestre do milho, cuja população é periodicamente monitorada com a finalidade de verificar o risco de extinção de acessos.

A preservação de germoplasma *in vitro* é especialmente apropriada para as espécies propagadas vegetativamente e para aquelas de sementes recalcitrantes. Com o

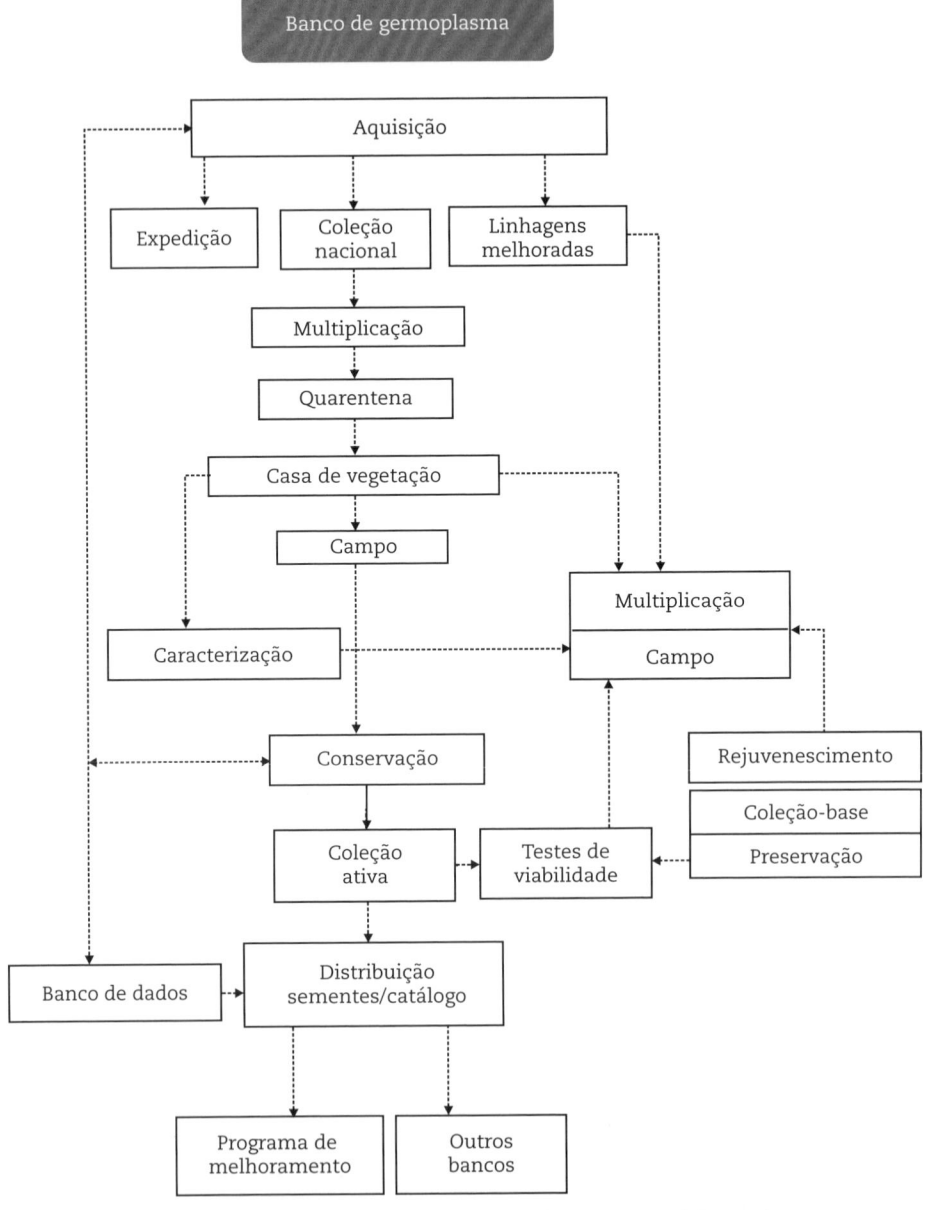

FIG. 5.2 *Estratégia de gerenciamento de banco de germoplasma para espécies autógamas*

avanço das técnicas de biologia molecular, a preservação de genes ou do genoma completo de uma espécie em bancos gênicos de DNA poderá ser uma alternativa.

A seguir estão listados alguns dos mais importantes bancos de germoplasma em diferentes países:
* Associação da África Ocidental para Desenvolvimento do Arroz (WARDA) – Bouake, Costa do Marfim.
* Banco de Germoplasma da Batata – Braunschweig, Alemanha.
* Banco de Germoplasma Nórdico – Lund, Suécia.
* Centro Internacional de Agricultura para Áreas Semiáridas (ICARDA) – Aleppo, Síria.
* Centro Internacional de Agricultura Tropical (CIAT) – Cali, Colômbia.
* Centro Internacional de La Papa (CIP) – Lima, Peru.
* Centro Internacional de Melhoramento de Milho e Trigo (CIMMYT) – El Batan, México.
* Centro Internacional para Melhoramento da Banana e Plátano (INIBAP) – Montferrier-sur-Lez, França.
* Centro Nacional de Recursos Genéticos e Biotecnologia (CENARGEN) – Brasília, Brasil.
* Instituto de Melhoramento de Plantas – Cambridge, Inglaterra.
* Instituto de Produção de Plantas Vavilov – St. Petersburgo, Rússia.
* Instituto Internacional de Agricultura Tropical (IITA) – Ibadan, Nigéria.
* Instituto Internacional de Pesquisa dos Trópicos Semiáridos (ICRISAT) – Hyderabad, Índia.
* Instituto Internacional de Pesquisa em Arroz (IRRI) – Manila, Filipinas.
* Instituto Internacional de Recursos Genéticos Vegetais (IPGRI) – Roma, Itália.
* Jardim Botânico Real – Kew, Inglaterra.
* Laboratório Nacional de Sementes, USDA – Fort Collins, Colorado, EUA.
* Serviço de Pesquisa Agropecuária, USDA – Beltsville, Maryland, EUA.

Essas e muitas outras instituições não mencionadas acumulam mais de 1.000.000 de acessos das mais importantes espécies.

Banco mundial de germoplasma Svalbard

Situado na ilha Spitsbergen, próximo à cidade de Longyearbyen, no remoto arquipélago ártico Svalbard, na Noruega, este banco de germoplasma é o repositório com a maior segurança já construído para armazenar germoplasma. A ilha Spitsbergen está a cerca de 1.120 km do polo Norte. Criado para preservar ampla amostra do germoplasma em uma caverna construída no subsolo, está constantemente sob uma espessa camada de gelo. Esse banco possui duplicatas de acessos de outros bancos de germoplasma, com o objetivo de garantir disponibilidade de recursos genéticos mesmo na ocorrência de perdas em outros bancos, ou mesmo em casos de uma catástrofe global.

O banco de germoplasma Svalbard (Figs. 5.3 e 5.4) está funcionando sob a responsabilidade do governo norueguês, do Fundo Global para Diversidade das Espécies Cultivadas (Global Crop Diversity Trust) e do Centro de Recursos Genéticos da Noruega. A construção desse banco de germoplasma custou US$ 45 milhões e foi patrocinada pelo governo norueguês; no entanto, para sua manutenção, recursos de vários países são alocados, inclusive do Brasil.

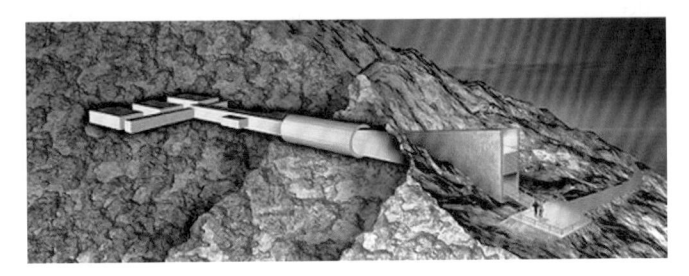

FIG. 5.3 *Esquema ilustrativo do banco de germoplasma subterrâneo de Svalbard, Noruega*

FIG. 5.4 *Foto da entrada do banco de germoplasma de Svalbard*

Na Tab. 5.1 apresenta-se uma amostra dos acessos preservados em bancos de germoplasma de diversas espécies.

Convencionalmente, o germoplasma é mantido na forma de sementes, em razão da facilidade de manuseio, do pequeno espaço requerido e da longevidade quando em condições ideais de armazenamento. O custo de manutenção de viveiros de germoplasma de espécies que se propagam vegetativamente é muitíssimo elevado.

A possibilidade de regeneração de plantas a partir de células somáticas, ou gaméticas, e meristemas é uma alternativa atrativa na preservação de germoplasma. As vantagens associadas à preservação *in vitro* incluem: (i) pequeno espaço para manutenção de grande número de acessos; (ii) manutenção de acessos livres de pragas e doenças; (iii) não requerimento de podas; (iv) potencial para rápida produção de grande número de plantas; e (v) desnecessidade de quarentena por ocasião do intercâmbio internacional de germoplasma. Uma das possíveis limitações dessa preservação, no entanto, é a variação somaclonal, que ocorre entre indivíduos regenerados de cultura de tecidos, podendo ser fisiológica, epigenética ou genética, como resultado do processo de cultivo *in vitro*. Em geral, os tipos decorrentes da variação somaclonal, com os cultivos *in vitro*, são inferiores ao material que lhes deu origem, à semelhança do que ocorre com as mutações.

Tab. 5.1 Número estimado de acessos de algumas espécies em bancos de germoplasma

Espécies	Número de acessos	Porcentagem total	
		Cultivares	Espécies silvestres
Algodão	30.000	75	20
Arroz	215.000	75	10
Batata	42.000	95	40
Cacau	5.000	*	*
Cana-de-açúcar	23.000	70	5
Cevada	280.000	85	20
Feijão	105.000	50	10
Mandioca	14.000	35	5
Milho	100.000	95	15
Soja	100.000	60	30
Tomate	32.000	90	70
Trigo	410.000	95	60

* Dados não disponíveis.

Há duas opções para a preservação de germoplasmas *in vitro*: congelamento e câmaras frias. Na preservação por congelamento, o material é mantido na temperatura do nitrogênio líquido, a aproximadamente –196 °C. Nessa temperatura, as células permanecem completamente inativas. Esse método já é utilizado, há várias décadas, para preservação de sêmen animal para inseminação artificial.

O germoplasma também pode ser preservado em baixas temperaturas (de 1 °C a 9 °C). Nestas, o envelhecimento do material é reduzido, mas não completamente bloqueado, como no congelamento. Consequentemente, a repicagem de meios de cultura só é necessária esporadicamente.

É importante ressaltar que esses vários métodos de conservação não são excludentes, mas complementares. Dependendo da espécie, do período de conservação e do tamanho do germoplasma a ser conservado, mais de um meio pode ser usado para essa finalidade.

Utilização da diversidade genética dos bancos de germoplasma

Para que a diversidade genética disponível nos bancos de germoplasma seja utilizada, é necessário que os acessos sejam caracterizados e documentados de forma que o melhorista possa identificar os potencialmente úteis para seu programa de melhoramento. Os bancos de germoplasma dispõem dessa informação em bancos de dados informatizados, que permitem a identificação de acessos com características específicas, como reação a doenças, teor de óleo e proteínas, atributos morfológicos e fisiológicos, grupos de maturação e ciclo.

O Departamento de Agricultura Americano (USDA) criou o Germplasm Resources Information Network (GRIN), uma rede de instituições com melhoristas dedicados à preservação da variabilidade genética. O GRIN possui um banco de dados informatizado com documentação disponível sobre o germoplasma de diversas espécies. Nesse banco de dados, o melhorista pode localizar acessos com características específicas e solicitá-los ao Laboratório Nacional de Sementes (USDA), em Fort Collins, Colorado (EUA). O banco de dados do GRIN está disponível na versão para microcomputadores (pcGRIN), que pode ser obtida por melhoristas, cientistas ou organizações de pesquisa, gratuitamente, no seguinte endereço:

The Database Manager
GRIN Database Management Unit
10300 Baltimore Blvd.
Room 330, Bldg. 003, BARC-West
Beltsville, MD 20705
http://www.ars-grin.gov/aboutgrin.html

Harlan (1975) propôs a divisão do germoplasma de uma espécie em três grupos gênicos:

a. *Grupo gênico primário*: inclui as espécies cultivadas e as silvestres que apresentam características potencialmente úteis e podem ser transferidas imediatamente para um programa de desenvolvimento de cultivares. Essas espécies devem-se intercruzar facilmente, produzindo progênies viáveis.

b. *Grupo gênico secundário*: inclui as espécies silvestres que podem doar genes para as espécies cultivadas, dentro de certas restrições. Os cruzamentos interespecíficos em geral resultam em híbridos raquíticos, em que o emparelhamento cromossômico durante a meiose é anormal e os híbridos tendem a ser estéreis.

c. *Grupo gênico terciário*: abrange os acessos geneticamente mais distantes da espécie de interesse. A transferência de características de espécies desse grupo para as espécies cultivadas requer técnicas especiais, como o resgate de embriões em meio de cultura. Se for possível obter o híbrido, provavelmente este será estéril, e técnicas de enxertia ou cultura de tecidos serão necessárias para a obtenção de plantas desejáveis.

Para o desenvolvimento de cultivares, o melhorista utiliza como genitores, em primeira instância, cultivares e linhagens adaptadas à região a que se destinam. Muitos melhoristas preferem os cruzamentos dos tipos cultivar adaptado × cultivar adaptado ou cultivar superior × cultivar superior, para garantir que as progênies apresentem maior probabilidade de adaptação e maior número de características agronômicas em níveis satisfatórios. Quando a variabilidade genética desse material não é satisfatória, o melhorista lança mão de genótipos exóticos ou acessos provenientes dos bancos de germoplasma, dando preferência aos do grupo gênico primário. As espécies silvestres frequentemente apresentam características que cultivares não devem possuir, como deiscência de vagem, acamamento, dormência de sementes e sementes de tamanho pequeno. O desenvolvimento de um cultivar a partir de tipos silvestres envolve vários ciclos de seleção ou a utilização de retrocruzamentos.

O grupo gênico secundário e, com maiores razões, o gênico terciário não são, em geral, considerados fonte de genes para o desenvolvimento direto de novos cultivares, a não ser que as características desejáveis não estejam presentes no grupo gênico primário. O melhorista que deseja utilizar genes presentes nos grupos gênicos secundário e terciário deve estudar a viabilidade da aplicação de recursos e tempo na transferência gênica e da eliminação das características indesejáveis.

A insuficiente diversidade genética entre os genitores utilizados em cruzamentos reduz a variabilidade genética dos caracteres quantitativos. Em razão disso, o progresso genético do melhoramento com as características selecionadas pode ser limitado.

É difícil avaliar se o platô para produtividade foi atingido em uma espécie ou mesmo em um germoplasma, porque os incrementos de produtividade não ocorrem em taxa constante. Os programas de melhoramento que enfatizam várias características, além da produção de grãos, podem criar um platô virtual, em razão das restrições impostas a outros grupos de características. Todavia, não existem evidências de que um platô de produtividade tenha sido atingido ou que isso esteja prestes a acontecer nas principais espécies cultivadas (Duvick, 1990).

Variabilidade genética
de novo

A variabilidade genética é um dos princípios da vida, e o reino vegetal, com sua vasta complexidade, não teria se desenvolvido na sua ausência. Pode-se adicionar uma nova variabilidade genética *de novo* ao germoplasma por meio de mutações *crossing over* desigual, transformação via técnicas do DNA recombinante e mutações somaclonais. Novos genes mutantes podem ser então incorporados ao genoma dos cultivares melhorados. Um bom exemplo disso é o gene mutante de tolerância à imidazolinona, uma molécula herbicida utilizada na cultura do arroz. Cultivares de arroz que possuem esse gene são tolerantes a esse herbicida, e o arroz-vermelho, importante invasor e da mesma espécie do arroz, pode ser controlado. Esse gene é originário da própria espécie e foi patenteado nos Estados Unidos. Variedades com esse gene são transgênicas.

6.1 Mutações

O termo *mutação* foi cunhado pelo botânico holandês Hugo de Vires. Entre 1901 e 1903, ele publicou duas monografias sobre a teoria da mutação. Vires iniciou seu trabalho vários anos antes que as leis de Mendel fossem redescobertas. Trabalhando com minuana (*Oenothera lamarckiana*), uma planta campestre de pétalas amarelas, da família das Enoteráceas, ele demonstrou que essa espécie produzia mudanças hereditárias que refletiam em profundas alterações morfológicas, as quais denominou *mutações*. A partir do seu trabalho, diversos outros surgiram.

O material genético dos organismos superiores é o ácido desoxirribonucleico (DNA), que é altamente diverso e contém milhões de diferentes combinações de bases púricas e pirimídicas. Mutações podem ocorrer espontânea e aleatoriamente na natureza ou em razão de fatores ambientais. Mudanças nos nucleotídeos do DNA causam variações no código que sinaliza para o mRNA. Consequentemente, durante a síntese proteica, um aminoácido diferente pode ser ligado à cadeia proteica que se forma. Essas mudanças podem também ser causadas por aberrações cromossômicas (deleção, duplicação, inversão ou translocação).

A frequência com que as mutações ocorrem espontaneamente em nível gênico é de aproximadamente 10^{-6} por geração, e pode ser elevada para 10^{-3} quando o material genético é submetido a agentes químicos, tratamentos físicos etc. Há ainda a tendência de alguns genes mutarem mais frequentemente que outros.

Em relação à sua utilidade, as mutações podem ser úteis, detrimentais ou neutras. Como o seu processo é aleatório, a maioria delas é neutra. Quando o alelo mutante se encontra em homozigose, as mutações podem ocorrer e resultar em uma característica favorável. Muitas das mutações detrimentais são eliminadas por seleção natural ou artificial.

Em 1927, Muller demonstrou que raios X induzem mutações em *Drosophila* sp. No ano seguinte, Stadler verificou que raios X e também raios gama induziam mutações em cevada. Desde então, grande número de estudos tem sido realizado envolvendo os efeitos das radiações, tanto do ponto de vista básico como do aplicado.

6.2 Agentes mutagênicos

Os mutagênicos físicos são basicamente os raios ultravioleta e as radiações ionizantes, principalmente raios X e raios gama, partículas alfa e beta, prótons e nêutrons. Cada um desses mutagênicos tem características próprias, que devem ser consideradas quando eles são utilizados. Evidências experimentais indicam que os mutagênicos físicos são mais eficientes na obtenção de mutantes.

Raios gama são radiações eletromagnéticas ionizantes, que podem penetrar muitos centímetros nos tecidos. Podem ser obtidos por radioisótopos (núcleos instáveis que emitem radiações) ou de reatores em reações nucleares. Seu uso é semelhante ao dos raios X, tendo a vantagem de serem utilizados para tratamentos prolongados e em casas de vegetação ou em campo (as plantas ficam expostas aos raios gama durante o seu desenvolvimento). O cobalto 60 e o césio 137 são as principais fontes de raios gama utilizadas em trabalhos de radiobiologia. O césio 137 é usado em muitas instituições de pesquisa, pois tem meia-vida maior (30 anos) que a do cobalto 60 (5,3 anos). A maioria das fontes de raios gama utilizada para estudos genéticos e botânicos encontra-se em casas de vegetação, câmaras controladas de crescimento ou em câmaras de irradiação com proteção adequada.

Todas as partes das plantas podem ser irradiadas, mas algumas são mais fáceis do que outras. Por exemplo, sementes e pólen são de fácil manipulação. As sementes são preferidas em muitos trabalhos de indução de mutações por radiação, porque podem ser irradiadas em muitos ambientes onde, talvez, não sobreviveriam outras partes de plantas; podem ser secas, umedecidas, aquecidas ou congeladas; e podem ser mantidas por extensos períodos em vácuo quase livre de oxigênio ou outros gases, além de serem fáceis de manusear e transportar.

A frequência de mutações é proporcional à dose de raios gama, isto é, com o aumento da irradiação ocorre elevação do número de mutações gênicas e de aberrações cromossômicas, além de efeitos fisiológicos mais severos, que podem levar à morte dos órgãos irradiados. Assim, com dosagens elevadas, o número de mutações observado é reduzido consideravelmente e a frequência deixa de aumentar linearmente.

Entre os vários fatores que influenciam a radiossensibilidade das sementes, destacam-se: conteúdo hídrico das sementes, oxigênio e temperatura.

Auerbach e Robson, em 1942, foram os primeiros a demonstrar que drogas químicas poderiam ser utilizadas para induzir mutações. Tratando machos de *Drosophila* sp. com gás mostarda, esses autores observaram mutações letais e viáveis nos descendentes idênticas às induzidas por raios X (Auerbach; Robson, 1942). A partir daí, intensificaram-se as pesquisas nesse campo, e hoje há uma série de produtos capazes de induzir mutações em plantas. Desses, somente alguns são realmente úteis aos programas de indução de mutações. Os agentes alquilantes são os mais importantes mutagênicos químicos para indução de mutações em plantas cultivadas, pois têm um ou mais grupos alquilas reativos que podem ser transferidos para outras moléculas em posições com densidade de elétrons suficientemente alta. Todas essas substâncias reagem com o DNA por meio da alquilação de grupos fosfatados, bem como de purinas e pirimidinas. A Fig. 6.1 ilustra o esquema do mecanismo de ação dos agentes alquilantes. Entre esses agentes, podem ser citados o gás mostarda, a etilenimina, o dimetilsulfato, o dietilsulfato, o etilmetanossulfonato (EMS) e o "myleran".

```
Alquilante ↘
   G   ⇨   G'      A
   |||      ||      ||
   C        T  ⇨   T
```

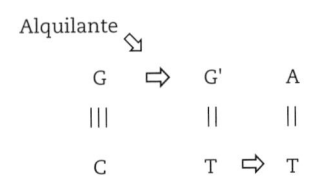

FIG. 6.1 *Adição de etil ou metil à guanina, por ação de alquilantes, durante a replicação do DNA*

A adição do radical etil ou metil à guanina (G), por ação de agentes alquilantes, durante a replicação do DNA, resulta em pareamento da guanina alquilada (G') com timina (T). A base guanina alquilada pode-se desprender do DNA, deixando espaço que pode ser preenchido por outra base, a exemplo da adenina (A).

Em trabalhos com mutagênicos químicos, alguns parâmetros devem ser levados em consideração, sendo os principais a concentração, a duração do tratamento e a temperatura. Além desses, vários fatores podem ocorrer antes, durante ou após o tratamento, alterando a ação dos mutagênicos, a exemplo do teor de umidade das sementes.

Quanto à escolha do mutagênico a ser utilizado, embora alguns possam ser considerados mais eficientes do que outros, muitas vezes o pesquisador é limitado pela disponibilidade e facilidade no local do trabalho. Na maioria dos melhoramentos usa-se a radiação gama ou EMS.

Realizado o tratamento mutagênico, a etapa seguinte é a obtenção do material no qual será feita a triagem à procura dos mutantes. As plantas de propagação sexuada, diretamente originárias do tratamento de sementes M_1, são consideradas da geração M_1 e produzem sementes M_2. As plantas provenientes de sementes M_2 são da geração M_2 e produzem sementes M_3, e assim por diante.

O tratamento com mutagênicos físicos ou químicos, de especial interesse no melhoramento de plantas, resulta em alterações fisiológicas, mutações gênicas e aberrações cromossômicas. Os danos fisiológicos são restritos à geração M_1, enquanto as mutações gênicas e as aberrações cromossômicas podem ser transferidas da geração M_1 para as seguintes. Para fins práticos, os danos fisiológicos mais importantes são a retardação do crescimento e a morte. A triagem deve ser iniciada a partir da geração M_2, em razão dos efeitos fisiológicos produzidos na geração M_1, da natureza quimérica das plantas M_1 e de as mutações induzidas, em sua maior parte, serem recessivas.

6.3 Indução de mutações no melhoramento de plantas

As mutações têm sido utilizadas no desenvolvimento de cultivares de soja, feijão, arroz, trigo, cevada, alface, tomate e citros, além de outras espécies. Embora a aplicação prática de agentes mutagênicos no desenvolvimento de cultivares esteja bem demonstrada, o número de cultivares desenvolvidos por indução da mutação é muito pequeno quando comparado ao obtido por hibridação e seleção. A mutagênese recebeu muita atenção durante as décadas de 1950 e 1960, quando alguns pesquisadores defendiam que o uso de agentes mutagênicos revolucionaria o melhoramento de plantas. Nessas décadas de intensa atividade nessa área, demonstrou-se o valor limitado da mutagênese no melhoramento de plantas, especialmente para os caracteres quantitativos.

Atualmente, as mutações têm sido mais indicadas para os casos em que a característica procurada não existe no germoplasma da espécie e não se deseja utilizar eventos transgênicos no cultivar. Têm-se utilizado mutagênicos para obter genes mutantes, e não mais para produzir um cultivar. Depois de obtido o mutante em uma planta não comercial, transfere-se esse gene por retrocruzamento para o cultivar ou para um dos genitores, no caso de híbridos. Outros casos de uso rotineiro de mutações são em espécies de propagação restritamente vegetativa, como o alho, ou ainda espécies em que é difícil obter progênies, como alguns grupos de bananeira. Existem também situações em que há padrões bem estabelecidos de cultivares, e busca-se apenas a correção de pequenos "defeitos" neles. Um exemplo é a maçã, em que os cultivares Gala e Fuji dominam o mercado; atualmente são lançadas apenas variações desses tipos.

6.4 Transformação gênica

A partir da década de 1970, a biologia molecular desenvolveu-se a ponto de ser possível isolar genes de um organismo, cloná-los e introduzi-los em outros organismos. A técnica do DNA recombinante, em princípio, preconiza o isolamento de um gene de um organismo, sua clonagem e, posteriormente, sua transferência para o organismo receptor por intermédio de um vetor, conforme ilustrado na Fig. 6.2.

A transferência de genes por meio de transformação gênica tem sido facilitada por um sistema natural presente em *Agrobacterium tumefaciens*, uma bactéria que possui o plasmídio Ti e que

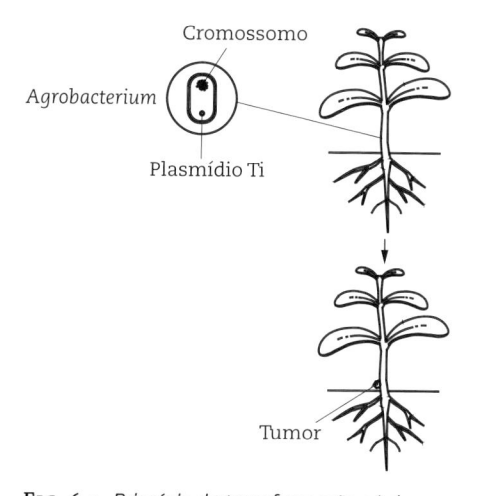

Fig. 6.2 *Princípio da transformação gênica mediada por* Agrobacterium tumefaciens

infecta muitas espécies de interesse agronômico, induzindo-as à formação de tumor na região hipocotiledonar, onde se processa a transformação.

O processo de transformação envolve a introdução do gene a ser transferido no genoma circular do plasmídio Ti. Durante a infecção promovida por *Agrobacterium* na espécie a ser transformada, um segmento do plasmídio Ti, denominado T-DNA, é incorporado ao genoma nuclear da espécie receptora.

A eficiência da transformação depende da habilidade de *Agrobacterium* em transformar células do tecido do receptor, da disponibilidade de um sistema de seleção de células transformadas e de um sistema de regeneração a partir dessas células, bem como da estabilidade do DNA incorporado no genoma da planta receptora.

Sistemas alternativos utilizados para transformação gênica incluem biobalística, eletroporação e microinjeção.

O sistema de biobalística envolve a aceleração de micropartículas impregnadas de DNA, que penetram nas células dos tecidos. Os microprojéteis podem ser acelerados com uma descarga de gás hélio comprimido ou descarga elétrica. O DNA aderido às micropartículas é solubilizado no interior das células e incorporado ao DNA da planta receptora.

A eletroporação abrange a formação de poros temporários nas membranas celulares através de descargas elétricas, e moléculas de DNA podem-se difundir por esses poros criados. Tipicamente, protoplastos são usados nesse sistema.

A técnica do DNA recombinante abre ao melhorista o acesso a um novo e variado conjunto de genes, inacessível com as técnicas convencionais. Com ela, a variabilidade genética passível de uso não se restringe mais ao germoplasma da espécie trabalhada, mas se amplia a todos os genes de todos os organismos, independentemente do reino, filo, ordem ou espécie dos quais ele se origina. A transformação gênica é rotineira em tabaco, milho, alfafa, algodão, tomate, mamão, trigo, sorgo, soja e outras espécies.

6.5 Variação somaclonal

Em princípio, plantas regeneradas de culturas *in vitro* são fenotípica e geneticamente idênticas à que lhes deu origem. Entretanto, dependendo do meio de cultura, da idade das células, do genótipo, do efeito de luz e da temperatura, um surpreendente número de tipos diferentes pode ser observado. Larkin e Scowcraft (1981) cunharam o termo "variação somaclonal" para descrever esse tipo de variabilidade proveniente do cultivo *in vitro*.

A variabilidade apresentada em plantas regeneradas de cultura de tecidos pode ser de natureza fisiológica, epigenética ou genética. As variações fisiológicas são as que ocorrem em resposta a dado estímulo, mas que desaparecem quando este é removido. Já as variações epigenéticas estão relacionadas à regulação gênica e persistem mesmo após a remoção do estímulo, mas não são herdadas pela progênie de origem sexual. Por fim, as variações genéticas são herdáveis e constituem material de interesse para o melhorista.

Entre as possíveis causas das variações somaclonais, destacam-se *crossing over* somático entre cromátides-irmãs, ativação de transposones, amplificação gênica, aberrações cromossômicas e alteração do cariótipo da espécie. Embora a origem da maioria das variações somaclonais seja desconhecida, elas podem constituir importante fonte de variabilidade em casos específicos.

O mais frequente tipo de variante somaclonal são as deficiências de clorofila. Para muitas das espécies agronômicas, as variações somaclonais não têm valor, porém para algumas espécies ornamentais elas podem ser interessantes. O segundo tipo de variante mais frequente relaciona-se com a alteração do número de cromossomos e sua estrutura. Esses tipos podem ter valor principalmente para as espécies propagadas vegetativamente, como a batata e a cana-de-açúcar.

Se alguma variação somaclonal desejável for detectada, ela poderá ser utilizada, desde que seja estável.

sete

Herdabilidade

A proporção genética da variabilidade total é denominada herdabilidade. No sentido restrito, herdabilidade é a proporção da variabilidade observada em razão dos efeitos aditivos dos genes.

O conhecimento da variabilidade fenotípica, resultado da ação conjunta dos efeitos genéticos e de ambiente, é de grande importância para o melhorista na escolha dos métodos de melhoramento, dos locais para condução dos testes de avaliação da produtividade e do número de repetições, bem como na predição dos ganhos de seleção. Obviamente, as variações de ambiente ofuscam as de natureza genética. Quanto maior for a proporção da variabilidade decorrente do ambiente em relação à variabilidade total, mais difícil será selecionar genótipos de forma efetiva.

7.1 Componentes da herdabilidade

O fenótipo é o resultado da expressão gênica modificada pelo ambiente. Algebricamente, o fenótipo pode ser expresso por:

$$P_i = \mu + g_i + e_i + (ge)_i$$

em que:
P_i = fenótipo observado;
μ = média geral;
g_i = efeito do genótipo;

e_i = efeito do ambiente;

$(ge)_i$ = efeito da interação genótipo × ambiente.

O conhecimento da magnitude do efeito do ambiente é importante, uma vez que o melhorista nem sempre pode prever suas variações.

As diferenças nos valores fenotípicos são condicionadas por fatores genéticos e ambientais e pela interação entre genótipos e ambiente. Assim, o valor fenotípico é variável e seus componentes podem ser determinados por análise de variância, fazendo-se:

$$\sigma_p^2 = \sigma_e^2 + \sigma_g^2 + \sigma_{ge}^2$$

O componente de variância σ_e^2 é uma medida das fontes de variação não controláveis. Esse componente é geralmente denominado erro experimental ou variância de ambiente. Já o componente de variância σ_{ge}^2 representa as diferenças entre fenótipos causadas pela interação genótipo × ambiente, e o componente de variância σ_g^2 é causado pelas diferenças genéticas entre os indivíduos. Se os genes expressam efeitos aditivos, o valor genotípico da característica em questão pode ser aumentado ou reduzido pela substituição de um alelo. Por exemplo, se A_1A_1 apresenta altura de 60 cm, A_2A_2 de 80 cm e A_1A_2 de 70 cm, isso significa que a presença de A_2 resulta em uma alteração de 10 cm. Alguns genes expressam o efeito dominante de forma que a presença de um alelo resulta no aumento do valor genotípico. Nesse caso, A_1A_2 terá o valor de 80 cm em vez de 70 cm. Ainda pode ocorrer interação entre diferentes genes, o que se denomina epistasia. Por exemplo, A_1A_2 expressa efeito aditivo na presença de B_1B_1, ou seja, 70, mas expressa efeito dominante diante de B_2B_2, ou seja, 80. Assim, a variância genotípica (σ_g^2) pode ser subdividida em variâncias aditiva (σ_A^2), de dominância (σ_D^2) e epistática (σ_I^2). Os valores de cada componente de variância podem ser estimados experimentalmente:

$$\sigma_p^2 = \sigma_A^2 + \sigma_D^2 + \sigma_I^2 + \sigma_e^2 + \sigma_{ge}^2$$

No sentido amplo, a herdabilidade (H ou h²) pode ser definida como a razão da variância genotípica (σ_g^2) pela fenotípica (σ_p^2), isto é:

$$h^2 = \frac{\sigma_g^2}{\sigma_p^2}$$

No sentido restrito, a herdabilidade pode ser definida como a razão da variância aditiva (σ_A^2) pela fenotípica (σ_p^2):

$$h^2 = \frac{\sigma_A^2}{\sigma_p^2}$$

$$h^2 = \frac{\sigma_A^2}{\sigma_A^2 + \sigma_D^2 + \sigma_I^2 + \sigma_e^2 + \sigma_{ge}^2}$$

A herdabilidade no sentido restrito é mais útil, uma vez que quantifica a importância relativa da proporção aditiva da variância genética, que pode ser transmitida para a próxima geração.

A herdabilidade varia de acordo com as diversas características agronômicas. Uma das teorias é que as características que se desenvolvem em um curto período estariam menos sujeitas ao ambiente e, dessa forma, apresentariam maior herdabilidade do que as sujeitas a maior período. Considere-se, por exemplo, a fenologia da aveia apresentada na Fig. 7.1.

```
|—————————————— Produção de grãos ——————————————|
                     95 dias

|Perfilhamento|    |Florescimento|    |Peso de sementes|
   14 dias          21 a 40 dias          30 dias

              |Altura das plantas|
                    20 dias

              |Comprimento do grão|
                     8 dias

              |Diâmetro do grão|
                  25 a 30 dias
```

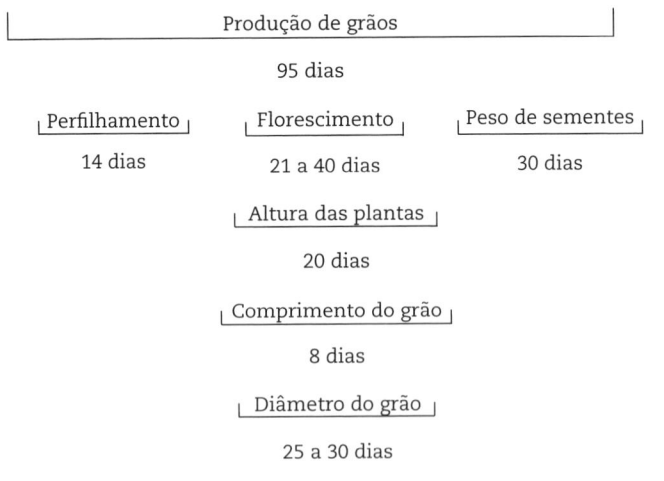

FIG. 7.1 *Diagrama do ciclo fenológico da aveia*

Enquanto a produção de grãos é afetada pelo ambiente durante todo o ciclo da cultura, seu diâmetro é determinado durante 25 a 30 dias e o comprimento, em apenas oito dias. Essa teoria advoga que, quanto menor o período fenológico de desenvolvimento de uma característica, maior é a herdabilidade. Dessa forma, o comprimento do grão apresentaria maior valor de herdabilidade do que o diâmetro, e este, maior valor do que a produção de grãos.

7.2 Fatores que afetam a herdabilidade

As estimativas de herdabilidade variam com: (i) a característica; (ii) o método de estimação; (iii) a diversidade na população; (iv) o nível de endogamia da população; (v) o tamanho da amostra avaliada; (vi) o número e o tipo de ambiente considerados; (vii) a unidade experimental considerada; e (viii) a precisão na condução do experimento e da coleta de dados. Entre os métodos de cálculo da herdabilidade, alguns a calculam no sentido restrito e outros, no sentido amplo. Entretanto, alguns geram estimativas intermediárias entre as duas. Populações formadas a partir de cruzamento de genitores divergentes apresentam maior variabilidade e, consequentemente, maior variância genotípica, tendendo a mostrar maiores valores de herdabilidade do que aquelas com menor variabilidade (Fig. 7.2).

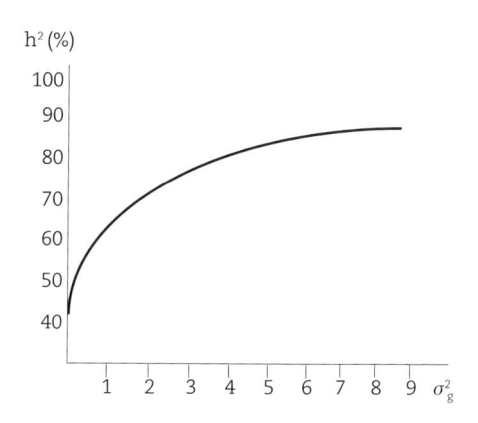

FIG. 7.2 *Relação entre herdabilidade, expressa em desvio-padrão, e variância genética para dias de florescimento de linhagens de aveia de 22 cruzamentos*

As estimativas de herdabilidade são feitas em amostras da população, portanto seu tamanho e representatividade afetam os valores obtidos.

O número de ambientes afeta a estimação da herdabilidade, em razão da interação genótipo × ambiente. Além disso, a intensidade do estresse dos ambientes é importante. Estimativas obtidas em ambientes com condições adversas são diferentes daquelas calculadas em condições ideais. Alguns melhoristas afirmam que avaliações conduzidas em ambiente com o mínimo de estresse permitem a máxima manifestação da variabilidade genética e, consequentemente, a obtenção de maiores estimativas de herdabilidade. Esse grupo afirma que os melhores genótipos em condições ideais também seriam superiores em ambiente com estresse. Já outros acreditam que os melhores genótipos para um ambiente com estresse não são os mesmos para um ambiente de condições ideais, pois o controle genético é diferenciado nas duas situações. Há evidências que suportam ambas as teorias, embora sejam contrastantes. Rasmusson e Glass (1967) ilustraram o efeito do número de repetições, do ano e da localidade nas estimativas de herdabilidade de duas características de cevada (Tab. 7.1).

Na Tab. 7.1, observa-se que há baixa variabilidade do conteúdo de nitrogênio na população 2 e que o teste com três repetições em dois locais permite ganho genético satisfatório para produtividade, enquanto três repetições em um local e um ano são suficientes para o conteúdo de nitrogênio. Esses dados demonstram que a herdabilidade não é uma característica estática, porém varia conforme uma série de fatores, entre eles a população, a geração considerada, o ambiente, a unidade experimental na qual os dados para se estimar a herdabilidade são coletados etc.

A herdabilidade pode ser estimada com base em dados de uma única planta, em uma parcela, ou com base na média da parcela. Por exemplo, a herdabilidade para acamamento em soja é extremamente baixa quando estimada em dados de uma planta e alta com base na média das parcelas.

TAB. 7.1 ESTIMATIVAS DE HERDABILIDADE PARA A PRODUTIVIDADE DE GRÃOS E CONTEÚDO DE NITROGÊNIO EM DUAS POPULAÇÕES DE CEVADA, TESTADAS EM SEIS DIFERENTES SITUAÇÕES

Tipo de teste	População	Produtividade de grãos (bushel/acre)	Nitrogênio (%)
1 repetição e 1 local	1	17,2	47,9
	2	17,6	4,7
2 repetições e 1 local	1	26,7	57,9
	2	26,1	7,6
3 repetições e 1 local	1	32,8	62,3
	2	31,1	9,5
3 repetições e 2 locais	1	47,7	75,4
	2	42,7	13,7
3 repetições e 2 anos	1	49,4	75,3
	2	44,4	16,3
3 repetições, 2 anos e 2 locais	1	64,6	84,9
	2	57,3	22,5

Fonte: Rasmusson e Glass (1967).

A condução criteriosa da avaliação da população resulta em menor erro experimental e, por conseguinte, em maior herdabilidade. De igual forma, a precisão na coleta dos dados refletirá na magnitude das estimativas de herdabilidade.

A herdabilidade calculada com base na média das parcelas pode ser obtida pela fórmula:

$$h^2 = \frac{\hat{\sigma}_g^2}{\left(\hat{\sigma}_e^2 / rl\right) + \left(\hat{\sigma}_{ge}^2 / l\right) + \hat{\sigma}_g^2}$$

em que:
r = número de repetições;
l = número de ambientes.

Analisando o numerador e o denominador da fórmula, verifica-se que o elevado número de ambientes e repetições contribui para o aumento dos valores estimados da herdabilidade.

7.3 Métodos para estimação da herdabilidade

A escolha do método de cálculo da herdabilidade depende dos recursos genéticos disponíveis e da finalidade da estimativa. Entre os principais, podem-se citar: método da herdabilidade realizada, método da regressão pai-filho, método dos componentes de variância, método de estimação indireta da variação de ambiente e método de estimativa por retrocruzamento. Embora outros métodos estejam descritos na literatura, seu emprego dá-se em situações específicas.

7.3.1 Método da herdabilidade realizada

Frequentemente, o melhorista trabalha com populações selecionadas para diversos caracteres. Experimentos com seleção, conduzidos em uma amostra representativa de ambientes, podem fornecer informações para estimação da herdabilidade.

A herdabilidade de uma característica pode ser estimada com base na proporção do ganho genético em relação ao diferencial de seleção:

$$h^2 = \frac{R}{D}$$

em que:
R = resposta à seleção ou ao ganho genético;
D = diferencial de seleção.

O diferencial de seleção (D) é a diferença entre a média dos indivíduos selecionados e a média da população.

A Tab. 7.2 ilustra o uso do método da herdabilidade com a seleção realizada em soja para altura da primeira vagem na geração F_3 e a resposta à seleção na geração F_4.

Tab. 7.2 Médias de altura da primeira vagem (cm) em duas populações de soja, nas gerações F_3 e F_4, obtidas nos anos agrícolas 1992/93 e 1993/94

População	N	n	F_3		F_4	
			População	Seleção	População	Seleção
Cristalina × Doko	90	15	10	15	11	13
Uberaba × Paraná	90	15	9	13	10	12

Verifica-se na Tab. 7.2 que o diferencial de seleção na geração F_3 é:

$$D = F_{3S} - F_3$$

em que:
F_3 = média de altura da primeira vagem de todas as plantas na geração F_3;
F_{3S} = média de altura da primeira vagem dos 15 indivíduos selecionados.

O ganho genético, ou resposta à seleção R, é estimado por:

$$R = F_{4S} - F_4$$

em que:
F_4 = média de altura da primeira vagem de todas as plantas na geração F_4;
F_{4S} = média de altura da primeira vagem das plantas oriundas do grupo selecionado em F_3.

A herdabilidade realizada pode ser estimada como se segue:

$$h^2 = \frac{R}{D}$$

Substituindo R e S, tem-se:

$$h^2 = \frac{F_{4S} - F_4}{F_{3S} - F_3}$$

Para a população do cruzamento Cristalina × Doko, tem-se:

$$h^2 = \frac{13-11}{15-10} = 0,40$$

Para a população do cruzamento Uberaba × Paraná, tem-se:

$$h^2 = \frac{12-10}{13-9} = 0,50$$

A herdabilidade pode também ser calculada em experimentos de seleção divergente, em que se selecionam os dois extremos da distribuição da população. A herdabilidade realizada é calculada pela diferença de médias entre os grupos selecionados em uma geração, dividida pela diferença de médias entre os grupos selecionados da geração anterior.

Considere-se a seleção para altura da primeira vagem em soja, cujos dados experimentais estão apresentados na Tab. 7.3. Em cada população, foram formados dois grupos: grupo alto, de plantas com maior altura da primeira vagem; e grupo baixo, de plantas com menor altura da primeira vagem.

Tab. 7.3 MÉDIAS DA ALTURA DA PRIMEIRA VAGEM (CM) DE DUAS POPULAÇÕES DE SOJA, NAS GERAÇÕES F_3 E F_4, OBTIDAS NOS ANOS AGRÍCOLAS 1992/93 E 1993/94, NO MUNICÍPIO DE VIÇOSA, MG

População	N	n	F_3 Diferencial de seleção		F_4 Ganho genético	
			Grupo baixo	Grupo alto	Grupo baixo	Grupo alto
Cristalina × Doko	90	35	2,5	8,0	1,4	1,3
Uberaba × Paraná	90	35	2,3	7,0	1,2	1,0

Nota: n é o número de plantas nos subgrupos alto e baixo, nas gerações F_3 e F_4.

Pelos dados da Tab. 7.3, pode-se calcular a herdabilidade da seguinte forma:

$$h^2 = \frac{F_{4ALTO} - F_{4BAIXO}}{F_{3ALTO} - F_{3BAIXO}}$$

em que:

F_{4ALTO} = média da altura da primeira vagem na geração F_4 das progênies do subgrupo alto na geração F_3;

F_{4BAIXO} = média de altura da primeira vagem na geração F_4 das progênies do subgrupo baixo na geração F_3;

F_{3ALTO} = média de altura da primeira vagem na geração F_3 das plantas com maiores valores;

F_{3BAIXO} = média de altura da primeira vagem na geração F_3 das plantas com menores valores.

Uma das limitações para a obtenção da herdabilidade é a necessidade de avaliação dos genótipos em dois anos agrícolas, além de, na maioria dos casos, os dados disponíveis se referirem a uma única localidade, não permitindo o expurgo da interação genótipo × ambiente.

7.3.2 Método da regressão pai-filho

A estimação da herdabilidade pela regressão dos dados dos filhos sobre os dados dos genitores é relativamente simples: consiste em avaliar as características em um grupo de plantas de uma geração e depois avaliá-las na geração seguinte. Calcula-se, então, o grau de associação entre as características avaliadas nos genitores e nas progênies correspondentes, utilizando análise estatística do tipo regressão (Fig. 7.3).

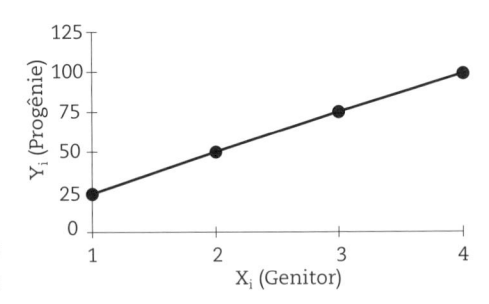

FIG. 7.3 *Regressão dos descendentes, em relação aos genitores, quanto à altura de planta*

O modelo linear que representa a associação entre as características nas duas gerações é dado por:

$$Y_i = a + bX_i + e_i$$

em que:
Y_i = valor da característica na progênie do pai i (variável dependente);
a = valor médio de todos os pais para a característica;
b = coeficiente da regressão;
X_i = valor da característica no pai i (variável independente);
e_i = erro experimental associado ao Y_i.

$$b = \frac{\sum XY}{\sum X^2} = \frac{\sum(X_i - \bar{X})(Y_i - \bar{Y})}{\sum(X_i - \bar{X})^2} = \frac{\hat{\sigma}_{xy}}{\hat{\sigma}_x^2}$$

$$b = \frac{\widehat{COV}(X,Y)}{\hat{V}(X)}$$

Os genitores avaliados devem constituir uma amostra representativa da população total, para que as estimativas tenham significado como um todo.

Para a maioria das espécies autógamas, os procedimentos mais frequentes são a avaliação de uma amostra de linhagens de determinada geração, a obtenção de sementes resultantes da autofecundação e o plantio destas para obtenção e avaliação das progênies. Pelo valor do coeficiente de regressão (b), estima-se a herdabilidade (h^2), isto é: $b = h^2$. Estimativas obtidas dessa forma, especialmente nas gerações F_2 e F_3, são consideradas de sentido amplo, em virtude de a covariância pai-filho incluir componentes de variância aditivos, de dominância e epistáticos.

As estimativas obtidas com genitores endogâmicos superestimam a herdabilidade, como demonstraram Smith e Kinman (1965). Na Tab. 7.4 se apresentam, de forma resumida, os fatores de correção do coeficiente de regressão para algumas gerações de autofecundação.

Tab. 7.4 FATORES DE CORREÇÃO DO COEFICIENTE DE REGRESSÃO (B) PARA GERAÇÕES DE AUTOFECUNDAÇÃO

Geração pai-filho	Fator de correção	h^2 corrigida
F_1-F_2	1	$1b$
F_2-F_3	2/3	$(2/3)b$
F_3-F_4	4/7	$(4/7)b$
F_4-F_5	8/15	$(8/15)b$
F_5-F_6	16/31	$(16/31)b$

Em uma população de plantas alógamas, acasaladas ao acaso, o genitor masculino é a própria população e, portanto, não pode ser avaliado. A regressão, nesse caso, é realizada com as características das progênies meias-irmãs com os valores das características do genitor feminino. Assim, pelo coeficiente de regressão, estima-se a metade da herdabilidade, ou seja, $b = \frac{1}{2} h^2$. Para se estimar a herdabilidade, ou seja, $b = h^2$, os dados são coletados de ambos os genitores, por meio da regressão da progênie sobre o pai médio. As progênies avaliadas nesse caso são irmãs completas, uma vez que os genitores são acasalados aleatoriamente na população. Apenas as variâncias genética aditiva e epistática aditiva são incluídas na covariância pai-filho; dessa forma, a estimativa obtida representará a herdabilidade no sentido restrito se a variância epistática for desprezível.

As estimativas obtidas com esse método consideram: (i) herança diploide mendeliana; (ii) população em equilíbrio de ligação; (iii) genitores não endogâmicos; (iv) ausência de correlação de ambiente entre genitores e progênies; e (v) acasalamento ao acaso.

Rasmusson, Smith e Kleese (1964), que estudaram o acúmulo de estrôncio (Sr) em cevada nas gerações F_2 e F_3, apresentaram um exemplo do cálculo da herdabilidade com base na regressão pai-filho. Cento e dezenove plantas F_2 resultantes do cruzamento entre os cultivares de cevada Kenya 117A e Cadet foram analisadas quanto ao conteúdo de estrôncio (Sr). Apenas uma amostra dos dados é apresentada na Tab. 7.5.

Tab. 7.5 Conteúdo de estrôncio em grãos de cevada da população Kenya 117A × Cadet

F_2	F_3*	F_2	F_3
110	117	134	122
112	109	124	92
148	128	116	93
99	107	137	121
127	97	133	112
87	78	95	104
106	93	102	87
95	87	69	92

* Média de quatro plantas.

Observando os dados da Tab. 7.5, tem-se:

$$b = \frac{COV(F_2, F_3)}{V(F_2)}$$

$$b = 0{,}30 \Rightarrow h^2 = 30\%$$

Quando os genitores são avaliados em uma geração e a sua progênie em outra, as diferenças de ambiente entre as duas épocas de plantio podem alterar a amplitude de variação da progênie em relação à apresentada pelos genitores. Quando isso acontece, valores de b maiores do que a unidade podem ocorrer, o que não tem sentido biológico. Frey e Horner (1957) recomendaram a estandardização dos dados para a eliminação do problema de escala e propuseram que os dados fossem expressos em unidades de desvio-padrão.

7.3.3 Método dos componentes de variância

A estimação da herdabilidade com base nos componentes de variância é um método que permite ao melhorista a utilização de dados normalmente disponíveis em um programa de melhoramento, como os dados das linhagens de um cruzamento que se encontram em avanços de geração. Esse método permite também que o melhorista estime os componentes de variância por intermédio de um dos delineamentos de acasalamento. Cada delineamento difere quanto ao material genético avaliado, o que determina os tipos de variância que podem ser estimados.

Três exemplos serão utilizados para ilustrar a obtenção de estimativas de herdabilidade com espécies autógamas em diferentes situações:

Exemplo 1

Experimento em blocos ao acaso envolvendo genótipos avaliados em uma localidade, com repetições (Tab. 7.6).

Tab. 7.6 Análise de variância de experimento envolvendo linhagens avaliadas em uma localidade, com repetições

Fontes de variação	GL	QM	E (QM)
Blocos (B)	$(b-1)$	–	–
Genótipos (G)	$(g-1)$	QM_3	$\sigma_e^2 + r\sigma_g^2$
Repetição (R)	$(r-1)$	QM_2	$\sigma_e^2 + g\sigma_r^2$
Resíduo (G × R)	$(g-1)(r-1)$	QM_1	σ_e^2

Analisando os componentes de variância pertinentes, chega-se às expressões seguintes:

$$\hat{\sigma}_e^2 = QM_1$$

$$\hat{\sigma}_g^2 = \frac{QM_3 - QM_1}{r}$$

Então, pode-se obter a estimativa da herdabilidade:

a) Com base nas parcelas:

$$h^2 = \frac{\hat{\sigma}_g^2}{\hat{\sigma}_g^2 + \hat{\sigma}_e^2}$$

b) Com base na média dos genótipos:

$$h^2 = \frac{\hat{\sigma}_g^2}{\hat{\sigma}_g^2 + \hat{\sigma}_e^2/r}$$

Exemplo 2

Experimento em blocos ao acaso envolvendo genótipos, ambientes e repetições (Tab. 7.7).

Tab. 7.7 ANÁLISE DE VARIÂNCIA DE EXPERIMENTO ENVOLVENDO LINHAGENS, LOCALIDADES E REPETIÇÕES

Fontes de variação	GL	QM	E (QM)
Ambientes (A)	$(a-1)$	QM_5	$\sigma_e^2 + r\sigma_{ga}^2 + rg\sigma_r^2 + gr\sigma_a^2$
Blocos/A	$a(r-1)$	QM_4	$\sigma_e^2 + g\sigma_r^2$
Genótipos (G)	$(g-1)$	QM_3	$\sigma_e^2 + r\sigma_{ga}^2 + ar\sigma_g^2$
G × A	$(g-1)(a-1)$	QM_2	$\sigma_e^2 + r\sigma_{ga}^2$
Resíduo	$(g-1)(r-1)a$	QM_1	σ_e^2

Analisando os componentes de variância pertinentes, chega-se a:

$$\hat{\sigma}_e^2 = QM_1 \qquad \hat{\sigma}_g^2 = \frac{QM_3 - QM_2}{ar}$$

$$\hat{\sigma}_{ga}^2 = \frac{QM_2 - QM_1}{r}$$

Pode-se estimar a herdabilidade da seguinte forma:

a) Com base nas parcelas:

$$h^2 = \frac{\hat{\sigma}_g^2}{\hat{\sigma}_g^2 + \hat{\sigma}_{ga}^2 + \hat{\sigma}_e^2}$$

b) Com base na média de genótipos:

$$h^2 = \frac{\hat{\sigma}_g^2}{\hat{\sigma}_g^2 + \hat{\sigma}_{ga}^2/a + \hat{\sigma}_e^2/ra}$$

Exemplo 3

Avaliação de 95 linhagens de feijão (genótipos) na geração F_4, provenientes do cruzamento de duas variedades homozigóticas avaliadas em duas localidades, durante dois anos, em delineamento ao acaso, com duas repetições (Tab. 7.8).

Analisando os componentes de variância pertinentes, chega-se a:

$$\hat{\sigma}^2_{GLA} = \frac{QM_4 - QM_5}{r} = 7,05$$

$$\hat{\sigma}^2_{GL} = \frac{QM_3 - QM_4}{ra} = -2,32$$

$$\hat{\sigma}^2_{GA} = \frac{QM_2 - QM_4}{rl} = -1,65$$

$$\hat{\sigma}^2_{G} = \frac{QM_1 - QM_2 - QM_3 - QM_4}{ral} = 6,85$$

Tab. 7.8 ANÁLISE DE VARIÂNCIA DE PRODUTIVIDADE DE GRÃOS EM UMA POPULAÇÃO DE FEIJÃO

Fontes de variação	GL	QM	E(QM)
(B/A) L	$al(r-1) = 1$	–	$\sigma^2 + g\sigma^2_B$
Ano (A)	$(a-1) = 1$	–	$\sigma^2 + r\sigma^2_{GLA} + g\sigma^2_B + rg\sigma^2_{LA} + rl\sigma^2_{GA} + rgl\sigma^2_A$
Localidade (L)	$(l-1) = 1$	–	$\sigma^2 + r\sigma^2_{GLA} + g\sigma^2_B + rg\sigma^2_{LA} + ra\sigma^2_{GL} + rga\sigma^2_L$
Genótipos (G)	$(g-1) = 94$	$QM_1 = 81,74$	$\sigma^2_e + r\sigma^2_{GLA} + rl\sigma^2_{GA} + ra\sigma^2_{GL} + ral\sigma^2_G$
A × L	$(a-1)(l-1) = 1$	–	$\sigma^2 + r\sigma^2_{GLA} + g\sigma^2_B + rg\sigma^2_{LA}$
G × A	$(g-1)(a-1) = 94$	$QM_2 = 36,22$	$\sigma^2_e + r\sigma^2_{GLA} + rl\sigma^2_{GA}$
G × L	$(g-1)(l-1) = 94$	$QM_3 = 33,54$	$\sigma^2_e + r\sigma^2_{GLA} + ra\sigma^2_{GL}$
G × L × A	$(g-1)(l-1)(a-1) = 94$	$QM_4 = 42,82$	$\sigma^2_e + r\sigma^2_{GLA}$
Resíduo	$al(g-1)(r-1) = 375$	$QM_5 = 28,72$	σ^2_e

Faz-se, então, a estimativa da herdabilidade:

a) Com base na média de linhagens:

$$h^2 = \frac{\hat{\sigma}^2_G}{\hat{\sigma}^2_G + \frac{\hat{\sigma}^2_{GA}}{a} + \frac{\hat{\sigma}^2_{GL}}{l} + \frac{\hat{\sigma}^2_{GLA}}{al} + \frac{\hat{\sigma}^2_e}{ral}}$$

$$h^2 = \frac{6,85}{6,85 - 1,16 - 0,82 + 1,76 + 3,59} = \frac{6,85}{10,22} = 0,67$$

$h^2 = 67\%$ (herdabilidade no sentido amplo)

b) Com base nas parcelas:

$$h^2 = \frac{\hat{\sigma}^2_G}{\hat{\sigma}^2_G + \hat{\sigma}^2_{GA} + \hat{\sigma}^2_{GL} + \hat{\sigma}^2_{GLA} + \hat{\sigma}^2_e}$$

$$h^2 = \frac{6,85}{6,85 - 1,65 - 2,32 + 7,05 + 28,72} = \frac{6,85}{38,65} = 0,17$$

$h^2 = 17\%$ (herdabilidade no sentido amplo)

As Tabs. 7.9 a 7.11 ilustram como obter estimativas de herdabilidade em espécies alógamas, utilizando-se o delineamento genético dialelo.

A principal finalidade dos cruzamentos dialélicos é a obtenção de estimativas de efeitos genéticos. Todavia, esse delineamento tem sido amplamente utilizado para obtenção de estimativas de herdabilidade e variâncias genéticas.

Em um dialelo que inclui os cruzamentos recíprocos e envolve n genitores, o número de cruzamentos é dado por $n!/(n-2)!$, que se simplifica para $n(n-1)$. Quando se excluem os cruzamentos recíprocos, esse número é dado por $n(n-1)/2$.

A partir da Tab. 7.9, pode-se concluir que:

$$COV(MI) = \frac{1}{4}\sigma_A^2 \Rightarrow COV(MI) = \sigma_{CGC}^2$$

$$\hat{\sigma}_{CGC}^2 = \frac{1}{4}\sigma_A^2$$

e

$$\sigma_{CEC}^2 = COV(IC) - 2\,COV(MI)$$

Tab. 7.9 Análise de variância de dialelo meia-tabela, incluindo somente F_1

Fontes de variação	GL	E(QM)	E(QM) Expressa em covariância entre parentes
Repetição	$(r-1)$		
Cruzamentos	$[n(n-1)/2] - 1$		
CGC*	$(n-1)$	$\sigma_e^2 + r\sigma_{CEC}^2 + r(n-2)\sigma_{CGC}^2$	$\sigma_e^2 + r[cov(IC) - 2cov(MI)] + r(n-2)cov(MI)$
CEC	$n(n-3)/2$	$\sigma_e^2 + r\sigma_{CEC}^2$	$\sigma_e^2 + r[cov(IC) - 2\,cov(MI)]$
Resíduo	$(r-1)\{[n(n-1)/2] - 1\}$	σ_e^2	σ_e^2

*CGC é a capacidade geral de combinação e CEC, a capacidade específica de combinação.

Tab. 7.10 Análise de variância de dialelo meia-tabela, incluindo F_1 e recíprocos

Fontes de variação	GL	E(QM)
Repetição	$(r-1)$	
Cruzamentos	$n(n-1) - 1$	$\sigma_e^2 + r\sigma_c^2$
CGC*	$(n-1)$	$\sigma_e^2 + 2r\sigma_{CEC}^2 + 2r(n-2)\sigma_{CGC}^2$
CEC	$n(n-3)/2$	$\sigma_e^2 + 2r\sigma_{CEC}^2$
Efeito recíproco	$n(n-1)/2$	$\sigma_e^2 + 2r\sigma_R^2$
Resíduo	$(r-1)[n(n-1) - 1]$	σ_e^2

*CGC é a capacidade geral de combinação e CEC, a capacidade específica de combinação.

Tab. 7.11 Análise de variância de dialelo completo, incluindo-se F1s recíprocos e genitores

Fontes de variação	GL	E(QM)
Repetição	$(r-1)$	
Genótipos	(n^2-1)	$\sigma_e^2 + r\sigma_g^2$
Genitores (P)	$(n-1)$	$\sigma_e^2 + r\sigma_p^2$
Cruzamentos (C)	$n(n-1)-1$	$\sigma_e^2 + r\sigma_C^2$
P × C	1	$\sigma_e^2 + r\sigma_{PC}^2$
CGC	$(n-1)$	$\sigma_e^2 + \dfrac{2(n-1)}{n}\sigma_{CEC}^2 + 2n\sigma_{CGC}^2$
CEC	$n(n-3)/2$	$\sigma_e^2 + \dfrac{2(n^2-n+1)}{n^2}\sigma_{CEC}^2$
Efeito recíproco	$(n-1)(n-2)/2$	$\sigma_e^2 + 2r\sigma_R^2$
Resíduo	$(r-1)(n^2-1)$	σ_e^2

$$\sigma_{CEC}^2 = \tfrac{1}{2}\sigma_A^2 + \tfrac{1}{4}\sigma_D^2 - 2\left(\tfrac{1}{4}\sigma_A^2\right)$$
$$\hat{\sigma}_{CEC}^2 = \tfrac{1}{4}\sigma_D^2$$

Griffing (1956) e Baker (1978) apresentaram excelentes revisões sobre os cruzamentos dialélicos e suas implicações no melhoramento de plantas.

7.3.4 Método de estimação indireta da variação de ambiente

A herdabilidade pode ser estimada quando se quantificam a variação de ambiente e a variação genética. Em 1975, Kelly e Bliss descreveram um método para estimativa da variação de ambiente por meio da avaliação dos genitores e da geração F_1. Os dados utilizados por esses autores são apresentados na Tab. 7.12. Esse método estima a herdabilidade no sentido amplo. Em geral, essa estimativa é superestimada, em virtude da ausência de diferentes ambientes durante as avaliações.

Tab. 7.12 Conteúdo proteico do feijão

Genótipos	Número de plantas	% de proteína	$\hat{\sigma}_P^2$
BBL 240	48	28,1	2,86
PI 207 227	23	21,5	0,91
F_1	23	24,7	1,63
F_2	146	25,8	5,82

Fonte: Kelly e Bliss (1975).

Observando a Tab. 7.12, verifica-se que:

$$\hat{\sigma}_e^2 = \frac{\hat{\sigma}_{BBL240}^2 + \hat{\sigma}_{P1207227}^2 + \hat{\sigma}_{F_1}^2}{3} = \frac{5,4}{3}$$

$$\hat{\sigma}_e^2 = 1,8$$

$$\hat{\sigma}_{F_2}^2 = \hat{\sigma}_e^2 + \hat{\sigma}_g^2$$

Para se estimar a herdabilidade, faz-se então:

$$h^2 = \frac{\hat{\sigma}_{F_2}^2 - \hat{\sigma}_e^2}{\hat{\sigma}_{F_2}^2} = \frac{4,02}{5,82} = 0,69$$

$$h^2 = 69\%$$

Mahmud e Kramer (1951) também descreveram um método similar de estimação da variância de ambiente, sugerindo a utilização da média geométrica das variâncias dos genitores e indivíduos F_1.

7.3.5 Método de estimativa por retrocruzamentos

Este método, proposto por Warner (1952), estima a herdabilidade no sentido restrito, conforme o esquema a seguir:

$$
\begin{array}{ccccc}
 & & P_1 \times P_2 & & \\
 & & \downarrow & & \\
P_1 & \times & F_1 & \times & P_2 \\
\downarrow & & \downarrow \otimes & \downarrow & \\
RC_1 & & F_2 & RC'_1 & \\
\end{array}
$$

$$h^2 = 2\hat{\sigma}_{F_2}^2 - \hat{\sigma}_{RC_1}^2 - \hat{\sigma}_{RC'_2}^2$$

em que:

$\hat{\sigma}_{F_1}^2$: = variâncias entre indivíduos F_2;

$\hat{\sigma}_{RC_1}^2$ e $\hat{\sigma}_{RC'_1}^2$:= variâncias entre indivíduos RC_1, dos retrocruzamentos do híbrido F_1 com os genitores P_1 e P_2.

A literatura científica reporta vários outros métodos para estimação da herdabilidade, que apresentam características que os tornam indicados para situações específicas; portanto, não serão discutidos neste capítulo.

7.4 Considerações finais

As estimativas de herdabilidade e de componentes de variância podem orientar o melhorista durante as três fases principais de um programa de melhoramento: (i) criação da variabilidade genética; (ii) seleção de indivíduos superiores na população segregante; e (iii) utilização dos indivíduos selecionados no programa.

Em geral, uma das primeiras preocupações do melhorista é a existência de variabilidade genética no germoplasma. Posteriormente, ele precisa identificar o germoplasma com maior potencial para o desenvolvimento de novos cultivares, o tipo de cultivar (híbrido, linha pura, sintético, multilinha) e o método de melhoramento mais indicado de acordo com o objetivo do trabalho. A escolha do germoplasma para início do programa de melhoramento em geral é baseada em testes regionais de competição de cultivares. Obviamente, o melhorista estará interessado em trabalhar com material genético que apresente variabilidade e alto desempenho.

A escolha do método de melhoramento mais apropriado e do tipo de cultivar a ser lançado depende do modo de reprodução da espécie e da magnitude relativa das variâncias genéticas aditiva e não aditiva.

Para separação das variâncias aditiva, dominante e epistática, é necessária a utilização de delineamentos de acasalamento apropriados. Os delineamentos I, II e III de Comstock e Robinson (1952) e o dialelo podem ser utilizados para partição das variâncias aditiva e não aditiva.

Frequentemente, o melhorista encontra valores negativos, sem significado estatístico ou biológico, quando faz a estimativa dos componentes de variância. Esses valores geralmente ocorrem quando se estima um componente de variância de pequena magnitude associado a grande erro experimental. O valor mais aproximado de um componente de variância é conseguido por meio da média de diversas estimativas para a característica em estudo, obtidas em repetidos experimentos. Embora uma estimativa negativa não tenha significado, ela deve ser reportada para que o acúmulo de informações contribua para a obtenção de estimativas que se aproximem do valor real.

É igualmente importante ressaltar que os componentes de variância e herdabilidade estimados somente se aplicam à população que lhes deu origem e às condições de ambiente estudadas. Qualquer generalização além desses limites pode resultar em erro. Assim, experimentos com a finalidade de obter estimativas de herdabilidade devem ser conduzidos em uma amostra de ambiente, no qual as estimativas serão aplicadas. Nesse caso, as estimativas da variância genética não serão inflacionadas pelos componentes da variância em virtude da interação G × A, componentes que estarão incluídos na variância fenotípica. Esse problema é facilmente visualizado nas Tabs. 7.13 e 7.14. Se um único ano e local fossem utilizados, na estimação da variância genética seriam inclusos $\hat{\sigma}^2_{GLA}$, $\hat{\sigma}^2_{GL}$ e $\hat{\sigma}^2_{GA}$, além de $\hat{\sigma}^2_G$.

Tab. 7.13 ANÁLISE DE VARIÂNCIA PARCIAL PARA EXPERIMENTO CONDUZIDO EM VÁRIOS ANOS E LOCAIS

Fontes de variação	GL	E (QM)
Genótipo	$(g-1)$	$\sigma^2_e + r\sigma^2_{GLA} + rl\sigma^2_{GA} + ra\sigma^2_{GL} + ral\sigma^2_G$
Genótipo × local	$(g-1)(l-1)$	$\sigma^2_e + r\sigma^2_{GLA} + ra\sigma^2_{GL}$
Genótipo × ano	$(g-1)(a-1)$	$\sigma^2_e + r\sigma^2_{GLA} + rl\sigma^2_{GA}$
Genótipo × local × ano	$(g-1)(l-1)(a-1)$	$\sigma^2_e + r\sigma^2_{GLA}$
Resíduo	$(r-1)(n-1)la$	σ^2_e

Nota: *r* é o número de repetições, *g* é o número de genótipos, *l* é o número de localidades, e *a* é o número de anos.

Tab. 7.14 ANÁLISE DE VARIÂNCIA PARCIAL PARA EXPERIMENTO CONDUZIDO EM UM ÚNICO ANO E LOCAL

Fontes de variação	GL	E (QM)
Genótipo	$(g-1)$	$\sigma^2_e + r(\sigma^2_{GLA} + \sigma^2_{GL} + \sigma^2_{GA} + \sigma^2_G)$
Resíduo	$(r-1)(g-1)$	σ^2_e

Nota: *r* é o número de repetições e *g*, o número de genótipos.

Pode-se calcular a estimativa de herdabilidade, utilizando vários anos e locais, pela equação a seguir:

$$h^2 = \frac{\hat{\sigma}^2_G}{\hat{\sigma}^2_G + \hat{\sigma}^2_{GLA} + \hat{\sigma}^2_{GL} + \hat{\sigma}^2_{GA} + \hat{\sigma}^2_e/2}$$

A estimativa da herdabilidade para predição de ganho genético, utilizando um único ano e local, com base em duas repetições, pode ser computada como se segue:

$$h^2 = \frac{\hat{\sigma}^2_G + \hat{\sigma}^2_{GLA} + \hat{\sigma}^2_{GL} + \hat{\sigma}^2_{GA}}{\hat{\sigma}^2_G + \hat{\sigma}^2_{GLA} + \hat{\sigma}^2_{GL} + \hat{\sigma}^2_{GA} + \hat{\sigma}^2_e/2}$$

O numerador da equação anterior encontra-se superestimado pelos fatores $\hat{\sigma}^2_{GLA} + \hat{\sigma}^2_{GL} + \hat{\sigma}^2_{GA}$, que não podem ser separados de $\hat{\sigma}^2_G$ quando o experimento é conduzido em um único ano e local.

Embora o melhorista, em geral, faça a seleção com base em dados de um ano e um local, é necessário que utilize mais do que um ano e um local para estimar a herdabilidade, se a interação G × A for significativa. Conclui-se, portanto, que as estimativas de herdabilidade devem ser, tanto quanto possível, expurgadas da interação G × A e que a herdabilidade deve ser computada para a unidade de seleção (planta, parcela ou média de parcelas).

A magnitude dos componentes de variância também pode servir de orientação quanto ao tipo de cultivar a ser lançado. Quando a razão da variância de dominância em relação à variância aditiva for superior à unidade ou quando altos valores dos componentes de variância epistática envolvendo dominância forem obtidos, os cultivares híbridos devem ser os preferidos. Todavia, a decisão final quanto ao uso de cultivares híbridos baseia-se no grau de heterose presente na espécie e no custo de produção da semente híbrida.

A escolha do método de melhoramento deve ser fundamentada no ganho genético, por unidade de tempo e recursos.

A fórmula geral para predição de ganho genético é apresentada como se segue:

$$G = i\sigma_p h^2$$

em que:
G = ganho esperado;
i = intensidade de seleção em desvio-padrão;
σ_p = desvio-padrão fenotípico;
h^2 = herdabilidade.

Finalmente, deve-se considerar a seguinte questão: a herdabilidade deve ser estimada? A resposta mais segura para essa questão é "depende", pois há inúmeras situações em que a herdabilidade precisa ser estimada, como no caso de uma nova característica sobre a qual não se dispõe de informações. Quando as características agronômicas já são conhecidas pelos melhoristas e as estimativas já estão na literatura, em geral não se estimam tais parâmetros.

Nos casos de se reportarem estimativas de herdabilidade, os valores devem ser acompanhados da descrição da população, dos ambientes e da unidade de seleção (planta, parcela ou média das parcelas) a que as estimativas se aplicam. Herdabilidades baseadas em grande número de ambientes e repetições têm pouca utilidade, uma vez que estimativas próximas da unidade são obtidas, para a maioria das características agronômicas, por meio de extensivo uso de ambientes, anos e repetições.

oito

INTERAÇÃO GENÓTIPO × AMBIENTE

As condições edafoclimáticas, associadas a práticas culturais, ocorrência de patógenos e outras variáveis que afetam o desenvolvimento das plantas, são coletivamente denominadas ambiente. Em outras palavras, o ambiente é constituído de todos os fatores que afetam o desenvolvimento das plantas que não são de origem genética.

Historicamente, a agricultura tem evoluído para uma situação de maior controle das condições de ambiente. A agricultura moderna apoia-se no uso de fertilizantes, no controle de plantas daninhas, doenças e insetos, na irrigação e, em alguns casos, no uso de casas de vegetação climatizada. Embora alguns dos fatores climáticos variem inconsistentemente, como temperatura, chuva, umidade relativa e nebulosidade, há possibilidade de prever essas variáveis no curto e médio prazo.

É óbvio que um cultivar de soja com alto potencial de produção de grãos na região central do Brasil não seria tão produtivo em condições de clima temperado, como na região central da Argentina. Cultivares recomendados em diferentes ambientes podem ter desempenhos relativos distintos, isto é, um cultivar pode ser extremamente produtivo em um ambiente, enquanto um segundo cultivar mais adaptado a outro ambiente não sobressairia neste. Por exemplo, o crescimento de uma espécie em solos de alta fertilidade pode ser limitado pela capacidade de absorção do sistema radicular, ao passo que, em condições de baixa fertilidade, o crescimento pode ser atribuído à eficiência na utilização dos nutrientes, o que resulta no desempenho diferenciado dos genótipos.

A alteração no desempenho relativo dos genótipos, em virtude de diferenças de ambiente, denomina-se interação genótipo × ambiente (G × E). A Fig. 8.1 apresenta três situações que permitem ilustrar a ocorrência dessa interação. Na situação 1, não ocorre interação G × E, uma vez que o ambiente promove a mesma alteração nos cultivares A e B. Nas situações 2 e 3, a variação no comportamento dos cultivares A e B foi diferente com a alteração de ambientes, caracterizando a ocorrência da interação G × E.

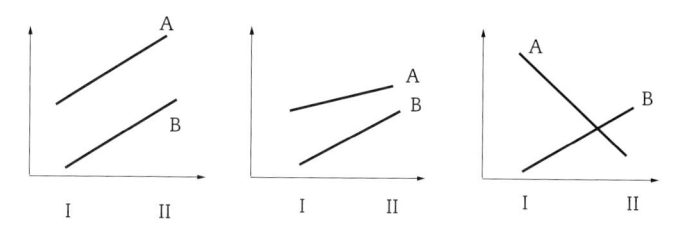

FIG. 8.1 *Comportamento hipotético dos cultivares A e B, nos ambientes I e II, em três situações distintas*

A resposta fenotípica de cada genótipo às variações de ambiente é, em geral, diferente e reduz a correlação entre o fenótipo e o genótipo. A primeira preocupação que se deve ter ao iniciar um programa de melhoramento é definir se o objetivo é o desenvolvimento de cultivares produtivos em um amplo espectro de ambientes ou de um cultivar altamente adaptado a ambientes específicos. No primeiro caso, devem-se preferir situações de pequena interação G × E, e, no segundo, de grande interação G × E. Se um cultivar é superior em ambientes muito específicos, mas apresenta comportamento medíocre em outros, ele será de pequeno valor se as condições especiais por ele requeridas não forem prevalecentes. Os programas de melhoramento de plantas em empresas têm se regionalizado (alta G × E) cada vez mais com processos seletivos nas futuras condições de cultivo. Para isso, utilizam épocas de plantio, tipo de solos, altitude, temperatura, disponibilidade de chuvas, resposta aos insumos, mercado consumidor, entre outros.

Duas plantas na mesma parcela experimental, nas mais uniformes condições, estão sujeitas a diferentes ambientes, denominados microambientes. O termo *macroambiente* é utilizado para distinguir ambientes de duas regiões ou de dois anos agrícolas. O macroambiente é, na verdade, constituído por uma população de microambientes. A complexidade do ambiente é ainda mais evidente quando se considera que apenas uma parte da interação G × E pode ser atribuída a fatores de ambientes conhecidos.

A interação G × E é um importante e desafiante fenômeno para melhoristas e agrônomos que atuam nos testes comparativos e na recomendação de cultivares. Quanto maior a diversidade genética entre os genótipos e entre os ambientes, de maior importância será essa interação.

Bradshaw (1965) descreveu as respostas diferenciais de genótipos a diferentes ambientes por meio da plasticidade fenotípica. As plantas podem-se ajustar à variação no seu ambiente pela plasticidade fenotípica, que é inversamente proporcional à sua heterozigose. De acordo com essa afirmação, elas podem apresentar o efeito "tamponante" em duas situações: (i) quando o cultivar é composto por um número de genótipos e cada um deles é adaptado a um microambiente em particular; e (ii) quando os indivíduos são "tamponados" de forma que cada membro da população se adapte bem a vários ambientes.

A avaliação de genótipos em diferentes anos e localidades, com relação à maioria das características agronômicas, frequentemente evidencia interações genótipo × localidade (G × L), genótipo × ano (G × A) e genótipo × localidade × ano (G × L × A). Para certas características, como dias para o florescimento, a importância das interações G × A em relação ao efeito genotípico é, em geral, menor. Com frequência, G × A é maior que G × L, embora a diferença em magnitude entre as duas dependa dos efeitos que contribuem para G × L. Parece lógico que a interação G × L, se as localidades estão restritas a uma região menor, seja menos importante que a interação G × A. Em diversas situações, a interação G × A é maior que G × L e G × L × A.

Se a interação G × E (L ou L × A) for significativa, o melhorista precisa adotar critérios para a interpretação dos dados, pois é especialmente importante saber se a interação resultou da alteração na ordem de mérito dos genótipos de um ambiente para outro ou de uma simples alteração na magnitude das diferenças entre os genótipos.

8.1 Principais causas da interação genótipo × ambiente

Conforme mencionado, a lista de fatores de ambiente que podem afetar o desenvolvimento fenológico das plantas é extremamente vasta. Entre esses fatores, os mais comuns causadores da interação G × E são os seguintes:

1. Fatores previsíveis:
   * fotoperíodo;

* tipo de solo;
* fertilidade do solo;
* toxicidade por alumínio;
* época de semeadura;
* práticas agrícolas.

2. Fatores imprevisíveis:
   * distribuição pluviométrica;
   * umidade relativa do ar;
   * temperatura atmosférica e do solo;
   * patógenos;
   * insetos.

8.2 Uso das informações sobre a interação genótipo × ambiente

8.2.1 Alocação de recursos nos ensaios comparativos

Os testes de avaliação de produtividade constituem uma das fases mais onerosas dos programas de melhoramento. O alto custo desses testes tem levado os melhoristas a buscar maneiras de maximizar a eficiência de avaliação, e uma delas é a otimização da alocação dos recursos.

Para essa otimização, devem-se estimar os valores de $\sigma_e^2, \sigma_{GLA}^2, \sigma_{GL}^2$ e σ_{GA}^2, por meio da avaliação de um grupo de genótipos representativos do seu germoplasma em quatro ou mais localidades, por dois ou mais anos, utilizando o delineamento estatístico normalmente usado em avaliações, com três ou mais repetições.

A otimização da alocação do número de repetições, de localidades e de anos de avaliação é baseada na importância relativa das interações genótipo × localidade, genótipo × ano e genótipo × localidade × ano.

O poder de detecção de diferenças significativas entre genótipos aumenta com a redução da variância da média dos genótipos e, consequentemente, da diferença mínima significativa (DMS).

A variância da média dos genótipos é dada por:

$$V(\bar{x}) = \hat{\sigma}_G^2 / rla + \hat{\sigma}_{GLA}^2 / r + \hat{\sigma}_{GL}^2 / ar + \hat{\sigma}_{GA}^2 / rl$$

$$DMS = t\sqrt{2V(\bar{x})}$$

Com base em dados coletados, o melhorista deve procurar a melhor combinação de repetições (r), localidades (l) e anos (a) para a obtenção do mínimo valor de DMS para certo nível de probabilidade.

Se a interação de primeira ordem G × L for de pequena importância, talvez seja mais prudente utilizar apenas uma ou duas localidades. Porém, se a interação de primeira ordem G × A for de pequena importância, o melhorista pode se sentir menos obrigado a testar os genótipos por mais de um ano.

Caso o erro experimental seja relativamente mais importante do que as interações G × E, a melhor opção pode ser o aumento do número de repetições, pois variações desse número não causam impacto nos componentes da interação G × E, conforme se observa na equação V(x).

Durante a otimização dos recursos, os custos operacionais devem ser considerados. Por exemplo, o aumento do número de repetições (r) é menos oneroso do que o do número de localidades (l) e este, menos do que o do número de anos de avaliação (a). Algumas vezes, localidades podem ser usadas, em parte, para substituir anos de avaliação. Por exemplo, os efeitos de localidade ocorrem principalmente em razão das diferenças de solo e da distribuição pluviométrica, enquanto os efeitos de ano são principalmente de natureza climática. Se for possível escolher as localidades em regiões climaticamente distintas, os efeitos climáticos poderão ser maiores. Sempre que possível, deve-se substituir ano por localidade, em benefício da redução do tempo gasto no desenvolvimento de novos cultivares.

Embora cada programa deva utilizar a melhor combinação de R, L e A, muitos programas de melhoramento de plantas autógamas usam R = 3, L = 4-5 e A = 2-3. Em programas de melhoramento de milho utilizam-se R = 2, L = 3 (mínimo) e A = 2. Empresas privadas tendem a utilizar menor número de repetições (r = 2) e maior de localidades, não só pelas vantagens do aumento do poder de detecção de diferenças significativas, mas também pelas vantagens de um maior número de ensaios constituir fator de marketing.

8.2.2 Determinação de microrregiões para teste e recomendação de cultivares

Estatisticamente, a interação G × L é, com frequência, significante em avaliações de um grupo de cultivares em várias localidades. A importância relativa dessa interação varia de acordo com a espécie e as características agronômicas avaliadas e a extensão da região. Em geral, a interação é menos importante para características mono e oligogênicas, regiões mais homogêneas e espécies perenes do que para características poligênicas, regiões heterogêneas e espécies anuais.

Em quase todas as circunstâncias, a probabilidade de desenvolvimento de um cultivar superior em uma região bastante extensa é muito pequena. As variações de ambiente tendem a se acentuar nessas regiões. Visando à recomendação de cultivares em regiões mais uniformes, onde a interação G × E é de menor importância, tem sido sugerida a subdivisão das regiões extensas em microrregiões mais homogêneas.

Horner e Frey (1957) examinaram a possibilidade de se subdividir o Estado de Iowa (EUA) para recomendação de cultivares de aveia. Dados relativos à produção de grãos de 18 cultivares avaliados em nove localidades de Iowa durante cinco anos foram considerados neste estudo. A interação G × L foi estimada para cada ano e subdividida em dois componentes, entre microrregiões e dentro delas, para as diferentes combinações de localidades. As diversas combinações de localidades resultaram em duas, três, quatro e cinco microrregiões. A interação G × L foi então determinada dentro de cada microrregião para cada uma das subdivisões. A Tab. 8.1 apresenta parte dos resultados obtidos por aqueles autores, os quais evidenciaram que há redução da interação G × L com o aumento do número de microrregiões.

Tab. 8.1 Avaliação da interação genótipo × localidade nas sub-regiões do Estado de Iowa para recomendação de cultivares de aveia

Número de microrregiões	Redução na interação G × L (%)
2	11
3	21
4	30
5	40

Os referidos autores concluíram que o Estado deveria ser subdividido em quatro microrregiões (Fig. 8.2).

Outro exemplo clássico de subdivisão de uma região é apresentado por Liang, Hayne e Walter (1966), que sugerem a subdivisão do Estado de Kansas (EUA) em quatro microrregiões para recomendação de cultivares de trigo. Essa estratégia vem sendo adotada com sucesso nas recomendações de cultivares em diversos países. Entretanto, deve-se reconhecer que, à medida que o número de cultivares recomendados aumenta, os custos de produção das sementes tornam-se maiores.

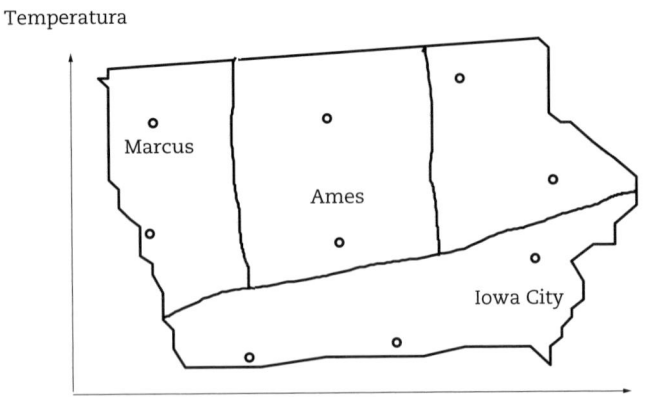

FIG. 8.2 *Subdivisão do Estado de Iowa em quatro microrregiões, com a localização das nove estações experimentais e os gradientes de temperatura e precipitação pluviométrica*
Fonte: Horner e Frey (1957).

8.2.3 Escolha de campos experimentais

Em condições ideais, deve-se utilizar um campo experimental para cada nicho, dentro da região para a qual se desenvolvem cultivares.

A localidade de condução dos ensaios comparativos de produtividade deve favorecer a expressão máxima do potencial relativo dos genótipos. Todavia, muitas vezes a escolha é arbitrária, em razão de áreas previamente alocadas para instituições de pesquisa. Tem sido relatado que ambientes com condições para máxima produtividade são os melhores para a seleção de genótipos altamente produtivos (Frey, 1964; Whitehead; Allen, 1990). Esses ambientes são comumente descritos como favoráveis, de baixo estresse ou ideais.

Alguns autores argumentam que os ambientes favoráveis, em geral, são pouco representativos das condições comerciais e que a seleção deveria ser conduzida em localidades semelhantes àquelas onde o futuro cultivar será plantado (Hanson, 1970; Atlin; Frey, 1990). Outros autores afirmam que as proposições anteriores estão incorretas e que a melhor opção é definir os atributos de uma localidade ideal e, então, tentar encontrá-la (Hamblin; Fisher; Ridings, 1980). O ambiente ideal para avaliação de genótipos, segundo os autores, deve:

a. favorecer a expressão do potencial dos genótipos;
b. maximizar a variância genética;
c. minimizar a variância de ambiente e da interação G × E;

d. ter características consistentes de ano para ano;
e. proporcionar aos genótipos selecionados condição para que se desenvolvam bem e para que seu comportamento seja o mesmo quando cultivados nos ambientes a que se destinam;
f. ser acessível.

Allen, Comstock e Rasmusson (1978) fizeram uma abordagem acerca da escolha da região para teste de genótipos utilizando dados de testes regionais de competição de cultivares de cinco espécies. Para cada espécie, os dados de produtividade média foram computados e os ambientes que apresentaram média superior à geral, acrescida de um desvio-padrão, foram considerados favoráveis, enquanto os que apresentaram média inferior, decrescida de um desvio-padrão, foram denominados desfavoráveis. Com base em considerações teóricas e em resultados experimentais, esses autores concluíram que $r\sqrt{H}$ é a melhor medida do valor do ambiente, em que r é o coeficiente de correlação entre as médias dos genótipos no ambiente de avaliação e nos ambientes para os quais o cultivar se destina, e H é a herdabilidade no ambiente de avaliação.

Embora a literatura esteja repleta de resultados que suportam a teoria de que os ambientes favoráveis são mais apropriados para a avaliação de genótipos, resultados obtidos por Whitehead e Allen (1990) e Ceccarelli e Grando (1991) indicam o contrário.

8.2.4 Algumas sugestões práticas para a interação genótipo × ambiente

* Obter estimativas da magnitude da interação G × E, principalmente se a região de plantio dos cultivares for muito extensa e se os genótipos testados apresentarem ampla variabilidade genética.
* Usar informações sobre a interação G × E antes de se definir a região para recomendação de cultivares.
* Usar informações sobre a interação G × E para otimizar a alocação de recursos.
* Determinar as principais causas da interação G × E.
* Considerar a possibilidade de se introduzirem no germoplasma características que resultem na redução da interação G × E.

nove

Adaptabilidade e estabilidade de comportamento

A adaptabilidade de um cultivar refere-se à sua capacidade de aproveitar vantajosamente as variações do ambiente. Já a estabilidade de comportamento refere-se à sua capacidade de apresentar-se altamente previsível mesmo com as variações ambientais.

A adaptabilidade e a estabilidade de um cultivar dependem da sua constituição genética, isto é, do número de genótipos que a constitui e da heterozigose dos genótipos. São características do cultivar e lhe permitem responder aos fatores limitantes do ambiente e usufruir dos fatores favoráveis.

Um cultivar deve apresentar, em diferentes condições de ambiente, alta produtividade, e sua superioridade deve ser estável. Os melhoristas estão de acordo sobre a importância da estabilidade da alta produtividade, mas divergem quanto à definição mais apropriada de estabilidade e aos métodos para quantificá-la.

Diversas revisões sobre os temas adaptabilidade e estabilidade foram publicadas. Comstock e Moll (1963) apresentaram uma abordagem estatística das interações $G \times E$, que fornece os fundamentos para o melhor entendimento do fenômeno da estabilidade.

Freeman (1973), revisando trabalhos sobre interação, também discutiu a estabilidade. Em sua pesquisa, ele fez referência a quase 100 artigos sobre esse assunto. Talvez a mais substancial revisão publicada sobre as aplicações das análises de estabilidade no melhoramento de plantas seja a de Becker e Leon (1988). Revendo 110 artigos sobre o assunto, o trabalho desses autores abordou, de forma clara, objetiva e interessante, os mais importantes aspectos da adaptabilidade e estabilidade.

No seminário realizado em 1990 em Baton Rouge, Louisiana (EUA), sob a presidência do Dr. Kang, as maiores autoridades mundiais na área de adaptabilidade e estabilidade discutiram exaustivamente o assunto, publicando ao final da reunião o resumo *Genotype by environment interaction and plant breeding*.

9.1 Homeostase

Por meio de estudos da interação G × E, foi introduzido um novo conceito de estabilidade relativa de diferentes genótipos.

Como a contribuição de cada cultivar para a interação G × E não era conhecida, Cannon (1932), em suas pesquisas, evidenciou o fenômeno da homeostase quando afirmou que "um organismo homeostático é aquele que mantém certos aspectos de sua fisiologia constantes, independentemente das forças de ambiente que tendem a alterar sua constância". O conceito atual de homeostase refere-se à propriedade de os organismos se adaptarem às variações de ambiente, isto é, mecanismos autorreguladores dos organismos que permitem a sua estabilização em ambientes flutuantes. Há dois tipos de homeostase: a genética e a de desenvolvimento. A *homeostase genética* é a propriedade de a população equilibrar sua composição genética e resistir a mudanças bruscas no ambiente; é também descrita como poder tamponante da população. A maioria das populações não melhoradas é heterogênea e consiste em uma série de genótipos otimamente adaptados a diferentes aspectos do ambiente. Talvez a melhor terminologia para esse tipo seja *homeostase populacional*. Já a *homeostase de desenvolvimento* é baseada na habilidade do indivíduo para responder a variações de ambiente por meio de mudanças fisiológicas ou estruturais. Tendo em vista que os indivíduos apresentam flexibilidade durante o seu desenvolvimento, eles podem desenvolver fenótipos diferentes em ambientes diferentes, todos bem adaptados ao ambiente a que foram condicionados. Esse fenômeno também é descrito como homeostase individual.

Os genótipos que interagem com o ambiente, de forma que uma relativa uniformidade ou estabilidade seja mantida, são considerados tamponados.

A heterozigose por si pode não ser essencial para a homeostase, mas suspeita-se de que combinações heterozigóticas favoráveis existam como resultado da coevolução dos cromossomos homólogos nas espécies alógamas.

Allard e Bradshaw (1964), que trataram a homeostase como poder tamponante da população e do indivíduo, afirmaram que populações heterozigóticas e heterogêneas parecem oferecer maior oportunidade para a produção de cultivares que mostram pequena interação G × E.

Embora a homeostase seja uma característica desejável, ela não tem valor se não estiver associada à alta produtividade. Um cultivar pouco produtivo não é aceitável comercialmente, independentemente da sua estabilidade de comportamento.

Algumas características agronômicas podem contribuir para a homeostase individual. Por exemplo, a prolificidade pode conferir ao milho maior flexibilidade a mudanças de ambiente, como no caso de desuniformidade na distribuição de plantas. Prior e Russell (1975), ao estudar quatro grupos de híbridos de milho em diferentes densidades de plantio, concluíram que os híbridos prolíficos apresentam capacidade de se ajustarem ao ambiente, porque podem produzir mais de uma espiga por planta em situações de baixa competição. Alguns cultivares de soja são reconhecidamente portadores de alta capacidade de compensação, enquanto outros apresentam habilidade para emissão de novas flores quando a primeira florada foi estressada.

Cultivares de soja de hábito de crescimento indeterminado, semideterminado e determinado diferem-se primariamente na época de paralisação de crescimento da haste principal. Essa diferença afeta a altura da planta, a resistência ao acamamento e o comprimento das fases vegetativas e reprodutivas da espécie. Beaver e Johnson (1981) relataram que os genótipos de hábito de crescimento semideterminado podem apresentar menor estabilidade de comportamento do que os de crescimento indeterminado. Recentes resultados indicam que genótipos dos três tipos de hábito de crescimento apresentam valores comparáveis da interação G × E. Porém, pela análise de estabilidade, observou-se que há maior número de genótipos semideterminados com menor estabilidade do que de hábito de crescimento indeterminado (Ablett et al., 1994).

9.2 Tipos de estabilidade

A estabilidade tem sido definida de diferentes maneiras, dependendo da forma que os melhoristas desejam enfocar esse fenômeno. Conforme mencionado, a maioria dos melhoristas compartilha a opinião de que a estabilidade é desejável, mas discorda da forma de estimá-la.

Há dois tipos de estabilidade: estática e dinâmica.

* *Estabilidade estática*: um cultivar com esta estabilidade apresenta comportamento constante, independentemente das variações do ambiente, e não apresenta qualquer desvio em relação a seu desempenho. Estatisticamente, sua variância em diferentes ambientes é zero. Também denominada estabilidade biológica, foi inicialmente quantificada por Roemer (1917) pela variância ambiental dos genótipos, que mede todos os desvios em relação à média geral de cada genótipo. Esse tipo de estabilidade é mais desejável para características como resistência a doenças, indeiscência de vagens e resistência ao acamamento.
* *Estabilidade dinâmica*: um cultivar com esta estabilidade responde à variação de ambiente de forma previsível, ou seja, somente os desvios relacionados com a reação geral do genótipo contribuem para a instabilidade. Para a maioria das características quantitativas, os genótipos respondem às variações de ambiente com variações no fenótipo.

Os métodos não paramétricos de análise de estabilidade e os baseados na interação G × E quantificam a estabilidade dinâmica, também denominada estabilidade agronômica, em contraste com a estabilidade biológica.

9.3 Métodos de análise da estabilidade

A análise de variância de um grupo de cultivares avaliado em uma série de ensaios, envolvendo localidades e anos, fornece informação sobre a interação G × E. Por exemplo, se a interação G × E é significativa, o melhorista precisa saber se os genótipos contribuem com a mesma intensidade para essa interação. Tal informação não é obtida pela análise de variância rotineira.

Diversos tipos de análises estatísticas foram desenvolvidos para caracterizar a estabilidade de diferentes genótipos. Alguns são relativamente simples, enquanto outros são mais sofisticados e complexos. É óbvio que o método adotado pelo melhorista deve ser simples e fornecer dados de fácil interpretação.

9.3.1 Análise de variância

Para cada par de genótipos, em todas as localidades, em dado ano, essa análise fornece informação de estabilidade relativa para os genótipos individualmente. A média $\hat{\sigma}^2_{GL}$ derivada de todas as combinações que envolvem determinado genótipo estima a sua estabilidade (Westcott, 1986).

9.3.2 Método da ecovalência

Proposto por Wricke (1965), esse método é relativamente simples e bastante difundido entre os melhoristas europeus. Por meio dele, a estabilidade é estimada pelo quadrado da soma da interação G × E para cada genótipo em todos os ambientes.

$$Wi = \sum \left(Yij - \bar{Y}i. - \bar{Y}.j + \bar{Y}.. \right)^2$$

em que:
Wi = ecovalência de Wricke para o genótipo i em relação à interação G × E total;
Yij = valor da característica no genótipo i e ambiente j;
$\bar{Y}i.$ = média geral do genótipo i;
$\bar{Y}.j$ = média geral do ambiente j;
$\bar{Y}..$ = média geral de todos os genótipos e ambientes.

A ecovalência de Wricke mede a contribuição de cada genótipo para a interação G × E total. Um cultivar estável seria aquele com $W_i = 0$, que seria descrito como possuidor de alta ecovalência.

9.3.3 Método da análise de regressão

A análise de regressão das características de um cultivar em relação a um índice de ambiente tem sido usada para caracterizar a estabilidade de genótipos (Stringfield; Salter, 1934; Yates; Cochran, 1938; Finlay; Wilkinson, 1963; Eberhart; Russell, 1966).

Os trabalhos de Finlay e Wilkinson (1963) e de Eberhart e Russell (1966) forneceram os princípios básicos que norteiam a maioria dos estudos que se sucederam.

9.3.4 Método de Finlay e Wilkinson

Esses melhoristas australianos utilizaram 277 genótipos de cevada de diversas origens, avaliados em três localidades, durante três anos. No procedimento proposto, os autores calcularam a resposta para cada cultivar em relação a um índice de ambiente obtido pela média de todos os genótipos em dado ambiente. O coeficiente de regressão b é uma estimativa da estabilidade do genótipo. Segundo esses autores, $b = 1$ representa estabilidade média; $b > 1$, estabilidade menor que a média; e $b = 0$ é completamente estável. Cultivares que apresentam b = 0 têm o mesmo desempenho, independentemente das variações de ambiente, possuindo, portanto, estabilidade estática ou biológica (Fig. 9.1).

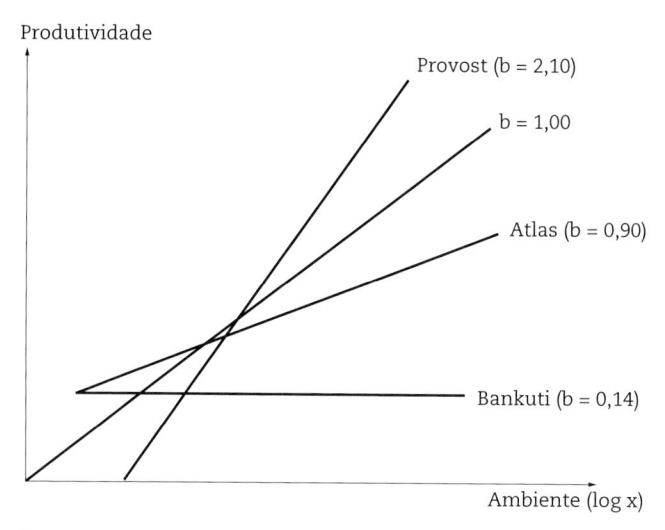

FIG. 9.1 *Representação esquemática do cultivar Bankuti, completamente estável; do Atlas, com estabilidade média; e do Provost, com estabilidade abaixo da média*

Embora Finlay e Wilkinson tenham contribuído de forma significativa, pesquisando a estabilidade genotípica nas últimas décadas, o trabalho original deles está sujeito a diversas críticas. Provavelmente, a mais séria seja a que diz respeito ao germoplasma utilizado. Esses autores utilizaram uma amostra extensa e diversa, que incluía genótipos completamente inadaptados à região de avaliação. Por exemplo, o cultivar Bankuti, que foi considerado estável, não se adaptou às condições edafoclimáticas australianas e apresentou produtividade de grãos muito abaixo daquela obtida com os genótipos locais.

Outra crítica, não só pertinente a este método, é que o índice de ambiente não é independente dos dados analisados, uma vez que estes são extraídos do conjunto total de dados, violando uma das considerações para validade da análise de regressão.

9.3.5 Método de Eberhart e Russell

Eberhart desenvolveu o método descrito no artigo "Parâmetros de estabilidade para comparação de cultivares" (Eberhart; Russell, 1966) com os dados obtidos por Russell. Esses autores não haviam tomado conhecimento do trabalho de Finlay e Wilkinson quando publicaram seus resultados (Russell, 1990, comunicação pessoal).

Esse método fornece informações sobre o desempenho relativo de cada genótipo em relação às médias dos ambientes, bem como em relação à sua resposta linear. Cada ambiente é indexado pela média dos seus genótipos, o que viola uma das exigências para que a análise de regressão seja válida.

Alguns índices alternativos para quantificação do ambiente têm sido propostos:

* Um grupo de genótipos adaptados como indexadores dos ambientes deve ser incluído para que os efeitos das variações peculiares de cada indivíduo sejam minimizados no índice.
* Fatores edafoclimáticos para indexação de ambientes, como precipitação pluviométrica, fotoperíodo, temperatura, umidade relativa, fertilidade do solo e provavelmente muitos outros, poderiam constituir um índice. Este seria um parâmetro independente e, portanto, satisfaria às exigências para a análise de regressão, mas a dificuldade para estimá-lo tem restringido seu uso.

Na maioria dos estudos de estabilidade, o índice de ambiente, plotado no eixo das abscissas (X), é obtido pela média dos genótipos avaliados no ambiente. O desempenho de cada genótipo é plotado similarmente no eixo das ordenadas (Y). A linha de regressão linear para todos os cultivares utilizados na indexação dos ambientes terá o coeficiente de regressão $\beta = 1$. Para cada genótipo, calculam-se os valores de regressão em relação aos índices de ambiente. Dessa forma, obtêm-se parâmetros para cada genótipo:

a. Desempenho médio, considerando todos os ambientes.
b. Coeficiente de regressão (β_1). O desvio desse coeficiente em relação a $\beta_1 = 1$, bem como a diferença entre os valores de b para cada genótipo, pode ser estatisticamente testado.
c. Desvio da regressão (δ_{ij}).

O modelo estatístico para uma regressão linear inclui:

$$Y_{ij} = \beta_{oi} + \beta_{1i}I_j + \delta_{ij} + \overline{\varepsilon}_{ij}$$

em que:
Y_{ij} = média do genótipo i no ambiente j;
β_{oi} = média do genótipo i, considerando todos os ambientes;

β_{1i} = coeficiente de regressão para o genótipo i;

I_j = índice do ambiente j, obtido pela média de todos os genótipos no ambiente j subtraída da média geral;

δ_{ij} = desvio da regressão para o genótipo i no ambiente j;

$\bar{\varepsilon}_{ij}$ = erro experimental médio.

Os desvios da regressão $\left(\hat{\sigma}_d^2 = \sum_i \hat{\delta}_{ij}^2 / (a-2)\right)$ não explicados pelo modelo linear medem a estabilidade do genótipo em relação à sua resposta linear (Fig. 9.2).

$\hat{\beta} < 1$	$\hat{\beta} > 1$
Alta estabilidade	
$\hat{\sigma}_d^2 = 0$	Pequeno σ_D
Adaptados a ambientes desfavoráveis	Adaptados a ambientes favoráveis
$\hat{\sigma}_d^2 > 0$	Grande σ_D
Baixa estabilidade	

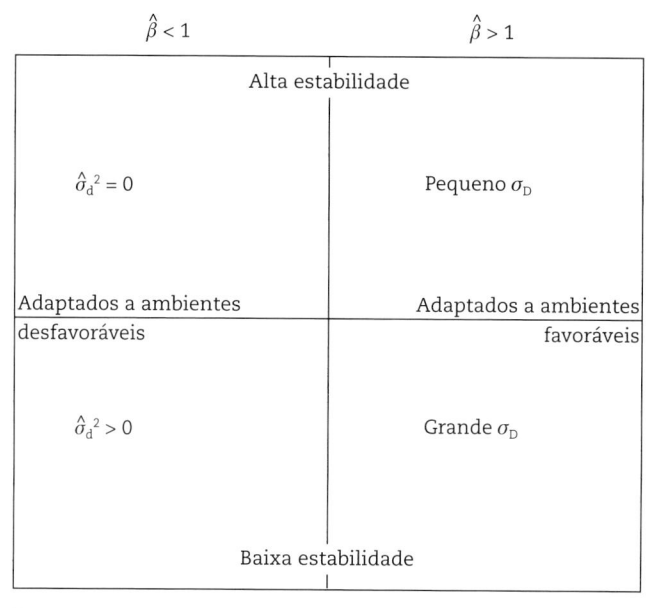

FIG. 9.2 *Interpretação dos parâmetros de estabilidade pelo método de Eberhart e Russell (1966)*

A classificação dos genótipos quanto à adaptabilidade está disposta a seguir:
a. Genótipo de ampla adaptabilidade: $\hat{\beta}_1 = 1$. Se o genótipo apresenta desempenho acima da média, é o tipo desejável nos ambientes com muitas variações imprevisíveis (adaptado a ambientes médios).
b. Genótipo de adaptabilidade restrita a ambientes favoráveis: $\hat{\beta}_1 > 1$. Se as condições de ambiente pudessem ser "controladas" para alta performance, este seria o tipo desejável.
c. Genótipo de adaptabilidade restrita a ambientes desfavoráveis: $\hat{\beta}_1 \cong 0$. Entre os genótipos adaptados a uma região, muito dificilmente encontram-se tipos que apresentam um coeficiente de regressão igual a zero

ou próximo dele. Dessa forma, genótipos com $\hat{\beta}_1 < 1$ também têm sido incluídos nessa categoria.

Já para a classificação dos genótipos quanto à estabilidade, têm-se:
a. Genótipos de alta estabilidade: $\hat{\sigma}_D^2 = 0$.
b. Genótipos de baixa estabilidade: $\hat{\sigma}_D^2 \neq 0$.

Um cultivar ideal, na concepção de Eberhart e Russell, apresenta alto comportamento médio, $\hat{\beta}_1 = 1$, pois, dessa forma, seu desempenho melhora em resposta a condições de ambiente favoráveis, e $\hat{\sigma}_D^2 = 0$, ou seja, possui um comportamento altamente previsível.

No trabalho desenvolvido por Eberhart e Russell foram utilizados 55 híbridos simples, provenientes de um dialelo que envolveu 11 linhagens de milho adaptadas à região de avaliação. Os valores de b obtidos por esses autores variaram de 0,88 a 1,15, e os correspondentes, obtidos por Finlay e Wilkinson (1963), oscilaram entre 0,14 e 2,10. Esses resultados confirmam que coeficientes de regressão próximos de zero podem ser obtidos quando se inclui germoplasma exótico (inadaptado) na região.

Alguns autores têm criticado dois aspectos do método de Eberhart e Russell:
1. A maneira como os graus de liberdade para ambiente e a interação genótipo × ambiente são subdivididos em ambiente (linear), genótipo × ambiente e desvios da regressão. Alguns autores argumentam que a soma de quadrados de ambiente (linear) não é igual à soma total de quadrados de ambientes, e sim a parte dela. Provavelmente, a maneira mais correta seja agrupar os graus de liberdade dos desvios em $(g - 1)(n - 1)$ em vez de $g(n - 2)$.
2. O uso da média dos genótipos como índice de ambiente, violando uma das pressuposições da análise de regressão. Embora essa seja uma objeção válida, há autores que acreditam que essa violação não acarreta sérios problemas nessa análise se não forem incluídos genótipos inadaptados entre os estudados.

Diversos estudos posteriores ao de Eberhart e Russell (1966) introduziram modificações no procedimento originalmente proposto.

Embora Eberhart e Russell não tenham distinguido estabilidade de adaptabilidade, atualmente a maioria dos melhoristas considera $\hat{\beta}_0$ um indicador da adaptação do genótipo. O desvio da regressão (σ_D^2) é um parâmetro mais lógico de estabilidade, uma vez que se relaciona com predibilidade e repetibilidade de desempenho.

O uso do coeficiente de determinação em substituição ao desvio da regressão tem sido sugerido por alguns autores. O coeficiente de determinação (r^2), facilmente calculado e interpretado, é independente das unidades, e as diferenças entre r^2 podem ser estatisticamente testadas. Valores de $r^2 \cong 1$ indicam que o genótipo apresentou pequeno desvio em relação à resposta linear. Langer, Frey e Baily (1979) estudaram a associação de diferentes índices de estabilidade em aveia e concluíram que r^2 é positivo e altamente correlacionado com σ_D^2, indicando que esses dois parâmetros medem essencialmente a mesma coisa.

9.3.6 Método de Cruz, Torres e Vencovsky

Adotado por várias instituições de melhoramento no Brasil e no exterior, avalia separadamente o comportamento dos genótipos em ambientes desfavoráveis e favoráveis. A análise de regressão bissegmentada utilizada neste método permite a caracterização dos genótipos nesses dois tipos de ambientes. Conforme descrito por Cruz, Torres e Vencovsky (1989), o genótipo ideal apresenta alta produtividade, coeficiente de regressão menor do que a unidade nos ambientes desfavoráveis e maior nos ambientes favoráveis, além de desvio de regressão igual a zero.

$$Y_{ij} = \beta_0 + \beta_{1i}I_j + \beta_{2i}T(I_j) + \delta_{ij} + \overline{\varepsilon}_{ij}$$

em que:
Y_{ij} = média do genótipo i no ambiente j;
β_0 = média geral do genótipo i;
β_{1i} = coeficiente linear de regressão para o genótipo i nos ambientes desfavoráveis;
I_j = índice ambiental;
β_{2i} = coeficiente linear de regressão para o genótipo i nos ambientes favoráveis;
$T(I_j)$ = variável independente, definida como:
$T(I_j) = 0$ se $I_j < 0$;
$T(I_j) = I_j - I$ se $I_j > 0$;
δ_{ij} = desvio da regressão;
$\overline{\varepsilon}_{ij}$ = erro experimental médio.

9.3.7 Método das diferenças do RANK

Método não paramétrico, proposto por Hühn (1979), que utiliza as alterações de ordem (rank) de um genótipo para quantificar a sua estabilidade de desempenho.

A ordem dos genótipos incluídos no estudo é estabelecida para cada ambiente separadamente. As variações de ordem de um genótipo é que estabelecem a sua estabilidade. Por exemplo, vê-se na Fig. 9.3 que o cultivar A apresentou maior produtividade nos três ambientes considerados e, portanto, ficou em primeiro lugar nos *ranks* dos três ambientes. O cultivar B foi o segundo no *rank* nos ambientes E_1 e E_3 e o terceiro em E_2. De maneira similar, o cultivar C foi o terceiro no *rank* nos ambientes E_1 e E_3 e o segundo em E_2. Por esse método, o cultivar A apresentou maior estabilidade de desempenho, uma vez que sua colocação no *rank* não mudou com a variação de ambientes.

Se o método de Eberhart e Russell fosse utilizado, os cultivares B e C seriam mais estáveis do que o cultivar A.

Algumas modificações no procedimento original proposto por Hühn (1979) foram apresentadas, como a correção dos valores das características dos genótipos pela média de ambiente proposta por Leon (1985).

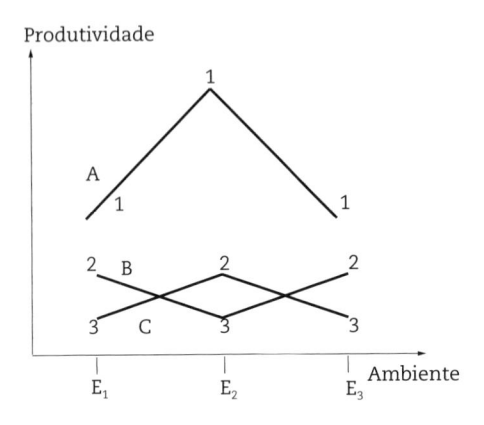

FIG. 9.3 *Esquema da variação de rank de três cultivares em três ambientes*

9.3.8 Método das variâncias de RANK

É um método não paramétrico, similar ao das diferenças de *rank*. Nesse procedimento, utilizam-se as variâncias de *rank* de um genótipo para quantificar a sua estabilidade de desempenho. Detalhes adicionais a respeito desse método são discutidos por Nassar e Hühn (1987) e Hühn (1990).

9.3.9 Método da análise de agrupamento

Método de análise multivariada que visa agrupar genótipos em subgrupos, com base na homogeneidade de estabilidade. Dentro de cada subgrupo, os genótipos não apresentam interação G × E, enquanto as diferenças entre subgrupos ocorrem em virtude dessas interações.

Basford et al. (1990) utilizaram a análise de agrupamento para estimação da estabilidade de 25 linhagens de algodão avaliadas em oito localidades e concluíram ser essa análise eficiente.

A literatura científica reporta outros métodos para análise de estabilidade, como a análise do componente principal e a análise geométrica (Kang, 1990). Entre os vários métodos de análise da estabilidade, aqueles que fazem uso da regressão, como proposto por Eberhart e Russell (1966), são os mais aceitáveis.

A interpretação da análise de estabilidade precisa ser criteriosa. Nos casos em que um cultivar de soja precoce é avaliado com outros cultivares tardios, o precoce pode apresentar grande desvio de regressão, o que não significa necessariamente "instabilidade", e sim que aquele cultivar responde de maneira marcante a determinado ambiente quando comparado com os demais cultivares tardios.

Uma das principais limitações das análises de estabilidade é o seu caráter relativo. As estimativas de estabilidade obtidas só possuem significado para os genótipos testados.

9.4 Estimando a adaptabilidade e a estabilidade

Diversos pacotes estatísticos permitem análises de estabilidade e adaptabilidade, como o SAS e o SAEG. Outro *software* interessante que atende ao profissional da área de genética e melhoramento é o Programa GENES, que conta com uma série de procedimentos para esse tipo de análise. Nesse programa estão disponíveis diversas metodologias classificadas quanto aos princípios estatísticos envolvidos, quais sejam: métodos baseados na análise de variância; em regressão linear; em regressão linear bissegmentada; e em análise não paramétrica. Nessas metodologias utilizam-se diferentes conceitos biológicos da estabilidade e/ou adaptabilidade, bem como são empregados diferentes procedimentos estatísticos para obtenção das estimativas dos parâmetros. Algumas metodologias proporcionam informações complementares, permitindo melhor conhecimento tanto dos cultivares avaliados quanto dos ambientes estudados. O Programa GENES, desenvolvido pelo Professor Cosme Damião Cruz, do Departamento de Biologia Geral da Universidade Federal de Viçosa, é distribuído gratuitamente e encontra-se disponível no site: <http://ftp.ufv.br/dbg/Biodata/>. Sugere-se também ao interessado assistir ao vídeo disponibilizado em: <https://youtu.be/jqdN1QTXbvY>.

9.5 Melhoramento visando à estabilidade

A estabilidade de desempenho, embora de baixa herdabilidade, pode ser considerada uma característica como outras que os melhoristas selecionam. Obviamente, a sua natureza relativa e complexa é fator complicador para sua inclusão entre as características que devem ser selecionadas.

Conforme discutido na seção 9.1, genótipos heterozigóticos são menos sujeitos às influências de ambiente do que os homozigóticos e populações heterogêneas possuem maior poder tamponante do que as homogêneas. Embora a teoria e os resultados experimentais favoreçam tipos de cultivares mais heterozigóticos e heterogêneos, o melhorista deve considerar também o comportamento *per se* dos cultivares. A possibilidade de encontrar um cultivar homogêneo altamente produtivo é maior do que a de encontrar uma mistura (cultivar heterogêneo) altamente produtiva. Em razão da pouca repetibilidade dos dados de estabilidade, a seleção para essa característica é de baixa eficiência.

dez

Seleção de genitores

A escolha dos genitores e o planejamento dos cruzamentos são provavelmente as mais importantes etapas para o sucesso de um programa de melhoramento. Isso porque tudo o que se deseja encontrar nos indivíduos recombinantes tem que, de certo modo, estar presente nos seus genitores. Assim, o planejamento cuidadoso dos cruzamentos aumenta as chances de desenvolvimento de cultivares superiores, pois maximiza a utilização de alelos desejáveis.

Os programas de melhoramento envolvem recursos humanos e financeiros, infraestrutura para testes e avaliações, métodos de melhoramento, germoplasma e ferramentas tecnológicas, laboratórios de apoio ou serviços terceirizados. A escolha inadequada de qualquer um desses componentes limita o progresso do programa, mas a escolha inapropriada do germoplasma talvez seja o fator mais crítico e limitante. Mesmo que o germoplasma possa ser substituído, esse procedimento, em geral, resulta em substancial perda de tempo e recursos.

Talvez um dos maiores dilemas dos melhoristas seja como escolher corretamente os genitores para um programa de desenvolvimento de cultivares, pois, embora de importância indiscutível, muito pouco foi elucidado sobre as bases científicas da seleção do germoplasma. A literatura científica está repleta de estudos sobre métodos de melhoramento e seleção, mas, sobre a escolha de genitores, pouco se encontra publicado.

A escolha de genitores deve obedecer a dois critérios: ser feita com base em informações e procedimentos científicos, visando maximizar a chance de obtenção de cultivares superiores; e considerar aspectos legais ao utilizar o germoplasma desenvolvido por outras instituições. O livre intercâmbio de germoplasma para as espécies autógamas tornou-se limitado no Brasil com a homologação da Lei de Proteção de Cultivares, apesar de o uso de germoplasma para pesquisa ter ficado isento da prévia autorização da instituição de origem.

10.1 Tipos de cruzamento

Usualmente, os melhoristas realizam cruzamentos com diferentes objetivos. Os critérios de escolha de genitores, bem como a metodologia de condução das populações segregantes, variam com os diversos objetivos dos cruzamentos.

Em um programa de melhoramento, os cruzamentos podem ser agrupados, conforme a finalidade, como se segue:

* *Desenvolvimento de cultivares*: neste grupo devem estar os cruzamentos cujo objetivo é o desenvolvimento de novos cultivares. Os genitores escolhidos para esses cruzamentos devem ser agronomicamente superiores e adaptados à região de cultivo, pois cruzamentos envolvendo germoplasma exótico ou inadaptado em geral dificultam ou atrasam a obtenção de genótipos superiores. Atualmente, devido aos eventos transgênicos, a introgressão destes tem se tornado importante nos programas de melhoramento para a conversão de linhagens comerciais convencionais em transgênicas. Assim, o número de indivíduos nas populações e o número de retrocruzamentos para incorporação dos eventos transgênicos têm que ser considerados na condução das populações.

* *Desenvolvimento de germoplasma (pré-melhoramento)*: neste grupo devem ser incluídos os genitores portadores de características que se deseja introduzir no programa de desenvolvimento de cultivares, mas que apresentam sérias limitações quanto às características "essenciais" dos novos cultivares. Os objetivos desses cruzamentos incluem a adaptação de germoplasma exótico e a introdução de caracteres dos acessos dos bancos de germoplasma ou de outras espécies. As metas deste grupo em geral são alcançadas a longo prazo e envolvem vários ciclos de melhoramento.

* *Estudos genéticos*: o melhorista deve agrupar os cruzamentos realizados para o estudo dos aspectos genéticos da espécie com que trabalha (por exemplo, estudar a herança do tipo semianão ou estimar o número de

genes envolvidos na resistência de uma doença). Os genitores deverão ser bastante divergentes quanto às características em estudo.

A classificação dos cruzamentos quanto à diversidade genética dos genitores é frequentemente adotada pelos melhoristas e bastante útil para a definição dos cruzamentos mais promissores para o desenvolvimento de cultivares. Nessa classificação incluem-se duas categorias:

* *Cruzamentos convergentes* (narrow cross): referem-se aos cruzamentos em que a distância genética entre os genitores é pequena, ou seja, os genitores são aparentados. As populações segregantes originárias desses cruzamentos apresentam de moderada a baixa variância genética, em geral associada à alta produtividade média. Geralmente envolvem cultivares superiores, do mesmo grupo de caracteres agronômicos, como maturação e hábito de crescimento. A seleção nas populações segregantes é mais desafiante quando não se utilizam ferramentas tecnológicas como a genotipagem e a fenotipagem em alta escala e as análises genético-estatísticas. Espera-se que, nesses cruzamentos, as combinações alélicas favoráveis sejam preservadas e que os pequenos ganhos genéticos, obtidos na população com alto desempenho médio, representem um incremento real em relação ao do melhor genitor. Esses cruzamentos incluem, por exemplo:
  a. cultivar adaptado × cultivar adaptado;
  b. cultivar adaptado × linhagem-elite;
  c. linhagem-elite × linhagem-elite;
  d. linhagem convencional × linhagem transgênica.

* *Cruzamentos divergentes* (wide cross): referem-se aos cruzamentos em que há grande distância genética entre os genitores. As populações segregantes originárias desses cruzamentos apresentam alta variabilidade genética e baixo ou moderado desempenho. Nesse tipo de cruzamento, genitores não adaptados à região do cultivo podem ser incluídos por apresentarem características inexistentes no germoplasma local. Deve--se, entretanto, reduzir a contribuição genética dos tipos inadaptados por meio de um ou mais retrocruzamentos com os tipos adaptados.

10.2 Importância da seleção de genitores

A probabilidade de obtenção de genótipos contendo as características-objeto de um programa pode ser calculada pela multiplicação das probabilidades de obtenção de cada característica na população segregante. Essa situação é comum em programas de melhoramento que possuem eventos transgênicos e querem obter uma nova linhagem ou cultivar com vários eventos. Muitas das características consideradas estão ligadas, e a probabilidade real difere da calculada. Quando características indesejáveis se encontram ligadas a características desejáveis, a probabilidade de obtenção de indivíduos superiores depende de *crossing overs* específicos. Considere-se a soja com as seguintes características e probabilidades:

a. indeiscência de vagem: 1/4;

b. resistência ao cancro da haste: 1/16;

c. semente de tegumento claro: 1/20;

d. hábito de crescimento determinado: 1/4;

e. ciclo precoce: 1/8.

A probabilidade de obtenção de um genótipo reunindo as cinco características é de 1/40.960.

Para que os novos cultivares apresentem uma série de características essenciais, é preciso optar pela condução de grandes populações segregantes e, nestas, selecionar os tipos desejáveis ou escolher criteriosamente genitores que aumentem a probabilidade de obtenção de cada característica na população segregante. Alternativamente, a escolha de ambos os genitores com resistência ao cancro da haste pode resultar em uma população não segregante para essa característica, aumentando a probabilidade de obtenção do futuro cultivar de 1/40.960 para 1/2.560. Os cruzamentos mais promissores são aqueles que geram populações com elevada média e grande variância genética.

Para a determinação das características essenciais dos futuros cultivares, devem-se conhecer as prioridades estabelecidas pelos agricultores. Embora a produção de grãos seja de alta prioridade para os produtores de cevada, cultivares de pubescência longa são considerados inaceitáveis, em virtude do desconforto alérgico que essa característica produz durante a colheita.

Durante a fase de escolha de genitores, o melhorista deve considerar tanto a atual demanda dos consumidores quanto a tendência do mercado para o futuro próximo e as metas da empresa de melhoramento. Isso representa grande desafio, uma vez que o lançamento de um cultivar pode ocorrer em cerca de 5 a 10 anos após a escolha e o cruzamento dos genitores.

A soja no Brasil ilustra muito bem a importância de se planejarem os cruzamentos. Com a expansão da fronteira agrícola nas regiões de baixa latitude, a demanda por cultivares de período juvenil longo aumentou de forma expressiva. Visando atender a essa demanda, o Programa de Melhoramento de Soja da UFV iniciou cruzamentos com os cultivares Doko, IAC-8 e Savana, de período juvenil longo. As linhagens desenvolvidas a partir desses genitores apresentaram boa adaptação e potencial para serem utilizadas na expansão da sojicultura no norte do Brasil.

10.3 Genitores potenciais

Cultivares em uso: os cultivares em desenvolvimento visam substituir aqueles em uso. Em consequência, os cultivares em uso devem constituir a primeira opção como fonte de genitores. Os cultivares em uso possuem a maioria das características exigidas pelo mercado e apresentam boa produtividade, associada a outras características de importância agronômica. A probabilidade de se obterem linhagens superiores em cruzamentos entre cultivares é relativamente alta. Uma rápida consulta à seção de registro de cultivares em periódicos especializados revelará que a maioria dos genitores dos novos cultivares é constituída pelos cultivares em uso. Também se deve observar que, apesar de a Lei de Proteção de Cultivares permitir o uso livre de germoplasma para obter novos cultivares, os eventos transgênicos possuem propriedade industrial/titularidade e somente podem ser usados com autorização dos detentores enquanto houver direito de propriedade.

Linhagens-elite: podem-se agregar vantagens comparativas ao programa de melhoramento ao incluir, nos cruzamentos, as principais linhagens em fase final de avaliação, visando ao desenvolvimento de cultivares. A inclusão de linhagens em blocos de cruzamentos é prática rotineira em programas de melhoramento. Essa estratégia é denominada reciclagem de linhagens. Embora seja uma prática vantajosa para conferir maiores ganhos aos programas de melhoramento, ela traz consigo duas limitações: a inclusão de linhagens nos blocos de cruzamentos antes de se completar a sua avaliação final, o que pode resultar em cruzamentos com limitações que somente serão descobertas por ocasião da avaliação final da linhagem; e a consequente eliminação de populações segregantes com a linhagem em questão. Outra limitação à qual o melhorista precisa ficar atento é relativa à redução na variabilidade com os cruzamentos entre genitores muito aparentados. Mesmo assim, essa é uma prática comum entre os melhoristas.

Estoques genéticos: muitas vezes, registra-se uma linhagem que não possui bom desempenho geral, mas é portadora de uma ou mais características de interesse específico. Por exemplo, a Universidade Estadual de Kentucky (EUA) lançou a linhagem de fumo KY 171 para fins experimentais ou para uso nos programas de melhoramento. Essa linhagem apresenta baixos teores de nicotina e folhas verde-escuras, características de interesse para a indústria tabagista, porém não foi lançada como novo cultivar em razão da baixa estabilidade de produção. Os periódicos *Crop Science* e *Crop Breeding and Applied Biotechnology* listam, no último número de cada ano, os registros de linhagens e cultivares de várias espécies, com as principais características de cada genótipo e os métodos de melhoramento utilizados no seu desenvolvimento. No site do Ministério da Agricultura também estão disponíveis os cultivares registrados para comercialização no Brasil.

Acessos de bancos de germoplasma: os bancos de germoplasma são excelentes fontes de variabilidade genética. Os acessos desses bancos em geral são catalogados e podem ser requisitados para pesquisa ou melhoramento. O melhorista deve ter cautela adicional ao usar acessos de bancos de germoplasma no programa de desenvolvimento de cultivar, uma vez que a maioria dos acessos apresenta uma ou mais características indesejáveis aos cultivares. Os acessos PI 408251, PI 86023 e Ichigowase foram utilizados na UFV, no programa de desenvolvimento de cultivares de soja com melhor sabor para a alimentação humana. No entanto, esses acessos apresentam diversas limitações agronômicas que impedem seu uso como novos cultivares.

10.4 Filosofias de seleção de genitores

Muitos programas de desenvolvimento de cultivares conduzem grande número de cruzamentos na expectativa de que um deles resulte em uma combinação gênica superior, que possa ser selecionada e lançada como novo cultivar. A quantidade de cruzamentos é quase sempre definida pela capacidade de realização destes e pela condução das populações segregantes derivadas. No programa de melhoramento de trigo do Centro Internacional de Melhoramento de Milho e Trigo (CIMMYT), no México, são realizados cerca de 2.000 cruzamentos por ano para atender ao seu programa internacional.

Com um método eficaz para a escolha de genitores, o número de cruzamentos pode ser reduzido consideravelmente. Diversos métodos de seleção de genitores foram desenvolvidos com base em duas filosofias antagônicas: (i) maximização do ganho genético e (ii) maximização do desempenho da população.

Para abordagem das duas filosofias, considere um programa de melhoramento em que o objetivo principal é o desenvolvimento de um cultivar altamente produtivo. A primeira filosofia enfatiza a maximização do ganho genético como a alternativa para obtenção da nova cultivar. O ganho genético pode ser estimado pela seguinte equação:

$$G = h^2 \, Ds$$

em que:
G = ganho genético;
h^2 = herdabilidade;
Ds = diferencial de seleção.

A fim de maximizar o ganho genético, deve-se maximizar o diferencial de seleção (Ds) e a herdabilidade para a característica-objetivo da seleção (h^2). Para aumentar o valor do Ds, deve-se selecionar um menor número de indivíduos superiores na população. Existem duas formas principais de se elevar a herdabilidade: a primeira é a redução da variância de ambiente por meio da utilização de ambientes mais uniformes, e a segunda é o aumento da variância genética, por meio de genitores não aparentados. Os melhoristas que seguem a filosofia da maximização dos ganhos genéticos, quando selecionam genitores, enfatizam os cruzamentos divergentes.

A segunda filosofia considera a maximização do desempenho *per se* como alternativa para o desenvolvimento do novo cultivar. O desempenho dos indivíduos selecionados na população pode ser estimado pela seguinte equação:

$$\bar{X}_{N+1} = \bar{X} + G$$

em que:
$\bar{X}_{N+1}$ = média da progênie dos indivíduos selecionados, na geração seguinte;
$\bar{X}$ = média da população;
G = ganho genético.

Com base na equação anterior, o ganho genético é apenas um dos componentes que influenciam a média dos indivíduos selecionados. Os melhoristas que seguem a filosofia da maximização do desempenho da população, bastante aplicada nas empresas privadas, enfatizam cruzamentos convergentes envolvendo genitores altamente produtivos. Nessa situação, o ganho genético será limitado, porém a média da população será alta, resultando em elevada média dos indivíduos selecionados e do futuro cultivar.

De modo geral, todo melhorista busca obter progênies com média elevada e grande variabilidade genética. Entretanto, é difícil reunir esses dois parâmetros, pois genitores com média elevada (cruzando "bom com bom") tendem a possuir muitos alelos favoráveis fixados ou, ainda, ser aparentados. Com isso, há redução na amplitude da variabilidade genética. Por outro lado, ao hibridar dois genitores distantes geneticamente, um deles tende a ser de desempenho inferior, reduzindo a média da progênie, mas obtendo variância genética maior. É difícil predizer a magnitude da variância genética de um cruzamento. O que se pode predizer é que ela será maior quando as frequências dos alelos favoráveis estiverem igualmente distribuídas nos dois genitores usados (Bernardo, 2010).

10.5 Métodos de seleção de genitores
10.5.1 Desempenho *per se* dos genitores

De acordo com este critério, o melhor cruzamento é aquele que envolve os dois melhores cultivares e em que a média dos genitores estabeleça o desempenho da progênie. Esse é o caso quando a maior parte da variância genética é aditiva, não sendo aplicado na maioria das espécies alógamas, principalmente o milho. Matzinger e Cockerham (1976) indicaram a predominância da variância genética aditiva na maioria dos caracteres agronômicos em diversas autógamas. Muitos outros autores concordam com essa teoria e recomendam o uso dos melhores genótipos como genitores. A escolha de genitores baseada no desempenho individual é suportada pela experiência dos melhoristas, isto é, genótipos com alto desempenho tendem a gerar progênies com alto desempenho. Baker (1981) reportou evidências de que cruzamentos entre genitores com alto desempenho e reduzida distância genética apresentam maior probabilidade de originar cultivares agronomicamente superiores no curto prazo. O que tem sido mais utilizado? Em geral, os melhoristas cruzam os melhores genótipos entre si. Um rápido levantamento de genitores na seção de registro de cultivares do *Crop Science* e outros periódicos revela que esse critério é o mais utilizado. Na iniciativa privada, os melhoristas priorizam essa estratégia, pois estão sempre sob pressão para lançar um novo cultivar para atingir os objetivos de negócio da empresa. Nem sempre bons cultivares apresentam bom desempenho como genitores. O cultivar de trigo Gaines, primeiro cultivar semianão a contribuir para a Revolução Verde de Norman Borlaug, foi obtido a partir de um genitor de baixo desempenho: Norin 10.

10.5.2 Fenótipo para características importantes

Este método enfatiza a complementaridade entre os genitores para características correlacionadas com a característica principal do programa. Nesse caso, procura-se otimizar as características correlacionadas à característica-objeto do programa.

Quando a seleção para a característica de interesse é relativamente difícil, pode-se fazer a seleção indireta, isto é, por meio de outras características correlacionadas com a primeira. Esse critério também tem sido adotado para a escolha de genitores. Para a seleção de genitores com o objetivo de desenvolver um cultivar altamente produtivo, podem-se considerar outras características agronômicas correlacionadas com a produtividade. Grande número de características tem sido correlacionado com produtividade de grãos: índice de área foliar, ângulo de inserção foliar, índice de colheita, número de sementes, tamanho de sementes, capacidade de perfilhamento ou ramificação, eficiência no uso da água e taxa fotossintética (Grafius, 1978). Com base nesse método, o melhorista deve escolher genitores que se complementam. A presença de características desejáveis em ambos os genitores pode resultar na reunião destas em um único indivíduo, portanto superior aos seus genitores.

Evidências experimentais mostram que, em muitos casos, o aumento de produtividade foi alcançado com o uso de genitores com outras características importantes, provavelmente porque a maioria destas não estava no seu nível ótimo, mesmo nos melhores cultivares. A escolha de genitores visando otimizar as características correlacionadas com a produtividade pode resultar em aumentos substanciais na produtividade, como aconteceu com o cultivar de trigo Gaines. Norin 10, um dos genitores de Gaines, apresentou produtividade medíocre no estado de Washington e, mesmo assim, foi usado no cruzamento que deu origem a esse cultivar. Caso o desempenho *per se* fosse utilizado na seleção de genitores, Norin 10 não seria escolhido. Esse cultivar foi incluído em vários cruzamentos, por apresentar pequena altura de planta.

10.5.3 Histórico do genitor

Este é um importante critério para a escolha de genitores para o melhoramento animal. O velocista da raça quarto-de-milha, *Signed to Fly*, pai de outros reconhecidos equinos campeões, teve em 1996 suas coberturas avaliadas em cerca de US$ 8.000,00, em razão da sua comprovada habilidade de transferir aos descendentes ótimas características. Esse critério enfatiza a importância da capacidade de combinação. Neste método, a escolha de genitores baseia-se em informações sobre o histórico dos genótipos como genitores. Caso este método seja adotado, os cultivares mais novos não serão incluídos nos blocos de cruzamentos, pois o histórico do seu desempenho como genitores só será conhecido alguns anos após seu lançamento. Alguns cultivares tornaram-se conhecidos como bons genitores. O cultivar de soja UFV 1, por exemplo, foi utilizado em diversos cruzamentos durante muitos anos e, por seu potencial, tornou-se genitor de vários outros cultivares.

10.5.4 Pedigree do genitor

Este critério, também muito utilizado no melhoramento animal, enfatiza a importância da diversidade genética. Tanto no melhoramento animal quanto no de espécies alógamas, a diversidade genética encontra-se correlacionada com a heterose, o que justifica a consideração deste critério na seleção de genitores. Cox et al. (1985) sugeriram que a eficiência dos programas de melhoramento poderia ser elevada se fosse utilizada maior diversidade genética.

A distância genética entre os potenciais genitores pode ser avaliada com base nas características agronômicas, no grau de parentesco entre os genótipos ou mesmo no nível de polimorfismo molecular. Entretanto, a seleção de genitores com base na distância genética deve ser sempre ponderada pela avaliação do desempenho *per se* dos genótipos envolvidos, uma vez que existe tendência de genótipos muito divergentes apresentarem limitações agronômicas em relação a uma ou mais características.

10.5.5 Teste de geração precoce

Cregan e Busch (1977) avaliaram o uso deste teste para identificação de cruzamentos promissores em trigo. Utilizando oito genitores, esses autores estudaram 28 cruzamentos. A partir da geração F_2, cada população segregante foi conduzida pelos métodos Bulk e SSD. Entre os vários critérios para identificação de cruzamentos superiores, esses autores concluíram que o desempenho da geração F_2, o melhor dos critérios, apresenta apenas moderado valor preditivo e o da geração F_1, baixo valor preditivo. Embora Cregan e Busch tenham encontrado mérito no teste de Bulk em gerações precoces, outros autores relataram resultados contraditórios no uso deste método (Fowler; Heyne, 1955; Atkins; Murphy, 1949). O pequeno número de evidências como suporte a este método, associado ao custo adicional na condução dos testes de geração precoce, reduziu o interesse de seu uso para a predição de cruzamentos promissores.

10.5.6 Método da capacidade combinatória

Evidências experimentais têm indicado que mesmo cruzamentos envolvendo genitores com desempenho mediano podem resultar em progênies com elevado potencial. O cultivar de cevada Morex, lançado em 1987 em Minnesota (EUA), foi desenvolvido a partir do cruzamento Cree × Bonanza. Esses genitores apresentavam produtividade de grãos e teor de extrato de malte abaixo da média. Entretanto, Morex, após o seu lançamento, tornou-se o cultivar de maior sucesso no meio-oeste americano, em razão da sua elevada produtividade e do seu mais alto teor de extrato de malte entre os cultivares disponíveis na época. Esse exemplo e muitos outros indicam que a capacidade de combinação entre os genitores pode ser determinante na escolha deles. Alguns cruzamentos tendem a causar desorganização na estrutura gênica do germoplasma, com significativa redução no desempenho geral da população originada, enquanto em outros os genomas envolvidos parecem complementar-se perfeitamente. Em espécies alógamas, principalmente o milho, esse é o principal critério de escolha de genitores para obtenção de híbridos comerciais.

Dois tipos de capacidade de combinação podem ser distinguidos: a capacidade geral de combinação (CGC), que se refere à habilidade de um genitor produzir progênies com dado desempenho quando cruzado com uma série de outros genitores; e a capacidade específica de combinação (CEC), que se refere ao desempenho de uma combinação específica. A importância da capacidade de combinação na escolha de genitores é maior quando há efeitos genéticos não aditivos.

Para avaliar as capacidades de combinação de uma série de genitores potenciais, podem-se utilizar os cruzamentos dialélicos. O desempenho dos híbridos F_1 estima a capacidade dos genótipos envolvidos.

10.5.7 Método de Dudley

John Dudley, da Universidade de Illinois (EUA), desenvolveu teorias e métodos para identificação de germoplasma portador de alelos favoráveis (Dudley, 1984, 1987). Trabalhando com milho, esse autor procurou responder às seguintes questões: (1) quais híbridos podem ser obtidos, (2) quais

Tab. 10.1 Possíveis classes de loci para três genótipos homozigóticos

Classe	P_1^*	P_2	P_w
A	+	+	+
B	+	+	−
C	+	−	+
D	+	−	−
E	−	+	+
F	−	+	−
G	−	−	+
H	−	−	−

*(+) homozigoto para alelo favorável; (−) homozigoto para alelo desfavorável.

linhagens devem ser utilizadas como doadoras de alelos favoráveis, e (3) quais linhagens devem ser melhoradas.

Considerando o genótipo P_w, portador de alelos favoráveis ausentes nos genótipos P_1 e P_2, montou-se o esquema da Tab. 10.1.

O número relativo de loci em P_w com alelos favoráveis ausentes em P_1 e P_2 é dado por:

$$\mu_G = \frac{\left[(P_1 \times P_w) + (P_2 \times P_w) + P_1 - P_2 - P_w - (P_1 \times P_2)\right]}{4}$$

A identificação da linhagem doadora (P_w) é baseada no número relativo de loci do doador com alelos favoráveis ausentes em P_1 e P_2 (μ_G). Linhagens com maiores valores de μ_G apresentam maior potencial de contribuição para obtenção do híbrido em questão.

Algumas críticas têm sido feitas ao método, entre elas: (i) o modelo genético é muito simplificado; (ii) o método considera dominância completa para a característica, o que geralmente não é realístico; e (iii) o método deve ser testado mais vezes na prática.

Nesse contexto, Metz (1994) fez uma avaliação do método proposto por Dudley e apresentou algumas modificações. Bernardo (1994) apresentou um procedimento alternativo ao de Dudley, mais simplificado.

10.5.8 Método dos marcadores moleculares

Nos casos em que a diversidade genética é importante, como nos cultivares híbridos, os marcadores moleculares podem ser utilizados para estimação da distância genética entre genótipos e para orientação do melhorista na escolha de genitores.

A identificação de linhagens endogâmicas de milho com alto desempenho em combinações híbridas é uma etapa onerosa dos programas de melhoramento. Por causa dos efeitos de dominância na produtividade do milho, o desempenho do híbrido não pode ser predito a partir do desempenho das linhagens endogâmicas *per se* (Smith; Smith, 1987). Dessa forma, é necessário obter os híbridos e avaliá-los em testes comparativos de produção. Híbridos comerciais de milho são geralmente obtidos do cruzamento de linhagens de grupos heteróticos diferentes. O uso de marcadores moleculares tem sido recomendado para determinar grupos heteróticos e fazer a predição do desempenho dos híbridos com base na distância genética entre os genitores.

Diversos autores comprovaram a utilidade dos marcadores moleculares na determinação de grupos heteróticos (Smith et al., 1990; Melchinger et al., 1990; Dudley; Saghai Maroof; Rufener, 1992). A forma mais correta de usar essa ferramenta na seleção de genitores é por meio da seleção genômica ampla. Os primeiros resultados indicam que esse método é mais flexível e acurado em relação aos demais.

Além disso, em programas de retrocruzamentos, marcadores moleculares podem facilitar a escolha de genitores doadores com a pequena distância genética do genitor recorrente, reduzindo significativamente o número de gerações de retrocruzamento.

10.5.9 Método da estimativa $m + a$

Este método estima a contribuição dos *loci* em homozigose. Dessa forma, uma população com maior estimativa de $m + a$ possui, em relação à outra, maior ocorrência de *loci* com alelos favoráveis em homozigose. Ele somente deve ser aplicado em espécies autógamas.

Para o emprego desta metodologia, devem-se avaliar em uma única geração duas populações segregantes consecutivas: F_1 e F_2 ou F_2 e F_3, por exemplo.

O princípio deste método está no fato de que a média da geração F_1, proveniente de um cruzamento simples, é $m + a + d$; a da F_2 é $m + a + 1/2d$; e a da F_3, $m + a + 1/4d$, em que a representa a soma algébrica dos *loci* fixados com alelos favoráveis ou desfavoráveis nos dois genitores e d, a soma algébrica dos efeitos dos *loci* em heterozigose. Dessa forma, $m + a$ pode ser estimado pela expressão $2F_2 - F_1$ ou $2F_3 - F_2$. Na geração F_∞, quando a homozigose completa for atingida, a média das linhagens será $m + a$; os efeitos dos homozigotos se anulam, pois, nos *loci* que estão segregando. Assim, a média das n linhagens possíveis irá depender apenas dos *loci* que estão fixados nos genitores.

10.5.10 Método de Jinks e Pooni (1976)

Este método permite estimar o potencial de um cruzamento nas gerações iniciais utilizando-se médias e variâncias. Desse modo, possibilita o descarte de populações inferiores ou de menor potencial.

O princípio deste método é que, para características quantitativas com seis ou mais genes, a distribuição fenotípica das linhagens em F_∞, desenvolvidas sem seleção em um cruzamento entre genitores homozigóticos, segue a distribuição normal. Utilizando-se das propriedades de uma distribuição normal, é possível estimar a probabilidade de ocorrência de linhagens superiores. Para seu emprego, considera-se que a média das linhagens em F_2 é igual à das linhagens na geração F_∞ e que a variância genética dessa geração contém $2\sigma^2_{F_2} = \sigma^2_{GL}$, em que σ^2_{GL} é a variância entre genótipos e locais.

Donald Rasmusson, da Universidade de Minnesota, apresentou as seguintes sugestões para a seleção de genitores em espécies autógamas:

I. Estratégias para o planejamento dos cruzamentos, com o objetivo de desenvolver cultivares altamente produtivos:
* identificar o germoplasma-núcleo que, consistentemente, apresenta bom desempenho e gera boas progênies;
* enfatizar o uso desse germoplasma;
* manter e melhorar o germoplasma usando-se cruzamentos convergentes;
* conduzir um subprograma dentro do programa principal para cada característica importante.

II. Procedimentos inadequados no planejamento de cruzamentos com o objetivo de desenvolver cultivares altamente produtivos:
* fazer seleção com base em número excessivo de objetivos múltiplos, isto é, qualidade nutricional, resistência a doenças, acamamento, produtividade, altura de planta etc.;
* usar grande número de cruzamentos com genitores escolhidos aleatoriamente;
* dar ênfase a cruzamentos divergentes;
* usar genitores cujo desempenho não é conhecido;
* considerar em demasia ou desconsiderar o germoplasma de outros programas de melhoramento.

O uso de germoplasma de outros programas de melhoramento deve ser criterioso. Alguns melhoristas são muito independentes e raramente usam germoplasma de outros. Contudo, outros estão constantemente substituindo o seu germoplasma por outro que julgam superior (Rasmusson, 1993, comunicação pessoal).

Finalmente, vale a pena ressaltar que os programas de melhoramento diferem amplamente no número de populações melhoradas que são obtidas anualmente. No programa de melhoramento de trigo na Universidade de Minnesota, por exemplo, são obtidas cerca de 300 populações segregantes por ano. Mas no programa de melhoramento da cevada são obtidas apenas cerca de 75 populações. Em milho, alguns melhoristas geram apenas 10 populações a cada ano, enquanto outros obtêm 50 ou mais. Programas de melhoramento que diferem no número e tamanho das populações segregantes podem, portanto, ser igualmente bem-sucedidos, desde que escolham corretamente os genitores para o desenvolvimento de novas variedades (Bernardo, 2003).

onze

Cultivares

Cultivar é um grupo de indivíduos de qualquer gênero ou espécie vegetal superior que seja claramente distinguível de outros por uma margem mínima de descritores e que possua denominação própria, homogeneidade e estabilidade quanto aos descritores em sucessivas gerações. Os descritores e características agronômicas que conferem identidade aos cultivares podem ser: ciclo, cor das sementes, caracteres morfológicos, reação a doenças, produção de grãos e padrões isoenzimáticos ou de ácidos nucleicos. A estabilidade do cultivar é importante para sua identificação, geração após geração.

O termo *cultivar* foi cunhado a partir da contração das palavras inglesas *cultivated variety* (variedade cultivada). Há discussão sobre o gênero desse termo. Alguns periódicos científicos nacionais consideram-no feminino, como a Revista da Pesquisa Agropecuária Brasileira (PAB) enquanto a Revista Ceres considera-o masculino.

Na maioria das vezes, quando o melhorista inicia um programa de melhoramento, o tipo de cultivar a ser desenvolvido já está definido. Em alguns casos, como na cultura do milho, a substituição dos cultivares de polinização aberta pelos híbridos ocorreu em razão da descoberta do vigor híbrido ou da heterose e da viabilização da produção comercial de sementes dos híbridos. Mais recentemente, os produtores de tomate também vêm substituindo os cultivares de linha pura pelos híbridos F_1.

Compete aos melhoristas analisar as vantagens de cada tipo de cultivar e suas implicações genéticas antes de recomendar a mudança do tipo de cultivar em um sistema de produção estabelecido. Isso raramente acontece. Em se tratando de novas culturas, compete ao melhorista apresentar sugestões dos tipos de cultivares a serem comercializados.

Os métodos de melhoramento a serem utilizados em uma espécie vão depender, em parte, do tipo de cultivar a ser desenvolvido. Por exemplo, os métodos que envolvem autofecundação são indicados para a obtenção de cultivares de espécies autógamas e de linhagens endogâmicas em espécies alógamas, mas não têm valor para a seleção de clones.

11.1 Tipos de cultivares
11.1.1 Linhas puras

As linhas puras são constituídas por um grupo de indivíduos descendentes de uma única planta em homozigose e, portanto, apresentam basicamente a mesma constituição genética, o que as torna homozigóticas e homogêneas. Estatisticamente, Kempthorne (1957) definiu uma linha pura como um grupo de indivíduos homozigóticos com um coeficiente de parentesco superior ou igual a 0,87.

As linhas puras são especialmente importantes quando a uniformidade do cultivar é essencial. Frey e Chandhanamutta (1975) demonstraram que a taxa de mutação em aveia hexaploide é de 0,32%, o que significa que uma linhagem geneticamente pura de aveia não permanece nessa situação com a reprodução sexual, em virtude das mutações, misturas mecânicas, polinizações cruzadas e segregações tardias; as linhas puras, na prática, apresentam certa heterogenia.

A estabilidade de comportamento das linhas puras depende quase exclusivamente da sua plasticidade fenotípica. As linhas puras de soja, com grande capacidade de ramificação, apresentam maior plasticidade e tendem a compensar a desuniformidade de distribuição de plantas no campo.

11.1.2 Multilinhas

As multilinhas são constituídas pela mistura de linhas isogênicas ou quase isogênicas, que diferem entre si quanto a alelos de resistência a determinado patógeno. Elas são homozigóticas, porém heterogêneas. São usadas primariamente em espécies autógamas como estratégia de resistência a doenças. Alguns melhoristas também relatam o seu uso em condições de estresse climático imprevisível.

A operacionalização da produção de sementes das multilinhas é relativamente onerosa quando comparada com a das linhas puras. As multilinhas são formadas pela produção separada de cada um dos seus constituintes, que são misturados nas proporções desejadas. Essa composição pode mudar de ano para ano, conforme as variações das raças fisiológicas dos patógenos prevalecentes no campo. O uso das multilinhas prevê o beneficiamento e a armazenagem de cada componente de forma isolada. Teoricamente, deveriam produzir diversas linhas isogênicas e misturar apenas aquelas apropriadas, conforme indicado pelo levantamento de raças fisiológicas prevalecentes na região, mas isso é inviável economicamente.

Uma vez que as multilinhas favorecem a estabilização das raças fisiológicas do patógeno, os genes de resistência das plantas tendem a reter com elas a sua habilidade de proteção e muitas raças fisiológicas do patógeno têm a oportunidade de sobreviver, diminuindo a probabilidade de desenvolvimento de novas raças.

Atualmente, pela natureza dinâmica do mercado de sementes e em razão da pequena vida útil dos cultivares, as multilinhas têm sido consideradas uma alternativa conservadora e de mercado restrito.

11.1.3 Híbridos

Os híbridos são resultantes do cruzamento entre indivíduos geneticamente distintos, visando à utilização prática da heterose. São heterozigóticos e homogêneos e principalmente utilizados em espécies alógamas. Híbridos de algumas espécies autógamas, como tomate, arroz e berinjela e, de forma menos representativa, trigo e cevada, estão disponíveis em diferentes países.

Os híbridos podem ser obtidos do cruzamento de duas linhagens endogâmicas ($P_1 \times P_2$), híbrido simples; de três linhagens endogâmicas [($P_1 \times P_2$) × P_3], híbrido triplo; ou de quatro linhagens endogâmicas [($P_1 \times P_2$) × ($P_3 \times P_4$)], híbrido duplo. Além das linhagens endogâmicas, podem-se utilizar cultivares de polinização aberta ou clones na obtenção dos híbridos.

O híbrido simples é, em geral, mais produtivo do que o híbrido duplo ou triplo em milho. Atualmente, nos Estados Unidos, somente são plantados híbridos simples de milho. No Brasil, em 2014, os híbridos simples de milho ocupavam 56% do mercado de sementes comercializadas dessa espécie. Dos cultivares de milho transgênicos no país, 82% foram híbridos simples no ano em questão.

Uma possível vantagem dos híbridos duplos é a sua maior heterogeneidade, associada à maior estabilidade de comportamento. Eberhart e Russell (1969), investigando a estabilidade dos diferentes tipos de híbrido, observaram que diversos híbridos simples apresentaram maior produtividade do que o melhor híbrido duplo e que alguns são tão estáveis quanto os híbridos duplos mais estáveis. Em 2014, foram disponibilizados os primeiros híbridos duplos de milho transgênico no mercado brasileiro.

11.1.4 Sintéticos

Os híbridos sintéticos são obtidos do intercruzamento de um grupo de linhagens ou clones selecionados com base na capacidade de combinação; são heterozigóticos e heterogêneos. Esses cultivares são primariamente utilizados em espécies alógamas ou espécies de reprodução assexuada. Nas espécies autógamas que apresentam mecanismos que maximizam a fecundação cruzada, como a macho-esterilidade ou autoincompatibilidade, também é possível a obtenção de cultivares sintéticos.

Cultivares sintéticos de muitas espécies forrageiras são utilizados em diversas regiões. Entre as vantagens desses cultivares, incluem-se: (i) a redução da perda do vigor nas gerações avançadas do sintético é menor do que a manifestada em híbridos; (ii) a propagação do sintético durante sucessivas gerações na região de cultivo resulta em melhor adaptação ao ambiente; e (iii) o sintético tem alta plasticidade, em virtude da heterogeneidade.

Os cultivares sintéticos, no sentido restrito, têm sido utilizados de forma bastante limitada. Entretanto, as gerações avançadas têm sido empregadas mais comumente.

Geração avançada de sintéticos

A primeira geração do intercruzamento dos clones selecionados é denominada sintético ou SIN-1. Alternativamente, as gerações posteriores ao SIN-1 podem ser utilizadas comercialmente. A geração SIN-2 é obtida pela polinização aberta das plantas obtidas com as sementes SIN-1, enquanto a geração SIN-3 é produzida pela polinização aberta das plantas obtidas com as sementes SIN-2, e assim sucessivamente.

Obviamente, a cada geração ocorre uma redução no potencial de produção, que pode ser estimada pela seguinte fórmula:

$$X_{SIN\text{-}2} = X_{SIN\text{-}1} - [(X_{SIN\text{-}1} - X)/N]$$

em que:

X_{SIN-2} = média do sintético SIN-2;
X_{SIN-1} = média do sintético SIN-1;
X = média dos genitores de SIN-1;
N: número de genitores do SIN-1.

11.1.5 Clone

O clone é constituído por um grupo de indivíduos que descendem, por propagação assexuada, de um único genitor. Os clones são heterozigóticos em geral e homogêneos. Os indivíduos de um mesmo clone são geneticamente idênticos.

Nas espécies de propagação assexuada, há uma correlação positiva entre grau de heterozigose e vigor. Por isso, os cultivares clonais são em geral altamente heterozigóticos.

11.1.6 Cultivares de polinização aberta

Os cultivares de polinização aberta ou livre são obtidos pela livre polinização ou acasalamento ao acaso de um grupo de indivíduos selecionados. São conhecidos também como variedades. Esses cultivares, heterozigóticos e heterogêneos, são uma alternativa ao uso dos híbridos. A Embrapa, a UFV e a Coordenadoria de Assistência Técnica Integral (CATI) vêm desenvolvendo cultivares de polinização aberta de milho para produtores que preferem adquirir sementes de custo mais baixo e utilizam o sistema produtivo com poucos insumos.

11.1.7 Composto

Populações ou cultivares compostos são obtidos do cruzamento de diversos genitores. Esses cultivares são heterogêneos; porém, se a macho--esterilidade for introduzida na população, os cultivares são mantidos em heterozigose.

Os cruzamentos compostos foram inicialmente propostos por Harlan et al. (1940), com o objetivo de reunir características de diversos genitores em uma só população, sendo esta submetida à seleção natural na região de adaptação durante várias gerações. Teoricamente, os cultivares compostos tenderiam a apresentar máxima adaptabilidade a essa região. Atualmente, os compostos são utilizados no pré-melhoramento.

11.1.8 Cultivar transgênico

Também conhecido como cultivar geneticamente modificado, é aquele que recebeu gene exógeno via transformação gênica, isto é, por meio da engenharia genética. Os cultivares transgênicos estaqueados são aqueles que possuem pelo menos dois eventos transgênicos.

Em 2014, os cultivares transgênicos no mercado brasileiro foram resultantes de cinco eventos transgênicos para o controle de lagartas: o evento TC1507, marca Herculex I®; o evento MON810, marca YieldGard®; o evento MON 89034, marca YieldGard VT PRO®; o evento Bt11, marca Agrisure TL®; o evento MIR162, marca TL VIP®; e de dois eventos transgênicos que conferem resistência ao herbicida glifosato aplicado em pós-emergência: o evento NK603, marca Roundup Ready®, e o evento GA 21–TG. Além disso, existe a tecnologia Liberty Link® de tolerância a herbicidas formulados com glufosinato de amônio, presente nos milhos Herculex® I.

doze

Introdução de germoplasma

Embora a introdução de germoplasma seja mais conhecida como introdução de plantas, esta terminologia não é tão abrangente quanto a primeira, que inclui a introdução de sementes, partes vegetativas, grãos de pólen, células e DNA.

A migração das espécies cultivadas tem sido um dos mais importantes fatores de desenvolvimento da agricultura mundial. A introdução de cultivares de outras regiões pode resultar na disponibilidade imediata de tipos superiores, à semelhança daqueles desenvolvidos em programas de melhoramento.

A curiosidade e o interesse do homem pelas espécies resultaram no intercâmbio de germoplasma entre as regiões. Com as grandes expedições comerciais estabelecidas inicialmente entre Europa Ocidental, África e Ásia e, numa segunda fase, entre estas e as Américas, durante o século XVI, houve substancial aumento no intercâmbio de espécies cultivadas. A introdução de espécies das Américas na Europa e Ásia, e vice-versa, provocou profundas mudanças na agricultura e nos hábitos alimentares dos povos desses continentes. Na viagem de Cristóvão Colombo às Índias, em 1493, sementes das mais importantes espécies agronômicas nativas das Américas foram levadas para a Espanha.

Os colonizadores do Brasil trouxeram cana-de-açúcar, trigo, arroz, cevada, pimenta, citros e diversas outras fruteiras e espécies olerícolas. Das Américas, os colonizadores levaram milho, mandioca, batata, tomate, feijão, amendoim e outras espécies.

A soja é um ótimo exemplo da importância da introdução de germoplasma na agricultura brasileira. Introduzida em 1882, na Bahia, a soja não teve o seu valor reconhecido até que, em 1914, F. C. Craig a introduziu no Rio Grande do Sul. Desde então, essa leguminosa passou a participar, mesmo que de forma modesta, da agricultura sul-rio-grandense e, a partir de 1947, tornou-se economicamente importante no sul do Brasil. Após 1954, a soja iniciou um processo migratório rumo ao norte do País, persistindo até hoje. Atualmente, o Brasil é o segundo maior produtor e primeiro exportador dessa leguminosa, ficando mesmo à frente da China, que é o centro de origem dessa espécie. Em 2015, foram plantados aproximadamente 32 milhões de hectares no Brasil.

É interessante notar que as principais espécies cultivadas em um país são, frequentemente, originárias de outras regiões do mundo. Atualmente, a introdução de germoplasma continua desempenhando importante papel na agricultura, na identificação de novas espécies agronômicas e na obtenção de germoplasma para desenvolvimento de cultivares.

12.1 Uso da introdução de germoplasma

Podem-se introduzir espécies, cultivares ou acessos com características especiais para serem usados no desenvolvimento de cultivares.

A introdução de espécies exóticas em uma região pode significar novas alternativas econômicas para os produtores e permitir a utilização de áreas marginais para cultivo de espécies mais exigentes. O amaranto e a canola, recentemente introduzidos no Brasil, despertaram interesse econômico em algumas regiões do País e hoje são cultivados comercialmente.

Cultivares de diversas espécies são levados constantemente para outras regiões. Em regiões ou países com condições edafoclimáticas semelhantes, pode-se, muitas vezes, estabelecer intercâmbio de cultivares de forma mutuamente proveitosa. Cultivares de soja desenvolvidos para regiões de mesma latitude têm maiores chances de sucesso do que aqueles originários de regiões de latitudes diferentes.

Quando cultivares ou novas espécies são introduzidos, o melhorista pode fazer uso direto do germoplasma introduzido ou selecionar linhagens.

O cultivar de feijão Rico-23, originário da Costa Rica, foi introduzido no Brasil em 1954, pelo professor Clibas Vieira, e avaliado em testes comparativos de produtividade com outros cultivares locais. Por suas características agronômicas terem se destacado, esse cultivar foi lançado e distribuído aos produtores em 1959, constituindo um exemplo de uso direto do germoplasma introduzido.

Em 1969, o Programa de Melhoramento de Soja da UFV lançou o cultivar Mineira, selecionado dentro de uma população heterogênea originada nos Estados Unidos. Por apresentar maior produtividade de grãos que Hardee e outros cultivares da época, o cultivar Mineira foi recomendado para a Região Sul do Brasil, constituindo um exemplo de uma seleção dentro do germoplasma introduzido.

Com a consolidação dos programas de melhoramento no Brasil, a introdução de germoplasma para uso direto passou a ter menor importância do que para uso como genitores para obtenção de populações segregantes.

Pode-se, com a introdução de germoplasma, visar à resistência a doenças, à insensibilidade ao fotoperíodo ou à obtenção de características nutricionais ou organolépticas. Nesse caso, o melhorista tem interesse em um gene ou um grupo de genes presente no germoplasma, e não no genoma como um todo.

Com a introdução de cultivares de outras regiões, atingem-se resultados semelhantes aos de um programa de melhoramento, e essa introdução pode ser também considerada um método de melhoramento (Allard, 1960). Todavia, para os programas de melhoramento que já atingiram a maturidade, a importância desse método é relativamente pequena, uma vez que a maioria dos cruzamentos para desenvolvimento de cultivares envolve genótipos adaptados à região de destino e, portanto, com maiores chances de desenvolvimento de cultivares superiores.

Seleção no melhoramento de plantas

O maior desafio do melhorista é desenvolver cultivares superiores aos que se encontram no mercado.

Para entender os resultados da seleção em uma população, é necessário conhecer a sua estrutura genética. Nas espécies autógamas, os indivíduos, em geral, encontram-se em homozigose, uma vez que os indivíduos homozigóticos (AA ou *aa*), com a autofecundação, produzem progênies homozigóticas, enquanto indivíduos heterozigóticos (A*a*) segregam progênies homozigóticas e heterozigóticas em igual proporção.

Após várias gerações de autofecundação, a proporção de indivíduos heterozigóticos na população é substancialmente reduzida. Embora a homozigose completa teoricamente nunca seja atingida com as sucessivas autofecundações, na prática a uniformidade fenotípica é alcançada após cinco a oito gerações de autofecundação para a maioria das características agronômicas.

Conforme mencionado, as autofecundações conduzem à homozigose, mas não à homogeneidade, pois resultam na formação de 2^n linhas na população, em que n é o número de genes segregantes.

A proporção de indivíduos homozigóticos, após determinado número de gerações de autofecundação, pode ser calculada de acordo com a seguinte fórmula:

$$IH = \left(\frac{2^m-1}{2^m}\right)^n$$

em que:
IH = proporção de indivíduos homozigóticos;
m = número de gerações de autofecundação;
n = número de genes segregantes.

13.1 Teoria das linhas puras

A teoria das linhas puras foi desenvolvida pelo botânico dinamarquês W. L. Johannsen, em 1903, que conduziu uma série de experimentos com o cultivar de feijão Princess. Johannsen utilizou um lote de sementes de diferentes tamanhos, no qual investigou o efeito da seleção sobre o peso médio das sementes nas progênies. Ele classificou e selecionou, no lote original, sementes grandes e pequenas, que foram semeadas e produziram novas sementes. Estas foram classificadas em cada planta, individualmente. Esse processo de seleção de tamanho de sementes, semeadura e classificação das sementes produzidas pelas progênies foi repetido por seis gerações. Johannsen verificou que, no primeiro ciclo de seleção, as progênies derivadas das sementes maiores produziram, em geral, sementes maiores do que as progênies provenientes das sementes menores, o que indicou que a seleção havia sido eficiente para separar sementes com diferente constituição genética. Como o feijoeiro é uma espécie autógama, as sementes utilizadas por Johannsen eram homozigotas quanto aos genes que controlam o seu tamanho.

Na busca da eficiência da seleção nos ciclos subsequentes, Johannsen selecionou novamente sementes grandes e pequenas em 19 linhas estabelecidas a partir de progênies derivadas de 19 diferentes sementes do lote original (Fig. 13.1). Cada linha apresentava sementes com peso médio característico, embora o peso de cada uma variasse. Durante os seis ciclos, cada linha foi submetida à seleção de sementes grandes e pequenas. A partir do segundo ciclo, as progênies de sementes grandes e pequenas derivadas de uma linha pura variaram de tamanho, mas o tamanho médio de sementes de uma progênie originada de sementes grandes era similar ao das originadas de sementes pequenas. Os resultados dos ciclos de seleção subsequentes indicaram que o peso médio das sementes de cada linha permanecia constante, geração após geração. Johannsen concluiu que a seleção em uma população heterogênea pode ser efetiva para isolar linhas distintas entre si e que a seleção nessas linhas é ineficiente. O lote original de sementes utilizado por Johannsen apresentava variações de natureza genética e de ambiente em relação ao tamanho das sementes. As linhas, a partir do segundo ciclo de seleção, eram geneticamente uniformes, e toda a variação presente era proveniente de causas ambientais, exclusivamente. Johannsen estabeleceu três princípios com os seus estudos: (i) há variações herdáveis e variações causadas pelo ambiente; (ii) a seleção só é eficiente se recair sobre diferenças herdáveis; e (iii) a seleção não gera variação. A partir dos trabalhos de W. L. Johannsen, o termo *linha pura* foi definido como toda a descendência, por autofecundação, de um único indivíduo homozigoto.

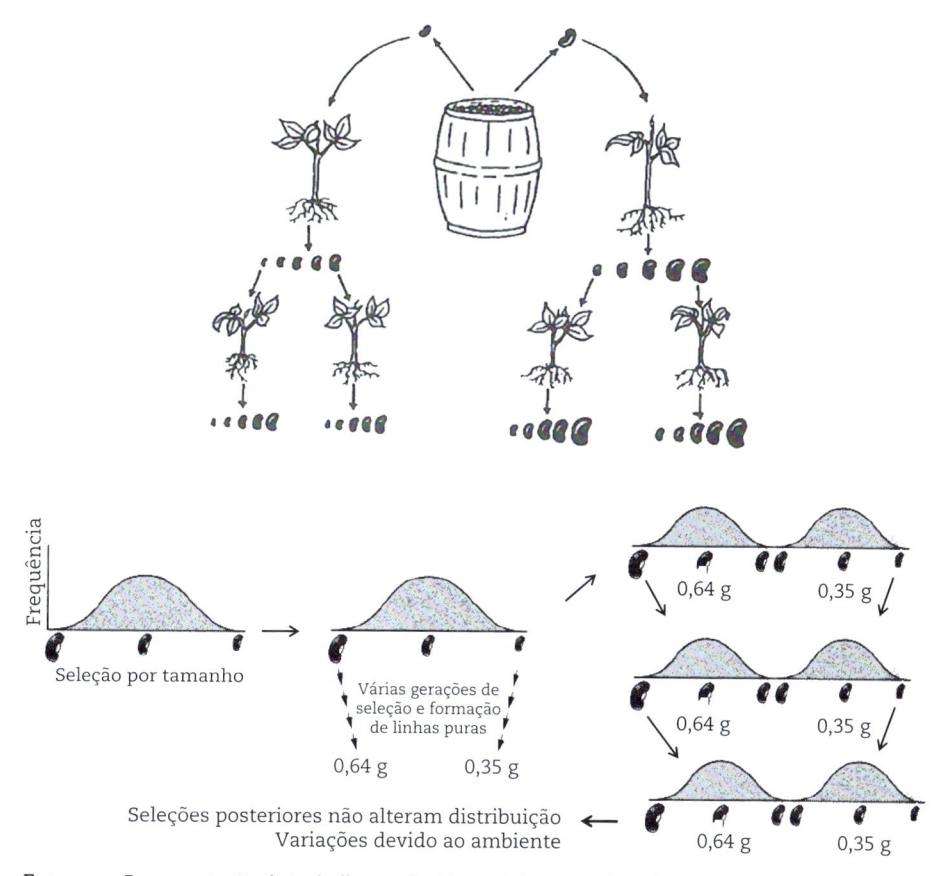

FIG. 13.1 *Representação do trabalho conduzido por Johannsen (1903)*

13.2 Seleção genealógica

As populações das espécies autógamas são frequentemente constituídas pela mistura de plantas homozigóticas, muitas vezes fenotipicamente semelhantes. Os cultivares que estão em cultivo há longo tempo, mesmo aqueles que se originam de uma única linha pura, vão pouco a pouco perdendo a pureza genética, em razão de: (i) mistura acidental com sementes de outros cultivares; (ii) mutações; e (iii) cruzamentos naturais com outros cultivares. Nessas populações geneticamente heterogêneas, podem-se isolar diversas linhas puras por seleção. Uma vez selecionada uma linha pura, a continuação do processo de seleção nela é trabalho inteiramente inútil.

O método da seleção de linhas puras, também conhecido por Seleção Genealógica, baseia-se na seleção individual de plantas, feita na população original, seguida da observação de suas descendências, para fins de avaliação. Nenhum genótipo é criado por esse processo; apenas procura-se isolar os melhores genótipos na população heterogênea. Esse método é muito utilizado em espécies autógamas com frequente alogamia.

O procedimento geral para se realizar a seleção de linhas puras está esquematizado na Fig. 13.2. Começa-se semeando a população original, cujo tamanho depende de sua heterogeneidade genética e dos meios materiais de que

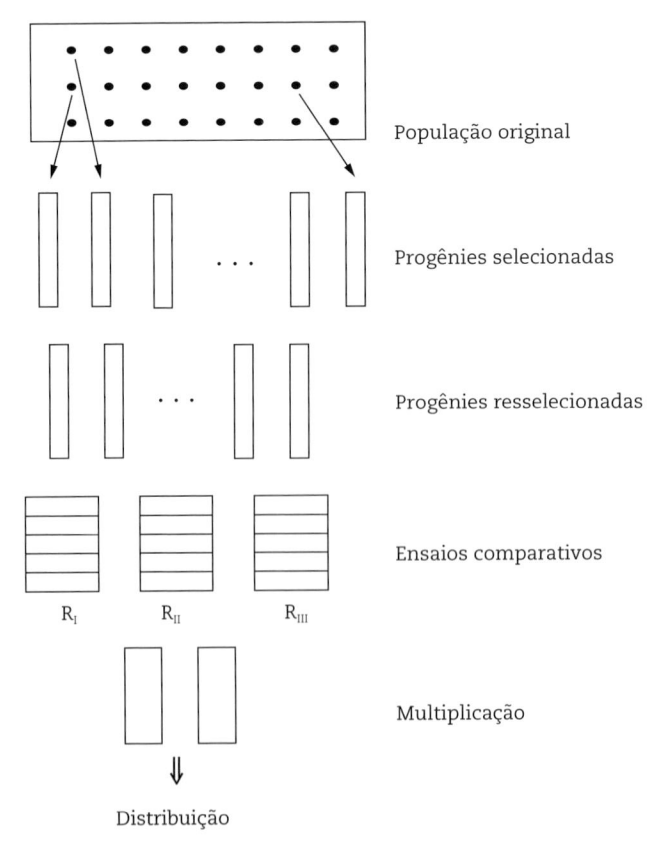

FIG. 13.2 *Método da seleção genealógica ou individual de plantas com teste de progênie*

dispõe o melhorista. Em seguida, quando chegar a época apropriada, examina-se cuidadosamente cada planta em busca dos melhores fenótipos. Escolhem-se em geral de 200 a 1.000 plantas e colhem-se separadamente as sementes de cada uma. Essas sementes são semeadas separadamente, em linhas ou em pequenas parcelas iguais, na estação de plantio seguinte. Observam-se as progênies das plantas selecionadas e aproveitam-se apenas as linhas ou parcelas que se mostrarem superiores e uniformes; as sementes são colhidas, separadamente, por progênie. A descendência de cada planta originalmente selecionada passa, então, a constituir uma linha experimental ou seleção. Essas linhas, no plantio seguinte, são novamente examinadas no campo, porém com critério mais rigoroso e com repetição, aproveitando-se apenas as melhores. Paralelamente, podem-se realizar outros testes das linhas, como o de resistência a doenças, o de qualidade etc.

Com o número de linhas bastante reduzido, o melhorista não pode mais julgá-las apenas por observação, sendo preciso colocá-las em ensaios comparativos de produção, nos quais são também incluídos alguns dos melhores cultivares utilizados pelos agricultores. Esses ensaios são realizados em apenas um ano e, à medida que se aumenta a disponibilidade de sementes de cada linha, estendem-se por diferentes localidades da área onde se pretende lançar o possível novo cultivar. Finalmente, a linha ou as linhas que sobressaírem são multiplicadas, nomeadas, registradas e/ou protegidas e distribuídas.

13.3 Seleção massal

Este método consiste na seleção de grande número de indivíduos com características fenotípicas semelhantes, que são colhidos em conjunto para constituir a geração seguinte.

A seleção massal é um dos mais antigos métodos de melhoramento de plantas. A preservação das plantas mais atraentes ou produtivas pelos primeiros agricultores resultou na elevação da frequência de alelos favoráveis. É provável que os primeiros cultivares tenham sido desenvolvidos por esse método. A seleção massal só é eficiente se recair em populações heterogêneas, constituídas por mistura de linhas puras, no caso das espécies autógamas, ou por indivíduos heterozigóticos, no caso de alógamas e em características com alta herdabilidade.

A ideia principal da seleção massal é, por meio da escolha dos melhores fenótipos, aumentar a média geral da população com a reunião dos seus fenótipos superiores.

Há dois tipos de seleção massal: a *positiva* e a *negativa*. A primeira é conduzida para se selecionarem os tipos desejáveis e a segunda, para se eliminarem os tipos indesejáveis em um campo, preservando os remanescentes.

Na seleção massal, plantas individuais são selecionadas fenotipicamente, isto é, somente informações sobre o fenótipo dos indivíduos são consideradas critério de seleção. Como os indivíduos com fenótipos semelhantes podem apresentar constituição genética distinta, a seleção nem sempre é efetiva.

Na seleção massal positiva, procuram-se identificar indivíduos com o fenótipo desejado (Fig. 13.3), e os indivíduos selecionados são agrupados para formar a nova população ou cultivar. Os campos de seleção das espécies alógamas devem ficar isolados de outros campos da mesma espécie para se prevenir a polinização indesejável, mantendo a distância de 200 m a 300 m das espécies polinizadas por insetos e 500 m daquelas polinizadas pelo vento.

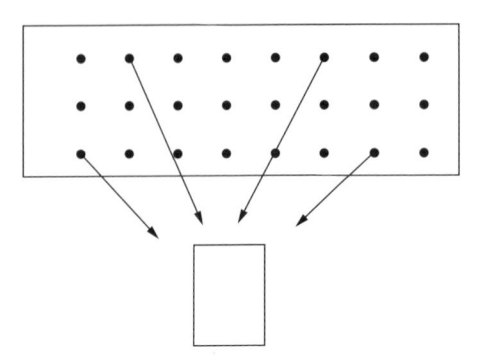

FIG. 13.3 *Esquema do método da seleção massal positiva*

A seleção massal é geralmente pouco utilizada para as características de baixa herdabilidade. A eficiência dessa seleção é influenciada pelo modo de reprodução da espécie, se autógama ou alógama. Nas espécies alógamas, quando a seleção de ambos os genitores antecede o florescimento, há maior ganho genético do que quando é posterior. Esse método é também mais eficiente com caracteres recessivos do que com os dominantes.

Atualmente, a seleção massal é mais utilizada para a purificação de cultivares de espécies autógamas. O procedimento normal consiste na seleção de aproximadamente 200 indivíduos típicos do cultivar, que são trilhados em conjunto para a recuperação dos descritores do cultivar. Nas espécies alógamas, essa seleção tem sido utilizada para aumentar a uniformidade do ciclo de cenoura e beterraba. Hallauer e Miranda (1988) relataram o uso da seleção massal em milho para diversas características.

Quando a seleção massal é usada em espécies autógamas, quatro limitações são evidentes:

* Não é possível saber se as plantas selecionadas são homozigotas. Se indivíduos heterozigotos forem selecionados, novos ciclos de seleção serão necessários.

* Não é possível saber se as plantas selecionadas foram superiores por causa de sua constituição genética ou do ambiente.
* A seleção massal só pode ser utilizada em ambientes onde as características se expressam. Isso exclui o uso desse método para populações conduzidas fora do ambiente convencional de plantio.
* A seleção massal apresenta pouca eficiência para características com baixa herdabilidade.

As principais vantagens da seleção massal são a facilidade de condução e o baixo custo operacional.

O trabalho sobre teor de óleo e proteína em milho iniciado em 1896 na Universidade de Illinois em Urbana-Champaign (EUA) é o mais clássico e citado programa de seleção massal em plantas. A partir de 163 espigas de milho do cultivar de polinização aberta Burr, foram inicialmente selecionadas 24 espigas com alto conteúdo de óleo e 12 com baixo conteúdo. Independentemente, selecionaram-se 24 espigas com alto conteúdo de proteína e 12 com baixo conteúdo. Os subgrupos selecionados foram trilhados e conduzidos individualmente, repetindo-se o mesmo procedimento durante mais de 90 gerações, conforme demonstrado na Tab. 13.1. O referido trabalho continua em andamento após 130 anos de seu início, e a seleção continua resultando em ganhos genéticos.

Tab. 13.1 Conteúdo médio de óleo e proteína (%) em quatro subgrupos da população original, após 90 gerações de seleção massal

	Subgrupo para baixo conteúdo	População original	Subgrupo para alto conteúdo
Óleo (%)	0,4	4,7	16,6
Proteína (%)	4,0	10,9	25,0

Fonte: Dudley e Lambert (1992).

Os resultados obtidos evidenciam a eficiência da seleção massal para elevação e redução do conteúdo de óleo e proteína na população original. Duas características intrínsecas desse programa de melhoramento podem ser indicadas como fatores do sucesso da seleção massal: a existência de variabilidade genética na população original e a alta herdabilidade das características que constituem o objetivo da seleção.

quatorze

HIBRIDAÇÃO NO MELHORAMENTO DE PLANTAS

Hibridação é a fusão de gametas geneticamente diferentes de dois indivíduos, que resulta em descendentes híbridos heterozigóticos para um ou mais *loci*. Após a hibridação, o objetivo do melhoramento é obter indivíduos superiores por meio de sucessivas gerações de avaliação e seleção. Para isso, indivíduos com as características desejáveis de ambos os genitores são selecionados na população segregante. Nesse processo, esses recombinantes são avaliados em testes comparativos de produtividade (teste de valor de cultivo e uso), sendo os comprovadamente superiores lançados e registrados como cultivares.

Na hibridação de espécies autógamas, os genitores são cruzados artificialmente. A hibridação artificial é relativamente simples nas espécies com grandes partes florais. A técnica de cruzamento consiste na emasculação da flor a ser utilizada no genitor feminino antes que as anteras iniciem a derriça do pólen. Coleta-se o pólen do genitor masculino, que é aplicado sobre o estigma da flor emasculada. Obviamente, o procedimento varia de acordo com as espécies. Por exemplo, na soja, a remoção das anteras das flores do genitor feminino a serem polinizadas é desnecessária, desde que o cruzamento seja realizado antes da abertura da flor.

Conforme mencionado anteriormente, a seleção massal foi um dos principais métodos nos primórdios do melhoramento de plantas. Os primeiros cultivares das espécies autógamas foram obtidos por seleção em populações heterogêneas. Com a exaustão da variabilidade natural nessas populações, os melhoristas buscaram outros métodos de melhoramento que permitissem aumentar a variabilidade genética em que a seleção pudesse ser realizada eficientemente. Frey (1976) relatou que os melhoristas das décadas de 1920 e 1930 sentiram necessidade de ampliar mais a variabilidade na qual pudessem praticar a seleção. Para isso, os melhoristas vêm utilizando rotineiramente a hibridação de genitores com características desejáveis e complementares, visando reuni-las em um cultivar pela recombinação genética.

Sprague (1967) ilustrou, de forma objetiva, a importância da hibridação no melhoramento de aveia, relatando que o período de melhoramento dessa espécie, de 1906 a 1963, pode ser dividido da seguinte maneira: introdução de plantas, seleção de linhas puras e utilização de métodos que envolvem a hibridação. Além disso, demonstrou que os ganhos genéticos em produtividade de grãos após o início da utilização dos métodos que usam a hibridação foram maiores que aqueles obtidos nos dois outros processos (Fig. 14.1).

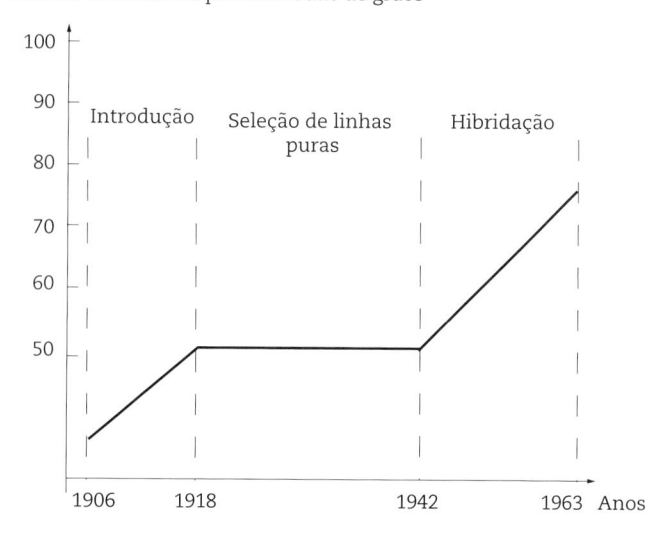

FIG. 14.1 *Gráfico das produtividades máximas de aveia (*Avena sativa*), em diferentes anos, e métodos de melhoramento utilizados em três fases de obtenção de cultivares, durante o período de 1906 a 1963, nos Estados Unidos*

Em espécies autógamas, a homozigose é atingida pelas sucessivas gerações de autofecundação. Considere-se o exemplo em que os dois genitores são contrastantes para um *locus*, conforme ilustrado na Fig. 14.2.

Todos os indivíduos na geração F_1 são heterozigotos, a partir da hibridação de dois genitores ou linhas puras. Conforme acontece nas espécies autógamas, a autofecundação ocorre naturalmente em cada flor, e a segregação na geração F_2 é de 25% AA : 50% Aa : 25% aa. A proporção de homozigotos (AA e aa) para heterozigotos (Aa) é de 50% : 50%. O nível de homozigose atinge 50% na primeira geração de autofecundação. Com as sucessivas gerações de autofecundação, os indivíduos homozigóticos produzirão progênies homozigóticas, enquanto os heterozigóticos produzirão tanto genótipos homozigóticos quanto heterozigóticos. Após três gerações de autofecundação, ou seja, na geração F_4, haverá 87,5% de indivíduos homozigóticos e 12,5% de heterozigotos, em média.

A Fig. 14.2 refere-se ao cruzamento entre genitores que contrastam em apenas um *locus*. Se os genitores diferem entre si em relação a um grande número de loci, a homozigose será atingida após maior número de gerações de autofecundação.

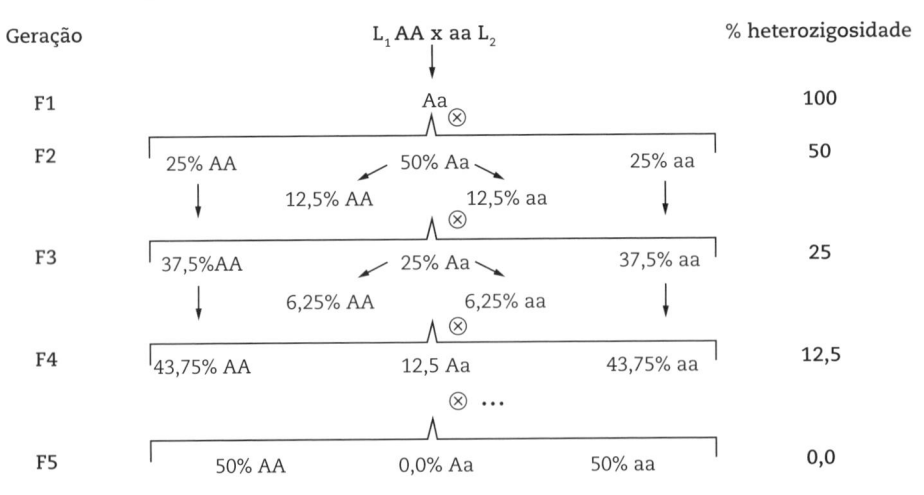

Geração		L_1 AA x aa L_2			% heterozigosidade
F1		Aa ⊗			100
F2	25% AA ↓	50% Aa 12,5% AA ⊗	12,5% aa	25% aa ↓	50
F3	37,5% AA ↓	25% Aa 6,25% AA ⊗	6,25% aa	37,5% aa ↓	25
F4	43,75% AA	12,5 Aa ⊗ ...		43,75% aa	12,5
F5	50% AA	0,0% Aa		50% aa	0,0

FIG. 14.2 *Proporção de indivíduos homozigóticos e heterozigóticos em uma população submetida a sucessivas gerações de autofecundação*

14.1 Tipos de população

Os mais variados tipos de população são utilizados nos diversos programas de melhoramento das espécies cultivadas. Alguns melhoristas preferem as populações originadas de cruzamentos simples, enquanto outros optam por cruzamentos complexos, em que a genealogia da população inclui diversas linhagens e cultivares, envolvendo desde cruzamentos simples até retrocruzamentos. Essas preferências estão relacionadas à variabilidade da própria espécie, à estratégia de melhoramento e à previsibilidade e acurácia da predição de modelos estatístico-genético-genômicos de extração de linhagens.

14.1.1 Cruzamento simples

Este é o mais utilizado método de formação de populações segregantes nos programas de obtenção de cultivares das espécies autógamas. O procedimento consiste no cruzamento entre dois genitores: $P_1 \times P_2$.

14.1.2 Cruzamento duplo

O cruzamento duplo envolve a hibridação entre dois híbridos originários de cruzamentos simples $[(P_1 \times P_2) \times (P_3 \times P_4)]$. A contribuição média de cada genitor para a população é de 25%. Quanto maior o número de genitores envolvidos, maior é a variabilidade genética da população segregante e menor é a sua previsibilidade de extração de linhagens.

14.1.3 Cruzamento triplo

Neste caso, a população é formada pelo cruzamento entre dois genitores, resultando no híbrido F_1, que é cruzado com um terceiro genitor $[(P_1 \times P_2) \times P_3]$. A participação dos genitores P_1 e P_2 na constituição da população é de 25% cada um, enquanto a contribuição de P_3 é de 50%. Essa diferença de contribuição dos genitores permite ao melhorista incluir cultivares que apresentem características indesejáveis na formação da população, sem grande comprometimento da sua média.

14.1.4 Retrocruzamento

O cruzamento entre o híbrido F_1 e um dos seus genitores é denominado retrocruzamento. Neste método de obtenção da população segregante, a contribuição dos dois genitores envolvidos é diferente. Por exemplo, quando apenas um retrocruzamento é feito, $(P_1 \times P_2) \times P_1$, o genitor P_1 contribui, em média, com 75% dos alelos da população. Se mais de um retrocruzamento é realizado, $[(P_1 \times P_2) \times P_1] \times P_1$, a contribuição de P_1 é de 87,5%, em média, na formação da população segregante.

Diversos melhoristas optam pelo uso de retrocruzamentos na formação das populações quando é introduzido germoplasma exótico ou não adaptado à região. Dessa forma, pode-se reduzir a sua contribuição na população formada.

Atualmente, esse método é intensamente utilizado para introduzir eventos transgênicos em linhagens comerciais de milho e soja.

14.1.5 Cruzamentos complexos

São aqueles que envolvem mais de quatro genitores, chegando até oito. O uso deste método tem sido restrito a condições especiais ou a programas específicos. O programa de melhoramento de feijão do Centro Internacional de Agricultura Tropical (CIAT) e o de arroz (populações de intercruzamentos avançadas com múltiplos genitores – MAGIC) do Instituto Internacional de Pesquisa em Arroz (IRRI), em geral, têm complexas genealogias em suas populações, justificadas pela maior variabilidade e acurácia de modelos estatístico-genômicos.

Por exemplo, em 1995 o CIAT distribuiu a seguinte população: {EMP250 × [(Carioca × A429) × (FEB200 × XANT159)]}, que reúne as seguintes características: tipo comercial carioca e preto, resistência ao cancro bacteriano, resistência ao vírus do mosaico dourado e hábito de crescimento ereto. EMP250 é uma linhagem da raça Mesoamérica, com grãos do tipo carioca, resistente à cigarrinha-verde e com porte ereto. O cultivar Carioca, da raça Mesoamérica, apresenta diversas características agronômicas de importância, como a tolerância à baixa fertilidade do solo. A linhagem A429, da raça Durango, apresenta resistência ao mosaico dourado, e a FEB200, da raça Mesoamérica, porte ereto, grãos do tipo carioca e resistência múltipla à antracnose, mancha-angular e ferrugem. A linhagem XANT159, da raça Nova Granada, é resistente à bacteriose comum.

Em 2013, Bandillo e outros melhoristas do IRRI desenvolveram oito populações índica e japônica de arroz, utilizando em cada uma delas oito ou dezesseis genitores. Esses melhoristas obtiveram duas mil linhagens por meio do método de melhoramento SSD e identificaram diferentes QTLs para características quantitativas, aumentando a variabilidade genética e disponibilizando para os diferentes programas de melhoramento populações com ampla variabilidade genética (Bandillo et al., 2013).

A inclusão de diversos genitores na genealogia de uma população resulta em maior número de diferentes alelos para cada *locus* na população, havendo maior probabilidade de ocorrer heterozigose. É com base nesse princípio que os cultivares sintéticos, em geral, são constituídos por vários genitores. Busbice et al. (1972) acreditam que sintéticos de alfafa devam ser formados por 16 genitores. Na prática, a maioria dos cultivares sintéticos de alfafa obtidos em viveiros de policruzamentos apresenta mais de 40 genitores, a exemplo da alfafa AV 89-14B (Erwin; Khan, 1993).

Além do aumento do número de genitores, também há o aumento na variabilidade genética dentro de cada progênie, em que o número de genótipos possíveis (N) pode ser estimado por:

$$n = \left[\frac{a(a+1)}{2}\right]^g$$

sendo a o número médio de alelos por *locus* e g o número de genes.

Conforme há aumento no número de genitores envolvidos na obtenção de progênies, o número de cruzamentos necessários para amostrá-las corretamente também precisa ser levado em questão e um maior tempo é requerido para a obtenção das populações, de maneira que, para obter uma população MAGIC com oito genitores, levam-se três épocas sucessivas de cruzamentos.

14.2 Número *versus* tamanho de populações

O sucesso na obtenção de novos cultivares depende da escolha correta dos genitores; como a segregação genética se inicia na geração F_2, o tamanho dessa população deve ser criteriosamente definido, levando em consideração a intensidade de seleção e o número de genes ou eventos transgênicos que serão eliminados ou selecionados. Por exemplo, para a introgressão de um evento transgênico em que é possível eliminar os indivíduos homozigotos não transgênicos, é necessário praticamente o dobro na população segregante para que a população remanescente possua o tamanho e a variabilidade desejados nas gerações seguintes.

Durante a definição dos cruzamentos, os primeiros pontos a serem considerados são: (i) quais cultivares ou linhagens incluir no bloco de cruzamentos; (ii) em que combinações elas devem ser cruzadas; e (iii) quantas polinizações devem ser realizadas em cada cruzamento.

Muitos melhoristas optam pela condução de centenas de cruzamentos por ano, enquanto alguns preferem conduzir menor número deles, cuidadosamente planejados, associados ao maior tamanho das populações. Em empresas, são realizados centenas de cruzamentos baseados em informações genéticas, genômicas e fenômicas, e, para isso, a infraestrutura e o pessoal qualificado para as hibridações demandam alto investimento e são considerados estratégicos para atingir os objetivos do programa de melhoramento.

Baker (1984), estimando o número ideal de cruzamentos para maximização da obtenção de linhagens superiores, considerou apenas uma única característica quantitativa, desprezando a epistasia e a ligação gênica. Esse autor recomendou 50 cruzamentos cuidadosamente planejados para obtenção de cultivares autógamos.

Yonezawa e Yamagata (1982) apresentaram um modelo matemático para identificação de cruzamentos com alta probabilidade de geração de linhagens promissoras. Esses autores consideraram mais vantajosa a manipulação de grande número de cruzamentos do que a utilização de menos cruzamentos com grandes populações.

Ainda hoje existem divergências entre os melhoristas com relação à melhor estratégia no binômio número de cruzamentos e tamanho de população a ser utilizada.

Como o melhorista precisa ser um bom gestor e trabalha com recursos finitos, ele deve balancear adequadamente o número de populações e o tamanho delas. Apesar de não haver uma receita simples, o profissional deve considerar que cada população possui uma variância genética diferente e que pelo menos uns 50 indivíduos são necessários em uma população para que diferenças nas variâncias sejam corretamente detectadas e efeitos de deriva genética sejam minimizados. Outro aspecto é que nem todas as populações precisam ter o mesmo tamanho. Assim, para populações menos promissoras, nas quais o melhorista está especulando a possibilidade de ocorrer uma combinação superior de genitores, talvez seja mais vantajoso avaliar menor número de indivíduos por população, o que lhe permite conduzir maior número de cruzamentos. Entretanto, o maior desafio é escolher corretamente os genitores e em que combinações eles serão cruzados.

14.2.1 Tamanho das populações segregantes

Quando dois genitores são cruzados, o maior número de diferentes combinações alélicas é obtido na geração F_2.

O número de flores a serem polinizadas para cada combinação de genitores deve ser planejado. Por exemplo, para uma população de 500 plantas F_2 de soja, são necessárias cerca de cinco sementes F_1. Para o cálculo do número de flores a serem cruzadas, deve-se considerar a eficiência do operador e que parte das sementes pode ser oriunda de autofecundação.

Se os genitores diferem entre si em dois *loci*, quatro tipos distintos de gametas serão formados na geração F_1, número obtido pela expressão 2^N, em que N é o número de *loci* para os quais os genitores diferem. Considerando o mesmo caso, o número de diferentes genótipos que pode ser obtido na geração F_2 é dado por 3^N, ou seja, AA, Aa e aa. Para que todos os genótipos pudessem expressar-se na geração F_2, seria necessária uma população mínima de 16 indivíduos, número obtido pela expressão 4^N. A Tab. 14.1 ilustra a rapidez do aumento da população mínima na geração F_2 com o incremento do número de genes segregantes.

Se o *locus* em consideração possui vários alelos, o número de recombinações gênicas e de genótipos aumenta consideravelmente, requerendo uma população F_2 substancialmente maior. Isso tem se tornado realidade para programas de melhoramento de soja ou outras espécies, com diversos eventos transgênicos sendo introduzidos no germoplasma comercial.

Snepp (1977), ao trabalhar com a cultura do trigo e considerando a segregação para 21 *loci* independentes, concluiu que a chance de obtenção de uma planta com todos os alelos favoráveis (em homozigose ou heterozigose) é de 1/421 na geração F_2, ou de 1/19.343 na geração F_3, ou, ainda, de 1/176.778 na geração F_4. Esse autor recomendou que, na prática e por garantia, esses números sejam multiplicados por 4, isto é, 1.684 indivíduos na geração F_2. Dessa forma, conclui-se que é extremamente difícil encontrar uma planta com todos os alelos desejáveis após a geração F_2. Snepp relatou ainda que, se as plantas F_2 selecionadas forem homozigóticas para sete alelos desejáveis e heterozigóticas para os demais 14, as linhas F_3 devem ser constituídas de, no mínimo, 57 plantas para se garantir uma chance de obtenção de um indivíduo desejável. Novamente, por segurança, ele voltou a recomendar a avaliação de quatro vezes esse valor, ou seja, 228 plantas por linha F_3.

Tab. 14.1 VARIABILIDADE NA GERAÇÃO F_2 PARA GENITORES CONTRASTANDO EM N *LOCI*

Número de genes segregando	Número de gametas na geração F_1	Número de genótipos na geração F_2	Número mínimo de indivíduos na geração F_2
N	2^N	3^N	4^N
1	2	3	4
2	4	9	16
3	8	27	64
4	16	81	256
5	32	243	1.024
10	1.024	59.049	$1,1 \times 10^6$
20	1.084.576	$3,5 \times 10^9$	$1,1 \times 10^{12}$

Baker (1984) apresentou uma avaliação do assunto em outra perspectiva, usando a terminologia "máximo valor genotípico esperado" para caracterizar o máximo valor que será observado em 50% das amostras de dado tamanho. Ele concluiu que populações F_2 de 500 a 1.000 indivíduos são adequadas para os programas de melhoramento com objetivos no curto prazo. Entretanto, alguns resultados têm demonstrado que, para caracteres quantitativos, em torno de 100 a 200 cruzamentos é o melhor balanço entre o tamanho das progênies e a probabilidade de selecionar os indivíduos superiores (Tab. 14.2).

Tab. 14.2 NÚMERO DE ALELOS PRESENTES NA MELHOR LINHAGEM COM DIFERENTES NÚMEROS DE FAMÍLIAS AVALIADAS (Q) E *DE LOCI* SEGREGANTES (N) NA POPULAÇÃO

Q	$N = 10$	$N = 20$	$N = 40$	$N = 100$
25	8,1	14,4	26,3	59,9
50	8,6	15,9	27,1	61,3
100	9,0	15,6	27,9	62,6
200	9,4	16,1	28,7	63,8
400	9,7	16,6	29,4	64,9
800	10,0	17,1	30,1	65,9
1.000	10,0	17,2	30,2	66,2
5.000	10,0	18,2	31,6	68,4
10.000	10,0	18,6	32,2	69,2

Nesse contexto, Rasmusson (1991) recomendou o uso de populações F_2 com 200 indivíduos para os cruzamentos convergentes, isto é, uma situação em que a distância genética entre os genitores é muito pequena, como acontece em cruzamentos para obtenção de cultivares em programas de melhoramento consolidados.

Em virtude da importância da hibridação na liberação da variabilidade genética, diversos métodos foram desenvolvidos para condução das gerações segregantes. Inicialmente, foram criados o método genealógico e o da população. O primeiro baseou-se no comportamento das progênies para julgar determinado genótipo, e o segundo caracterizou-se inicialmente pela exploração dos efeitos vantajosos da seleção natural, além do baixo custo e da demanda de mão de obra. Em razão das desvantagens ou limitações dos métodos originais, várias modificações foram introduzidas e outros métodos foram desenvolvidos, visando tornar a condução das gerações segregantes mais simples e rápida.

Nos capítulos subsequentes serão apresentados e discutidos os principais métodos de melhoramento que envolvem a hibridação.

quinze

MÉTODO DA POPULAÇÃO

O método da população, também conhecido como método *bulk*, foi inicialmente proposto por Nilsson Ehle, em 1908, quando desenvolvia seus trabalhos no Instituto Svalöf, na Suécia. Quatro anos mais tarde, Newman (1912 apud Florell, 1929) descreveu o recém-criado método em uma reunião de melhoristas no Canadá. Em seu artigo, Florell (1929) apresentou as principais vantagens do método da população. Esse autor discutiu as bases teóricas para determinar o número de gerações necessárias antes de se iniciar a seleção de plantas. Outros melhoristas incorporaram o método da população em seus programas de melhoramento de espécies autógamas (Harlan; Martini, 1937; Mac Key, 1962; Qualset; Vogt, 1980), conforme Fig. 15.1.

FIG. 15.1 *Melhoristas pioneiros no uso do método da população: (A) Nilsson Ehle e (B) H. V. Harlan*

O método da população tem sido utilizado no melhoramento de plantas de forma limitada. Por exemplo, em 1985 foi responsável pelo desenvolvimento de apenas 4% das linhagens de soja nos Estados Unidos. Não existem estatísticas do uso desse método no Brasil, porém estima-se que sua utilização seja restrita. Com o feijão, é relativamente mais utilizado.

15.1 Descrição do método

O desenvolvimento do método da população inicia-se com o cruzamento de dois genitores selecionados conforme o objetivo do programa. As plantas F_1 são conduzidas de forma a se obter grande número de sementes. Todas as sementes F_2 colhidas nas plantas F_1 são agrupadas e utilizadas para a obtenção da geração F_2. Esta deve ser conduzida na região à qual o futuro cultivar se destina ou em condições edafoclimáticas representativas daquelas onde o novo cultivar será plantado. De igual forma, as práticas agrícolas também devem ser representativas.

Por ocasião da maturação, as plantas F_2 são colhidas em conjunto (*bulk*), e uma amostra das sementes F_3 é utilizada para obtenção da geração F_3, que é conduzida à semelhança da F_2 (Fig. 15.2). Esse procedimento é repetido até que o nível de homozigose desejado seja obtido. O número de gerações conduzidas em *bulk* depende do tipo de cruzamento, ou seja, do grau de divergência genética entre os genitores e dos padrões estabelecidos para lançamento de cultivares.

Para algumas espécies, exige-se alto grau de uniformidade e que as populações sejam conduzidas até as gerações F_7 ou F_8. Em outras situações, a condução da população até F_4 ou F_5 pode ser satisfatória. Embora o método, conforme inicialmente descrito, não preconize a eliminação de tipos nitidamente inferiores, o melhorista pode, e deve, introduzir essa modificação sempre que for conveniente (Van der Kley, 1955).

A geração subsequente à última colhida em *bulk* é conduzida com o plantio mais espaçado entre as plantas. Nessa geração, o melhorista inicia a seleção, identificando os tipos desejáveis com base no fenótipo das plantas. Os indivíduos selecionados são colhidos e trilhados separadamente. Cada planta selecionada é plantada em uma fileira na geração seguinte para teste de progênie. À semelhança das gerações anteriores, esses indivíduos devem ser conduzidos em condições representativas daquelas em que o futuro cultivar será plantado. As fileiras que se apresentarem promissoras e uniformes para as principais características agronômicas são colhidas em *bulk* e avaliadas no ensaio preliminar de linhagem (EPL). Aquelas que ainda manifestarem segregação ou

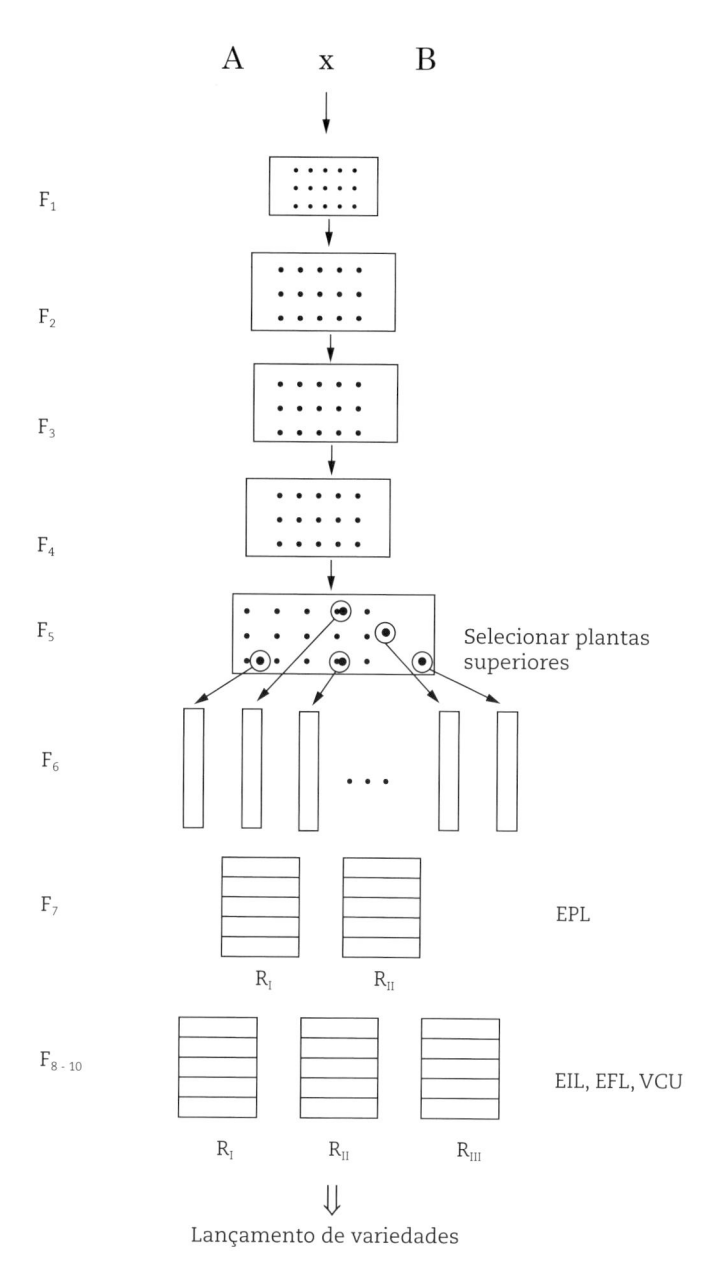

FIG. 15.2 *Esquema do método da população*

desuniformidade podem ser objeto de seleção individual, se promissoras, ou ser descartadas, se de pequeno mérito.

O EPL é o primeiro teste comparativo de produtividade. Suas características variam de acordo com cada espécie e programa de melhoramento. O Programa de Melhoramento de Soja da UFV conduz o EPL em uma localidade, em delineamento de blocos casualizados, com duas repetições. A parcela é constituída de uma fileira de 6,0 m de comprimento, com espaçamento de 1,0 m entre fileiras. Cada ensaio consiste de dois cultivares-testemunha e 23 linhagens. Nesses ensaios são avaliados: dias para a floração e a maturação, cor da flor e da pubescência, altura da primeira vagem, altura de planta, hábito de crescimento, produtividade de grãos e resistência às doenças. Após coleta dos dados e análise estatística, as linhagens mais promissoras são selecionadas para uma avaliação mais rigorosa no ensaio intermediário de avaliação de linhagens (EIL).

O EIL é conduzido em duas ou três localidades, em delineamento de blocos casualizados, com três repetições. A parcela é constituída de quatro fileiras de 5,0 m, com espaçamento de 50 cm entre fileiras e densidade de plantio de 22 plantas por metro. Cada ensaio consiste de dois cultivares-testemunha e 14 linhagens. As características avaliadas são semelhantes às do ensaio EPL.

De forma análoga, procede-se à análise estatística e à seleção das melhores linhagens para avaliação no ensaio final de avaliação de linhagens (EFL). O EFL é conduzido em cinco ou mais localidades representativas da região à qual o futuro cultivar se destina. O delineamento experimental, os detalhes das parcelas e as características avaliadas são semelhantes aos do EIL. Após a avaliação das linhagens em testes comparativos de produtividade durante dois anos e o estabelecimento do valor de cultivo e uso (VCU), as linhagens superiores podem ser registradas, protegidas e lançadas.

As atividades do melhorista não se encerram com o lançamento de um cultivar. Compete a ele providenciar um estoque de sementes genéticas para serem distribuídas aos produtores de sementes básicas por ocasião do lançamento. Estas serão comercializadas com os produtores de sementes certificadas que são utilizadas pelos agricultores por ocasião da semeadura. O melhorista deve também manter um estoque da semente genética dos cultivares enquanto for recomendado para plantio. Também pode competir ao melhorista divulgar o cultivar entre agricultores e extensionistas, por intermédio de dias de campo, encontros técnicos e da literatura científica.

Decidido o lançamento de uma linhagem como novo cultivar, o melhorista escolhe um nome e/ou uma sigla para sua identificação, devendo procurar nomes que tenham significado para o agricultor e que sejam de fácil memorização. Nomes compostos, complexos ou de difícil pronúncia devem ser evitados, pois, embora as características mais importantes do cultivar sejam as agronômicas, o nome pode ser fator decisivo para a sua ampla aceitação no mercado.

15.2 Princípio do método da população

Este método procura tirar vantagem da seleção natural para a identificação de tipos superiores. Portanto, baseia-se na associação entre a capacidade de competição dos indivíduos e a produtividade em uma população heterogênea. As gerações segregantes conduzidas pelo método da população submetem os seus integrantes a uma competição, em virtude da pressão da seleção natural. A capacidade de competição dos indivíduos relaciona-se com a habilidade de sobrevivência de cada genótipo, e esta depende do número de descendentes que cada indivíduo deixa para a geração seguinte. Indivíduos que produzem maior número de sementes viáveis tendem a contribuir de forma mais expressiva para a constituição da próxima geração.

No método da população, a capacidade de sobrevivência em competição deve estar correlacionada positivamente com a adaptabilidade e a produtividade. O melhorista deve escolher criteriosamente o ambiente que maximiza essa correlação, ou seja, aquele onde a seleção natural favoreça os indivíduos desejáveis. Para as espécies cujo produto comercial são as sementes, a capacidade de sobrevivência pode estar relacionada com a produtividade. Para aquelas cujo produto comercial é o colmo, folhas, inflorescências, raízes ou frutos, a possibilidade de haver correlação positiva é praticamente nula.

Harlan e Martini (1937), trabalhando com a competição em misturas de cultivares, forneceram fortes subsídios para a adoção do método da população. Uma mistura de 10 cultivares de cevada foi avaliada durante 12 anos, em diversas localidades. Esses autores concluíram que alguns cultivares considerados mais competitivos dominaram os demais na mistura e apresentaram maiores produtividades quando avaliados separadamente (Fig. 15.3).

Diversos outros estudos de misturas de cultivares foram conduzidos a partir do trabalho de Harlan e Martini. Os resultados relatados na literatura são de alguma forma contraditórios (Taylor; Atkins, 1954; Suneson, 1956; Mumaw; Weber, 1957). Alguns autores encontraram forte correlação entre a capacidade de sobrevivência ou agressividade e a produtividade, enquanto os resultados de outros autores indicaram falta de consistência nessa correlação.

As vantagens do método da população são:
* Economia de mão de obra na condução da população segregante.
* Possibilidade de condução de grande número de populações com maior facilidade.

* Aumento da proporção de indivíduos mais adaptados e competitivos.

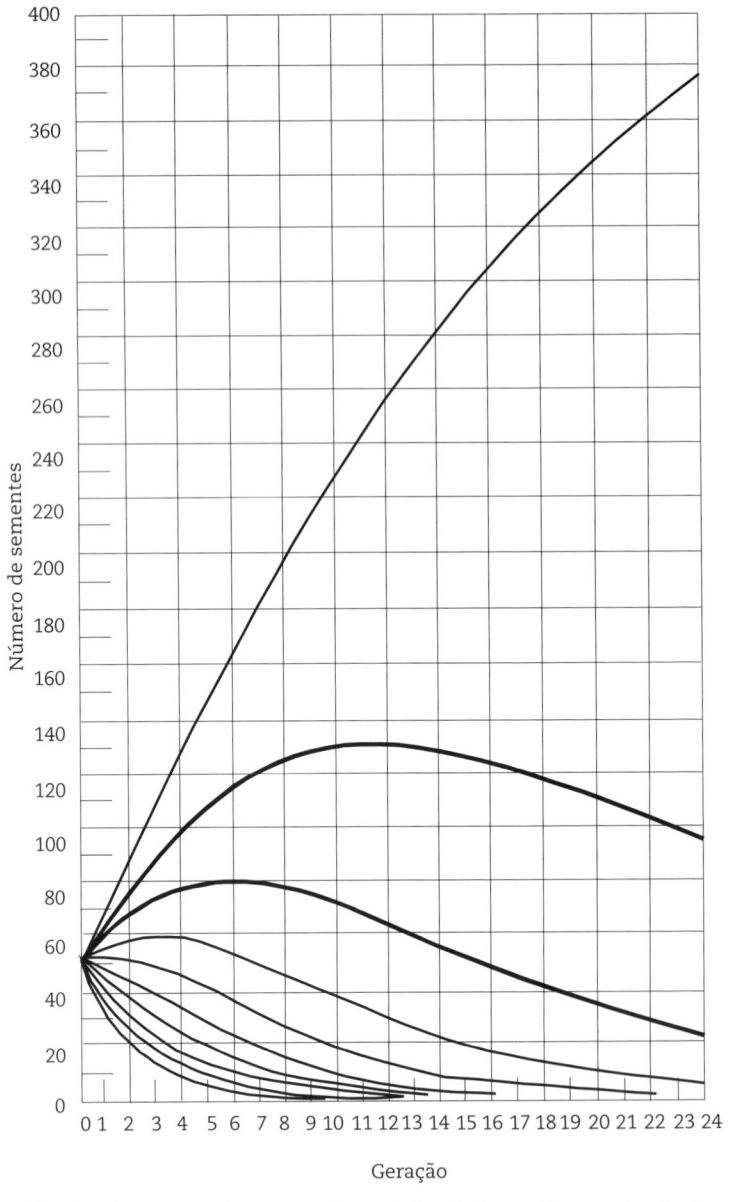

FIG. 15.3 *Efeito da seleção natural em uma mistura de igual número de sementes de dez cultivares de cevada*
Fonte: Harlan e Martini (1937).

Já as desvantagens do método são apresentadas a seguir:
* É inadequado para espécies cujo produto comercial não são as sementes.

* Impossibilita o uso de casas de vegetação e a condução de mais de uma geração por ano.
* Não permite o uso da população para estudos de herdabilidade.
* Apresenta risco de perda de genótipos desejáveis com baixa capacidade de competição, a exemplo do tipo semianão.

15.3 Modificações no método da população

15.3.1 Método *bulk* dentro de progênies derivadas em F_2

Este método possibilita melhor amostragem da população segregante nas gerações iniciais (Fig. 15.3). Tem como princípio a colheita de plantas individuais nas gerações F_2 ou F_3, em que cada planta dá origem a uma progênie e as sementes provenientes de cada progênie são colhidas em *bulk* (misturadas) e utilizadas para obtenção da geração seguinte. O efeito da seleção natural ocorre apenas dentro das progênies, sendo mantida a variação existente entre as plantas F_2. Esse método foi inicialmente descrito por Frey (1954), e várias modificações foram sugeridas posteriormente. Na Universidade Federal de Lavras, onde esse método bastante utilizado no melhoramento do feijoeiro, as progênies são avaliadas em testes precoces de produtividade com repetição, normalmente a partir da geração $F_{2:3}$. Após os vários ciclos de avaliação e por meio de uma análise estatística conjunta, procede-se à seleção entre progênies, especialmente as que apresentam melhor comportamento ao longo das várias gerações.

O esquema básico relatado por Ramalho, Santos e Zimmermann (1993) e por Ramalho, Abreu e Santos (2001) é apresentado na Fig. 15.4. A desvantagem desse método é a necessidade de avaliação em todas as etapas. Contudo, a seleção é realizada em função do desempenho após vários ciclos seletivos, o que evidentemente é uma grande vantagem. Diversos cultivares de feijão foram desenvolvidos por essa metodologia.

15.3.2 Método de Harrington

Visando agrupar as vantagens do método da população com as do método genealógico, Harrington (1937) propôs modificações na metodologia original: a população segregante é conduzida pelo método da população até que condições favoráveis permitam a expressão de caracteres importantes quando se faz a seleção de plantas individuais e, daí em diante, conduz-se o material pelo método genealógico. Segundo esse autor, as condições

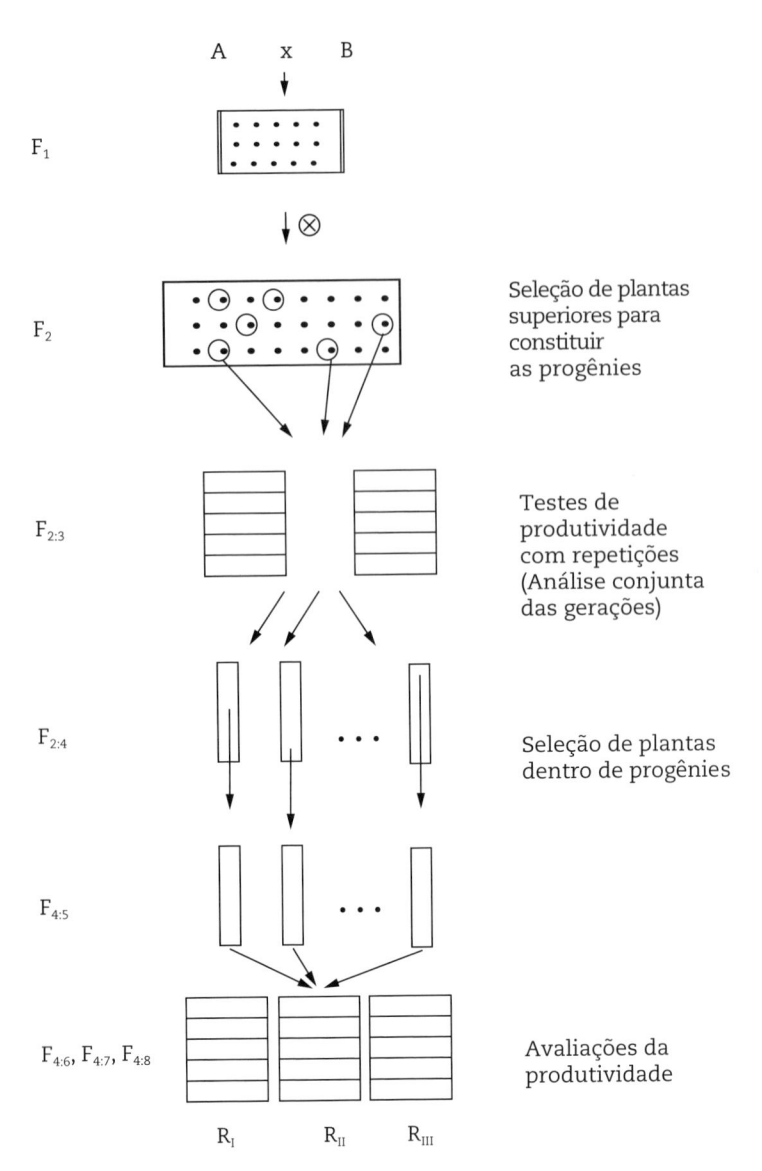

FIG. 15.4 *Esquema do bulk dentro de progênies derivadas em F_2*

favoráveis à seleção correspondem à falta ou ao excesso de umidade e frio, incidência de doenças etc., permitindo que os genótipos resistentes sobressaiam.

Segundo Harrington, este método apresenta as seguintes vantagens em relação ao genealógico: (i) é flexível e o teste de progênies é empregado eficientemente quando as condições ambientais são favoráveis à seleção; e (ii) permite avaliar maior quantidade de material.

15.3.3 Método de Empig e Fehr

Ao estudar diversos cruzamentos entre cultivares de soja de diferentes grupos de maturação, Empig e Fehr (1971) propuseram a condução do método da população por grupo de maturação. Esse procedimento consiste em subdividir a população segregante em grupos com épocas de maturação diferentes, e cada subpopulação é conduzida pelo procedimento original até a geração F_5, de onde se extraem, aleatoriamente, linhas para o ensaio EPL. Essa modificação visa eliminar a competição entre indivíduos com ciclos diferentes e, portanto, com diferentes habilidades de competição.

15.3.4 Método de Van der Kley

Van der Kley (1955) propôs o uso da seleção massal negativa gradual, visando à eliminação de características indesejáveis na população.

Nesse método é utilizada uma pequena pressão de seleção na geração F_2, a qual é elevada gradativamente até a geração F_4 ou F_5. Segundo esse autor, este método faz com que a probabilidade de sucesso durante a abertura de linhas nas gerações avançadas seja aumentada.

15.3.5 Método de Jennings e Aquino

Jennings e Aquino (1968) verificaram que as plantas de arroz mais altas e vigorosas são geralmente pouco produtivas, e as baixas, quando em condições de competição com as altas, apresentam pequena produção de grãos em virtude do sombreamento. Nessas condições, o método da população favorece os indivíduos de menor potencial produtivo. Esses autores propuseram o desbaste antes do florescimento e a eliminação de plantas altas antes da maturação.

15.3.6 Método evolucionário

Em 1956, Suneson apresentou à comunidade científica o método que o tornaria conhecido internacionalmente e que lhe garantiria o prêmio *Crop Science Annual Award*, conferido pela Sociedade Americana de Agronomia, publicando o artigo intitulado "Um método de melhoramento de plantas evolucionário".

Esse método consiste em conduzir uma população segregante, obtida pelo cruzamento de vários genitores durante grande número de gerações, pelo método da população. Em seu trabalho, Suneson incluiu 28 genitores de cevada, com os quais obteve 378 híbridos. Igual número de sementes de todos os cruzamentos foi agrupado, constituindo um cruzamento composto, que foi conduzido por 29 gerações, dando oportunidade para que a seleção natural eliminasse os indivíduos com baixa capacidade de competição. Esse autor afirmou que, utilizando esse método, foi possível encontrar genótipos que produziam 56% a mais do que o cultivar Atlas-46, considerado produtivo naquela ocasião. Entretanto, o programa de melhoramento de cevada da Universidade da Califórnia, em Davis, sob a liderança de Suneson, jamais lançou os referidos genótipos como novos cultivares. Gradativamente, os melhoristas perderam o interesse por esse método, em virtude da falta de evidências a respeito de sua eficiência e, principalmente, do longo tempo requerido para a obtenção de cultivares.

dezesseis

Método genealógico

O método genealógico, também denominado método *pedigree*, foi inicialmente proposto por Hjalmar Nilsson. Aproximadamente na mesma época, Louis de Vilmorin (Allard, 1971) usava a seleção individual de plantas com teste de progênie, metodologia que deu origem ao método genealógico convencional, o qual tem sido utilizado tanto no melhoramento de espécies autógamas quanto no de alógamas para o desenvolvimento de linhagens endogâmicas.

Este método foi o mais popular para o desenvolvimento de linhagens de espécies autógamas até meados da década de 1970, mas, a partir de então, vem sendo substituído. Em 1985, 18% das linhagens americanas de soja foram desenvolvidas pelo método genealógico, sendo superado apenas pelo método SSD. Por sua vez, o desenvolvimento de linhagens para espécies alógamas tem sido realizado basicamente por esse método e pela técnica de duplo-haploides.

O método genealógico baseia-se na seleção individual de plantas na população segregante com a avaliação de cada progênie separadamente. O mérito dos indivíduos selecionados é avaliado pelo teste de progênie *per se* ou por cruzamentos, quando em espécies alógamas. Dessa forma, a seleção é praticada com base no genótipo dos indivíduos. A diferença entre esses dois métodos é evidente se for considerada uma população de soja segregando para a habilidade de nodulação. Indivíduos com genótipos $Rj1Rj1$ ou $Rj1rj1$ apresentam nodulação normal, enquanto os com genótipos $rj1rj1$ não mostram capacidade de nodulação. Se indivíduos não nodulantes ($rj1rj1$) são eliminados em uma população F_2 pela seleção massal negativa, plantas não nodulantes ainda aparecerão nas gerações seguintes. Se progênies F_3 são testadas, podem-se eliminar os indivíduos segregantes da população. Dois melhoristas que muito fomentaram o uso do método genealógico foram Hjalmar Nilsson e Robert Allard (Fig. 16.1).

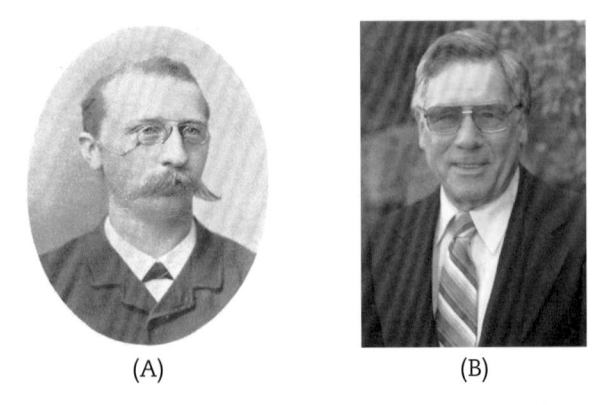

FIG. 16.1 *Melhoristas pioneiros no uso do método genealógico: (A) Hjalmar Nilsson e (B) Robert Allard*

16.1 Descrição do método

A primeira descrição completa e detalhada do método genealógico foi apresentada por Love (1927), que o priorizou nos vários programas de melhoramento que coordenava na Universidade de Cornell. Conforme descreveu esse autor, a geração F_2 deve ser conduzida em condições representativas de cultivo, utilizando, porém, um espaçamento ligeiramente maior, para possibilitar a avaliação individual de plantas. As plantas fenotipicamente superiores são selecionadas e colhidas separadamente (Fig. 16.2). Cada planta F_2 selecionada é conduzida em uma fileira na geração F_3. As linhas $F_{2:3}$ são avaliadas durante o ciclo da espécie, e aquelas consideradas superiores são submetidas à seleção individual de plantas por ocasião da maturação. Cada planta F_3 selecionada é conduzida em uma fileira na geração F_4 e, à semelhança do procedimento na geração anterior, as linhas $F_{3:4}$ consideradas superiores são submetidas à seleção individual. Esse procedimento de seleção das melhores linhas e, dentro destas, das melhores plantas é repetido nas gerações seguintes até que o nível de homozigose desejado seja obtido. Cada geração deve ser conduzida em região e época de plantio representativas do ambiente onde se plantará o novo cultivar.

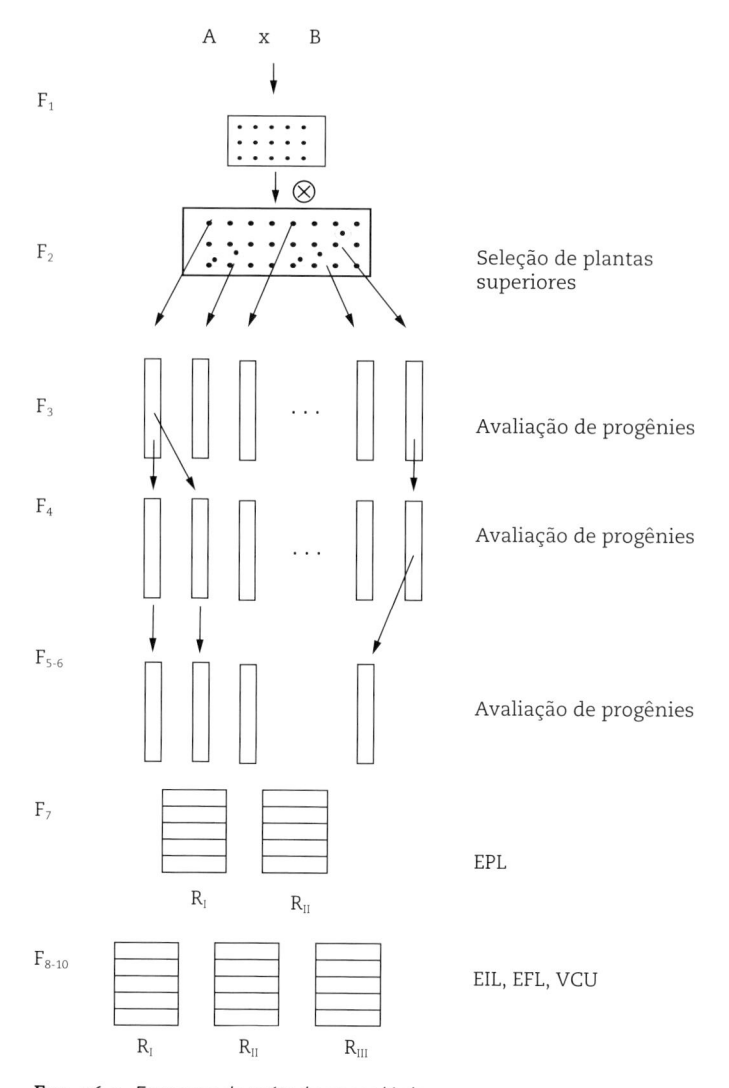

FIG. 16.2 *Esquema do método genealógico*

A geração F_3 é a primeira após a hibridação em que linhas começam a ser obtidas. Assim, a seleção a partir de F_3 baseia-se na avaliação da progênie dos indivíduos F_2 e em plantas individuais.

Na geração F_4, o nível de homozigose médio atinge 87,5% e grande número de progênies expressa uniformidade de diversos caracteres morfológicos. A seleção na geração F_4 e nas subsequentes deve ser baseada principalmente no comportamento das progênies em vez de se fundamentar na avaliação individual de plantas, visto que a seleção dentro das linhas é pouco eficiente. Em espécies alógamas, as plantas F_4 selecionadas são cruzadas com um ou mais testadores para avaliar a capacidade de combinação da linhagem em produzir bons híbridos *top crosses*.

As linhas promissoras e uniformes devem ser colhidas em massa e destinadas ao ensaio preliminar de produtividade (EPL). As linhagens promissoras com inaceitável grau de segregação devem ser submetidas novamente à seleção individual de plantas, com avaliação de progênie na geração seguinte, ou descartadas. Os híbridos *top crosses* serão avaliados também em ensaios de produtividade. As linhagens dos híbridos com maiores produtividades continuam a ser autofecundadas até atingirem a homozigose.

Os ensaios preliminares de produtividade (EPL), os ensaios intermediários de avaliação de linhagens (EIL), os ensaios finais de avaliação de linhagens (EFL) e o estabelecimento do VCU, apresentados na Fig. 16.2, são conduzidos da forma descrita para o método de população.

16.2 Princípio do método genealógico

O princípio deste método é que a seleção com teste de progênie e o conhecimento da genealogia dos tipos selecionados permitem a maximização da eficiência da seleção. Por exemplo, após as linhagens atingirem elevado grau de homozigose, aquelas que apresentam ancestral comum a uma ou duas gerações anteriores devem ser consideradas geneticamente semelhantes e apenas uma delas deve ser preservada para avaliações futuras.

Uma das principais características deste método é o registro da genealogia de cada linha, que permite estabelecer o grau de parentesco entre as linhas selecionadas. O registro inicia-se com a numeração de cada planta F_2 selecionada. Cada seleção individual dentro de uma progênie $F_{2:3}$ recebe um número que é adicionado à designação daquela progênie. Esse procedimento é repetido durante as gerações seguintes até a geração anterior à do EPL (Fig. 16.2). Os programas de melhoramento das empresas possuem *softwares* para a manipulação dessas informações genealógicas, facilitando o avanço de gerações ano após ano.

16.2.1 Nomenclatura da genealogia

No exemplo apresentado na Fig. 16.3, o cruzamento Inox × Primavera-1 foi denominado VX1028, indicando que esse foi o 1028º cruzamento de soja realizado em Viçosa, na obtenção de cultivares. A geração F_1 recebeu idêntica denominação, VX1028, uma vez que ela não foi submetida à seleção. Se 100 plantas F_2 tivessem sido selecionadas, elas receberiam as designações VX1028-1, VX1028-2,..., VX1028-100. Supondo que duas plantas sejam selecionadas dentro da progênie VX1028-3, elas seriam chamadas de VX1028-3-1 e VX1028-3-2, e assim sucessivamente.

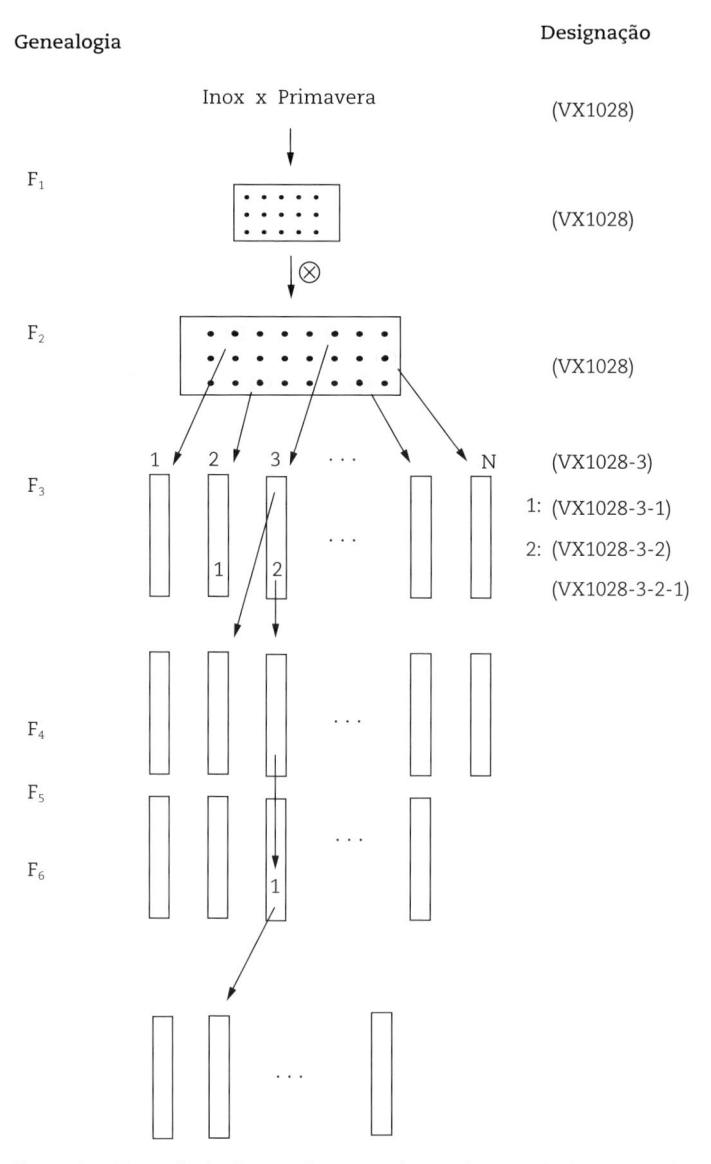

FIG. 16.3 *Exemplo de sistema de nomenclatura da genealogia no método genealógico (ver Fig. 16.2)*

Outros sistemas de nomenclatura têm sido adotados em diferentes programas de melhoramento. Sem a adoção de um sistema lógico, a condução de dado programa será grandemente dificultada, podendo contribuir para o surgimento de erros grosseiros.

16.3 Seleção durante as gerações segregantes

As seleções praticadas durante as gerações segregantes são baseadas no fenótipo e no genótipo dos indivíduos, o que confere a este método alta eficiência para a seleção de caracteres mono ou oligogênicos.

O método genealógico foi adotado pela maioria dos programas de melhoramento de leguminosas e cereais autógamos. Recentemente, vem sendo substituído por outros que permitem maior rapidez na obtenção de cultivares. Ele também se aplica às espécies alógamas, sendo, inclusive, o mais popular para obtenção de linhagens endogâmicas de milho atualmente.

Este método permite ao melhorista exercitar sua habilidade de seleção em grau mais elevado do que seria possível em qualquer dos demais métodos de melhoramento usados em espécies autógamas, sendo, por isso mesmo, excelente alternativa para treinar jovens melhoristas.

16.3.1 Variabilidade genética

A variabilidade genética na população segregante modifica-se com as gerações de autofecundação. A variância genética aditiva em uma população sem seleção aumenta entre linhas, sendo, contudo, reduzida dentro delas (Tab. 16.1).

A variância genética aditiva, em termos relativos, entre plantas F_2 e entre linhas $F_{2:3}$ é igual à unidade. Essa variância entre linhas é maior que a variância genética aditiva dentro das linhas, conforme mostrado na Tab. 16.1. Quanto maior a variabilidade genética, maior o progresso com a seleção, e, por isso, deve-se avaliar e selecionar grande número de plantas F_2.

A seleção entre fileiras é mais eficiente do que dentro delas, onde a variabilidade genética é menor. Com o avanço das gerações, a variabilidade genética aditiva é gradativamente exaurida dentro das linhas e a seleção dentro destas torna-se mais ineficiente. Uma das principais razões para o registro da genealogia das seleções no método genealógico é permitir ao melhorista a maximização da diversidade entre as linhas selecionadas. A seleção dentro de fileiras é justificável somente nas primeiras gerações de autofecundação, quando a variabilidade genética é ainda razoável.

Tab. 16.1 Variância genética relativa entre linhas e dentro delas em uma população conduzida sem seleção

Geração	Variância genética			
	Aditiva		Dominância	
	Entre	Dentro	Entre	Dentro
$F_{2:3}$	1	1/2	1/4	1/2
$F_{3:4}$	3/2	1/4	3/16	1/4
$F_{4:5}$	7/4	1/8	7/64	1/8
$F_{5:6}$	15/8	1/16	15/256	1/16
$F_{6:7}$	31/16	1/32	31/1024	1/32
F_{∞}	2	0	0	0

O número de gerações de autofecundação a ser conduzido pelo método genealógico vai depender do nível da uniformidade genética desejada e da diversidade dos genitores utilizados. Em cruzamentos convergentes (*narrow crosses*) e situações em que pequena desuniformidade não inviabiliza o lançamento de um cultivar, a condução do método genealógico até F_4 pode ser satisfatória. Em outros casos, pode ser necessária a condução desse método até F_8 ou gerações posteriores, antes de se iniciarem os testes comparativos de produtividade.

Para o treinamento dos melhoristas, o método genealógico é bastante prático, pois dá a eles a oportunidade de selecionar plantas individuais e linhas. Àqueles que se iniciam nessa atividade, o método permite o desenvolvimento da habilidade para selecionar tipos superiores.

O método genealógico prevê a seleção e a trilhagem de plantas separadamente e o cultivo destas em fileiras individuais. Além desse procedimento, o melhorista deve fazer um registro genealógico das principais características agronômicas de cada seleção. O mérito das linhas e das plantas individuais é estabelecido com base em avaliações visuais. Portanto, o melhorista precisa conhecer profundamente a cultura e ter em mente o tipo ideal de cultivar, ou seja, o ideótipo. Esse método demanda grande dedicação do melhorista e acompanhamento direto das atividades de campo, o que pode ser considerado uma limitação na prática.

O uso de técnicas especiais, na maioria das vezes, facilita a seleção de tipos desejáveis. Por exemplo, para a seleção de indivíduos resistentes a um patógeno, pode-se inocular artificialmente a população e, com criatividade, ainda estabelecer outras técnicas que facilitem a identificação de tipos superiores.

16.3.2 Características selecionadas

A maioria das definições de melhoramento inclui os termos "ciência" e "arte". A avaliação visual e a seleção com base na inspeção de indivíduos estão mais associadas à "arte" do que à "ciência" do melhoramento. Diversos autores usam o termo "olho clínico" para caracterizar a habilidade do melhorista na avaliação fenotípica.

Na geração F_2, o nível de heterozigose é alto, e muitos indivíduos expressam vigor híbrido. Essa manifestação de vigor híbrido ou heterose pode induzir à seleção de tipos mais heterozigóticos, o que constitui uma dificuldade.

Durante as primeiras gerações de segregação, devem-se selecionar, principalmente, indivíduos com base nos caracteres mono ou oligogênicos. Com o avanço das gerações, a ênfase pode ser dada a características um pouco mais complexas. Produtividade, entretanto, deve ser avaliada somente a partir da geração em que as linhagens expressarem uniformidade genética. Uma prática útil é colocar fileiras de *cultivares-testemunha* entre as progênies em avaliação. Com base nesses *cultivares-testemunha*, o melhorista pode conferir um índice fenotípico, que reflete o mérito geral de cada progênie. Na composição desse índice, podem-se incluir resistência ao acamamento, altura de plantas, resistência a doenças, ciclo e arquitetura das plantas etc. A adoção desse índice permite que o melhorista tenha em mente o cultivar ideal, facilitando a seleção de tipos desejáveis.

Conforme relatou Allard (1971), é necessário rigor no processo de seleção. Precisa-se afastar a hipótese de que, entre as plantas eliminadas, poderia estar aquela que conduziria ao novo cultivar, ou em pouco tempo haveria sobrecarga de linhagens não eliminadas, comprometendo a eficiência do programa.

As vantagens do método genealógico são:
* Permite o controle do grau de parentesco entre as seleções.
* Permite o descarte de indivíduos inferiores em gerações precoces.
* Permite a utilização de dados obtidos para estudos genéticos.
* Possibilita o treinamento de jovens melhoristas.

Já as desvantagens são:
* Só permite a condução de uma única geração por ano, tornando o método moroso.
* Exige elevada demanda de mão de obra e campo experimental.
* Requer pessoal qualificado para selecionar tipos desejáveis.

16.4 Modificações no método genealógico

Diversas modificações neste método têm sido propostas por vários melhoristas, visando contornar suas limitações, conforme descrito a seguir.

16.4.1 Método *bulk* dentro de progênies

Akerman e Mackey (1948) propuseram modificações no método genealógico visando minimizar a influência do vigor híbrido durante a seleção. Conforme procedimento proposto, plantas com características fenotípicas desejáveis são selecionadas na geração F_2. As progênies de cada planta F_2 selecionada são cultivadas em fileiras individuais na geração F_3. Todas as fileiras são colhidas separadamente, em massa, para plantio da geração F_4. Novamente, todas as fileiras são colhidas em massa, sem seleção, e destinadas ao ensaio preliminar de produtividade (EPL). Os testes comparativos de produtividade são repetidos nas gerações F_6, sem qualquer seleção.

Como a seleção de plantas individuais é realizada somente na geração F_2, as linhagens na geração F_6 apresentam elevado grau de homozigose, porém com alta heterogenia. Após a seleção das melhores linhagens F_6, com base nos testes comparativos de produtividade, inicia-se a seleção de plantas individuais. Os indivíduos selecionados são novamente submetidos a testes comparativos de produtividade, quando, então, se decide sobre o lançamento de um novo cultivar (Fig. 16.4).

O princípio dessa modificação introduzida por Akerman e Mackey está na suposição de que as gerações de autofecundação dissipam a variância genética devido à dominância, que tende a confundir a seleção em gerações precoces. Uma das sérias desvantagens dessa modificação é a avaliação de linhagens geneticamente heterogêneas em ensaios comparativos de produtividade. Outra limitação está no elevado número de indivíduos que devem constituir cada linha a partir da geração F_3, visando à preservação da variabilidade genética dentro das linhas. O melhorista que optar por este método deve considerar essa limitação e suas vantagens.

16.4.2 Método da seleção gamética

O método de melhoramento pela seleção gamética foi inicialmente teorizado por Stadler (1944), quando trabalhava com uma espécie alógama, o milho. Hallauer (1970) avaliou a seleção zigótica para obtenção de híbridos em milho e concluiu que este método pode ser utilizado com sucesso no melhoramento dessa gramínea.

Em 1994, Singh descreveu o método da seleção gamética para o melhoramento de características múltiplas em feijão. O método baseia-se nas seguintes premissas: (i) os cruzamentos complexos ou múltiplos são necessários para o melhoramento de características múltiplas; (ii) o genitor masculino do último cruzamento é heterozigótico, heterogamético e heterogêneo; e (iii) o teste de geração precoce é essencial para a seleção de características múltiplas (Singh, 1994).

Cruzamentos múltiplos são frequentemente necessários quando dois genitores potenciais não reúnem todas as características desejáveis de novo cultivar. Nesses casos, os cruzamentos múltiplos envolvendo vários genitores são essenciais para se combinarem os caracteres desejáveis em uma única população.

Para melhor explicar esse método, será utilizado um exemplo envolvendo o seguinte cruzamento entre cinco genitores: EMP250///Carioca/A429//FEB200/XANT159. Os genitores para esse cruzamento foram selecionados com o objetivo de desenvolver um cultivar de feijão com as seguintes características: grão tipo carioca; resistência à mancha-angular, à antracnose, à ferrugem, à bacteriose-comum, ao mosaico-dourado e à cigarrinha-verde; ciclo precoce; porte ereto; e alta produtividade. EMP250 é uma linhagem melhorada, com grãos do tipo carioca resistentes à

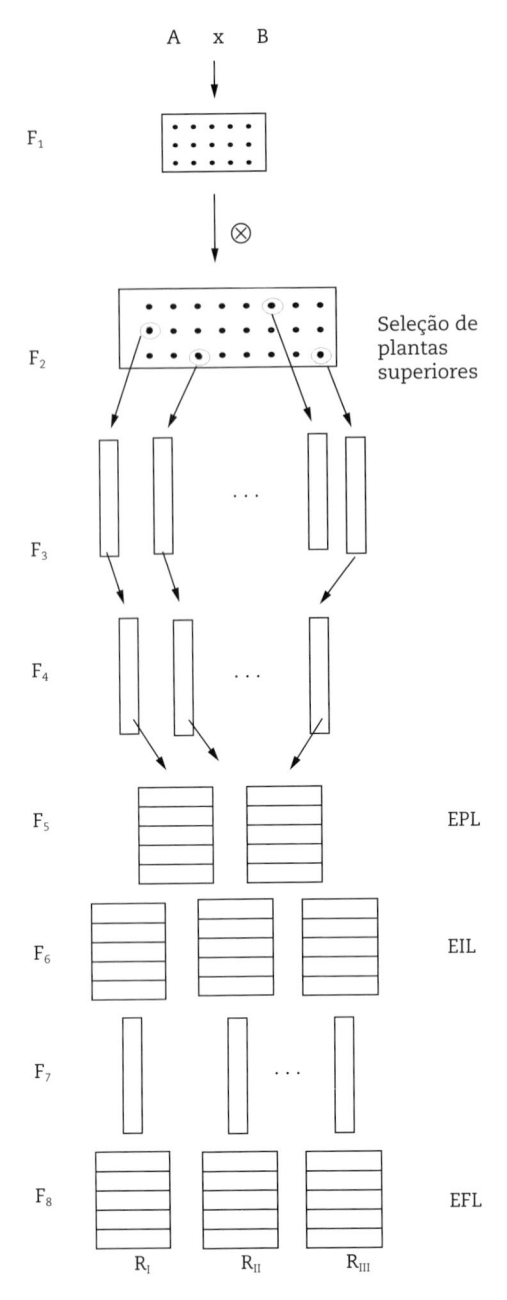

Fig. 16.4 *Método genealógico modificado por Akerman e Mackey*

cigarrinha-verde, de porte ereto e que pertence à raça M. O cultivar Carioca é agronomicamente superior e apresenta tolerância à baixa fertilidade dos solos. A linhagem A429 é resistente ao mosaico-dourado e pertence à raça D. Pertencente à raça M, a linhagem FEB200 apresenta grãos do tipo carioca, hábito de crescimento do tipo II, porte ereto e resistência múltipla a antracnose, mancha-angular e ferrugem. A linhagem XANT159, da raça N, é resistente à bacteriose-comum, tem hábito de crescimento do tipo I e porte ereto. Esses genitores apresentam genes de interesse, que, se agregados em um único indivíduo, podem resultar no cultivar-objeto do cruzamento realizado.

Descrição do método

A seleção gamética inicia-se com a definição do cruzamento final a ser realizado. O primeiro passo é a obtenção dos cruzamentos simples. No exemplo tomado, o primeiro cruzamento simples é entre os genitores Carioca e A429, e o segundo cruzamento simples é entre FEB200 e XANT159. Obtêm-se sementes F_1 de ambos os cruzamentos, que são plantadas para obtenção das plantas F_1, que são cruzadas em pares para se conseguirem cruzamentos duplos. Cada planta originária dos cruzamentos duplos é cruzada com uma outra do genitor feminino EMP250, constituindo a população F_1 final. As sementes F_1 do cruzamento final são semeadas em parcelas constituídas de covas espaçadas (hill plots) e submetidas a seleção para caracteres dominantes e codominantes favoráveis.

As plantas F_1 selecionadas são colhidas individualmente para constituírem as progênies $F_{1:2}$ (progênies F_2 derivadas de F_1). As progênies $F_{1:2}$ são avaliadas em ensaios com repetições, em dois ambientes contrastantes, agrupando, ao acaso, quatro progênies $F_{1:2}$ por parcela. Cada parcela é constituída por quatro progênies $F_{1:2}$ diferentes, porém da mesma população. Cada fileira $F_{1:2}$ de cada parcela é colhida individualmente em bulk, e a produção de grãos das quatro fileiras da parcela é utilizada para estimar a sua média. Identificam-se as populações ou cruzamentos superiores com base na avaliação de produtividade de grãos e outras características, descartando-se as inferiores. A intensidade da seleção entre populações é variável e, em geral, 30% a 50% destas podem ser descartadas. As progênies $F_{1:3}$ das populações superiores são avaliadas nesta geração em ensaios replicados para identificação de progênies superiores. Cada parcela é constituída por uma única progênie $F_{1:3}$. As parcelas são colhidas em bulk para constituírem as progênies $F_{1:4}$. Selecionam-se as progênies $F_{1:4}$ superiores com base em produtividade de grãos e em outras características agronômicas.

Plantam-se, de forma espaçada, as progênies $F_{1:5}$ escolhidas e seleciona-se o maior número de plantas $F_{1:5}$ individualmente. Esse procedimento objetiva explorar a variabilidade genética dentro de cada progênie. Nessa geração, as progênies $F_{1:5}$ são altamente homozigóticas e heterogêneas. Descartam-se indivíduos com caracteres morfológicos indesejáveis, como tipo comercial de grãos, hábito de crescimento, ciclo etc. Na geração F_6, faz-se o teste de progênie com as plantas selecionadas na geração F_5. Descartam-se as progênies $F_{5:6}$ inferiores e as segregantes. A geração F_7 é utilizada para avaliação das progênies $F_{5:7}$ selecionadas e para multiplicação das sementes. As gerações subsequentes são empregadas na avaliação de produtividade e adaptação das linhagens selecionadas antes do lançamento de algum genótipo superior.

No esquema apresentado na Fig. 16.5 são utilizadas algumas informações numéricas apenas para facilitar o entendimento da metodologia. Obviamente, tamanho das populações, parcelas, intensidade de seleção, delineamentos estatísticos e número de repetições variaram de acordo com a espécie e com as condições existentes.

Procedimento alternativo

Na geração $F_{1:2}$ selecionam-se visualmente as melhores populações ou os melhores cruzamentos e, dentro destes, as melhores progênies, das quais são escolhidas 5 a 10 plantas superiores, que são colhidas em *bulk* e utilizadas para constituírem as progênies $F_{1:3}$, plantadas em fileiras individuais. Na geração $F_{1:3}$ selecionam-se também as melhores progênies, que são colhidas em *bulk*, gerando sementes suficientes para uma avaliação de produtividade, com repetições na geração F_4. Nesta geração selecionam-se as progênies superiores e, dentro destas, colhem-se plantas individuais. As plantas colhidas individualmente, $F_{1:5}$, são submetidas a um teste de progênie na geração F_6. As fileiras $F_{5:6}$ uniformes e superiores são colhidas em *bulk*. A geração F_7 é utilizada para multiplicação de sementes em um viveiro de observação. As progênies $F_{5:8}$ são avaliadas em um teste de produtividade. Nas gerações F_9 e $F_{5:10}$, as progênies selecionadas são reavaliadas e as superiores, lançadas como novos cultivares.

16.4.3 Método genealógico modificado por Lupton e Whitehouse

Lupton e Whitehouse (1957) descreveram uma série de esquemas de melhoramento, em que são selecionados aproximadamente 10% de plantas fenotipicamente superiores em uma população de 2.000 a 3.000 indivíduos.

16 Método genealógico

Cada indivíduo selecionado é plantado em uma fileira, separadamente, na geração F_3. As melhores progênies F_3 são selecionadas e, dentro delas, as melhores plantas. As plantas selecionadas são conduzidas em fileiras, na geração F_4.

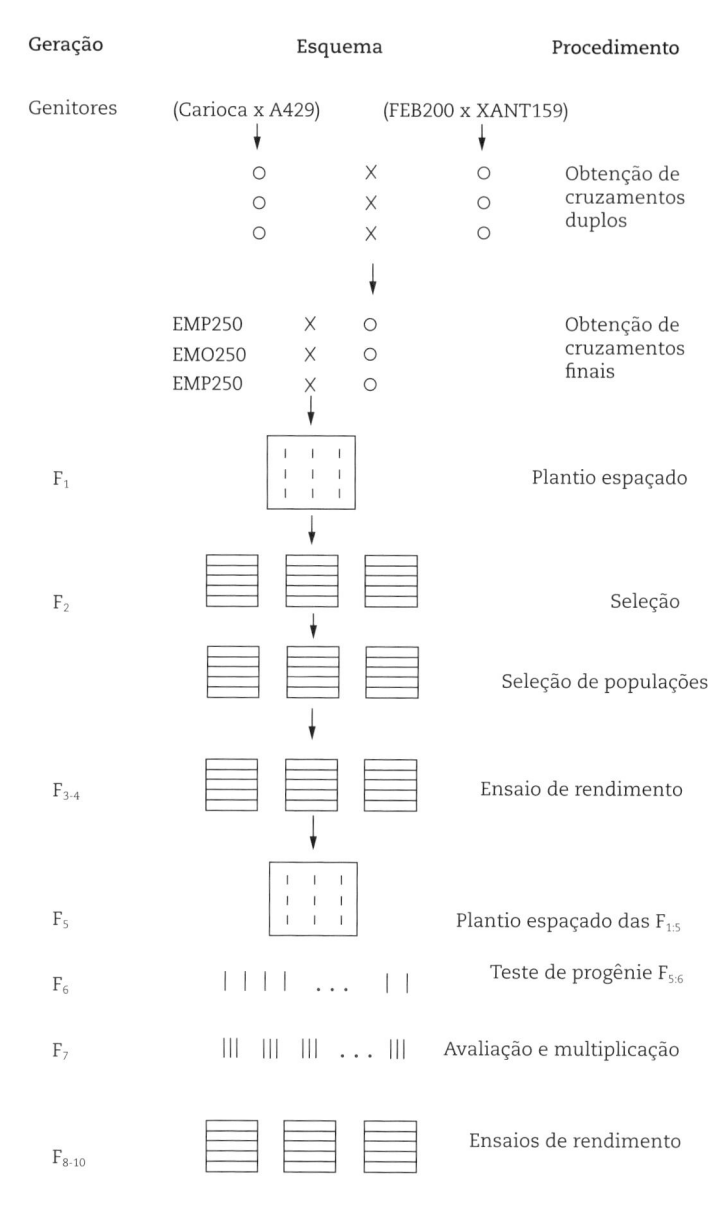

Geração	Esquema		Procedimento
Genitores	(Carioca x A429)	(FEB200 x XANT159)	
	O X O O X O O X O		Obtenção de cruzamentos duplos
	EMP250 X O EMO250 X O EMP250 X O		Obtenção de cruzamentos finais
F_1			Plantio espaçado
F_2			Seleção
			Seleção de populações
F_{3-4}			Ensaio de rendimento
F_5			Plantio espaçado das $F_{1:5}$
F_6	| | | | ... | |		Teste de progênie $F_{5:6}$
F_7	||| ||| ||| ... |||		Avaliação e multiplicação
F_{8-10}			Ensaios de rendimento

FIG. 16.5 *Método da seleção gamética em progênies derivadas da geração F1, utilizando-se como exemplo o cruzamento EMP250///Carioca/A489//FEB200/XANT159*

Uma fileira F_4, ou duas, de cada progênie promissora continua a ser submetida à seleção individual de plantas (Fig. 16.6).

As demais fileiras das progênies promissoras são colhidas em massa para condução do ensaio EPL.

16.4.4 Método genealógico modificado por Valentine

Valentine (1984) propôs o método genealógico acelerado, visando implementar a rapidez no avanço de geração desse método.

A modificação proposta é baseada na premissa de que a seleção para produtividade com base em uma única planta F_2 é ineficiente. Valentine recomendou que o cruzamento entre os genitores fosse realizado em casa de vegetação, durante a época convencional. As gerações F_1 e F_2 também são conduzidas em casa de vegetação durante a entressafra, de forma que as sementes F_3 estejam disponíveis para plantio no campo, na época convencional. Progênies F_3 são conduzidas separadamente e avaliadas quanto à produtividade de grãos, sendo as superiores submetidas aos ensaios comparativos de produtividades convencionais.

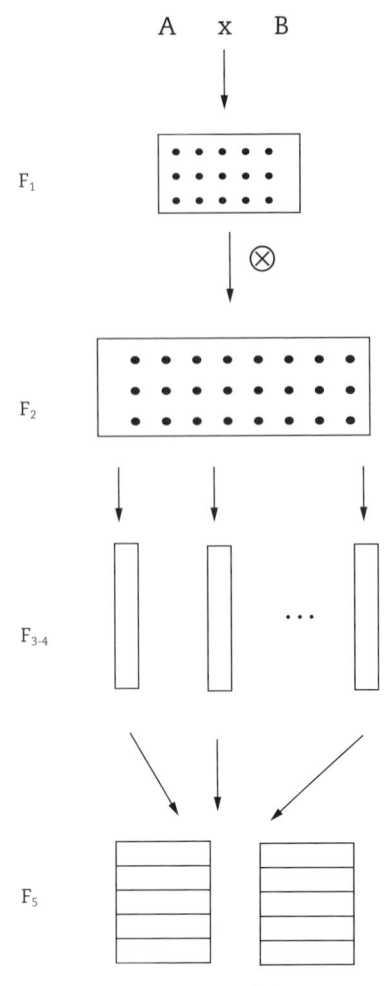

FIG. 16.6 *Método genealógico modificado por Lupton e Whitehouse*

16.5 Considerações finais

Inúmeras outras modificações do método genealógico foram publicadas na literatura especializada. Estima-se que um número ainda maior de variações tenha sido desenvolvido por melhoristas que utilizavam originalmente esse método.

O melhorista deve estar sempre disposto a avaliar possibilidades de modificar as metodologias utilizadas, visando torná-las mais adequadas à sua situação.

Método descendente de uma única semente

O método descendente de uma única semente é mais conhecido como SSD (do inglês *single seed descent*) entre os melhoristas no Brasil e, por essa razão, essa será a terminologia utilizada neste livro. Ele tem como princípio separar totalmente as fases de seleção e de aumento da endogamia da população. Assim, as seleções naturais e artificiais só se iniciam após a obtenção das linhagens praticamente endogâmicas.

A primeira referência ao princípio deste método data de 1939, quando Goulden propôs a maximização do número de linhagens em homozigose descendentes de diferentes indivíduos da geração F_2. Esse procedimento busca garantir que cada linhagem homozigótica na população final corresponda a uma planta F_2, o que, entretanto, não significa que todas as plantas F_2 estarão representadas na população final. De fato, o tamanho da população é reduzido a cada geração, em virtude da incapacidade de germinação das sementes e de algumas plantas não completarem o ciclo.

Em 1961, Kaufmann propôs o "método aleatório" para melhoramento de aveia, utilizando os mesmos princípios empregados por Goulden (1939). Esse autor sugeriu que os avanços de geração a partir da F_2 fossem realizados de forma aleatória, separando esta fase da etapa de seleção (Kaufmann, 1961).

Embora os princípios do método SSD tenham sido originalmente reportados na literatura por Goulden (1939), o seu desenvolvimento é frequentemente creditado a Charles Brim.

Segundo Brim (1966), o método consiste em avançar as gerações segregantes até um nível satisfatório de homozigose, tomando uma única semente de cada indivíduo de uma geração para estabelecer a geração subsequente. Brim sugeriu a semeadura de duas ou três sementes de cada planta F_2 em covas individuais para assegurar a germinação. Após a emergência, uma única planta é preservada, e as demais são desbastadas. Esse procedimento é repetido nas gerações seguintes, até que o nível de homozigose desejado seja obtido. Dessa forma, cada linhagem corresponde a um genitor F_2 diferente.

Após a clara descrição feita por Brim (1966) e com o crescente interesse por métodos de melhoramento que permitem rápido desenvolvimento de linhagens homozigóticas, o SSD foi, gradativamente, substituindo outros métodos. Hurd (1977) reportou que, antes do décimo aniversário da publicação do artigo de Brim (1966), o SSD havia conquistado mais de um terço dos melhoristas de cevada no Canadá. Conforme relatou Fehr (1987), 65% das linhas puras de soja desenvolvidas pelos melhoristas nos Estados Unidos em 1985 foram obtidas pelo SSD, indicando a grande preferência por este método.

As principais características do SSD é a redução do tempo requerido para obtenção de linhagens homozigóticas e a eliminação da ineficiente seleção visual em populações segregantes de cruzamentos convergentes em espécies agrícolas com intenso melhoramento, como a soja. Considerando que neste método os processos de avaliação e seleção de genótipos só se iniciam após a obtenção das linhagens em homozigose, podem-se conduzir tantas gerações, por ano, quantas se desejarem. A condução de mais de uma geração por ano não é viável com os métodos genealógico e da população, uma vez que a seleção precisa ser realizada em condições representativas e, em geral, estas só ocorrem uma única vez por ano.

Como apenas uma única semente por planta é utilizada para constituir a geração seguinte, eliminando a seleção natural, os indivíduos podem ser conduzidos em casa de vegetação ou em ambientes marginais para cultivo da espécie.

A manipulação das condições de ambiente, visando à redução do ciclo das plantas, tem sido prática comum entre aqueles que utilizam este método. Para as espécies fotossensíveis, como a soja, a condução das populações em regiões de baixa latitude ou em casa de vegetação, com longa duração do período escuro, resulta na aceleração do ciclo das plantas. Por exemplo, conduzindo esta fase no Nordeste brasileiro ou no Estado do Tocantins, os melhoristas conseguem avançar até quatro ou cinco gerações de endogamia por ano, dependendo da fotossensibilidade. Condições nutricionais pobres também contribuem para a redução do ciclo (Grafius, 1965). Alta densidade de plantio é utilizada com o mesmo propósito.

Diversos autores estudaram os efeitos do SSD nas características das linhagens obtidas. Snape e Riggs (1975) examinaram as consequências do SSD sobre caracteres quantitativos via simulação em computador. Uma das principais conclusões desse estudo é que, na ausência de dominância, a distribuição de médias das linhagens na geração F_6 é similar à distribuição genotípica dos indivíduos F_2, como ocorre para a cultura da soja de maneira geral; no entanto, na presença de dominância, as linhagens F_6 apresentam-se abaixo das expectativas.

Martin, Wilcox e Lavuikette (1978) pesquisaram o efeito da alta mortalidade de plantas de soja, quando conduzidas pelo SSD, nas frequências gênicas de diferentes características agronômicas. Utilizando alta densidade populacional, esses autores induziram a perda de diversos indivíduos. Os resultados indicaram que as linhagens provenientes de populações conduzidas em alta densidade de plantio eram mais tardias, mais altas e mais suscetíveis ao acamamento do que as provenientes de populações conduzidas em baixa densidade de plantio. Esses autores concluíram que as altas densidades de plantio que resultam em mortalidade de plantas podem alterar as frequências gênicas de alguns caracteres agronômicos.

17.1 Descrição do método

Conforme publicado por Brim (1966) na revista científica *Crop Science*, o método prevê que uma semente F_3 de cada indivíduo F_2 da população seja colhida aleatoriamente e agrupada para constituir a geração F_3.

As sementes F_3 agrupadas são plantadas, e uma semente F_4 de cada indivíduo F_3 é colhida na época da maturação. Esse procedimento é repetido até a geração F_5, na qual se selecionam plantas individuais, que são submetidas ao teste de progênie. As progênies $F_{5:6}$ que se mostrarem uniformes e superiores são colhidas individualmente em *bulk* e avaliadas no ensaio preliminar de avaliação de linhagens (EPL) (Figs. 17.1 e 17.2). Para que o processo do método SSD da Fig. 17.2 seja implantado, é fundamental que as gerações $F_{4:6}$ e posteriores sejam realizadas na principal época de semeadura da espécie, que, no caso da soja, é de setembro a dezembro. Para a soja, os ensaios preliminares podem ser iniciados a partir de $F_{3:4}$ ou $F_{4:5}$. A partir de 200 plantas selecionadas por

Cruzamento

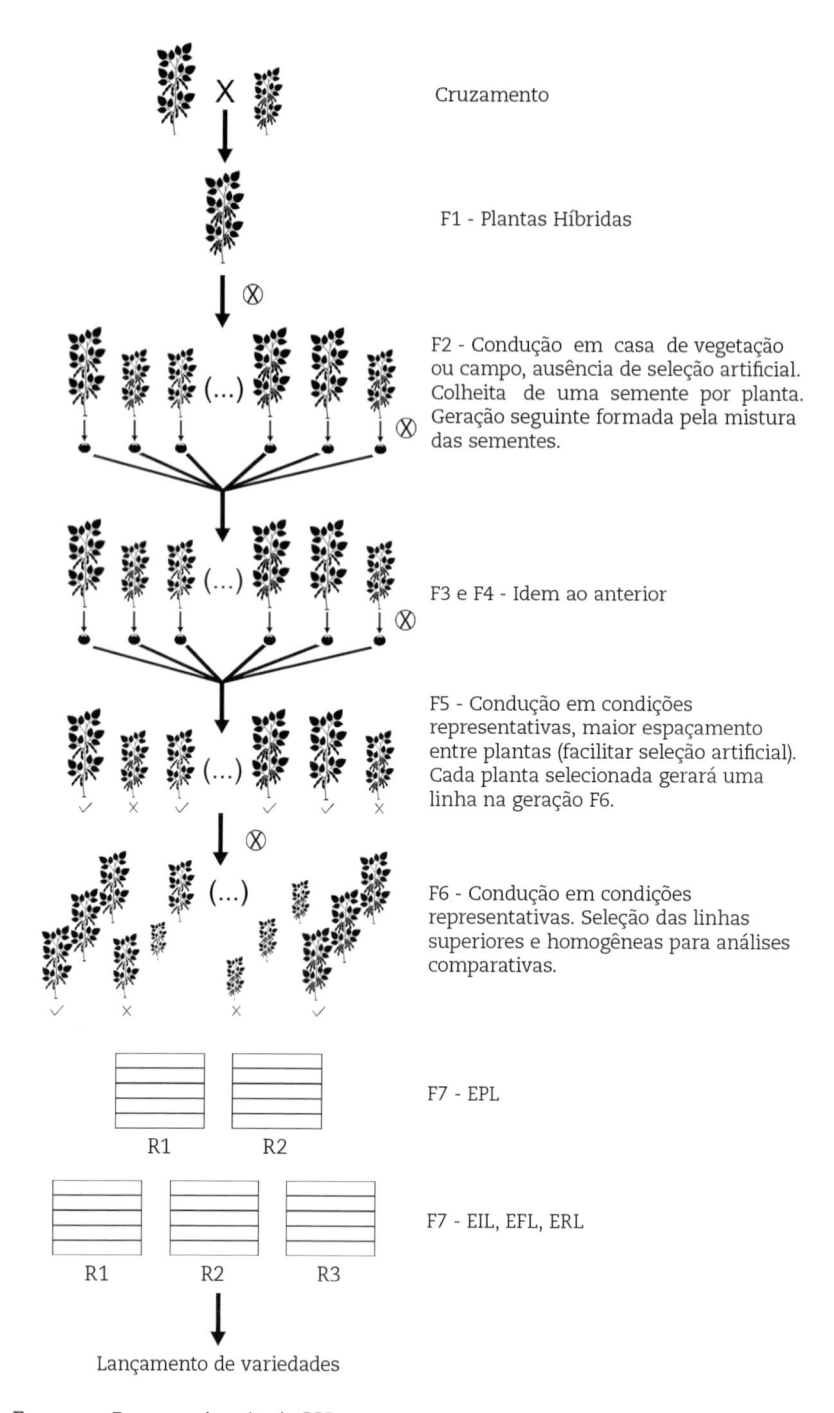

F1 - Plantas Híbridas

F2 - Condução em casa de vegetação ou campo, ausência de seleção artificial. Colheita de uma semente por planta. Geração seguinte formada pela mistura das sementes.

F3 e F4 - Idem ao anterior

F5 - Condução em condições representativas, maior espaçamento entre plantas (facilitar seleção artificial). Cada planta selecionada gerará uma linha na geração F6.

F6 - Condução em condições representativas. Seleção das linhas superiores e homogêneas para análises comparativas.

F7 - EPL

F7 - EIL, EFL, ERL

Lançamento de variedades

Fig. 17.1 *Esquema do método SSD*

população em delineamentos específicos, como blocos aumentados, o número de populações vai ficar dependente da capacidade do programa em obter as populações e conduzir as linhagens em ensaios preliminares. Dessa etapa em diante, os procedimentos são comuns aos outros métodos de melhoramento, como o método da população, envolvendo as avaliações intermediárias, finais, regionais e valor de cultivo e uso das linhagens, antes de se decidir sobre o lançamento de um novo cultivar. Tem-se adotado a simbologia $F_{4:6}$ para representar linhagens na geração F_6 que foram estabelecidas a partir de plantas F_4, e tem sido mantida essa segregação por plantas originais a partir de F_4 em F_5.

Em seu trabalho com soja, Brim (1966) sugeriu a colheita de uma vagem com duas ou três sementes, sendo uma utilizada para constituir a geração seguinte e as outras mantidas como reserva.

Esses procedimentos são simples e rápidos de serem realizados em condições de campo, o que também tem contribuído para a ampla adoção deste método.

17.2 Princípios do método SSD

Como descrito, uma das principais características deste método é a separação da fase de aumento da homozigose da fase de seleção. Dessa forma, as populações segregantes não precisam ser conduzidas em ambiente similar ao que o futuro cultivar será plantado. O método SSD adapta-se bem à casa de vegetação e a viveiros fora da região e de épocas típicas de cultivo da espécie, permitindo que mais de uma geração seja conduzida por ano, o que reduz significativamente o tempo do processo de melhoramento.

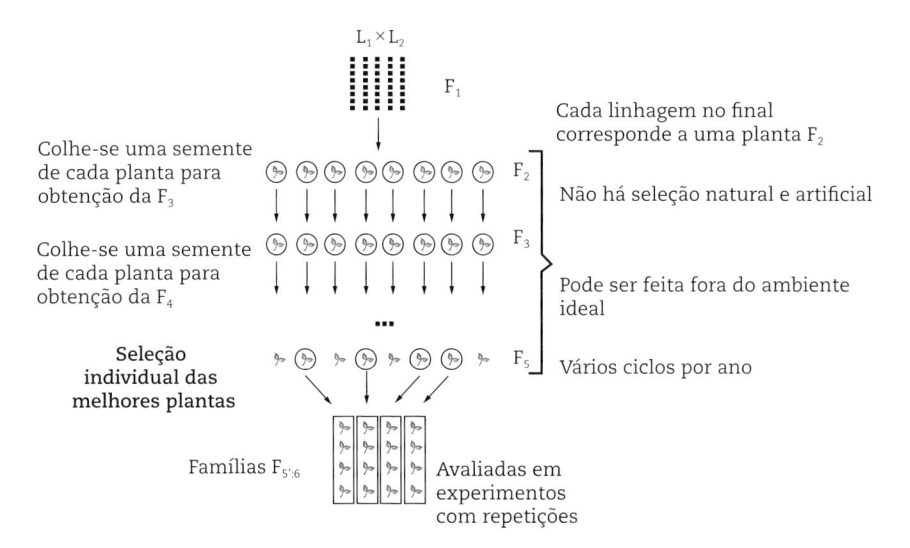

FIG. 17.2 *Esquema alternativo do método SSD, em que se acelera o processo avaliando linhagens em F_6*

17.3 Seleção durante as gerações segregantes

Conforme mencionado, a ausência de seleção durante o avanço de gerações é característica peculiar deste método. Todavia, a maioria dos melhoristas impõe modificações no método original, visando adequá-lo a objetivos específicos. Por exemplo, Bravo, Fehr e Cianzio (1980) sugeriram a seleção de tamanho de sementes durante as gerações segregantes, enquanto outros recomendaram a eliminação de indivíduos com sintoma de doença.

A seleção com base em uma única planta deve ser criteriosamente avaliada antes da sua adoção como prática rotineira em um programa de melhoramento, obviamente porque apresenta baixa eficiência para características com baixa herdabilidade. Atualmente, a genotipagem por diferentes marcadores moleculares auxilia essa seleção e a torna eficiente.

As vantagens do método SSD são:
* Fornece máxima variância genética entre linhagens na população final.
* Atinge rapidamente o nível desejado de homozigose.
* É de fácil condução.
* Não exige registro das genealogias.
* Pode ser conduzido fora da região de adaptação.
* Tem pequena demanda de área e mão de obra.

Já as desvantagens são expostas a seguir:
* Apresenta pequena oportunidade de seleção nas gerações precoces.
* Não se beneficia da seleção natural quando esta é favorável.
* É necessário fazer ajustes para compensar taxas de germinação e mortantade de plantas.
* Pode ocorrer elevada deriva genética.
* Gera um grande número de linhagens com grande variabilidade para caracteres não desejáveis.
* A baixa amostragem de indivíduos segregantes por planta pode levar a efeitos acentuados de deriva genética.

Atualmente, o método SSD tem perdido valor nos programas de melhoramento de soja em empresas que possuem maiores recursos, e tem-se priorizado a seleção entre as centenas de populações segregantes antes de abrir linhas a partir de plantas selecionadas. O SSD valoriza muito a importância da população, sendo mais aplicado quando se prefere priorizar poucos cruzamentos de linhagens-elites.

17.4 Modificações no método SSD
17.4.1 Método descendente de uma única vagem (SPD)

Este método é também conhecido como SPD, do inglês *Single Pod Descent*. Esta variação no SSD foi implementada por melhoristas de leguminosas, que perceberam o dispêndio de mão de obra e o tempo desnecessário que o SSD acarretava com a colheita de uma vagem por planta nas gerações segregantes e, ainda, a necessidade de separar uma única semente de cada uma dessas vagens. No caso da soja, em que a maioria das vagens possui três sementes, a utilização dessas vagens resultaria em economia de tempo e mão de obra, além de assegurar a manutenção do tamanho da população, o que é fato incomum no SSD em virtude da não germinação de algumas das sementes.

Embora o método SSD seja frequentemente citado como a metodologia utilizada no desenvolvimento de linhagens em diversos programas de melhoramento de soja, verifica-se que grande parte dos melhoristas utiliza o método SPD.

Com o uso do SPD, muitas das linhagens na população final correspondem a uma mesma planta F_2. Essa característica resulta em menor variabilidade genética na população final.

O cultivar de soja UFV-19 foi desenvolvido na UFV utilizando-se esse método.

Descrição do método

Uma vagem de cada planta F_2 é colhida para constituir a geração F_3. As vagens colhidas são agrupadas e trilhadas em conjunto. As sementes assim obtidas são utilizadas para plantio da geração F_3. O procedimento é repetido até que um nível de homozigose satisfatório seja alcançado. A partir de então, este método torna-se semelhante ao SSD.

Muitos melhoristas de soja adotam a técnica de se trabalhar com dois recipientes na época da colheita das vagens. Em um deles são colocadas as vagens a serem utilizadas para a condução da geração seguinte e, no outro, as que serão mantidas como reserva. Na eventualidade da perda da população por razões climáticas ou outras, poder-se-á reconstituir a população segregante com as sementes em reserva.

É prática comum entre os melhoristas de soja a colheita apenas de vagens com duas sementes ou, em outros casos, com três, visando à manutenção do tamanho populacional o mais estável possível.

17.4.2 Método descendente de uma única semente com plantio em covas

Neste método, uma vagem de cada planta da geração F_2 é colhida para constituir a geração F_3. As sementes de cada vagem colhida na geração F_2 são plantadas em covas individuais. Após a germinação e o desenvolvimento inicial das plântulas, faz-se o desbaste, deixando apenas uma planta por cova. Esse procedimento é repetido até que se atinja a homozigose desejável, garantindo que cada planta F_2 possuirá um descendente na população final.

Embora este método demande mais mão de obra para sua execução, deve ser o preferido para estudos de estimação de componentes de variância genética.

No caso das espécies não leguminosas que não produzem vagens, algumas sementes de cada planta são colhidas e semeadas em covas. Para cada indivíduo em determinada geração, deve haver uma cova na geração seguinte.

Esse processo praticamente não é utilizado em empresas, pois todo o plantio é mecanizado, e o plantio em covas não é possível com as plantadoras de pesquisa utilizadas.

17.5 Consequências genéticas do SSD

A variância genética aditiva entre plantas nas populações segregantes aumenta à razão de $(1+F)\sigma_A^2$, em que F é o coeficiente de endogamia na geração considerada. A seleção de indivíduos em gerações avançadas, como ocorre neste método, beneficia-se da maior variância genética aditiva presente.

Como cada linhagem na população final corresponde a uma planta F_2 diferente, a variância genética é maximizada.

A variância genética na população pode ser reduzida se mais de uma linhagem na população final corresponder a uma mesma planta F_2. Além disso, um ou poucos indivíduos são amostrados aleatoriamente para representar a segregação de σ, de forma que a deriva genética pode ter efeito significativo na variabilidade e no desempenho das linhagens obtidas.

Em contraste com o método da população, a seleção natural não atua nas populações segregantes, a menos que o ambiente afete o poder germinativo das sementes ou a capacidade dos indivíduos para produzir uma semente viável. As diferenças de capacidade competitiva dos genótipos (expressa no número de sementes produzidas) não apresentam qualquer efeito sobre a frequência gênica durante o avanço de geração, uma vez que cada indivíduo deixa um único descendente para a geração seguinte.

Como descrito anteriormente, uma das limitações do método SSD é a reduzida exploração da variabilidade na geração F_2. Embora cada planta nessa geração seja amostrada, apenas uma semente representa toda a variabilidade de cada indivíduo F_2. Sneep (1977) avaliou essa limitação e concluiu que a perda de genes, em razão da amostragem, representava um custo muito alto para justificar a utilização do método SSD. Isso conduz à seguinte questão: seria uma única semente por planta suficiente? A resposta obviamente varia com o tipo de cruzamento realizado. Nos cruzamentos convergentes, em que a distância genética entre os genitores é limitada, o grau de parentesco entre os indivíduos F_2 é relativamente alto e, consequentemente, a variabilidade entre sementes F_3 provenientes do mesmo indivíduo F_2 é relativamente baixa. Nessa situação, é provável que uma única semente seja suficiente para representar a variabilidade de cada indivíduo F_2; entretanto, nos cruzamentos divergentes, por certo não o será.

Conforme mencionado, a não ser que o melhorista afaste o receio de que entre os indivíduos não selecionados esteja aquele que o conduziria ao cultivar, em pouco tempo ele estará sobrecarregado de linhagens a serem avaliadas, comprometendo a eficiência do melhoramento.

dezoito

MÉTODO DOS RETROCRUZAMENTOS

Harlan e Pope (1922), percebendo o potencial do método dos retrocruzamentos para o melhoramento de plantas, demonstraram sua aplicação ao desenvolver uma nova versão do cultivar de cevada Manchuria, com duas aristas lisas. A partir daí, este método foi adotado em diversos programas de melhoramento. O Programa de Melhoramento de Cereais da Universidade da Califórnia, sob a liderança do Dr. Frederick N. Briggs, refletiu a importância que tal método assumiu nas décadas de 1930 a 1950, quando esse pesquisador o estudou extensivamente. Por meio desse método, diversos cultivares de trigo foram desenvolvidos para a Califórnia (EUA). Nos últimos anos, o método dos retrocruzamentos está sendo utilizado para a introgressão de eventos transgênicos nas linhagens-elites dos programas de melhoramento.

Mac Key (1986), discutindo os métodos de melhoramento utilizados pela Associação Sueca dos Produtores de Sementes, enfatizou a importância dos retrocruzamentos como metodologia complementar de outros métodos clássicos de melhoramento, afirmando que este método é comumente empregado em cruzamentos divergentes, visando elevar a frequência de genes favoráveis na população. Este método tem sido também aplicado na adaptação de germoplasma exótico, reduzindo a sua contribuição genética na formação das populações segregantes.

O método dos retrocruzamentos envolve uma série de cruzamentos da progênie de dois cultivares com um dos genitores, por exemplo, [(A × B) × A]. O cultivar que participa apenas do cruzamento inicial, no caso o cultivar B, é denominado *genitor doador* ou *não recorrente*, e o que é utilizado nos cruzamentos repetidos, no exemplo o cultivar A, *genitor recorrente*. O termo *recorrente* indica que o cultivar é utilizado repetidas vezes durante a sequência de cruzamentos.

O objetivo do método dos retrocruzamentos é recuperar o genótipo do genitor recorrente, exceto para uma ou poucas características consideradas insatisfatórias, que o melhorista procura transferir a partir do genitor doador. O esquema clássico desse método envolve a seleção de dois cultivares, sendo um deles em geral adaptado e produtivo, apresentando, porém, alguma característica indesejável que não existe no outro. O cruzamento entre os dois cultivares é realizado, e o híbrido F_1, retrocruzado com o genitor recorrente em sucessivas gerações.

Após um número suficiente de retrocruzamentos, as progênies serão heterozigotas para os alelos em transferência, mas homozigotas para todos os demais. Uma geração de autofecundação após o último retrocruzamento produzirá uma progênie homozigótica para todos os genes em transferência, originando uma nova versão do cultivar utilizado como genitor recorrente, na qual a característica indesejável, objeto do programa, é substituída pela característica do genitor doador. Por exemplo, quando um novo patótipo infecta um cultivar amplamente aceito em uma região e coloca em risco a sua utilização pelos produtores, pode-se utilizar o método de retrocruzamentos, pois é necessário incorporar ao cultivar a resistência à nova raça fisiológica prevalecente na região, isto é, simplesmente melhorar o cultivar já existente e não desenvolver um completamente novo.

18.1 Teoria dos retrocruzamentos
18.1.1 Número de alelos em transferência

A recuperação do genitor recorrente, exceto em relação aos alelos em transferência, é o objetivo do método dos retrocruzamentos. Características com alta herdabilidade, controladas por um ou poucos genes, são mais facilmente transferidas por esse método. A transferência de alelos dominantes é realizada mais diretamente que a de alelos recessivos, em razão de os indivíduos heterozigotos revelarem apenas o fenótipo característico dos alelos dominantes. Se o alelo em transferência for recessivo, a autofecundação torna-se essencial para a sua manifestação.

Quando o número de genes envolvidos no programa de retrocruzamentos é elevado, é necessária a manipulação de grandes populações. Dessa forma, este método torna-se complexo para a transferência de características quantitativas controladas por grande número de genes.

Knott e Talukdar (1971) utilizaram o método dos retrocruzamentos para transferir peso de sementes de trigo, que é uma característica quantitativa de alta herdabilidade quando avaliada em ambientes uniformes. Esses autores obtiveram sucesso parcial no programa. Todavia, são pouco frequentes os casos em que esse método é utilizado para obter características quantitativas.

18.1.2 Número de indivíduos a serem obtidos

A probabilidade de recuperação dos genes em transferência depende da frequência esperada dos indivíduos desejados e do número de plantas a ser obtido. As Tabs. 18.1 e 18.2, elaboradas por meio do programa Recuperação de Características (Mansur; Hashidi, 1990), apresentam o número de progênies necessário para se obter determinada quantidade de indivíduos com a característica em transferência, em dois níveis de probabilidade.

Se, por exemplo, em um programa de melhoramento de soja, o melhorista deseja remover o sabor característico da soja por meio da eliminação genética da produção de lipoxigenase, um programa de retrocruzamentos pode ser indicado (Fig. 18.1). Considerando que a característica ausência de lipoxigenase em soja é controlada por alelos recessivos em três *loci* do cruzamento inicial entre o genitor recorrente Cristalina ($Lx_1Lx_1\ Lx_2Lx_2\ Lx_3Lx_3$) e triplo nulo ($lx_1lx_1\ lx_2lx_2\ lx_3lx_3$), proveniente dos genitores PI 408251 e Ichigowase, obtém-se o híbrido F_1 com a constituição $Lx_1lx_1\ Lx_2lx_2\ Lx_3lx_3$. Quando as plantas F_1 são retrocruzadas com Cristalina, são necessárias 37 progênies para se ter certeza, com 95% de probabilidade, de que duas plantas terão os três alelos recessivos. A frequência de gametas $lx_1lx_2lx_3$ das plantas F_1 é de 1/8 nesse exemplo hipotético. Nessa situação, consultando a Tab. 18.1, com os valores de $P = 0,95$, $q = 1/8$ e $r = 2$, vê-se que o número de plantas RC_1 requerido é 37. Caso o melhorista deseje trabalhar com maior margem de segurança, com 99% de probabilidade, no mesmo exemplo, consultando a Tab. 18.2, com os valores de $P = 0,99$, $q = 1/8$ e $r = 2$, o número total de plantas RC_1 requerido será 51.

O melhorista deve considerar o poder de germinação para estimar o número de sementes RC_1 para a obtenção de determinado número de plantas RC_1. No exemplo apresentado, em que são necessárias 37 plantas RC_1, se o poder de germinação for de 90%, precisa-se de 42 sementes RC_1. Considerando que de cada cruzamento com sucesso é possível obter, em média, 2,5 sementes e que a percentagem de sucesso com operadores experientes é de 80%, seria necessário realizar 21 polinizações de retrocruzamento [42/(2,5 × 0,80)].

Sedcole (1977) estudou diversos métodos para se estimar o tamanho das populações a serem conduzidas durante as gerações de retrocruzamentos. O método que confere maior acurácia às estimativas gerou a seguinte fórmula, que permite ao melhorista calcular o tamanho das populações para situações não cobertas pelas Tabs. 18.1 e 18.2:

Cristalina × Triplo nulo
$Lx_1Lx_1 \ Lx_2Lx_2 \ Lx_3Lx_3$ $lx_1lx_1 \ lx_2lx_2 \ lx_3lx_3$

↓

$Lx_1lx_1 \ Lx_2lx_2 \ Lx_3lx_3$ × Cristalina

↓

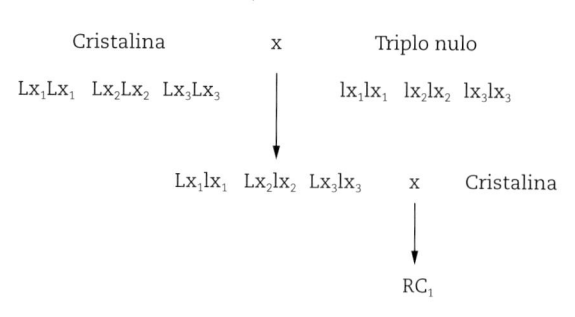

RC_1

FIG. 18.1 *Transferência da característica ausência de lipoxigenase, controlada por três alelos recessivos, pelo método dos retrocruzamentos*

Tab. 18.1 PROGÊNIES NECESSÁRIAS PARA SE OBTER DETERMINADO NÚMERO DE INDIVÍDUOS COM A CARACTERÍSTICA EM TRANSFERÊNCIA, A 5% DE PROBABILIDADE

P^1	q^2	\multicolumn{10}{c}{r = número de indivíduos a serem obtidos}
		1	2	3	4	5	6	7	8	9	10	11
0,95	3/4	3	5	6	8	9	11	13	14	16	17	19
	2/3	3	5	7	9	11	13	15	16	18	20	22
	1/2	5	8	11	13	16	18	21	23	26	28	30
	3/8	7	11	15	19	22	26	29	32	35	39	42
	1/3	8	13	17	21	25	29	33	37	40	44	48
	1/4	11	18	23	29	34	40	45	50	55	60	65
	1/8	23	37	49	60	71	82	92	103	113	123	133
	1/16	47	75	99	122	144	166	187	208	228	248	268
	1/32	95	150	200	246	291	334	377	418	459	500	540
	1/64	191	302	401	494	584	671	755	839	921	1.002	1.083
P^1	q^2	12	13	14	15	16	17	18	19	20	25	30
0,95	3/4	20	22	23	25	26	28	29	31	32	39	46
	2/3	23	25	27	29	30	32	34	35	37	45	53
	1/2	33	35	37	40	42	44	47	49	51	62	74
	3/8	45	48	51	55	58	61	64	67	70	85	100
	1/3	51	55	58	62	65	69	72	76	79	96	113
	1/4	70	74	79	84	89	93	98	103	107	130	153
	1/8	142	152	162	172	181	191	200	210	219	266	311
	1/16	288	308	327	347	366	385	404	423	442	536	628
	1/32	580	619	658	697	736	774	812	850	888	1.076	1.261
	1/64	1.162	1.241	1.319	1.397	1.475	1.552	1.628	1.704	1.780	2.156	2.526

[1] P = probabilidade de recuperação de r indivíduos com a característica.
[2] q = probabilidade de ocorrência da característica.

Tab. 18.2 Progênies necessárias para se obter determinado número de indivíduos com a característica em transferência, a 1% de probabilidade

P^1	q^2	\multicolumn{11}{c}{r = número de indivíduos a serem obtidos}

P^1	q^2	1	2	3	4	5	6	7	8	9	10	11
0,99	3/4	4	6	8	9	11	13	15	16	18	19	21
	2/3	5	7	9	11	13	15	17	19	21	23	25
	1/2	7	11	14	17	19	22	25	27	30	33	35
	3/8	10	15	19	23	27	31	35	38	42	45	49
	1/3	12	17	22	27	31	35	40	44	48	52	55
	1/4	17	24	31	37	43	49	54	60	65	70	76
	1/8	35	51	64	77	89	101	113	124	135	146	156
	1/16	72	104	132	158	182	206	229	252	274	296	318
	1/32	146	210	266	318	368	416	462	508	553	597	640
	1/64	293	423	535	640	739	835	929	1.020	1.110	1.198	1.285

P^1	q^2	12	13	14	15	16	17	18	19	20	25	30
0,99	3/4	22	24	26	27	29	30	32	33	35	42	50
	2/3	26	28	30	32	33	35	37	39	40	49	57
	1/2	38	40	42	45	47	50	52	54	57	69	80
	3/8	52	55	59	62	65	69	72	75	78	94	110
	1/3	59	63	67	71	74	78	82	85	89	107	125
	1/4	81	86	91	96	101	106	111	116	121	145	169
	1/8	167	178	188	198	208	219	229	239	249	298	346
	1/16	339	360	381	402	422	443	463	483	504	603	700
	1/32	683	725	767	809	850	891	932	973	1.013	1.212	1.407
	1/64	1.371	1.456	1.540	1.623	1.706	1.788	1.870	1.951	2.032	2.430	2.821

[1] P = probabilidade de recuperação de r indivíduos com a característica.
[2] q = probabilidade de ocorrência da característica.

$$n = \frac{[2(r-0,5) + Z^2(1-q) + Z[Z^2(1-q)^2 + 4(1-q)(r-0,5)]^{1/2}}{2q}$$

em que:

n = número total de plantas necessárias;

r = número de plantas desejadas com o gene;

q = frequência de plantas com o gene em transferência;

P = probabilidade de recuperação do número desejado de plantas com o gene em transferência;

Z = valor que é função da probabilidade (P). Z é igual a 1,645 para $P = 0,95$ e igual a 2,326 para $P = 0,99$.

18.1.3 Número de gerações de retrocruzamentos

O retrocruzamento em espécies autógamas é baseado no fato de o híbrido F_1 retrocruzado com o genitor recorrente tornar-se geneticamente mais próximo do genótipo desse genitor. A recuperação do genitor recorrente é assegurada após um número suficiente de retrocruzamentos.

A proporção de genes do genitor doador é reduzida à metade após cada geração de retrocruzamentos, como ilustrado na Fig. 18.2. Na ausência de seleção e ligamento fatorial, a equação para a média de recuperação do genitor recorrente é $1 - (½)^{m+1}$, em que m é o número de retrocruzamentos realizados. Por exemplo, indivíduos na geração RC_3 apresentam, em média, 93,75% = $[1 - (½)^4]$ do genoma do genitor recorrente. O termo *média de recuperação* é adotado porque, em cada geração de retrocruzamentos, existe uma variação, entre indivíduos, quanto ao número de genes do genitor recorrente que eles possuem. O uso de marcadores moleculares pode acelerar os programas de retrocruzamentos, ao permitir a identificação gráfica dos indivíduos com maior proporção do genoma do genitor recorrente.

Conforme relataram Openshaw, Jarboe e Beavis (1994), o uso de marcadores moleculares para a identificação de indivíduos que apresentam maior proporção do genoma do genitor recorrente pode reduzir o número de retrocruzamentos requeridos para sua recuperação. Esse número depende do grau de recuperação desejado do genitor recorrente, do mérito agrícola do genitor doador, da intensidade de seleção das características do genitor recorrente durante o programa e da ligação gênica entre o gene em transferência e outros indesejáveis.

Quando são utilizados genitores doadores com baixo mérito agrícola, como em geral ocorre com os acessos de bancos de germoplasma ou tipos silvestres, é necessário realizar grande número de retrocruzamentos. Entretanto, se cultivares agronomicamente superiores são utilizados como genitores doadores, pode não haver necessidade de recuperação integral do genitor recorrente. Nessa situação, dois ou três retrocruzamentos são suficientes.

Progênies de programas de retrocruzamentos com elevada recuperação do genitor recorrente não requerem os extensivos testes comparativos de comportamento antes de serem lançadas, porque a quase totalidade dos seus genes é do genitor recorrente, cujo comportamento é conhecido. Entretanto, recomenda-se que pelo menos uma avaliação do comportamento agronômico dessas progênies seja realizada antes da sua distribuição aos produtores.

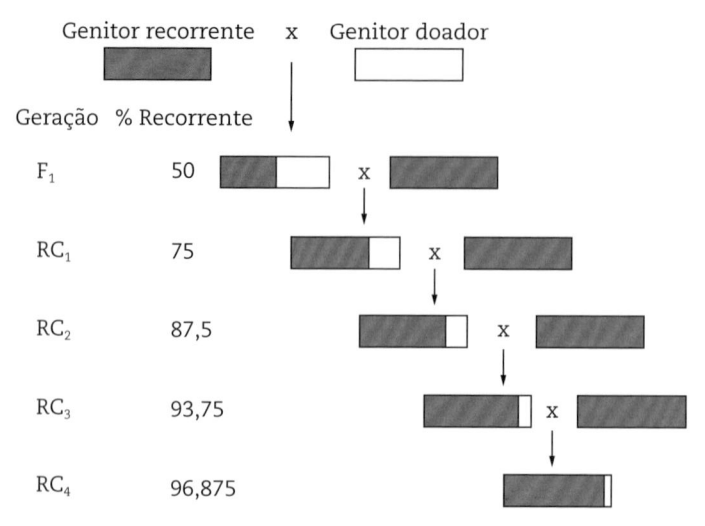

FIG. 18.2 *Recuperação média do genitor recorrente após diversas gerações de retrocruzamentos*

A proporção de indivíduos homozigóticos em determinada geração pode ser estimada pela seguinte equação:

$$\text{Proporção de indivíduos homozigóticos} = \left(\frac{2^m - 1}{2^m}\right)^n$$

em que:

m = número de retrocruzamentos;

n = número de genes contrastantes entre os genitores. Por exemplo, se os genitores diferem entre si em seis genes, após quatro retrocruzamentos, na ausência de seleção, 67,89% $= \left(\frac{2^4 - 1}{2^4}\right)^6$ dos indivíduos serão homozigotos idênticos ao genitor recorrente nos seis genes considerados.

18.1.4 Efeito da ligação gênica

A ligação gênica ocorre quando dois genes se encontram no mesmo cromossomo e a uma distância inferior a 50 cm. Quando determinado gene se encontra ligado a um outro em transferência, ambos tendem a ser transferidos simultaneamente em programas de retrocruzamentos. O problema se estabelece quando a distância entre o gene em transferência e outros genes indesejáveis é muito pequena, reduzindo a probabilidade de que somente o gene de interesse seja transferido, e um desses genes é indesejado.

O método dos retrocruzamentos oferece boa oportunidade para a quebra da ligação gênica por meio de *crossing overs*. Por exemplo, se o gene da resistência a *Phytophthora megasperma* (P) se encontra ligado ao gene de deiscência de vagem (v) em um genitor doador e o genitor recorrente apresenta o genótipo (pV), para obtenção de indivíduos resistentes a *P. megasperma* e com indeiscência de vagem (PV), é necessário um *crossing over* nos indivíduos heterozigotos para a quebra da ligação de P e v. A cada geração de retrocruzamentos, gametas pV do genitor recorrente são associados a gametas Pv das progênies de retrocruzamentos, dando origem a indivíduos pV/Pv, nos quais um *crossing over* pode resultar em gametas PV, que produzem indivíduos com as duas características desejáveis.

A transferência de DNA adicional ligado ao gene de interesse e em transferência denomina-se arrasto devido à ligação (*linkage drag*). Quando o genitor doador é agronomicamente inferior, a probabilidade de que genes indesejáveis estejam ligados ao gene de interesse é alta. Nessas situações, o programa de retrocruzamentos torna-se mais laborioso. É possível também que dois genes desejáveis estejam ligados, o que constituirá uma vantagem para o melhorista.

Stam e Zeven (1981) e Zeven, Knott e Johnson (1983) quantificaram o *linkage drag* em nível molecular e concluíram que, embora a recuperação das características do genitor recorrente ocorra de forma satisfatória em muitos programas de retrocruzamentos, a quantidade de DNA indesejável que acompanha o gene em transferência é relativamente grande, conforme mostrado na Tab. 18.3.

Além da ligação gênica, a epistasia e a pleiotropia podem constituir limitações para o uso do método dos retrocruzamentos. No caso da epistasia, o gene em transferência pode não se expressar de forma satisfatória em outro conjunto gênico. Porém, se o gene de interesse também controla outra característica indesejável, caso da pleiotropia, a transferência desse gene pode não ser vantajosa.

18.2 Estratégias para transferência de mais de uma característica

O método dos retrocruzamentos tem sido utilizado principalmente para transferência de uma característica monogênica por vez. Existem situações em que se pode ter o interesse de transferir duas ou mais características para um mesmo genitor recorrente. À medida que o número de características a ser transferido aumenta, a complexidade e o tempo requeridos para a condução do programa crescem exponencialmente.

Tab. 18.3 ARRASTO DE DNA EM VIRTUDE DA LIGAÇÃO GÊNICA, APÓS VÁRIAS GERAÇÕES DE RETROCRUZAMENTOS

Geração	Proporção do genitor recorrente (%)	Arrasto de DNA do genitor doador (cM)
F_1	50,0000	–
RC_1	75,0000	59
RC_2	87,5000	–
RC_3	93,7500	38
RC_4	96,8750	32
RC_5	98,4375	28
RC_6	99,2188	22
RC_{10}	99,9512	18
RC_{20}	99,9999	10

Fonte: Stam e Zeven (1981).

Quando o objetivo é a transferência de duas ou mais características, três estratégias têm sido consideradas: a sequencial, a paralela e a simultânea (Fig. 18.3).

No programa sequencial, transfere-se um gene ou uma característica de cada vez. Após a transferência da primeira característica, inicia-se a da segunda.

```
Programa sequencial        Programa simultâneo         Programa paralelo
    A  x  B                    A  x  B                  A  x  B      A  x  C
       ↓                          ↓                        ↓            ↓
    F₁ x  A                    F₁ x  C                  F₁ x  A      F₁ x  A
       ↓                          ↓                        ↓            ↓
    RC₁ x A                    F₁ x  A                  RC₂ x A      RC₂ x A
       ↓                          ↓                        ↓⊗           ↓⊗
    RC₂ x A                    RC₁ x A                    A'     x      A*
       ↓⊗                         ↓                              ↓⊗
       A' x C                    RC₂                             A"
          ↓                       ↓⊗
       F₁ x A'                    A"
          ↓
       RC₁ x A'
          ↓
       RC₂ x A'
          ↓⊗
          A"
```

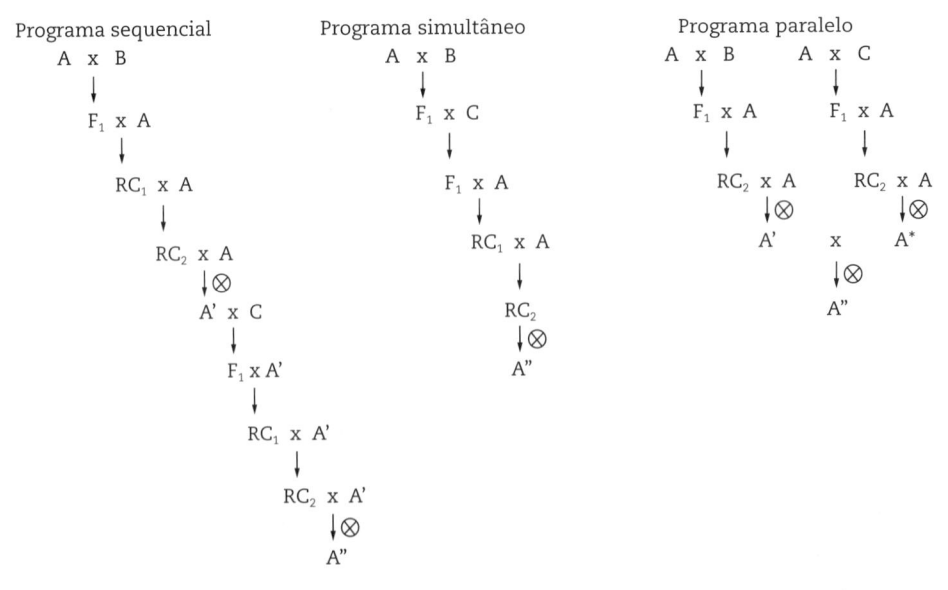

FIG. 18.3 *Diferentes estratégias para a transferência de duas características provenientes de um único genitor doador em um programa de retrocruzamentos*

Esse procedimento, embora bastante simplificado, requer um longo período para sua conclusão, tornando-se um obstáculo à sua adoção.

A estratégia do programa paralelo é a condução de dois subprogramas, em que cada característica é transferida independentemente. Após a transferência em ambos os subprogramas, as progênies finais constituem duas linhagens quase isogênicas, que, se cruzadas, permitirão a seleção de indivíduos com ambas as características.

No programa simultâneo, as duas características são transferidas de uma só vez. Essa estratégia requer o uso de grandes populações, e o tamanho destas é calculado com base nas Tabs. 18.1 e 18.2. A complexidade e o tamanho das populações aumentam exponencialmente com o número de características envolvidas.

18.3 Potencial de sucesso do método

Para realizar um eficiente programa de retrocruzamentos, o melhorista deve utilizar um genitor recorrente superior, com expectativa de longa vida útil, uma vez que o produto final deste método é um genótipo com as mesmas características do genitor recorrente, exceto a característica em transferência.

A característica em transferência deve ser de fácil identificação, isto é, de herança simples. Outra exigência é que seja realizado um número satisfatório de retrocruzamentos. Caso um ou mais dos requisitos anteriormente mencionados não seja atendido, o programa de retrocruzamentos pode não ter sucesso.

Se, por ocasião do final do programa, o cultivar utilizado como genitor recorrente não for mais competitivo em relação aos demais cultivares no mercado, o sucesso da nova versão pode estar comprometido. Com o aumento da eficiência e do número de programas de melhoramento, a expectativa de vida útil dos cultivares tem sido reduzida drasticamente. Enquanto nas décadas de 1960 e 1970 o lançamento de cultivares de soja no mercado de sementes era esporádico, atualmente são lançados diversos cultivares a cada ano no Brasil Central. Deve-se preocupar com a competitividade ou não dessa nova versão do genitor recorrente, após o término do programa de retrocruzamentos, no mercado de sementes.

Durante as gerações de retrocruzamentos, selecionam-se os indivíduos que apresentam a característica em transferência, sendo imprescindível que esta se manifeste durante o programa. Características com alta herdabilidade são mais facilmente transferidas por retrocruzamentos.

Não é necessário que o programa de retrocruzamentos seja conduzido no ambiente a que o genitor recorrente está adaptado. A única exigência é que a característica em transferência possa ser expressa. Uma vez que a seleção durante o programa é realizada apenas para a característica em transferência, a incorporação das demais características do genitor recorrente ocorre automaticamente durante o procedimento, permitindo que o melhorista conduza tantas gerações de retrocruzamentos por ano quanto possível.

18.4 Retrocruzamentos para introgressão de germoplasma

O método dos retrocruzamentos tem sido utilizado quase exclusivamente para transferir genes de genitores doadores para recorrentes; entretanto, a sua utilidade para a introgressão de germoplasma exótico no germoplasma-elite também tem sido comprovada por diversos autores (Lawrence; Frey, 1975; Eaton; Busch; Youngs, 1986; Carpenter; Fehr, 1986; Singh; Kollipara; Hymowitz, 1993).

Eaton, Busch e Youngs (1986) avaliaram três estratégias para a introgressão de germoplasma exótico em trigo e concluíram que os retrocruzamentos e os cruzamentos triplos são superiores aos cruzamentos simples.

Carpenter e Fehr (1986) cruzaram dois cultivares de soja (*Glycine max*) com dois acessos silvestres (*Glycine soja*) e retrocruzaram os híbridos F_1 com os respectivos genitores recorrentes da espécie *G. max*. Foram obtidas populações com até cinco retrocruzamentos. Esses autores concluíram que dois ou três retrocruzamentos foram suficientes para elevar o nível das populações sem perder demasiadamente as características dos tipos silvestres.

18.5 Procedimentos
18.5.1 Transferência de alelo dominante

A transferência de alelo dominante via retrocruzamentos é relativamente simples, conforme ilustrado na Fig. 18.4. Nesse exemplo, o genitor recorrente é suscetível a uma doença bacteriana e o genitor

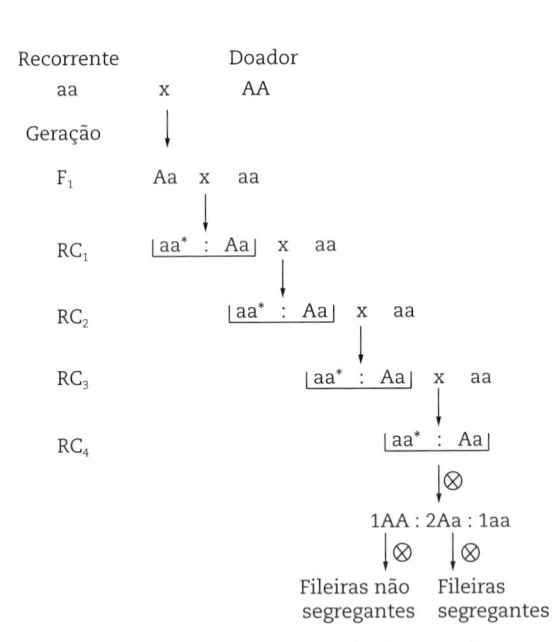

FIG. 18.4 *Transferência de um alelo dominante pelo método dos retrocruzamentos. Indivíduos marcados com asterisco são descartados após a inoculação com o patógeno*

doador apresenta o gene que confere resistência à referida doença. Após o cruzamento entre os dois genitores e a obtenção dos híbridos F_1, estes são retrocruzados com o genitor recorrente, gerando indivíduos RC_1, que, por sua vez, segregarão os tipos Aa, resistentes à doença, e aa*, suscetíveis à doença. Com inoculação artificial, os indivíduos aa* podem ser identificados e descartados. Os indivíduos remanescentes, Aa, são retrocruzados com o genitor recorrente. Esse procedimento é repetido até que o nível de recuperação desejado do genitor recorrente seja atingido. Posteriormente, submete-se a progênie do último retrocruzamento à autofecundação e faz-se o teste de progênie com os indivíduos resistentes para identificar os não segregantes. Esses indivíduos são multiplicados e distribuídos como nova versão do genitor recorrente.

18.5.2 Transferência de alelo recessivo

A transferência de alelos recessivos via retrocruzamentos também é relativamente simples, conforme ilustrado nas Figs. 18.5 e 18.6. Os procedimentos apresentados nessas figuras são baseados no mesmo caso hipotético mostrado na Fig. 18.4, em que o genitor recorrente é suscetível a uma doença fúngica e o genitor doador exibe o alelo que confere resistência à referida doença. A Fig. 18.5 apresenta um esquema mais conservador, em que o tempo requerido para o desenvolvimento da nova versão do genitor recorrente é mais longo.

Inicia-se o desenvolvimento do método com o cruzamento entre os dois genitores e a obtenção dos híbridos F_1. Estes são retrocruzados com o genitor recorrente, gerando indivíduos RC_1. Todos os indivíduos RC_1, AA e Aa, apresentam o mesmo fenótipo suscetível à doença e são submetidos a uma geração de autofecundação para identificação daqueles portadores de alelos a, que conferem resistência à doença. Após a autofecundação, os indivíduos suscetíveis, AA* e Aa*, são descartados com base na inoculação artificial do patógeno e na manifestação de sintomas da doença. Os indivíduos resistentes aa são retrocruzados com o genitor recorrente, gerando indivíduos RC_2 com o genótipo Aa. Esses indivíduos são diretamente retrocruzados com o genitor recorrente, gerando indivíduos RC_3, isto é, AA e Aa. Tal procedimento é repetido até que o nível de recuperação desejado do genitor recorrente seja atingido. Como se pode observar na Fig. 18.5, as progênies de retrocruzamentos de ordem ímpar (RC_1, RC_3, RC_5 etc.) devem ser submetidas a uma geração de autofecundação antes de se proceder ao retrocruzamento seguinte. Progênies heterozigotas do último retrocruzamento são submetidas a uma geração de autofecundação para se obterem indivíduos resistentes, *aa*, os quais são multiplicados e distribuídos como nova versão do genitor recorrente.

Utilizando o mesmo exemplo hipotético da Fig. 18.5, o procedimento rápido ilustrado na Fig. 18.6 inicia-se com o cruzamento entre os dois genitores e a obtenção dos híbridos F_1. Os indivíduos F_1 são retrocruzados com o genitor recorrente, gerando indivíduos RC_1 com genótipo AA e Aa. Algumas das flores de cada indivíduo são utilizadas para se realizarem os retrocruzamentos com o genitor recorrente e outras são submetidas à autofecundação. É necessário adotar um sistema de anotações para se estabelecer a correspondência entre as sementes de autofecundação e as de retrocruzamentos. As de autofecundação são utilizadas para se identificarem os indivíduos portadores de alelos *a*, enquanto as de retrocruzamentos, provenientes dos mesmos indivíduos identificados como portadores de alelos *a*, são utilizadas

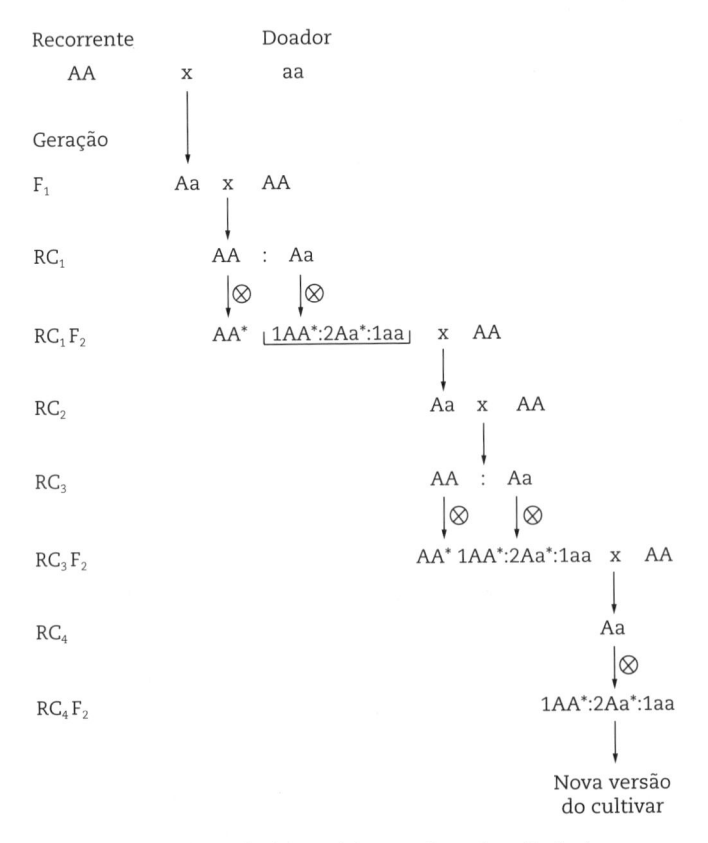

FIG. 18.5 *Transferência de um alelo recessivo pelo método dos retrocruzamentos. Indivíduos marcados por asterisco são descartados após inoculados com o patógeno*

para dar sequência ao programa de retrocruzamentos. Este procedimento de submeter, simultaneamente, as progênies de retrocruzamento a autofecundações e retrocruzamento é repetido até que o nível satisfatório de recuperação do genitor recorrente seja atingido. As progênies do último retrocruzamento são submetidas a uma geração de autofecundação para a obtenção dos indivíduos resistentes, *aa*, que são multiplicados e distribuídos como nova versão do genitor recorrente.

A transferência de genes ocorrerá mais rapidamente se for utilizado o esquema ilustrado na Fig. 18.6. Deve-se avaliar a relação custo-benefício antes da adoção desse procedimento.

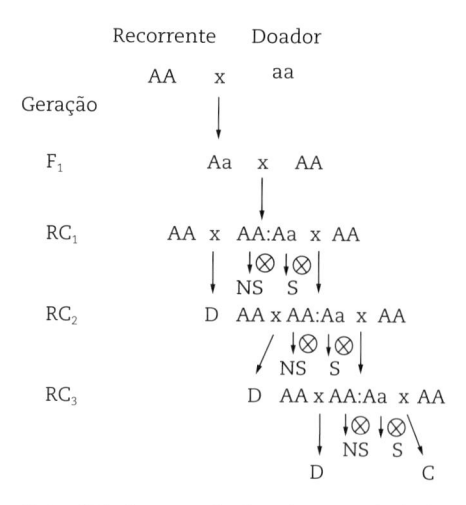

```
                 Recorrente   Doador
                   AA    x     aa
   Geração          ↓
   F₁              Aa    x    AA
                    ↓
   RC₁         AA x AA:Aa x AA
                    ↓⊗ ↓⊗
                    NS   S
   RC₂        D  AA x AA:Aa x AA
                    ↓⊗ ↓⊗
                    NS   S
   RC₃        D  AA x AA:Aa x AA
                    ↓⊗ ↓⊗
                    NS   S
                    D          C
```

FIG. 18.6 *Esquema ilustrando a transferência rápida de um alelo recessivo pelo método dos retrocruzamentos. Indivíduos marcados com asterisco são descartados após a inoculação com o patógeno. S e NS = progênies segregante e não segregante, respectivamente. D e C = progênies descartada e utilizada para dar continuidade ao programa, respectivamente*

18.6 Retrocruzamentos em espécies alógamas

O método dos retrocruzamentos é aplicável a espécies tanto autógamas quanto alógamas. Para linhagens endogâmicas de espécies alógamas, o desenvolvimento desse método é basicamente o mesmo empregado para espécies autógamas. Obviamente, se a característica de interesse é controlada por um alelo recessivo, este deve ser introduzido em todas as linhagens que serão utilizadas para produção de híbridos, com o objetivo de assegurar a expressão da característica.

A endogamia e a perda de vigor acompanham o aumento da homozigose em espécies alógamas. Para minimização da perda de heterose em programas de retrocruzamentos em espécies alógamas, é necessário que se utilize grande número de indivíduos, de forma a preservar a variabilidade do genitor recorrente.

18.7 Considerações finais

O método de retrocruzamentos é geneticamente preciso, mas deve ser considerado uma ferramenta de uso ocasional. É também conservador, levando-se em conta que novas combinações gênicas não são geradas com o seu uso. O potencial de progresso no longo prazo será garantido somente se outros métodos que criam recombinações gênicas forem empregados no programa de melhoramento.

O uso de retrocruzamentos visando estabelecer proporções desejáveis de diferentes genótipos na população segregante oferece grande potencial para a utilização de germoplasma exótico.

Esse método é indicado para a introdução de resistência vertical, isto é, a introgressão de genes maiores em cultivares suscetíveis. A sua utilidade para transferência de resistência horizontal não é tão boa, uma vez que grande número de genes está envolvido.

dezenove

Populações alógamas

As espécies vegetais alógamas são muito importantes comercialmente para o agronegócio, e a obtenção de cultivares e a sua manutenção na natureza exigem conhecimentos pouco intuitivos, em relação aos necessários para espécies autógamas.

As populações de plantas alógamas são definidas como um grupo de indivíduos que constituem um conjunto de genes e são mantidas por meio da fecundação cruzada em um mesmo local e época. A sua estrutura genética-populacional baseia-se nos alelos, que são considerados a unidade básica dos estudos genéticos das populações. Assim, as populações possuem propriedades que transcendem as dos indivíduos que as compõem, apresentando uma coesão genética entre si e um conjunto de genes organizados, com propriedades complexas e integradas. Diante dessas características, o grupo de indivíduos que convive ao mesmo tempo da espécie alógama é tratado como população. Podem-se também definir populações alógamas por:

1. Grupo de plantas que potencialmente podem se interacasalar livremente.
2. Comunidade reprodutiva composta de organismos de fertilização cruzada, os quais participam de um mesmo conjunto gênico (Dobzhansky, 1951).
3. Conjunto de genes compartilhados por indivíduos, sendo a população seu reservatório genético.

O melhoramento de espécies alógamas baseia-se no modo de reprodução e na história evolutiva da espécie, que originaram a estrutura genética integrada da população, a qual pode ser avaliada por meio das frequências genéticas e alélicas. Essas frequências estão relacionadas diretamente com a média genética da população.

O modo de reprodução das espécies alógamas caracteriza-se por fecundação cruzada ou acasalamento ao acaso, pois o pólen de uma planta tem a mesma chance de fecundar o óvulo de qualquer outra planta da população. Devido ao modo de reprodução, as espécies alógamas são constituídas por uma mistura de genótipos (heterogeneidade), os quais, na sua maioria, são heterozigotos (heterozigose) para a maioria dos *loci*.

Entre os mecanismos que promovem a fecundação cruzada, destacam-se protogenia (quando estruturas femininas de reprodução estão receptivas antes dos masculinos), protandria (quando órgãos masculinos de reprodução estão receptivos antes dos femininos), monoicia (quando estruturas de reprodução feminina e masculina estão em flores diferentes da mesma planta) e dioicia (quando flores com estruturas de reprodução feminina e flores com estruturas de reprodução masculina estão em plantas diferentes).

Na maioria das espécies alógamas, os cruzamentos entre indivíduos aparentados, principalmente a autofecundação, causam diminuição do vigor (depressão endogâmica), devido à presença de alelos desfavoráveis em homozigose. Por outro lado, os cruzamentos entre indivíduos não aparentados causam vigor híbrido (heterose), em virtude da presença de alelos favoráveis na maioria dos *loci* que controlam a característica em consideração. A depressão endogâmica e a heterose constituem os fenômenos mais importantes que ocorrem em populações alógamas, com grande aplicabilidade prática para o melhoramento de plantas.

A história evolutiva da espécie alógama, principalmente em relação ao tamanho efetivo da população e ao cruzamento entre plantas mais aparentadas, influencia o número de descendentes e a eliminação ou manutenção de genes na população. Um exemplo interessante dessa situação ocorreu com as abóboras, que possuem populações com poucas plantas e, por isso, é maior a probabilidade de cruzamentos entre plantas com maior parentesco entre si. Assim, a seleção de plantas feita pelo homem, no decorrer da história evolutiva da abóbora, fez com que as plantas que possuíam alelos recessivos em homozigose com efeitos deletérios fossem eliminadas por serem menores e produzirem menor número de frutos ou frutos pouco doces. Consequentemente, a frequência desses alelos nas gerações seguintes foi reduzida. Nas populações atuais de abóbora há reduzida perda de vigor no cruzamento de indivíduos aparentados, fato pouco comum em espécies alógamas que não apresentaram história evolutiva similar.

As plantas de uma espécie alógama cruzam-se aleatoriamente com qualquer outra, dentro ou fora da população; esse modo de cruzamento é conhecido como fecundação cruzada ou acasalamento ao acaso. Devido a esse modo de cruzamento, ao selecionar quaisquer plantas na população alógama, é de se esperar que estas sejam heterozigotas para o *locus* sob seleção, e, utilizando duas delas em cruzamento, a geração descendente originará três genótipos diferentes, com média inferior à dos pais (Fig. 19.1). Considerando-se que as médias genéticas de AA, Aa e aa sejam 20, 25 e 15, respectivamente, na próxima geração, com os cruzamentos entre genitores heterozigotos (Aa), a média genética da descendência será ¼ (AA) × 20 + ½ (Aa) × 25 + ¼ (aa) × 15 = 21,25, inferior à encontrada para os genitores, que é de 25. Assim, nota-se que a média da descendência é menor do que a dos genitores. Portanto, ao se identificar ou selecionar uma planta com genótipo superior, esta não originará descendentes geneticamente superiores. Na prática, isso significa que, se a planta apresentar um fruto com formato, cor e qualidades organolépticas superiores, suas sementes não originarão apenas plantas semelhantes a ela, caso seja multiplicada por sementes. Em espécies autógamas, a linhagem homozigota, quando autofecundada, produz descendentes com a mesma característica. Assim, como os genótipos superiores serão mantidos? Como a população poderá ser considerada superior do ponto de vista agronômico ou evolutivo se a descendência não é similar ao genitor?

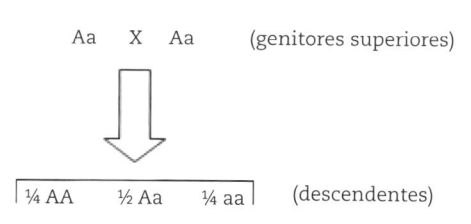

FIG. 19.1 *Esquema de cruzamento entre dois indivíduos heterozigotos e sua descendência*

19.1 Equilíbrio de Hardy-Weinberg

Um dos mais interessantes e importantes fenômenos no modo de reprodução de populações alógamas é o Equilíbrio ou Lei de Hardy-Weinberg, que foi deduzido independentemente por Hardy, na Inglaterra, em 1908, e Weinberg, na Alemanha, em 1909.

O Equilíbrio de Hardy-Weinberg pode ser assim definido:

> Numa população alógama infinitamente grande, as frequências genéticas e alélicas permanecerão constantes, a não ser que haja alteração devido à seleção, acasalamento não ao acaso, migração diferencial de genes ou mutação.

Do ponto de vista prático, o equilíbrio de Hardy-Weinberg é importante nos processos de multiplicação de populações melhoradas ou na manutenção das populações naturais alógamas e proporciona as bases necessárias para estudar as alterações nas frequências alélicas causadas pela seleção para melhorar comercialmente a população ou para entender a evolução da população na natureza pela seleção natural.

A seleção ou o aumento da média da característica agronômica de valor comercial em populações alógamas será mais eficiente ou mais fácil de ser obtida caso suas propriedades genéticas sejam identificadas. Essas propriedades são as frequências genéticas e alélicas que determinam a variabilidade, as correlações e as médias das características de interesse agronômico. Do ponto de vista do melhoramento de plantas, essas informações estarão relacionadas à herança da característica, ao ganho de seleção e à influência causada pela seleção em uma característica e pelo aumento da média genética em outra. Do ponto de vista agronômico, essas propriedades estarão mais relacionadas com a média da característica de valor agronômico obtida nas lavouras, como a produtividade de grãos, a resistência à doença ou tolerância aos estresses de seca, entre outras. Quando a população apresenta grande número de indivíduos, o que acontece na grande maioria de espécies de valor agronômico, as propriedades genéticas são estudadas por meio de amostragens.

19.1.1 Determinação de frequências genéticas e alélicas

Em populações alógamas, as frequências genéticas e alélicas determinam as propriedades das populações e, consequentemente, o ganho esperado com a seleção, a sua média e variância genética.

As frequências genéticas são conhecidas também como genotípicas ou zigóticas (indivíduos AA, Aa e aa), e as alélicas, como gaméticas (alelo A ou a).

Pode-se considerar, como exemplo, uma população hipotética de espécie alógama em que são encontradas 900 plantas AA (D'), 1.000 plantas Aa (H') e 100 plantas aa (R'). O número total de plantas é de 2.000 (N).

A frequência genética (Freq.) pode ser obtida da seguinte forma:

$$Freq = \frac{\text{número de indivíduos com o genótipo de interesse}}{\text{número total de indivíduos}}$$

Frequência do genótipo AA = Freq(AA) = D'/N = 900/2.000 = 0,45
Frequência do genótipo Aa = Freq(Aa) = H'/N=1.000/2.000 = 0,50
Frequência do genótipo aa = Freq(aa) = R'/N = 100/2.000 = 0,05

Por sua vez, as frequências alélicas podem ser calculadas das seguintes formas:

$$Frequência\ do\ alelo\ A = Freq(A) = (2D'+ H')/2N\ ou$$
$$= (D'+ ½ H')/N\ ou$$
$$= Freq(AA) + ½\ Freq(Aa) = p$$

$$Frequência\ do\ alelo\ a = Freq(a) = (H'+ /2R')/2N\ ou$$
$$= (½ H' + R')/N\ ou$$
$$= ½\ Freq(Aa) + Freq(aa) = q$$

O exemplo apresenta:

$$Frequência\ do\ alelo\ A = Freq(A) = p = (D' + ½ H')/N = (900 + 1.000/2)/2.000 = 0,7$$
$$ou = 0,45 + ½\ 0,50 = 0,70$$

$$Frequência\ do\ alelo\ a = Freq(a) = q = (R' + ½ H')/N = (100 + 1.000/2)/2.000 = 0,3$$
$$ou = ½\ 0,50 + 0,05 = 0,30$$

19.1.2 Demonstrações do equilíbrio de Hardy-Weinberg

Demonstração 1

Numa população de indivíduos diploides em acasalamento ao acaso, considerando um gene com dois alelos (A e a), em que não ocorra mutação, migração e seleção e as gerações sejam mantidas por fecundação cruzada de um número representativo de indivíduos, tem-se a Tab. 19.1.

Tab. 19.1 Frequência de genótipos em uma população de indivíduos diploides em acasalamento ao acaso

	AA	Aa	aa	Total
Número de plantas	D'	H'	R'	N
Frequência dos genótipos (Freq.)	D = D'/N	H = H'/N	R = R'/N	1

Na geração zero, considerando-se as restrições citadas anteriormente, os dois alelos por *locus* apresentarão as frequências p e q. As frequências dos genótipos não podem ser identificadas e serão consideradas como valores não definidos x, y e z para AA, Aa e aa, respectivamente.

Tab. 19.2 FREQUÊNCIA DE INDIVÍDUOS NA GERAÇÃO SEGUINTE INDEPENDENTEMENTE DO SEXO

		Machos	
		A (p)	a (q)
Fêmeas	A (p)	AA (p^2)	Aa (pq)
	a (q)	Aa (pq)	Aa (q^2)

Para originar a geração seguinte, os indivíduos, independentemente da frequência e do sexo, produzem somente o alelo A ou a (Tab. 19.2).

Assim, a frequência genética é (p^2) AA : (2pq) Aa : (q^2) aa.

A frequência alélica é a seguinte:

$$Freq(A) = D + \tfrac{1}{2} H \text{ ou } Freq(AA) + \tfrac{1}{2} Freq(Aa)$$
$$= p^2 + \tfrac{1}{2} (2pq)$$
$$= p (p + q)$$
$$= p, \text{ pois } p + q = 1$$

e

$$Freq(a) = R + \tfrac{1}{2} H \text{ ou } Freq(aa) + \tfrac{1}{2} Freq(Aa)$$
$$= q^2 + \tfrac{1}{2} (2pq)$$
$$= q (q + p)$$
$$= q, \text{ pois } q + p = 1$$

Tab. 19.3 FREQUÊNCIA DE INDIVÍDUOS NA GERAÇÃO SEGUINTE COM ACASALAMENTO AO ACASO

		Machos	
		A (p)	a (q)
Fêmeas	A (p)	AA (p^2)	Aa (pq)
	a (q)	Aa (pq)	Aa (q^2)

Para originar a geração 2, os indivíduos da geração 1, na proporção (p^2) AA : (2pq) Aa : (q^2) aa e com a frequência alélica Freq(A) = p e Freq(a) = q, cruzam-se ao acaso, como mostrado na Tab. 19.3.

A frequência genética é, portanto, (p^2) AA : (2pq) Aa : (q^2) aa.

A frequência alélica é a seguinte:

$$Freq(A) = D + \tfrac{1}{2} H$$
$$= p^2 + \tfrac{1}{2} (2pq)$$

$$= p \, (p + q)$$
$$= p, \text{ pois } p + q = 1;$$

e

$$Freq(a) = R + \tfrac{1}{2} H$$
$$= q^2 + \tfrac{1}{2} (2pq)$$
$$= q \, (q + p)$$
$$= q, \text{ pois } q + p = 1$$

As frequências alélicas e genéticas, portanto, não se alteram de uma geração para a seguinte.

Demonstração 2

Ocorrendo acasalamento ao acaso na população (geração zero), as frequências dos diversos tipos possíveis de cruzamentos serão as apresentadas na Tab. 19.4.

Tab. 19.4 Frequências dos diversos tipos com acasalamento ao acaso na população

Genótipos		AA	Aa	aa
	Frequências	D	H	R
AA	D	D^2	DH	DR
Aa	H	DH	H^2	HR
aa	R	DR	RH	R^2

As frequências de cruzamentos nesta população estão expostas na Tab. 19.5.

Tab. 19.5 Frequências de cruzamentos

Cruzamento	Frequência do cruzamento	Descendentes (geração 1)		
		AA	Aa	aa
AA × AA	D^2	D^2	–	–
AA × Aa	2DH	DH	DH	–
Aa × Aa	H^2	¼ H^2	½ H^2	¼ H^2
AA × aa	2DR	–	2DR	–
Aa × aa	2HR	–	HR	HR
aa × aa	R^2	–	–	R^2
Total	1,00	$(D + \tfrac{1}{2}H)^2$	$2(D+\tfrac{1}{2}H)(R+\tfrac{1}{2}H)$	$(R+\tfrac{1}{2}H)^2$

Tem-se que:

$$p^2 = (D + \tfrac{1}{2} H)^2; \; 2pq = 2 \, (D + \tfrac{1}{2} H) \, (R + \tfrac{1}{2} H);$$

e

$$q^2 = (R + \tfrac{1}{2} H)^2$$

A frequência genética nessa geração é:

$$(p^2)\ AA : (2pq)\ Aa : (q^2)\ aa$$

Já a frequência alélica nessa geração é:

$$Freq(A) = p^2 + \tfrac{1}{2}(2pq) = p^2 + pq = p(p+q) = p$$
$$(considerando\ p + q = 1)$$

$$Freq(a) = q^2 + \tfrac{1}{2}(2pq) = q^2 + pq = q(p+q) = q$$
$$(considerando\ p + q = 1)$$

Na geração 1, Freq(A) = p e Freq(a) = q, sendo igual à geração zero. Portanto, o equilíbrio de Hardy-Weinberg é atingido em uma só geração, na proporção (p^2) AA : (2pq) Aa : (q^2) aa, ao se considerar somente um gene, qualquer que seja a estrutura inicial da população alógama.

Dessa forma, mesmo a população alógama apresentando variabilidade genética significativa e as plantas cruzando-se aleatoriamente, as suas frequências genéticas ou alélicas não se alteram. Essas frequências, em termos agronômicos, podem ser entendidas como as médias genéticas das características agronômicas de interesse que se mantêm constantes de uma geração para outra, em campos de multiplicação isolados e com amostragem adequada.

Assim, na Fig. 19.1, o cruzamento exemplificado não representa uma população alógama em equilíbrio de Hardy-Weinberg, daí a média de sua descendência não refletir a superioridade dos genitores. Pode-se notar que a descendência já está em equilíbrio de Hardy-Weinberg porque ocorreu uma geração de acasalamento ao acaso, e, com isso, apresenta-se na proporção (p^2) AA : (2pq) Aa : (q^2).

Os processos que alteram o equilíbrio de Hardy-Weinberg e que, por sua vez, são de interesse do melhorista, pois aumentam a média e a variabilidade genética da população, são:

* a seleção, que é a reprodução diferencial dos genótipos;
* o acasalamento não ao acaso, que ocorre ao privilegiar o cruzamento de determinado grupo de indivíduos dentro da população;

* a migração diferencial de genes, que ocorre devido ao deslocamento de pólen de uma população para outra;
* a mutação, que é a modificação de um alelo para outra forma alternativa.

As forças que alteram o equilíbrio de Hardy-Weinberg em termos agronômicos, que estão fora do controle do melhorista e, portanto, não podem ser evitadas, são a migração diferencial de genes pelo isolamento das lavouras e o acasalamento não ao acaso pela amostragem representativa das plantas para a multiplicação de sementes. A mutação em nível de campo deve ser considerada com restrição, pois não é tão comum e, na maioria das vezes, não é facilmente identificada ou diferenciada de cruzamentos naturais ou pela mistura de sementes.

Para o melhorista, a seleção é a principal força utilizada para aumentar a frequência dos alelos favoráveis e, consequentemente, a média da população. Assim, o equilíbrio de Hardy-Weinberg é constantemente alterado no processo de seleção, visando ao melhoramento da população, mas, posteriormente, é restabelecido, recuperando a homogeneidade e a estabilidade da população para fins comerciais.

As populações alógamas em equilíbrio de Hardy-Weinberg, em termos comerciais, são os cultivares de polinização aberta, ou, como conhecidas na cultura do milho, as variedades.

19.2 Estruturas de populações alógamas

As populações de plantas possuem diversas estruturas genéticas, podendo ser mantidas agronomicamente por diferentes modos de reprodução, como fecundação cruzada, autofecundação e propagação vegetativa. A fecundação cruzada e a autofecundação são utilizadas em programas de melhoramento de milho, sorgo, girassol, entre outros. A propagação vegetativa é utilizada para cana-de-açúcar, fruteiras em geral, mandioca, plantas ornamentais etc. Esses modos de reprodução vão definir o tipo de cultivar a ser obtido e os métodos de seleção a serem utilizados no programa de melhoramento.

As populações de plantas naturais e os cultivares de polinização aberta, que são mantidos por meio da fecundação cruzada ou acasalamento ao acaso, apresentam-se em equilíbrio de Hardy-Weinberg com as frequências (p^2) AA : (2pq) Aa : (q^2) aa para cada um dos genes envolvidos no controle da característica. Essas populações e gerações sucessivas de populações alógamas em acasalamento ao acaso são também conhecidas como S_0.

Plantas da geração S_0 autofecundadas uma única vez são conhecidas como progênies ou famílias $S_{0:1}$ ou S_1. As progênies S_2 ou $S_{1:2}$ são as plantas que se originam da autofecundação de plantas individuais S_1 ou $S_{0:1}$. A geração $S_{n-1:n}$ ou S_n são as progênies originadas por autofecundação da geração n − 1. A partir da geração S_4, as progênies são consideradas linhagens endogâmicas.

Com base na teoria do equilíbrio de Hardy-Weinberg, basta uma geração de acasalamento ao acaso para que progênies S_1 ou posteriores originem populações S_0, considerando-se características controladas por genes com apenas duas formas alélicas. Para diversos genes, a população vai demorar mais algumas gerações para entrar em equilíbrio na maioria dos loci.

A seleção de plantas pode ser praticada em qualquer população em que exista variância genética, desde populações naturais até aquelas obtidas de cruzamentos entre diferentes genitores geneticamente distintos. Os híbridos de linhagens obtidos do cruzamento entre duas linhagens homozigotas são conhecidos como F_1 e não possuem variância genética, pois todos os descendentes das linhagens apresentam o mesmo genótipo. Assim, toda variância entre plantas da população existente é devida às causas ambientais. No entanto, populações obtidas dos cruzamentos de $F_1 \times F_1$, $F_1 \times$ linhagem, cultivar de polinização aberta (CPA) × linhagem e CPA × CPA possuem variância genética entre os indivíduos da geração descendente e, portanto, podem ser submetidos à seleção. Deve-se considerar, no entanto, se o ganho de seleção é suficiente para o esforço que será empregado.

19.3 Comparação de estrutura genética

Em espécies alógamas, genitores homozigotos são obtidos por meio de sucessivas autofecundações artificiais quase sempre pelo método genealógico, da mesma maneira que se realiza em espécies autógamas. O cruzamento artificial entre genitores homozigotos origina a geração F_1, que apresenta vigor híbrido quando os genitores são geneticamente distintos.

As diferenças genéticas entre as espécies alógamas e autógamas estão relacionadas ao modo reprodutivo e à história evolutiva que deu origem às populações atuais. Os híbridos de alógamas e autógamas são obtidos da mesma maneira, porém em alógamas ocorre o fenômeno da heterose, que raramente ocorre em autógamas. Outra diferença é a forma como a homozigose ou a heterozigose ocorre entre as gerações.

As populações alógamas e as espécies autógamas começaram a diferir a partir da geração F_1, pois as espécies se multiplicarão pelo modo de reprodução comum na espécie, ou seja, nas autógamas, autofecundação ($F_1 \rightarrow F_2 \rightarrow F_3 \rightarrow ... \rightarrow F_n$), e nas alógamas, acasalamento ao acaso ($F_1 \to S_0 \to S_0 \to ... \to S_0$). Na geração n infinito, as espécies autógamas apresentarão apenas dois genótipos, AA e aa, e as espécies alógamas, três genótipos, AA, Aa e aa (Fig. 19.2).

Na geração F_2, as autógamas e as alógamas apresentarão a proporção ¼ AA : ½ Aa : ¼ aa. Na geração F_3, a população autógama apresentará a proporção 3/8 AA : 2/8 Aa : 3/8 aa, e a população alógama manterá a mesma proporção genética da geração anterior, ¼ AA : ½ Aa : ¼ aa. Portanto, observa-se que a proporção genética é mantida constante nas alógamas, enquanto a proporção dos heterozigotos (Aa) em cada geração de autofecundação nas autógamas é reduzida pela metade. As frequências alélicas são mantidas constantes em todas as gerações das espécies alógamas e autógamas, se não houver seleção.

	Autógamas	Alógamas
	AA X aa	AA X aa
	↓	↓
F_1	Cruzamento artificial Aa (sem vigor híbrido)	Cruzamento artificial Aa (com vigor híbrido)
	↓	↓
F_2	Autofecundação ¼ AA ½ Aa ¼ aa	S_0 Acasalamento ao acaso ¼ AA ½ Aa ¼ aa
	↓	↓
F_3	Autofecundação 3/8 AA 2/8 Aa 3/8 aa	S_0 Acasalamento ao acaso ¼ AA ½ Aa ¼ aa
	↓	↓
F_4	Autofecundação 7/16 AA 2/16 Aa 7/16 aa	S_0 Acasalamento ao acaso ¼ AA ½ Aa ¼ aa
	↓	↓
F_5	Autofecundação 15/32 AA 2/32 Aa 15/32 aa	S_0 Acasalamento ao acaso ¼ AA ½ Aa ¼ aa
	↓	↓
F_6	Autofecundação 31/64 AA 2/64 Aa 31/64 aa	S_0 Acasalamento ao acaso ¼ AA ½ Aa ¼ aa

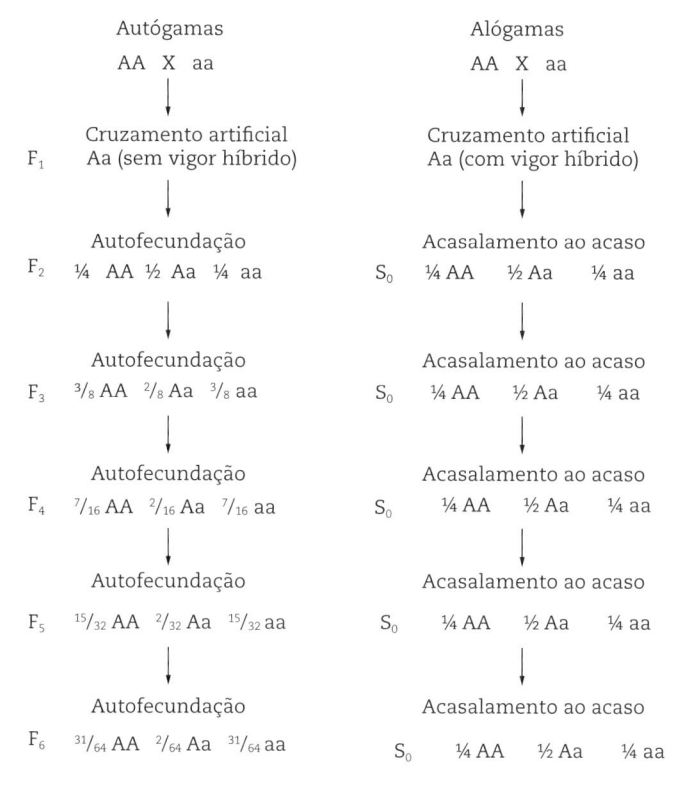

FIG. 19.2 *Esquema comparativo entre a estrutura genética de plantas autógamas e populações alógamas, sem seleção*

19.4 Seleção

Trata-se do principal processo para aumentar a frequência dos alelos favoráveis nas populações. As formas utilizadas para melhorar geneticamente as populações alógamas são:

- os sistemas de cruzamento entre populações;
- a seleção de grupos de indivíduos superiores dentro da população com alelos favoráveis;
- a introdução de genes de outras espécies por meio de biotecnologia.

O processo seletivo apresenta as seguintes características:
- é eficiente para características comuns na população e ineficiente para características raras;
- é eficiente para reduzir drasticamente os alelos recessivos indesejáveis, mas ineficiente para eliminá-los completamente;
- os cruzamentos endogâmicos podem eliminar os alelos recessivos;
- quando praticado para uma característica controlada por muitos genes de ação aditiva, progride lenta e continuadamente durante muitas gerações;
- faz com que uma população alcance o limite da resposta quando todos os alelos favoráveis ficarem fixados na população;
- a probabilidade de esgotar a variabilidade genética é mínima, quando está envolvido grande número de genes ou ações não aditivas.

19.4.1 Tipos de seleção

Na prática, os tipos de seleção ocorrem entre e dentro de populações. A seleção entre populações consiste na primeira etapa desse processo, pois se espera que, ao trabalhar com populações que apresentem altas médias e ampla variabilidade genética para as características de interesse agronômico, os ganhos com a seleção sejam expressivos. Para isso, são usadas diversas técnicas genético-estatísticas, como divergência genética, capacidade de combinação, predição de compostos etc. A seleção dentro das populações visa selecionar grupos de indivíduos ou progênies superiores e, consequentemente, aumentar a média da população.

Na Tab. 19.6, observa-se o número possível de plantas com alelos favoráveis encontrado em uma população com 10 mil indivíduos. Note que, na frequência de 0,20 do alelo favorável, para cada um dos cinco genes envolvidos no controle da característica de interesse somente 60 indivíduos entre 10.000 apresentarão o genótipo ideal A_B_C_D_E (_ indica a presença ou ausência do alelo favorável). Entretanto, com a frequência de 0,70 e os mesmos cinco genes envolvidos no controle, poderão ser encontrados 6.240 indivíduos com o genótipo desejado. Diante disso, a probabilidade de se selecionarem indivíduos superiores dentro da população é muito maior quando as frequências são superiores. Ainda na frequência 0,70 nota-se que, quando 40 genes estão envolvidos no controle da característica, o número de indivíduos superiores na população é somente de 230, mostrando que, quanto maior o número de genes envolvidos no controle das características, mais difícil a seleção de indivíduos superiores.

Tab. 19.6 Número possível de plantas encontradas com loci em homozigose ou heterozigose com alelo favorável, considerando que a característica é controlada por n genes em uma população com 10.000 indivíduos de uma espécie diploide

Frequência do alelo favorável	Número de genes (n)			
	5	10	20	40
0,20	60	0	0	0
0,30	345	12	0	0
0,40	1.074	115	1	0
0,50	2.373	563	32	0
0,60	4.182	1.749	306	9
0,70	6.240	3.894	1.516	230
0,80	8.154	6.648	4.420	1.954
0,90	9.510	9.044	8.179	6.690

Fonte: Paterniani (1978).

19.4.2 Teoria de seleção

A seleção nas espécies alógamas é fundamentada na substituição dos alelos menos favoráveis pelos mais favoráveis naquele ambiente. Assim, as populações seriam formadas por indivíduos heterozigotos na maioria dos loci e por uma minoria de loci homozigotos.

O número de espécies alógamas na natureza é muito maior que o de autógamas. As causas da existência de variabilidade genética entre os indivíduos de uma espécie, fundamentais para que ocorra eficiência da seleção artificial, são a presença dos alelos responsáveis por fenótipos com valor neutro de adaptação, ligeiramente vantajoso ou desvantajoso conforme o ambiente; o aparecimento de mutantes prejudiciais em frequências baixas; o polimorfismo balanceado, devido aos alelos múltiplos mantidos na população pelas flutuações do ambiente; e os mutantes benéficos e raros que não tiveram tempo de desalojar outros alelos (Futuyama, 1992).

A seleção de plantas em populações alógamas não está limitada à fixação dos genes, mas tende a afetar toda a população por meio de reorganização do conjunto gênico. Assim, a superioridade de indivíduos fica subordinada à prosperidade da população como um todo. Nesse sistema organizado (população), há a capacidade de autorregulação exercendo grande resistência contra qualquer modificação de características isoladas provocadas por uma seleção que destrua o equilíbrio geral, conhecido como homeostase genética (Lerner, 1954).

As plantas apresentam características qualitativas e quantitativas. As qualitativas são aquelas que podem ter classes fenotípicas distintas, e sua expressão é pouco influenciada pelo ambiente. Normalmente, são controladas por poucos genes e seu estudo é feito pela porcentagem de indivíduos nas classes. Por essas razões, apresentam alta correlação entre genótipo e fenótipo e, consequentemente, respostas rápidas à seleção, sendo facilmente fixadas. As características quantitativas apresentam distribuição contínua dos indivíduos, isto é, entre os mais extremos surgem inúmeros fenótipos intermediários, são muito influenciadas pelo ambiente e controladas por muitos genes, cujo efeito individual é muito pequeno. Os estudos genéticos dessas características se baseiam em médias, variâncias e covariâncias genéticas, fenotípicas e ambientais. A maioria das características de interesse econômico é quantitativa, como produtividade, ciclo vegetativo, alturas das plantas, entre outras. As respostas à seleção para essas características são lentas e continuadas por muitas gerações.

As metodologias de melhoramento para características quantitativas têm sua base científica na genética de populações, genética quantitativa, teoria da probabilidade e estatística. A genética de populações estuda o equilíbrio e o desequilíbrio (oscilação) das frequências alélicas e genéticas na população. A genética quantitativa focaliza os efeitos dos genes e genótipos e suas interações com as condições ambientais. As duas ciências são aplicações da teoria de probabilidade na genética, por meio de derivações de distribuições probabilísticas, valores genéticos esperados e variâncias. A estatística é aplicada nos delineamentos experimentais, para comparar germoplasma e estimar as médias, variâncias e covariâncias genéticas e nos métodos paramétricos, para quantificar e ajustar a variação ambiental.

A seleção deve ser baseada na variação entre plantas causada por razões genéticas, pois, caso contrário, a seleção de grupos de indivíduos superiores não originará descendência superior. Por exemplo, a diferença na superioridade da produção de uma lavoura de espécie alógama que foi mais adubada do que outra não é razão para o melhorista selecionar plantas da lavoura mais adubada, pois o motivo da superioridade é de natureza ambiental: a adubação. Entretanto, se as duas lavouras receberam o mesmo nível de adubação, a superioridade de grupos de indivíduos pode ser de natureza genética.

As médias das características de interesses agronômicos, ou fenótipo, podem ser então compreendidas como o resultado da ação do genótipo, do ambiente e da interação de ambos.

Devido à influência do ambiente na expressão do genótipo, a seleção individual de plantas nem sempre é a maneira mais adequada de melhorar as suas populações. Para minimizar a influência do ambiente e, como consequência, aumentar a herdabilidade e o ganho de seleção, a utilização de progênies em vez de plantas individuais é um processo comum no melhoramento de alógamas e compreende vários métodos de melhoramento.

As progênies (descendentes) são as unidades de seleção dos métodos de melhoramento populacional, uma vez que são selecionadas e intercruzadas para originar a próxima geração. As progênies superiores são aquelas que possuem maiores frequências genéticas e alélicas favoráveis, responsáveis pelo controle genético das características de interesse. Os testes de progênies são comuns no melhoramento de plantas e, de maneira geral, de 100 a 400 progênies são avaliadas em ensaios com repetição, sendo normalmente selecionadas de 10% a 30%.

No melhoramento animal, os testes de progênies também são bastante comuns. Animais que possuem testes de progênies, conhecidos como "testados", são aqueles que tiveram suas filhas, irmãs ou parentes avaliados para a produção de leite, por exemplo. Essa é a forma de selecionar touros para alta produção leiteira. Outra questão associada ao teste de progênie é que este serve para avaliar os pais, e não a progênie, apesar de a avaliação ser feita nesta última, como na seleção de touros para originar vacas leiteiras com alta produtividade.

O que é mais eficiente, seleção com base no indivíduo ou no teste de progênie? A solução é simples: se a característica apresentar alta herdabilidade, deve-se preferir a seleção individual; caso contrário, os métodos de melhoramento em que é usado o teste de progênie são mais adequados.

vinte

Seleção recorrente

Seleção recorrente é qualquer sistema designado para aumentar gradativamente a frequência de alelos favoráveis para características quantitativas, por meio de repetidos ciclos de seleção, sem reduzir a variabilidade genética da população. Este método envolve três etapas: (i) obtenção de progênies; (ii) avaliação de progênies; e (iii) recombinação das progênies superiores para formar a geração seguinte.

A maior parte dos conhecimentos sobre a seleção recorrente foi gerada com o milho, espécie alógama. Atualmente, este método vem sendo empregado tanto em espécies alógamas quanto em autógamas. Alguns programas de melhoramento de espécies autógamas fundamentados em seleção recorrente utilizam a macho-esterilidade genética para facilitar a recombinação gênica e obter cultivares híbridos.

Richey (1927) é considerado o criador do conceito de seleção recorrente. Esse pesquisador propôs o melhoramento convergente, por meio da seleção recorrente, para aumentar o vigor de duas populações, sem alterar a sua capacidade de combinação.

Cabe a Hull (1945) a primeira citação da terminologia que, mais tarde, veio a ser universalmente adotada para se descrever o método da seleção recorrente.

A Fig. 20.1 ilustra o progresso de uma população submetida à seleção recorrente, sem a redução da sua variabilidade, mas com aumento da média da população.

Os ciclos podem ser repetidos tantas vezes quanto necessário para a elevação da frequência de alelos favoráveis na população.

A seleção recorrente é um método de melhoramento cíclico em que as três etapas são conduzidas repetidamente até que a frequência de alelos favoráveis na população atinja níveis satisfatórios (Fig. 20.2). A maior frequência de alelos favoráveis na população resulta em maior probabilidade de sucesso na extração de linhagens superiores. Após a melhoria da população, esta pode ser utilizada diretamente como novo cultivar ou como fonte de linhagens superiores. Nesse particular, este método pode ser utilizado na adaptação do germoplasma exótico às condições locais.

A seleção recorrente foi originalmente proposta há mais de 70 anos por Jenkins (1940). Os métodos de seleção recorrente, em geral, são mais apropriados para objetivos no longo prazo e para características quantitativas. Essa seleção tem sido mais usada em espécies alógamas do que em autógamas, onde os cruzamentos são relativamente fáceis de serem obtidos. Atualmente, os programas de melhoramento das espécies autógamas de grãos que visam à obtenção de cultivares híbridos de linhagens F_1 têm priorizado os cruzamentos entre linhagens-elites para extrair novas linhagens, não sendo aplicada a seleção recorrente para aumentar as frequências alélicas favoráveis de duas populações. Em espécies alógamas, com limitações para obtenção de linhagens, a seleção recorrente tem sido aplicada como forrageiras.

A adoção da seleção recorrente pelos melhoristas de plantas autógamas tem ocorrido de forma limitada, em parte porque os objetivos da maioria dos programas de melhoramento são de curto prazo, pela dificuldade de se introduzir a macho-esterilidade e pelas dificuldades na obtenção das sementes híbridas. Além disso, em muitas espécies autógamas não há sistemas de

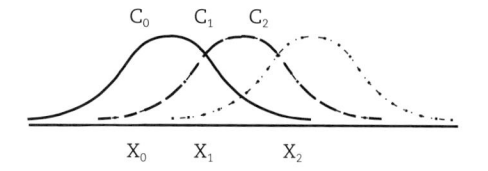

FIG. 20.1 Progresso genético da população original com dois ciclos de seleção recorrente $(\overline{X}_2 > \overline{X}_1 > \overline{X}_0)$, mantendo a sua variabilidade genética $(\sigma^2_{C_0} = \sigma^2_{C_1} = \sigma^2_{C_2})$.

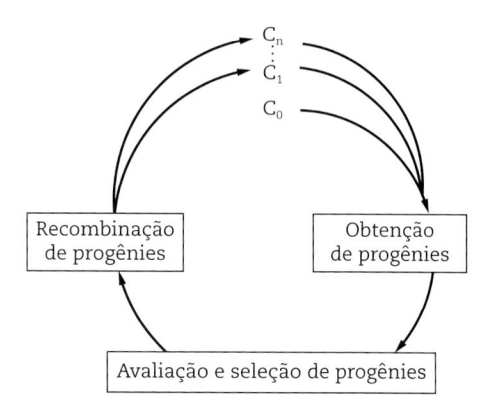

FIG. 20.2 Método da seleção recorrente com os ciclos de seleção a partir da população inicial C_0

macho-esterilidade ou outros que facilitem os cruzamentos. O uso de gameticidas, produtos químicos que inviabilizam os grãos de pólen, pode facilitar a execução da seleção recorrente nessas espécies.

A seleção recorrente tem sido avaliada em diversas espécies e para as mais variadas características agronômicas, e a sua eficiência tem sido comprovada por muitos pesquisadores. Alguns programas de melhoramento têm-se destacado pelo seu uso. Alguns exemplos são listados no Quadro 20.1.

Quadro 20.1 Algumas instituições que conduzem programas de melhoramento com seleção recorrente

Espécie	País	Instituição
Alógamas		
Milho	Brasil	Universidade Federal de Viçosa
Milho	Brasil	Escola Superior de Agricultura Luiz de Queiroz
Milho	EUA	Universidade Estadual de Iowa
Centeio	Alemanha	Universidade de Hohenheim
Autógamas		
Arroz	Brasil	Embrapa Arroz e Feijão
Feijão	Brasil	Universidades Federais de Lavras e Viçosa
Soja	Brasil	Embrapa – Soja
Cevada	Canadá	Universidade de Guelph
Aveia	EUA	Universidade de Minnesota

A população inicial, denominada população-base, a ser submetida à seleção recorrente pode ser constituída de cultivares de polinização aberta, cultivares sintéticos ou gerações avançadas de híbridos.

A população deve apresentar elevado comportamento médio e suficiente variabilidade genética para assegurar contínuo progresso nos vários ciclos de seleção. Entretanto, pode ser difícil atender a essas duas condições simultaneamente, uma vez que os genótipos com melhor comportamento em geral são aparentados.

20.1 Métodos de seleção recorrente

A seleção recorrente pode ser conduzida para aumento da frequência dos alelos favoráveis de uma única população, sendo, nesse caso, denominada intrapopulacional. Os métodos intrapopulacionais, em geral, são de mais fácil execução e aplicáveis à maioria das características agronômicas e, por essa e outras razões, são mais comumente utilizados do que os interpopulacionais.

Quando o objetivo da seleção recorrente é a melhoria simultânea de duas populações, visando ao desenvolvimento de linhagens com alta capacidade de combinação para obtenção de híbridos, a seleção interpopulacional é a mais indicada, embora seja mais complexa e demande mais mão de obra durante a sua condução.

O Quadro 20.2 apresenta um resumo dos principais métodos de seleção recorrente intrapopulacional e interpopulacional.

Quadro 20.2 PRINCIPAIS MÉTODOS DE SELEÇÃO RECORRENTE

Métodos	Referência
Intrapopulacional	
Fenotípica	Jonhson e Elbanna (1957)
Fenotípica estratificada	Gardner (1961)
Meios-irmãos	Compton e Comstock (1976)
Meios-irmãos modificados	Hull (1945)
Irmãos completos	-
Irmãos completos modificados	Hallauer e Miranda (1988)
Linhagens endogâmicas (S_1, S_2)	-
Linhagens endogâmicas modificadas	Dhillon e Khehra (1989)
Interpopulacional	
Recíproca	Comstock, Robinson e Harvey (1949)
Recíproca com linhagem testadora	Russell e Eberhart (1975)
Recíproca de meios-irmãos modificada I	Paterniani e Vencovsky (1977)
Recíproca de meios-irmãos modificada II	Paterniani e Vencovsky (1977)
Recíproca de irmãos completos	Hallauer e Eberhart (1970)

A escolha do método de seleção recorrente depende da característica-objeto do programa de melhoramento, do tipo de ação gênica (aditiva ou dominante) que o melhorista deseja enfatizar, da finalidade das progênies selecionadas e dos recursos disponíveis. Por exemplo, se híbridos são preferencialmente utilizados pelos produtores, os métodos interpopulacionais, que capitalizam a heterose, podem ser mais apropriados. Quando o objetivo é adaptar germoplasma exótico ou melhorar produtividade de cultivares e a ação gênica predominante é aditiva, recomendam-se os métodos intrapopulacionais. A escolha do método de seleção recorrente deve, entretanto, ser baseada no ganho genético estimado, conforme se segue:

$$GS = \frac{kC\sigma_G^2}{\sqrt{\sigma_P^2}}$$

em que:

GS = ganho genético por ciclo de seleção;

k = diferencial de seleção em desvio-padrão (Tab. 20.1);
c = coeficiente de controle parental (0,5; 1 ou 2);
σ_G^2 = variância genética;
σ_P^2 = variância fenotípica.

Tab. 20.1 DIFERENCIAL DE SELEÇÃO EM DESVIO-PADRÃO (K)

Intensidade de seleção (%)	k
1	2,64
2	2,42
5	2,06
10	1,75
15	1,55
20	1,40

A variância genética aditiva é influenciada pelo controle parental (c) exercido na recombinação dos indivíduos selecionados. O controle parental na seleção recorrente é a relação entre as plantas ou sementes utilizadas para identificar as progênies superiores (unidade de seleção) e as plantas ou sementes utilizadas para recombinação (unidade de recombinação).

O controle parental é igual a 0,5 quando a unidade de seleção e a de recombinação são as mesmas e somente o genitor feminino é selecionado, isto é, quando os genitores femininos selecionados são polinizados tanto por indivíduos selecionados quanto por não selecionados da população.

O controle parental é igual a 1 quando a unidade de seleção e de recombinação é a mesma e ambos os genitores são selecionados.

O controle parental é igual a 2 quando a unidade de seleção e de recombinação são diferentes e ambos os genitores são selecionados (Tab. 20.2).

20.2 Métodos intrapopulacionais

20.2.1 Seleção recorrente fenotípica

A primeira referência ao termo *seleção recorrente fenotípica* foi feita por Johnson e Elbanna em 1957. Esse é, provavelmente, o mais antigo método de melhoramento utilizado em espécies alógamas, pois, quando os primeiros agricultores selecionavam as melhores plantas de milho para serem utilizadas como fonte de semente para a safra seguinte, estavam realizando a seleção recorrente fenotípica inconscientemente. É também denominada seleção massal recorrente (sentido amplo), seleção recorrente simples e seleção recorrente fenotípica restrita.

A seleção é baseada exclusivamente no fenótipo dos indivíduos da população, isto é, nenhuma informação do genótipo é utilizada como critério de seleção.

Tab. 20.2 Componentes utilizados nas fórmulas para estimação dos ganhos genéticos em diferentes métodos de seleção recorrente

Seleção recorrente	Estações	Controle parental	σ_G^2		σ_{WG}^2	
			σ_A^2	σ_D^2	σ_A^2	σ_D^2
Fenotípica						
Apenas genitor selecionado	1	1/2	1	1	0	0
Ambos os genitores selecionados antes do florescimento	1	1	1	1	0	0
Genitores autofecundados selecionados	2	1	1	1	0	0
Meios-irmãos						
Espiga por fileira modificado						
Um genitor selecionado antes do florescimento	1	1/2	1/4	0	3/4	1
Ambos os genitores selecionados antes do florescimento	2	1	1/4	0	3/4	1
População como testadora						
Recombinação com sementes remanescentes	2	1	1/4	0	3/4	1
Recombinação com sementes de autofecundação	3	2	1/4	0	3/4	1
Irmãos completos	2	1	1/2	1/4	1/2	3/4
Progênies endogâmicas						
$S_{0:1}$	3	1	1	1/4	1/2	1/2
$S_{1:2}$	4	1	3/2	3/16	1/4	1/4
$S_{2:3}$	5	1	7/4	7/64	1/8	1/8
$S_{3:4}$	6	1	15/8	15/256	1/16	1/16

σ_G^2 = variância genética entre progênies, e σ_{WG}^2 = variância genética dentro de progênies.

Neste método, a população original é avaliada fenotipicamente e os melhores indivíduos são selecionados. Igual número de sementes de cada indivíduo selecionado é agrupado para constituir a população a ser submetida ao segundo ciclo de seleção (Fig. 20.3). Esse procedimento é repetido até que a população atinja um nível satisfatório de comportamento ou que o método não apresente resposta adequada à seleção.

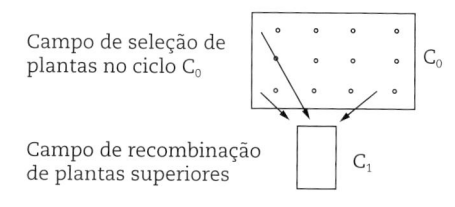

FIG. 20.3 *Método da seleção recorrente fenotípica*

O ganho genético por ciclo de seleção é dado pela fórmula:

$$G_s = \frac{kC\sigma_A^2}{\sqrt{\sigma_w^2 + \sigma_b^2 + \sigma_{AE}^2 + \sigma_{DE}^2 + \sigma_A^2 + \sigma_D^2}}$$

em que:
GS = ganho genético por ciclo de seleção;
k = diferencial de seleção em desvio-padrão (Tab. 20.1);
c = coeficiente de controle parental;
σ_A^2 = variância genética aditiva;
σ_D^2 = variância genética devida ao desvio da dominância;
σ_w^2 = variância de ambiente dentro das parcelas (microambiente);
σ_b^2 = variância de ambiente entre as parcelas (macroambiente);
σ_ε^2 = variância devido ao erro $\sigma_\varepsilon^2 = \sigma_w^2 + \sigma_b^2$;
σ^2_{AE} = variância da interação aditiva com o ambiente;
σ^2_{DE} = variância em razão da interação da dominância com o ambiente.

Este método possui maior potencial para características de alta herdabilidade e tem sido utilizado com maior frequência em espécies forrageiras e nos estádios iniciais de adaptação de germoplasma exótico, isto é, no pré-melhoramento.

20.2.2 Seleção recorrente fenotípica estratificada

Em 1961, Gardner propôs uma modificação na metodologia clássica de seleção recorrente fenotípica visando reduzir a variância ambiental. Ele afirmava que as variações do ambiente, em virtude principalmente das diferenças de fertilidade e umidade, dificultavam a avaliação e a seleção de plantas. Esse autor propôs a estratificação do campo experimental em sub-blocos, selecionando um número previamente definido de plantas por sub-blocos, evitando que um maior número de plantas fosse selecionado em áreas com um ambiente mais favorável (Fig. 20.4).

O ganho genético por ciclo de seleção é dado pela fórmula:

Campo de seleção de plantas dividido em sub-blocos

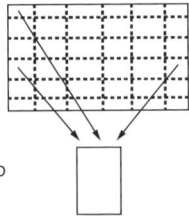

Campo de recombinação das plantas superiores

FIG. 20.4 *Método da seleção recorrente fenotípica estratificada*

$$GS = \frac{kC\sigma_A^2}{\sqrt{\sigma_w^2 + \sigma_{AE}^2 + \sigma_{DE}^2 + \sigma_A^2 + \sigma_D^2}}$$

Os diversos componentes da equação anterior estão descritos na fórmula do ganho genético na seleção recorrente fenotípica.

O benefício da estratificação do campo experimental em sub-blocos pode ser detectado pela ausência do componente de variância σ_b^2 na equação do ganho genético por seleção, em contraste com a equação do método da seleção recorrente fenotípica simples.

20.2.3 Seleção recorrente entre progênies de meios-irmãos

A seleção com base no comportamento das progênies (também conhecidas como famílias) é mais eficiente do que a realizada apenas com base no fenótipo dos indivíduos. Esse princípio, instituído por Louis de Vilmorin no final do século XIX, foi uma importante diferença no ganho de seleção de plantas.

A seleção baseada na avaliação de algum tipo de progênie permite que o melhorista faça as avaliações em testes com repetições conduzidas em diferentes ambientes. Dessa forma, as médias das progênies expressam menor variância fenotípica do que as estimativas para plantas individuais, ou seja, aquelas apresentam maior acurácia do que estas. A redução da variância fenotípica contribui para maior ganho genético esperado.

Existem diversos métodos de seleção recorrente entre progênies de meios-irmãos. A seguir, serão apresentados alguns dos procedimentos de valor histórico.

Espiga por fileiras

Este método foi proposto por Hopkins (1899) na Universidade de Illinois (EUA), visando à alteração do conteúdo de óleo e proteína dos grãos de milho (Fig. 20.5).

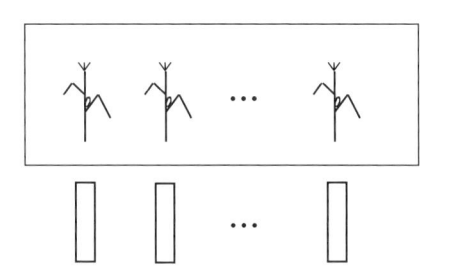

Fig. 20.5 *Método da seleção espiga por fileira*

Selecionam-se em uma população plantas individuais e colhem-se suas espigas. As sementes de cada espiga são semeadas em fileiras individuais em um único local e sem repetições. As plantas intercruzam-se aleatoriamente e, por ocasião da maturação, colhe-se a espiga de cada planta selecionada, iniciando novo ciclo de seleção (Fig. 20.5). Uma vez que o genitor masculino é a própria população, as progênies são de meios-irmãos maternos.

O ganho genético esperado por seleção neste método pode ser estimado pela seguinte fórmula:

$$GS = \frac{k_1 \, \tfrac{1}{2} \, \tfrac{1}{4} \, \sigma_A^2}{\sqrt{\sigma_\varepsilon^2 + \tfrac{1}{4}\sigma_{AE}^2 + \tfrac{1}{4}\sigma_A^2}}$$

Espiga por fileira modificado

Lonnquist (1964) introduziu, no método proposto por Hopkins (1899), o uso de repetições, locais e a seleção entre e dentro de progênies de meios-irmãos (Fig. 20.6). Este método é conhecido como seleção entre e dentro de progênies de meios-irmãos.

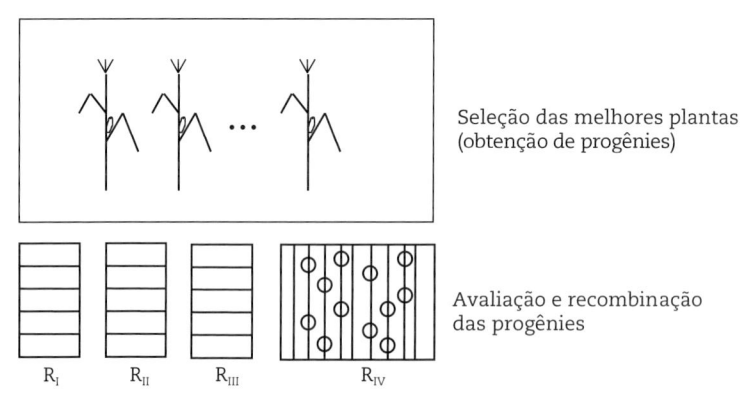

FIG. 20.6 *Método da seleção espiga por fileira modificado. O bloco de recombinação é plantado em isolamento. Plantas individuais são selecionadas no bloco de recombinação e indicadas por O. Fileira (• • •) constituída pelo bulk de todas as progênies (polinizador). Fileiras (–) progênies de meios-irmãos (despendoadas)*

Nesse método, a seleção entre progênies é baseada na comparação das médias das progênies de meios-irmãos. A seleção dentro das progênies é realizada no bloco de recombinação gênica (R_{IV}), em que todas as progênies são plantadas individualmente para serem utilizadas como genitores femininos.

Nesse bloco, um *bulk* constituído por igual número de sementes de todas as progênies é semeado, alternadamente, para polinizar os genitores femininos.

Com base nos dados obtidos na avaliação das progênies, selecionam-se as melhores progênies e um número de plantas dentro de cada progênie de meios-irmãos no bloco de recombinação. As sementes das plantas selecionadas nas melhores progênies são utilizadas para iniciar novo ciclo de seleção.

O ganho genético esperado pode ser estimado por:

$$GS = \frac{k_1 \, \tfrac{1}{2} \, \tfrac{1}{4} \, \sigma_A^2}{\sqrt{\left(\sigma_E^2/rl\right) + \left(\tfrac{1}{4}\sigma_{AE}^2/l\right) + \tfrac{1}{4}\sigma_A^2}} + \frac{k_2 \, \tfrac{1}{2} \, \tfrac{3}{4} \, \sigma_A^2}{\sqrt{\sigma_w^2 + \tfrac{3}{4}\sigma_{AE}^2 + \sigma_{DE}^2 + \tfrac{3}{4}\sigma_A^2 + \sigma_D^2}}$$

em que:

k_1 = diferencial de seleção em desvio-padrão, entre progênies de meios-irmãos;

k_2 = diferencial de seleção em desvio-padrão, dentro de progênies de meios-irmãos;

σ_ε^2 = variância devido ao erro, equivalente a $\left(\sigma_p^2 + \sigma^2\right)_w$

r = número de repetições;

l = número de localidades.

Obs.: os demais componentes foram anteriormente definidos.

Método proposto por Compton e Comstock (1976)

Compton e Comstock (1976) sugeriram uma modificação na metodologia de Lonnquist (1964), isto é, apenas as progênies selecionadas seriam utilizadas no bloco de recombinação. Esse bloco deve, portanto, ser plantado após análise dos dados e seleção das melhores progênies, com base nas repetições R_I a R_{III}.

Essa modificação contribui para maior ganho genético esperado, em virtude da elevação do controle parental de 0,5 para 1,0.

O ganho genético esperado no método espiga por fileira, modificado por Compton e Comstock, pode ser calculado como se segue:

$$GS = \frac{k_1 \, \tfrac{1}{4} \, \sigma_A^2}{\sqrt{\left(\sigma_\varepsilon^2/rl\right) + \left(\tfrac{1}{4}\sigma_{AE}^2/l\right) + \tfrac{1}{4}\sigma_A^2}} + \frac{k_2 \, \tfrac{3}{4} \, \sigma_A^2}{\sqrt{\sigma_w^2 + \tfrac{3}{4}\sigma_{AE}^2 + \sigma_{DE}^2 + \tfrac{3}{4}\sigma_A^2 + \sigma_D^2}}$$

Seleção recorrente entre progênies de meios-irmãos para capacidade de combinação

Existem inúmeras variações do método original que incluem uso de diferentes tipos de testadores, que possuem a função de avaliar as progênies para capacidade de combinação, a exemplo da própria população, uma linhagem endogâmica, um cultivar sintético ou mesmo um cultivar de polinização aberta (Fig. 20.7). Nesses casos, alguns autores preferem designar esse método de seleção recorrente para capacidade específica ou geral de combinação. Outra variação observada com frequência entre os diferentes esquemas desse método é a unidade de recombinação utilizada. Alguns melhoristas empregam sementes remanescentes das progênies em avaliação, outros preferem sementes de autofecundação.

A seguir será descrito o método em que uma linhagem endogâmica é utilizada como testadora e a recombinação é realizada com sementes remanescentes das progênies de meios-irmãos, selecionadas por meio das sementes obtidas dos cruzamentos planta × testador.

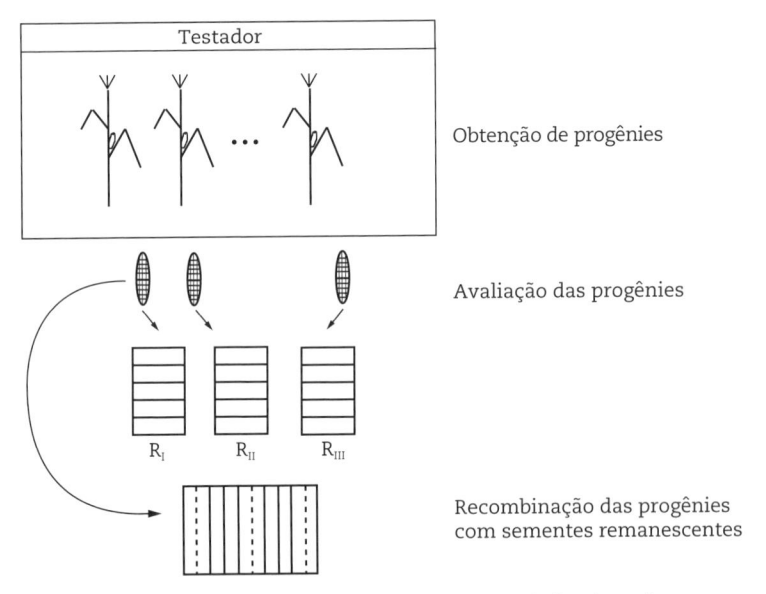

FIG. 20.7 *Método da seleção recorrente entre progênies de meios--irmãos, utilizando-se a população como testadora e sementes remanescentes das progênies selecionadas para a recombinação gênica*

Em campo isolado, a população original é despendoada e a polinização é realizada pelas fileiras da população testadora plantadas de maneira intercalada nas progênies de meios-irmãos. Seleciona-se determinado número de plantas. Cada indivíduo selecionado deverá ter uma espiga, resultado de livre cruzamento, colhida separadamente. As sementes de livre polinização são utilizadas para avaliação das progênies de meios-irmãos, sendo parte delas armazenada para posterior recombinação entre as progênies selecionadas. A avaliação das progênies é conduzida em um teste comparativo, conforme os procedimentos estatísticos apropriados. Após coleta e análise dos dados, selecionam-se as melhores progênies. Utilizando sementes remanescentes que correspondem às progênies de meios-irmãos selecionadas, efetua-se a recombinação gênica, reconstituindo a população que poderá ser submetida a novo ciclo de seleção.

O ganho genético esperado nesse método pode ser estimado pela seguinte fórmula:

$$GS = \frac{k\,{}^{1}\!/_{4}\,\sigma_A^2}{\sqrt{\left(\sigma_\varepsilon^2/rl\right)+\left({}^{1}\!/_{4}\,\sigma_{AE}^2/l\right)+{}^{1}\!/_{4}\,\sigma_A^2}}$$

20.2.4 Seleção recorrente entre progênies de irmãos completos (germanos)

Existem inúmeras variações deste esquema de seleção recorrente, que é também denominado seleção recorrente entre progênies de irmãos germanos. Na metodologia tradicional, as progênies de irmãos completos são obtidas do cruzamento entre pares de plantas selecionadas na população. Dessa forma, a seleção de plantas deve ser realizada antes do florescimento. Os indivíduos selecionados são cruzados em pares e, simultaneamente, submetidos à autofecundação.

A prolificidade, característica da planta que produz mais de uma espiga, é importante na obtenção de sementes por cruzamentos controlados e por autofecundação. No caso de populações com plantas não prolíficas, em geral, não se realiza a autofecundação. As progênies de irmãos completos são avaliadas em testes comparativos para identificação dos indivíduos superiores. A recombinação e a formação da população a ser submetida a novo ciclo de seleção são realizadas utilizando-se as sementes de autofecundação, que correspondem aos genitores dos irmãos completos selecionados. Em um campo isolado, esses genitores são semeados em fileiras alternadas com o polinizador constituído por uma mistura dos indivíduos selecionados. Os cruzamentos controlados, envolvendo todas as possíveis combinações entre os genitores, geram as progênies de irmãos completos, que poderão ser avaliadas no novo ciclo de seleção (Fig. 20.8).

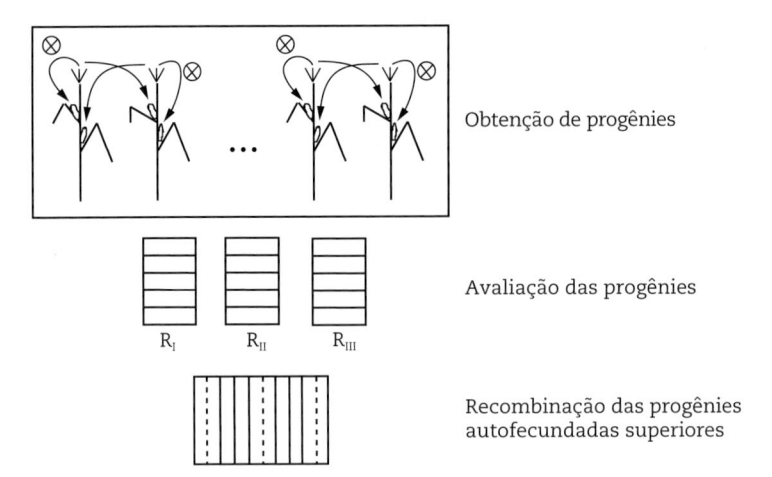

FIG. 20.8 *Método da seleção recorrente entre progênies de irmãos completos (germanos)*

Hallauer e Miranda (1988) descrevem uma metodologia de condução da seleção recorrente entre progênies de irmãos completos em que a fase de recombinação das progênies selecionadas e a de obtenção de progênies para o ciclo de seleção seguinte são realizadas simultaneamente, semeando-se os genitores selecionados em fileiras pareadas. Os cruzamentos controlados, envolvendo todas as possíveis combinações entre genitores, geram as progênies que poderão ser avaliadas no ciclo de seleção seguinte. Essa modificação resulta em menor tempo para conclusão de um ciclo de seleção do que a metodologia tradicional.

A seleção recorrente entre progênies de irmãos completos tem sido utilizada com menor frequência que os demais métodos intrapopulacionais.

O ganho genético esperado na seleção entre progênies de irmãos completos com recombinação de progênies autofecundadas pode ser estimado por:

$$GS = \frac{k_2 \, \frac{1}{2} \sigma_A^2}{\sqrt{\left(\sigma_\varepsilon^2 / rl\right) + \left(\frac{1}{2} \sigma_{AE}^2 / l\right) + \left(\frac{1}{4} \sigma_{DE}^2 / l\right) + \frac{1}{2} \sigma_A^2 + \frac{1}{4} \sigma_D^2}}$$

O ganho genético esperado na seleção entre progênies de irmãos completos de populações não prolíficas pode ser estimado pela seguinte fórmula:

$$GS = \frac{k \, \frac{1}{2} \sigma_A^2}{\sqrt{\left(\sigma_\varepsilon^2 / rl\right) + \left(\frac{1}{2} \sigma_{AE}^2 / l\right) + \left(\frac{1}{4} \sigma_{DE}^2 / l\right) + \frac{1}{2} \sigma_A^2 + \frac{1}{4} \sigma_D^2}}$$

20.2.5 Seleção recorrente entre progênies endogâmicas

As progênies S_1 ou S_2, resultantes, respectivamente, de uma e duas autofecundações de plantas selecionadas, têm sido utilizadas no melhoramento de espécies autógamas e alógamas. As progênies endogâmicas são empregadas para avaliação das plantas selecionadas. Identificadas as plantas superiores, sementes remanescentes das plantas $S_{1:2}$ são utilizadas para promover a recombinação gênica.

Na seleção recorrente com progênies S_2, faz-se a seleção de indivíduos fenotipicamente superiores na população original, submetendo-os à autofecundação para obtenção de progênies S_1. Dentro de cada progênie, plantas são selecionadas e autofecundadas para obtenção das progênies S_2. Parte das sementes S_2 de cada progênie é utilizada para avaliação e parte é preservada para a recombinação gênica. Após a avaliação, as progênies superiores são identificadas. Utilizando as sementes remanescentes, que correspondem a progênies selecionadas, procede-se à recombinação gênica (Fig. 20.9). Esse método tem-se mostrado eficiente para a melhoria do nível geral da população por si e do comportamento de progênies selecionadas nesta.

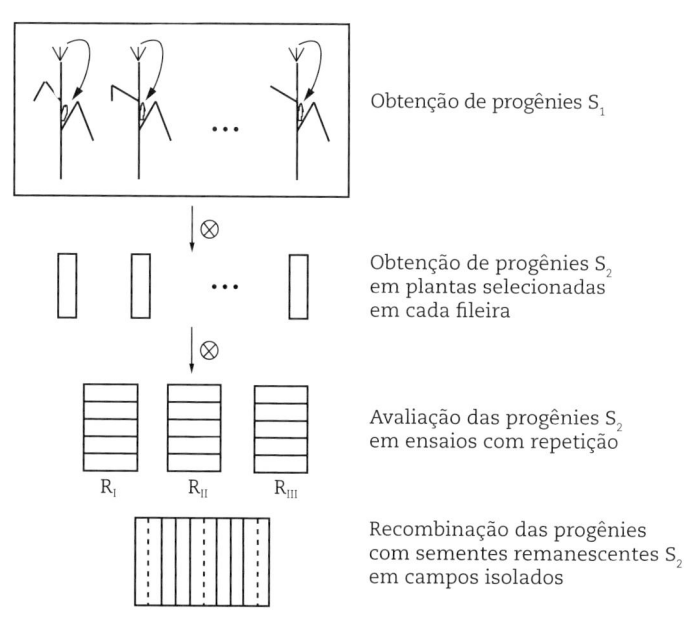

FIG. 20.9 *Método da seleção recorrente entre progênies endogâmicas S_2*

Progênies selecionadas de populações submetidas à seleção recorrente entre progênies endogâmicas têm apresentado menor perda de vigor quando submetidas à autofecundação.

Na seleção recorrente entre progênies endogâmicas, a variância genética aditiva é determinada pela equação $(1 + F)\sigma_A^2$, em que F é o coeficiente de endogamia. O efeito da endogamia na variância genética aditiva é apresentado na Tab. 20.3.

O melhorista deve avaliar a relação custo-benefício na obtenção de progênies endogâmicas. Embora o ganho genético esperado com esses métodos seja maior, o tempo adicional requerido para obtenção das progênies endogâmicas deve ser considerado. Em programas de melhoramento aplicados, o ganho genético por ano é uma das melhores maneiras de avaliar a eficiência dos métodos empregados.

Tab. 20.3 COEFICIENTE DE ENDOGAMIA E VARIÂNCIAS GENÉTICA ADITIVA E DE DOMINÂNCIA ENTRE E DENTRO DE PROGÊNIES ENDOGÂMICAS

Geração	Coeficiente de endogamia (F)	Entre		Dentro	
		σ_A^2	σ_D^2	σ_A^2	σ_D^2
$S_{0:1}$	0	1	1/4	1/2	1/2
$S_{1:2}$	½	3/2	3/16	1/4	1/4
$S_{2:3}$	¾	7/4	7/64	1/8	1/8
$S_{3:4}$	7/8	15/8	15/256	1/16	1/16
$S_{4:5}$	15/16	31/16	31/1024	1/32	1/32

O ganho genético esperado com a seleção recorrente entre progênies $S_{1:2}$ pode ser estimado pela seguinte fórmula:

$$GS = \frac{k\,{}^3\!/_2\,\sigma_A^2}{\sqrt{\left(\sigma_\varepsilon^2/rl\right)+\left({}^3\!/_2\,\sigma_{AE}^2/l\right)+\left({}^3\!/_{16}\,\sigma_{DE}^2/l\right)+{}^3\!/_2\,\sigma_A^2+{}^3\!/_{16}\,\sigma_D^2}}$$

O ganho genético esperado com a seleção recorrente entre progênies $S_{0:1}$ pode ser estimado pela seguinte fórmula:

$$GS = \frac{k\sigma_A^2}{\sqrt{\left(\sigma_\varepsilon^2/rl\right)+\left(\sigma_{AE}^2/l\right)+\left({}^1\!/_4\,\sigma_{DE}^2/l\right)+\sigma_A^2+{}^1\!/_4\,\sigma_D^2}}$$

Diversas variações da seleção recorrente entre progênies endogâmicas têm sido propostas. Dhillon e Khehra (1989) apresentaram uma modificação interessante, em que as fases de avaliação e recombinação de progênies são agrupadas com intervalo de época de plantio entre elas. Com essa modificação, um ciclo de seleção entre progênies $S_{0:1}$ pode ser completado em duas estações de plantio em vez das três comumente requeridas. Espera-se que o ganho genético por ano com essa modificação seja maior que quando se empregam outros métodos de seleção recorrente intrapopulacionais.

20.2.6 Métodos interpopulacionais

Quando o objetivo do programa de melhoramento é o desenvolvimento de híbridos, os métodos interpopulacionais ou de seleção recorrente recíproca podem ser mais apropriados, porque capitalizam os efeitos aditivos e de dominância.

Inicialmente propostos por Comstock, Robinson e Harvey (1949), esses métodos visam ao melhoramento de duas populações simultaneamente, por meio de modificações de suas frequências gênicas, de forma complementar, mantendo-as geneticamente distintas.

Nesses métodos de seleção recorrente, uma população é utilizada como testadora da outra, o que lhes confere a vantagem de aumento da resposta heterótica.

20.2.7 Seleção recorrente recíproca entre meios-irmãos

Neste método, duas populações são utilizadas simultaneamente: indivíduos (genitores masculinos) da população A são cruzados com 5 a 10 indivíduos (genitores femininos) da população B, que atuam como testadores (Fig. 20.10). Os indivíduos utilizados como genitores masculinos (polinizadores) são simultaneamente autofecundados. Esse mesmo procedimento é conduzido no sentido oposto, utilizando-se indivíduos da população B como genitores masculinos e da população A como genitores femininos. As progênies de meios-irmãos obtidas são avaliadas em testes comparativos de produção. As sementes de autofecundação, correspondentes aos genitores masculinos das progênies superiores, são utilizadas para a recombinação gênica.

20.2.8 Seleção recorrente recíproca entre meios-irmãos modificada I

Neste método são extraídas progênies de meios-irmãos em dois campos isolados, correspondendo cada um a uma população (Fig. 20.11). Cada progênie da população A é plantada em espiga por fileira intercalada com plantas doadoras de pólen da outra população B. As progênies da população A devem ser despendoadas. O inverso também deve ser feito, isto é,

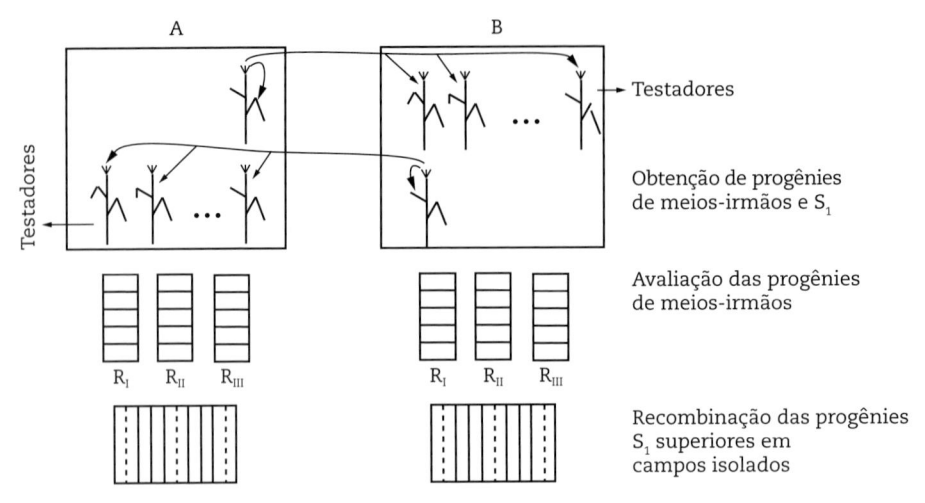

FIG. 20.10 *Método da seleção recorrente recíproca*

- Testadores
- Obtenção de progênies de meios-irmãos e S_1
- Avaliação das progênies de meios-irmãos
- Recombinação das progênies S_1 superiores em campos isolados

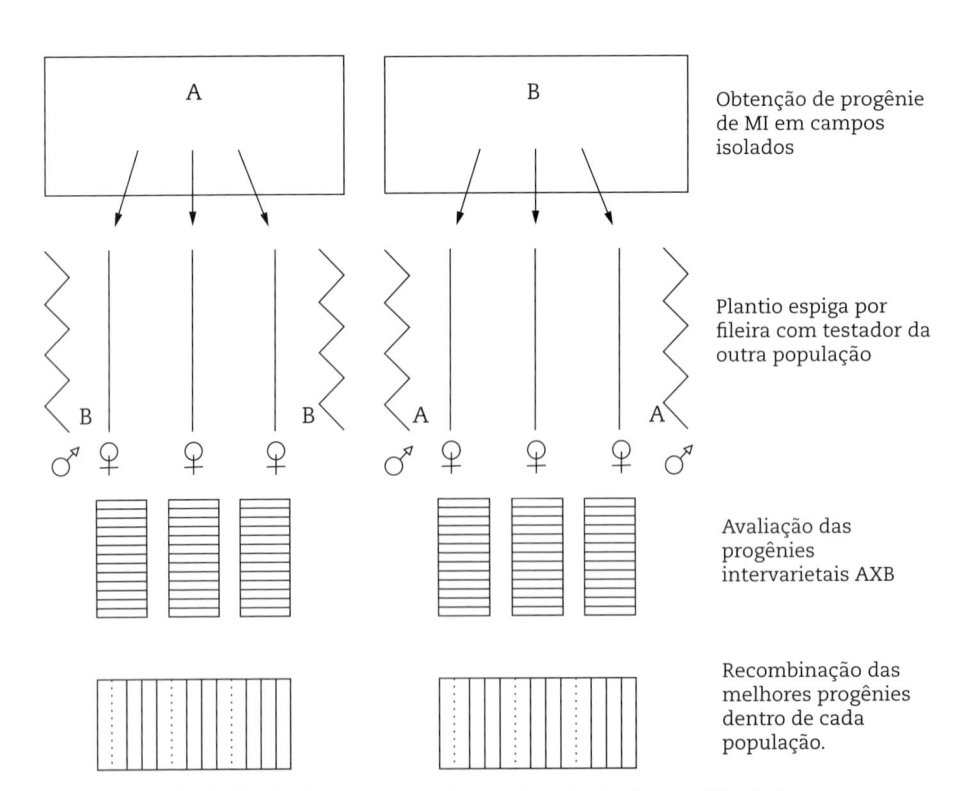

FIG. 20.11 *Método da seleção recorrente recíproca de meios-irmãos modificado I*

- Obtenção de progênie de MI em campos isolados
- Plantio espiga por fileira com testador da outra população
- Avaliação das progênies intervarietais AXB
- Recombinação das melhores progênies dentro de cada população.

plantam-se as progênies da população B em espigas por fileiras e, como polinizador, fileiras da população A.

Os híbridos interpopulacionais AxB e BxA são avaliados em experimentos com repetições em vários locais.

As sementes remanescentes de cada população das progênies de MI, correspondentes aos melhores híbridos interpopulacionais, são utilizadas para dar sequência ao método.

20.2.9 Seleção recorrente recíproca entre progênies de irmãos completos

À semelhança do método anterior, duas populações são selecionadas (Fig. 20.12). As progênies de irmãos completos são obtidas cruzando-se indivíduos selecionados da população A com uma amostra da população B. Os indivíduos utilizados em cruzamentos devem ser simultaneamente autofecundados. Populações que apresentam prolificidade permitem a fácil implementação do método, uma vez que uma espiga é utilizada para autofecundação e a outra, para o cruzamento.

As progênies de irmãos completos devem ser avaliadas em testes comparativos para identificação dos genitores superiores. As sementes de autofecundação correspondentes aos genitores superiores são utilizadas para recombinação gênica dentro de cada população.

Obtenção de progênies de irmãos completos e S_1

Avaliação das progênies de irmãos completos

R_I R_{II} R_{III}

Recombinação das progênies S_1 superiores em campos isolados

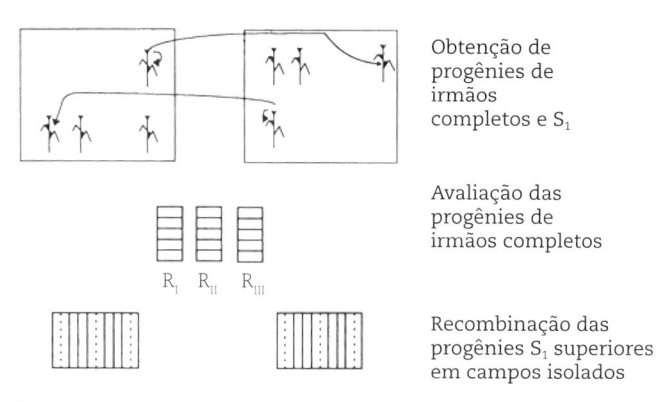

Fig. 20.12 *Métodos de seleção recorrente recíproca de irmãos completos interpopulacionais*

vinte e um

Endogamia e heterose

A endogamia e a heterose caracterizam um fenômeno genético que proporcionou a obtenção dos híbridos em espécies agrícolas. Para a cultura do milho, por exemplo, a heterose é responsável por a produtividade desse cereal ter triplicado em 50 anos.

21.1 Endogamia

A endogamia é decorrente de sistemas de acasalamento que aumentam a homozigose, como os cruzamentos entre indivíduos aparentados (Fig. 21.1). Os efeitos prejudiciais da endogamia em plantas e animais são conhecidos pelo homem há vários séculos. Desde a mais remota história, o casamento entre pessoas com estreito grau de parentesco era desestimulado, com base nas observações de nascimentos de crianças com defeitos congênitos.

Durante o século XVI, quando diversas raças bovinas eram purificadas, os melhoristas de animais encontraram sérios problemas relativos à fertilidade quando cruzamentos entre indivíduos aparentados eram rotineiros.

Koelrenter (1776 apud Davenport, 1908), notável biólogo alemão, foi um dos primeiros a observar o vigor híbrido originário de cruzamentos entre indivíduos não aparentados. Diversos outros biólogos estudaram a endogamia nos cem anos que sucederam os trabalhos de Koelrenter, mas os primeiros estudos cientificamente embasados sobre o conceito atual de endogamia e de heterose são creditados ao geneticista George H. Shull.

Trabalhando em pesquisa básica no Instituto Carnegie em Cold Spring Harbor, Nova York, Shull demonstrou, de forma segura, a aplicação prática de seus estudos básicos sobre endogamia. O bioquímico East (1908) também desenvolveu a base científica da endogamia, mas as publicações de Shull chamaram mais a atenção da comunidade científica por serem claras e mais abrangentes. Estudando herdabilidade de altura de planta, número de fileiras de grãos por espiga e produtividade, Shull publicou o célebre artigo "A composição de um campo de milho" (Kimmelman, 1983). Nesse artigo, ele relata que "um campo de milho é composto por muitos híbridos complexos, os quais perdem vigor com a endogamia", e que o melhorista deve procurar manter as melhores "combinações híbridas".

Desenvolvendo suas pesquisas na Estação Experimental de Connecticut, East chegou a conclusões semelhantes às de Shull, as quais proporcionaram maior credibilidade aos resultados publicados.

É evidente que o aumento da homozigose pode resultar de cruzamentos entre irmãos completos, meios-irmãos e pais-filhos, além da autofecundação.

Na Fig. 21.1 estão esquematizados os sistemas de endogamia mais comuns, enquanto na Tab. 21.1 mostram-se os coeficientes de endogamia desses sistemas em diferentes gerações.

As espécies autógamas não expressam depressão em virtude da endogamia, como ocorre nas alógamas. Nas espécies alógamas, a manifestação da perda de vigor não é uniforme. Cebola, cucurbitáceas, centeio e girassol são espécies consideradas tolerantes à endogamia quando comparadas ao milho ou à alfafa, que expressam grande perda de vigor. Nas espécies alógamas portadoras de mecanismos de autoincompatibilidade, a autofecundação é completamente excluída do modo de reprodução.

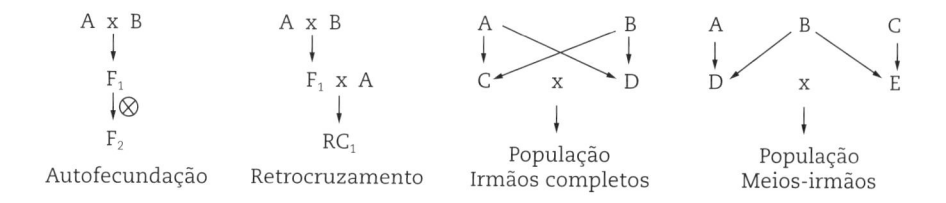

$$
\begin{array}{cccc}
A \times B & A \times B & A \quad B & A \quad B \quad C \\
\downarrow & \downarrow & \downarrow \times \downarrow & \downarrow \searrow \downarrow \swarrow \downarrow \\
F_1 & F_1 \times A & C \quad D & D \quad \times \quad E \\
\downarrow \otimes & \downarrow & \downarrow & \downarrow \\
F_2 & RC_1 & \text{População} & \text{População} \\
\text{Autofecundação} & \text{Retrocruzamento} & \text{Irmãos completos} & \text{Meios-irmãos}
\end{array}
$$

FIG. 21.1 *Sistemas de endogamia mais comuns*

Tab. 21.1 Coeficientes de endogamia em dez gerações obtidas por quatro sistemas de acasalamento

Gerações	Autofecundação	Retrocruzamento	Meios-irmãos	Irmãos completos
1	0,500	0,500	0,000	0,000
2	0,750	0,750	0,125	0,250
3	0,875	0,875	0,219	0,375
4	0,938	0,938	0,305	0,500
5	0,969	0,969	0,381	0,594
6	0,984	0,984	0,448	0,692
7	0,992	0,992	0,509	0,734
8	0,996	0,996	0,562	0,790
9	0,998	0,998	0,610	0,828
10	0,999	0,999	0,654	0,859

21.1.1 Consequências da endogamia

1. Aumento progressivo da homozigose, em razão das sucessivas gerações de acasalamento endogâmico, fixando os caracteres.
2. Frequência genotípica alterada, embora a frequência alélica não se altere.
3. Aparecimento de características indesejáveis ou anormalidades nas espécies alógamas. As mais frequentes são as deficiências de clorofila, que geram plantas albinas ou estriadas. Outras anomalias que podem ocorrer são formação de sementes no pendão, esterilidade e nanismo.
4. Perda de vigor generalizada (ou depressão por endogamia) e redução da produtividade. Em geral, as espécies sofrem redução da altura e do tamanho de espiga e atraso no ciclo.
5. Formação de 2^n linhas uniformes com o aumento da homozigose, sendo n o número de genes segregantes na população.
6. Redistribuição da variância genética com o aumento da homozigose. Aumento da variância genética entre linhas e redução dentro delas.

A intensidade da perda de vigor varia de acordo com a espécie, e essa perda persiste até a fixação de suas características. Por exemplo, a altura de planta em milho é fixada com aproximadamente cinco gerações de autofecundação, enquanto para produção de grãos necessita-se, em média, de 25 gerações.

21.1.2 Quantificação da endogamia

A endogamia de uma população foi definida por Wright (1922) como a correlação dos valores genéticos entre membros da população. Para

Malecot (1948), endogamia é a probabilidade de dois alelos de um *locus* terem origens idênticas.

Good e Hallauer (1977) demonstraram que a depressão causada pela endogamia não ocorre em razão do sistema de acasalamento, mas sim do coeficiente de endogamia.

21.1.3 Endogamia em poliploides

A redução do vigor em diploides é diretamente proporcional à do número de *loci* em heterozigose, isto é, F_1 = Aa, F_2 = 1 AA: 2 Aa: 1 aa, com 50% de redução na heterozigose. Em tetraploides, espécies com quatro alelos em cada *locus*, a taxa de redução da heterozigose ocorre lentamente com as gerações de autofecundação. O resultado de uma autofecundação em um duplex (Aaaa) é dado por $(AA + 4Aa + aa)^2$, e o desenvolvimento algébrico dessa equação resulta em: 1AAAA + 8AAAa + 18AAaa + 8Aaaa + 1 aaaa, isto é, um indivíduo completamente recessivo, nuliplex, em 36. À medida que a ploidia aumenta, a heterozigose é reduzida ainda mais lentamente com as autofecundações. Enquanto em indivíduos F_1 diploides uma geração de autofecundação reduz a heterozigose em 50%, em tetraploides essa taxa é de somente 5,6%.

Em geral, a redução do vigor em autopoliploides pode não seguir um padrão definido, como observado em diploides, em virtude da segregação dissômica em contraste com a segregação polissômica, e a segregação de cromossomos e cromátides pode ocorrer de forma polissômica. Como consequência, a redução de vigor observada pode ser intermediária entre a esperada de diploides e a de poliploides, com herança polissômica completa.

Na Fig. 21.2 apresenta-se, de forma esquemática, a redução de vigor em razão do coeficiente de endogamia para espécies diploides e tetraploides.

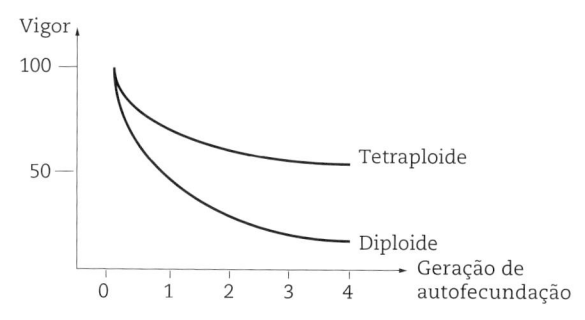

FIG. 21.2 *Redução do vigor híbrido em indivíduos diploides e tetraploides*

Dewey (1966), estudando diferentes ploidias em espécies forrageiras, concluiu, com base em gerações de autofecundação, que diploides sofrem a maior redução de vigor quando comparados com tetraploides e hexaploides, enquanto os hexaploides apresentam a menor redução. Nesse estudo, Dewey comparou número de gerações de autofecundação e não coeficiente de endogamia. Com uma geração de autofecundação, o coeficiente de endogamia será mínimo para os hexaploides e máximo para os diploides. Esse autor afirmou que os poliploides acumulam maior número de aberrações cromossômicas do que os diploides, em razão de sua maior capacidade de mantê-las acobertadas.

A seleção gamética pode eliminar a maioria das aberrações cromossômicas em diploides, enquanto o efeito tamponante de um ou mais genomas em autopoliploides dificulta a eliminação de tais aberrações. Dewey relatou ainda que a perda de vigor em diploides é condicionada primariamente por alelos recessivos deletérios e que, em autopoliploides, a depressão causada pela endogamia é resultado não só desses alelos, mas também das aberrações cromossômicas.

Resultados experimentais mostram que a perda de vigor em poliploides é maior do que em diploides para o mesmo coeficiente de endogamia, sendo também maior nestes para o mesmo número de autofecundações (Busbice; Wilsie, 1966; Dunbier; Bingham, 1975; Lamkey; Dudley, 1984).

21.2 Heterose

Heterose ou vigor híbrido é o aumento do vigor, da altura de planta, do conteúdo de carboidratos, da produtividade e da intensidade de outros fenômenos fisiológicos, decorrente do cruzamento entre indivíduos geneticamente contrastantes. Do ponto de vista acadêmico, o híbrido expressa heterose quando é superior à média dos genitores e, do ponto de vista comercial, quando é superior ao melhor genitor.

Três semanas antes do início da Primeira Guerra Mundial, Shull cunhou o termo *heterose*, em uma palestra em Berlim, com as seguintes palavras: "Para evitar a implicação de que todas as diferenças genotípicas que estimulam a divisão celular, o crescimento e outros fenômenos fisiológicos sejam de natureza mendeliana e também para ser mais sucinto, eu sugiro que, em vez da terminologia estímulo da heterozigose, o termo *heterose* seja adotado".

Um dos primeiros passos para o entendimento da heterose é reconhecer que esta e a endogamia são as duas faces de um só fenômeno.

21.2.1 Manifestação da heterose

A heterose tem sido observada na maioria das espécies, incluindo as autógamas.

A manifestação do vigor híbrido pode ser observada na área foliar, no desenvolvimento do sistema radicular, na altura de planta, na produtividade, na taxa fotossintética, no metabolismo celular, no tamanho de célula, no tamanho de fruto, na cor de fruto, na sua precocidade etc.

Para o melhorista de espécies olerícolas ou frutíferas, o aspecto visual e o tamanho de fruto são muitas vezes mais importantes do que a própria produtividade. Por exemplo, o mercado do mamão-havaí valoriza frutos com peso médio de 200 a 250 gramas. Porém, a heterose se tornará indesejável se a sua manifestação resultar em frutos com peso acima desses valores.

21.2.2 Bases genéticas da heterose

As principais hipóteses explicativas da heterose e da endogamia datam do início do século XX, quando esses fenômenos foram descobertos. Durante as décadas que se sucederam, centenas de estudos foram conduzidos visando ao melhor entendimento dos princípios genéticos que controlam a heterose.

Hipótese da dominância

Davenport (1908) publicou os primeiros dados acerca do assunto, os quais, dois anos mais tarde, resultaram na formulação da hipótese da dominância.

Em 1910, Andrew B. Bruce apresentou a primeira explicação genética da heterose com base nas interações de dominância (Richey, 1946). Essencialmente, a explicação de Bruce é a de que, em um híbrido obtido do cruzamento de duas linhagens, o número médio de *loci* de homozigotos recessivos é menor que o de cada uma das linhagens. Bruce afirma: "Se assumirmos que a dominância está positivamente correlacionada com vigor, o cruzamento de duas linhagens endogâmicas resultará em maior vigor que o das linhagens em conjunto". Esse autor postulou a existência de uma correlação positiva entre alelos recessivos e efeitos deletérios. Com base nessa hipótese, ele considera as alógamas como portadoras de genes deletérios recessivos, que, em muitos casos, permanecem acobertados pelos alelos dominantes.

Com as sucessivas gerações de autofecundação, a depressão causada pela endogamia é o resultado do aumento da homozigose, quando a expressão dos recessivos deletérios reduz o vigor dos indivíduos. A depressão causada pela endogamia poderia ser explicada pela expressão dos alelos deletérios recessivos. O cruzamento entre linhagens endogâmicas selecionadas resulta em híbridos, nos quais os alelos recessivos de um genitor estão acobertados pelos dominantes do outro. Algumas linhagens apresentam boa complementaridade, em razão da presença de alelos favoráveis dominantes em um dos dois genitores para cada um dos *loci* de importância agronômica. Quando duas linhagens se complementam de forma satisfatória, é porque possuem boa capacidade específica de combinação e o híbrido produzido pelo seu cruzamento apresenta alto vigor, por conter maior número de alelos dominantes favoráveis do que ambos os genitores isoladamente. O exemplo subsequente ilustra a hipótese da dominância: em um modelo genético de cruzamento em que os alelos dominantes A, B e C igualmente contribuem para a heterose, enquanto os alelos recessivos a, b e c são desfavoráveis, o genitor AAbbcc possui valor relativo igual a 1 e o genitor aaBBCC, igual a 2. O híbrido F_1, AaBbCc, desse cruzamento apresenta valor igual a 3, portanto superior ao de ambos os genitores.

O conceito que muitos melhoristas têm de que o ganho genético resultante do processo de endogamia e subsequente hibridação é devido à eliminação de alelos indesejáveis está fundamentado na hipótese da dominância.

Nos primeiros anos após a proposição das principais hipóteses explicativas da heterose, estas foram muito questionadas em vários periódicos especializados. A hipótese da dominância sofreu quatro objeções nos fóruns de debate. A primeira é que alguns pesquisadores a consideravam muito simplista e não explicativa. A segunda refere-se à distribuição na geração F_2, que deveria ser assimétrica, do tipo $(3A\_ + 1aa)^n$, para n genes que afetam a característica em questão (Fig. 21.3). Em 1921, Collins demonstrou que, com um grande número de genes, independentemente das ligações fatoriais, a assimetria na distribuição em F_2 desaparece (Collins, 1921). A terceira objeção questionava a necessidade de heterozigose para a expressão do vigor. Argumentou-se que, se esta hipótese estivesse correta, seria possível obter um indivíduo igualmente vigoroso como híbrido F_1 e homozigótico com relação aos genes dominantes favoráveis. Todavia, nunca foi encontrado um indivíduo tão vigoroso quanto o F_1 que não segregasse. Em 1917, Jones introduziu o conceito de ligação fatorial nos debates sobre a heterose e afirmou que o vigor híbrido era função da interação de alelos favoráveis

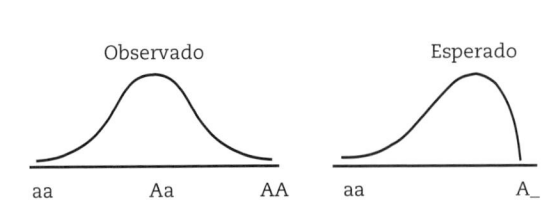

FIG. 21.3 *Distribuições esperada e observada de heterose na geração F_2*

dominantes ou parcialmente dominantes, provenientes de ambos os genitores (Jones, 1917). Também argumentou que, se grande número de alelos estivesse envolvido na manifestação do vigor, eles estariam ligados e seria extremamente difícil obter todos os alelos favoráveis em um único indivíduo homozigoto. Seria necessária a ocorrência de *crossing overs* específicos para reunir em um só indivíduo os alelos dominantes, o que reduziria a probabilidade de obtenção de um indivíduo tão vigoroso quanto o híbrido F_1 em homozigose.

A quarta objeção a essa hipótese baseia-se na falta de evidências de dominância na expressão das características quantitativas. Essa crítica foi imediatamente afastada das discussões, em razão dos resultados experimentais que indicavam a dominância parcial ou completa como principal modo de herança das características quantitativas.

Hipótese da sobredominância

Esta hipótese é também conhecida como superdominância, interação alélica, estímulo fisiológico ou heterozigosidade. Proposta por Shull (1908b) e expandida por East (1936), supõe a existência de um estímulo fisiológico em indivíduos heterozigóticos: a presença de alelos contrastantes em cada *locus* provocaria a ativação de rotas bioquímicas, que, somadas, resultariam em desempenho superior ao daqueles indivíduos que apresentam um único tipo alélico em cada *locus*. Em 1936, East expandiu as bases da sua hipótese original, incluindo as séries alélicas na explicação da heterose: cada alelo possuiria funções distintas e a condição heterozigota seria favorável em relação à homozigota.

Nesses mais de cem anos de estudos da heterose, não foi possível provar sequer uma dessas hipóteses. Pela complexidade da herança das características quantitativas, é possível que as duas hipóteses se complementem para uma explicação completa da heterose.

Mesmo desconhecendo o mecanismo genético da heterose, os melhoristas continuam a explorá-la em benefício da humanidade.

Em 1946, Hebert K. Hayes, da Universidade de Minnesota, apresentou o seguinte resumo das causas da heterose: (i) dominância parcial de genes ligados; (ii) ação gênica complementar; (iii) eliminação dos efeitos deletérios dos genes recessivos pela introdução do seu alelo dominante; e (iv) aumento do estímulo fisiológico com alelos múltiplos que podem possuir efeitos fisiológicos diferentes. A maioria dos pesquisadores acredita que todas essas causas estejam atuando na manifestação do vigor híbrido. A importância relativa de uma em relação às demais provavelmente varia com as diferentes espécies em consideração.

Hipótese da epistasia

Interações epistáticas ocorrem em virtude da complexa interação de produtos gênicos em diferentes loci. Evidências experimentais indicam que estas interações são alteradas em cruzamentos entre tipos contrastantes, causando redução dos efeitos epistáticos na heterose (Geiger, 1963). Embora a maioria dos resultados experimentais indique que a epistasia contribui de forma modesta para a variabilidade genética, em certos cruzamentos as interações epistáticas contribuem para a heterose (Stuber; Moll, 1971).

A epistasia pode explicar a heterose nas seguintes situações:

1. *Ação gênica complementar.* Considerando que os genitores A_bb e aaB_ apresentam valor relativo igual a zero, o híbrido AaBb do cruzamento desses genitores poderá expressar heterose com valor relativo igual a 2. A segregação gênica de dois genes complementares, como a dos anteriormente descritos, é de 9:7, na geração F_2. Essa mesma ideia é estendida aos caracteres quantitativos, isto é, há necessidade de alelos favoráveis de todos os loci para a manifestação da heterose.

2. *Reação limitante.* Considerando que o vigor ocorra em razão de uma série de reações que podem ser limitantes:

$$\begin{array}{lll} \text{Linhagem A:} & X \xrightarrow{6} Y \xrightarrow{2} Z \\ \text{Linhagem B:} & X \xrightarrow{2} Y \xrightarrow{6} Z \\ \text{Híbrido } F_1: & X \xrightarrow{6} Y \xrightarrow{6} Z \end{array}$$

Nas linhagens A e B são produzidas apenas duas unidades do produto Z, em virtude da limitação imposta em uma das etapas da reação (X → Y → Z), enquanto no híbrido, por causa da ação epistática dos genes, são produzidas seis unidades de Z. Essa hipótese foi apresentada por Hegeman, Leng e Dudley (1967) no artigo "Um enfoque bioquímico no melhoramento do milho".

3. *Soma multiplicativa.* Considerando a produção total de sementes de milho com o resultado do número de fileiras de sementes e o número de sementes por fileira na espiga, considerando também que número de fileiras e número de sementes/fileira são características completamente aditivas, o híbrido F_1 apresentará valores intermediários aos dos genitores para número de fileiras e de sementes/fileira, mas manifestará heterose

quanto ao número total de sementes (Tab. 21.2). Essa explicação da heterose com base na soma multiplicativa entre características aditivas foi apresentada por Mayo (1980).

Tab. 21.2 HETEROSE PARA NÚMERO TOTAL DE SEMENTES DE MILHO EM RAZÃO DA SOMA MULTIPLICATIVA DAS CARACTERÍSTICAS NÚMERO DE FILEIRA DE SEMENTES E NÚMERO DE SEMENTES POR FILEIRA

Genótipo	N° de fileiras	N° de sementes/ fileira	N° total de sementes
Linhagem A	10	50	500
Linhagem B	16	30	480
Híbrido F_1	13	40	520

Fonte: Mayo (1980).

21.2.3 Evidências experimentais sobre as hipóteses explicativas da heterose

Os clássicos experimentos apresentados nos tópicos subsequentes fornecem suporte às hipóteses explicativas da heterose.

Seleção recorrente de Russel, Eberhart e Vega (1973) para capacidade específica de combinação

Trabalhando com milho, esses autores utilizaram a variedade de polinização aberta 'Alph' e a geração F_2 do cruzamento das linhagens WF9 × B7. Utilizando a linhagem B_{14} como testadora, eles conduziram cinco ciclos de seleção para capacidade específica de combinação e fizeram as seguintes pressuposições:

a. Se a hipótese da sobredominância fosse importante, após os cinco ciclos de seleção:
- as duas populações se tornariam uma imagem complementar do testador B14;
- as duas populações se tornariam mais semelhantes;
- a *performance* do cruzamento Alph × (WF9 × B7) não melhoraria, uma vez que as populações se tornariam mais semelhantes;
- os cruzamentos das duas populações com um testador de ampla base genética não melhorariam, pois a seleção é para capacidade específica de combinação.

b. Se a hipótese da dominância fosse importante, após os cinco ciclos de seleção:

* o desempenho das populações *per se* deveria melhorar;
* os cruzamentos entre as duas populações deveriam melhorar;
* o desempenho dos cruzamentos com B14 deveria melhorar;
* os cruzamentos das duas populações com um testador de ampla base genética deveriam melhorar.

Os resultados experimentais evidenciaram: (i) ganhos para as capacidades específica e geral de combinação; (ii) melhoria do desempenho *per se* das populações; e (iii) maiores ganhos para cruzamentos entre as duas populações. Os autores concluíram que esses resultados favorecem a hipótese da dominância.

Estudos de melhoramento convergente de Richey e Sprague (1981)

O objetivo deste estudo foi desenvolver versões de linhagens convergentes para o tipo de híbrido com o qual elas seriam utilizadas na produção de sementes comerciais de híbridos.

A versão P_1' foi desenvolvida por meio de retrocruzamentos do genitor recorrente P_1 e do doador P_2.

Pressupondo-se que P_1' é portador de genes de P_2, se a hipótese da sobredominância fosse importante, o híbrido $P_1 \times P_2$ expressaria maior heterose do que $P_1' \times P_2$, uma vez que P_1 é mais divergente de P_2 do que de P_1'; se a hipótese da dominância fosse importante, o híbrido $P_1' \times P_2$ apresentaria maior heterose do que o híbrido original $P_1 \times P_2$.

Os resultados experimentais de Richey e Sprague (1981) sustentam a hipótese da dominância, uma vez que o híbrido $P_1' \times P_2$ foi superior ao híbrido original $P_1 \times P_2$.

Estimação do grau de dominância por Gardner (1963)

Gardner, utilizando o delineamento III, estimou o grau de dominância em várias gerações de acasalamento ao acaso e concluiu que a "sobredominância" observada nas gerações F_1 e F_2 é devida a genes ligados na fase de repulsão, e não à ação gênica de sobredominância *per se*.

Outros experimentos estimando os componentes epistáticos da variância genética foram conduzidos por diversos autores. Alguns deles detectaram epistasia em casos específicos (Silva; Hallauer, 1975; Stuber; Moll, 1969). Todavia, os componentes epistáticos são, em geral, de pequena importância.

21.2.4 Outras possíveis explicações da heterose

Nestes últimos 95 anos, os geneticistas têm-se interessado pelas hipóteses da heterose, e, mais recentemente, esse fenômeno tem sido também assunto de interesse de fisiologistas, biólogos moleculares e outros cientistas.

Rood et al. (1988) investigaram as causas fisiológicas da heterose da altura de planta de milho. Relataram que as giberelinas podem estar envolvidas na explicação da heterose, com base nos seguintes resultados: (i) linhagens endogâmicas respondem de forma marcante a aplicações de giberelinas; (ii) híbridos não respondem a aplicações de giberelinas; (iii) híbridos apresentam maiores níveis endógenos de giberelina; e (iv) híbridos contêm alto vigor durante a germinação e o desenvolvimento inicial das plantas, com níveis altos de giberelina.

Os referidos autores afirmaram que a depressão causada pela endogamia no milho é, em parte, devida à deficiência de giberelina e que os maiores níveis dessa substância em híbridos podem ser o resultado de uma biossíntese mais intensa, em razão do polimorfismo das enzimas envolvidas.

Durante o *workshop* sobre heterose realizado na Universidade de Minnesota em 1991, Rood relatou que seria praticamente impossível restaurar de forma completa o vigor pela aplicação de giberelinas, pois, com essa aplicação, as linhagens endogâmicas manifestaram recuperação de vigor para altura de plantas, mas a produção de grãos não foi alterada. Segundo Rood, a giberelina talvez seja o sinal de ativação gênica que resulta na heterose.

Angus Hepburn, da Universidade de Illinois, citado por Phillips, Plunkett e Kaeppler (1991), procurando uma explicação da heterose em nível molecular, investigou a importância da metilação do DNA na expressão gênica e na heterose. Esse autor concluiu que a base nucleotídica citosina encontra-se frequentemente metilada (5-metil-citosina) e que a metilação do DNA está negativamente correlacionada com a expressão gênica. Por exemplo, o cromossoma X inativo em humanos é altamente metilado. Ele investiga também se a heterocromatina se encontra mais condensada em linhagens endogâmicas e se, nos híbridos, ela se estenderia, facilitando a transcrição e a expressão gênica.

vinte e dois

Cultivares híbridos

A estrutura genética das populações das espécies alógamas é caracterizada pelo seu conjunto gênico e pela sua recombinação durante o processo de reprodução.

No melhoramento das espécies alógamas, procura-se explorar a natureza heterozigótica dos genótipos. Nessas populações, o indivíduo é portador de *loci* em homozigose e heterozigose, porém são os *loci* em heterozigose que caracterizam a sua estrutura genética. De maneira diferente, no melhoramento das espécies autógamas, procura-se obter indivíduos em homozigose, e essas espécies são, em geral, constituídas de um único genótipo homozigótico ou de uma mistura de genótipos homozigóticos.

Com as espécies alógamas, no melhoramento populacional, o melhorista prioriza a população e as progênies em vez dos indivíduos. Consequentemente, nesse grupo de plantas, mais do que nas espécies autógamas, é dada maior atenção aos aspectos quantitativos da população. Em razão da heterozigose nas espécies alógamas, estas tendem a ser menos uniformes do que as autógamas, e, devido às inúmeras possibilidades de recombinação gênica dentro do conjunto gênico, a probabilidade de dois indivíduos em uma população pan-mítica serem idênticos é infinitesimal.

Cultivar híbrido, *lato sensu*, é a progênie produzida pelo cruzamento entre dois genitores geneticamente diferentes. Na prática, o desenvolvimento do cultivar híbrido é muito mais complexo do que a definição anterior sugere. Após dez décadas de experiência com o desenvolvimento de cultivares híbridos de milho, essa atividade passou a apresentar inúmeras ramificações com as novas tecnologias e envolve bilhões de dólares anuais.

Após seu trabalho sobre endogamia e heterose em milho, Shull (1908a) propôs o uso comercial dos híbridos simples de milho. Embora os princípios básicos da exploração da heterose fossem conhecidos, os híbridos simples não conquistaram de imediato o mercado de sementes.

Três foram os principais motivos do insucesso da adoção dos híbridos simples pelos produtores:

1. As sementes dos híbridos eram de custo excessivamente elevado. Dois aspectos contribuíram para esse elevado custo: (i) metade do campo de produção da semente do híbrido era ocupada com a linhagem polinizadora, o genitor masculino, e, em virtude do baixo vigor e, por conseguinte, da reduzida capacidade de produção e dispersão de pólen, a proporção de genitores masculinos para femininos era de aproximadamente 1:1 ou 1:2; (ii) o genitor feminino com baixo vigor produzia reduzido número de sementes dos híbridos e com pouca uniformidade de sementes.

2. As sementes dos híbridos apresentavam endosperma reduzido e tegumento rugoso, sendo, portanto, de aspecto visual ruim. Essas características eram decorrentes do fato de serem produzidas no genitor feminino pouco vigoroso.

3. O vigor manifestado pelos híbridos disponíveis não era compatível com o maior custo das sementes dos híbridos, em virtude da inadequação dos procedimentos para avaliação da capacidade de combinação entre linhagens e do fato de as linhagens pertencerem a um mesmo grupo heterótico. Dessa forma, as linhagens cruzadas entre si não manifestavam elevado grau de heterose comercial em relação aos cultivares de polinização aberta.

Uma solução para os problemas enfrentados pelo híbrido simples foi proposta por Jones (1918), que sugeriu a utilização comercial dos híbridos duplos. O procedimento proposto por ele incluía o cruzamento inicial entre quatro linhagens, tomadas duas a duas, produzindo-se dois híbridos simples, (A × B) e (C × D), para a obtenção do híbrido duplo. As sementes comercializadas pelos produtores (híbrido duplo) eram obtidas de plantas vigorosas (híbrido simples). Além de custo menor, essas sementes apresentavam melhor aspecto visual e uniformidade.

Desde o lançamento do primeiro híbrido simples até o do primeiro híbrido duplo, os melhoristas desenvolveram procedimentos para melhor avaliação da capacidade de combinação e, portanto, maior expressão do vigor híbrido.

Sete anos após a publicação dos trabalhos de Jones (1918), criava-se a Pioneer Hi-Bred Corn Company, que viria a ser a maior empresa de desenvolvimento e produção de sementes dos híbridos no mundo, com sede em Johnston, Iowa (EUA).

No Brasil, a história registra que Antônio Secundino de São José (Fig. 22.1A) foi o pioneiro a estudar e produzir híbridos de milho no país. Em 1937, Secundino era chefe do Departamento de Genética, Experimentação e Biometria da Escola Superior de Agricultura e Veterinária (ESAV) em Viçosa e, com a ajuda do Dr. John B. Griffing, geneticista norte-americano e então diretor da escola, conseguiu realizar uma viagem técnica a Stoneville Experimental Station, no Mississipi, e um curso de pós-graduação na Iowa State University. Em Iowa, Secundino conheceu Henry Wallace, melhorista de milho, fundador da Pioneer Hi-Bred Co. e seu grande incentivador, e teve ali seu primeiro contato com o milho híbrido.

De volta ao Brasil, em 1938, Secundino resolveu criar o milho híbrido para o país. Assim, organizou o Departamento de Genética Vegetal e escolheu como assistente Gladstone Drummond, com o qual formou parceria profissional durante toda a sua vida.

Com o fim da Segunda Guerra Mundial, Secundino deu o primeiro passo na busca do seu sonho. Em 20 de setembro de 1945, juntamente com John Ware, Gladstone Drummond e mais dois amigos, criou uma companhia dedicada à produção de sementes de milho híbrido: a Agroceres Ltda., cuja estação experimental era

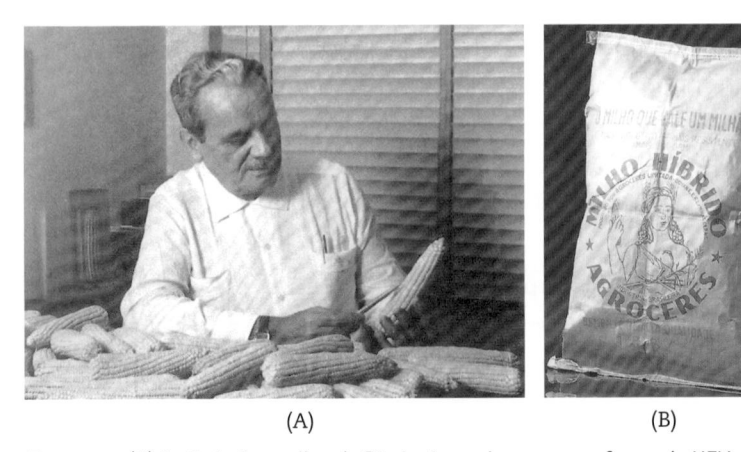

(A) (B)

FIG. 22.1 *(A) Antônio Secundino de São José, ex-aluno e ex-professor da UFV, pioneiro no desenvolvimento de híbridos de milho no Brasil e criador da Sementes Agroceres, e (B) embalagem dos primeiros híbridos comercializados no país*

sediada em Goianá, no município de Rio Novo (MG), e começou a produzir um híbrido duplo originário de dois híbridos simples que havia criado na ESAV. Um era derivado da variedade Cateto e o outro, da variedade Tuxpeño, dando origem ao primeiro híbrido semiduro comercial brasileiro (Fig. 22.1B), que produziu 50% mais que as variedades de polinização aberta disponíveis à época.

Naquela época, o segundo desafio da Agroceres foi convencer os agricultores de que valia a pena pagar três vezes mais por uma semente híbrida. Por sorte, persuasão era o forte de Secundino. Enquanto Gladstone se fechava no laboratório em busca de híbridos cada vez mais adaptados, Secundino se encarregava da comercialização. Aos mais recalcitrantes, ele propunha: "eu te dou o milho de graça e você, depois de plantá-lo, me dá a metade do que colher a mais do que sua produção normal na mesma área cultivada". Deu certo! Vendo o aumento na produtividade, os próprios agricultores começaram então a procurar pelas sementes híbridas.

Apesar do sucesso e do aumento de mercado, o capital disponível era pequeno demais para que pudessem expandir a produção. A solução encontrada foi assinar um contrato de produção de sementes com a International Basic Economy Corporation (IBEC), empresa do milionário norte-americano Nelson Rockefeller que estava se instalando no Brasil. Apesar do estímulo que esse contrato representava, dificuldades financeiras forçaram Secundino a se afastar parcialmente de sua Agroceres e aceitar o cargo de diretor da ESAV, onde permaneceu até o fim de 1950. No início de 1951, retomou a chefia da Agroceres Ltda., para continuar perseguindo o seu sonho.

No mesmo ano de 1951, a Agroceres e a IBEC se fundiram, gerando a *Sementes Agroceres,* na qual a sócia americana detinha a participação majoritária, mas a orientação e as operações continuavam inteiramente nas mãos de Secundino e sua equipe. Esse acordo manteve a Agroceres no mesmo rumo anterior, mas com o capital necessário para expandir. Unidades foram construídas no Rio Grande do Sul, Paraná, São Paulo, Minas Gerais, Espírito Santo e Goiás. Assim, na década de 1990 a Agroceres se isolava como maior empresa de melhoramento de milho do Brasil, detendo uma fatia do mercado superior a 60% das sementes comercializadas no país. Com a era da biotecnologia e novos desafios, em 1997 a empresa foi vendida à Monsanto.

22.1 Híbridos comerciais

Diferentes tipos de híbridos têm sido desenvolvidos. Por exemplo, o híbrido triplo [(A × B) × C] é obtido do cruzamento entre o híbrido (A × B), como genitor feminino, e a linhagem C. O híbrido simples modificado envolve o cruzamento entre duas linhagens muito próximas entre si (A × A') e é utilizado como genitor feminino do híbrido [(A × A') × B].

Atualmente, no Brasil, 61% dos híbridos de milho comercializados são simples (Tab. 22.1). O uso desses híbridos de milho no País está crescendo rapidamente. Nos Estados Unidos, mais de 95% das sementes dos híbridos comercializadas são de híbridos simples.

Tab. 22.1 Diferentes tipos de cultivares de milho utilizados no Brasil, no período de 1998 a 2012 (%)

Tipo de cultivar	1998	2004	2005	2008	2012
Híbrido simples	20,4	37,0	40,0	46,6	61,0
Híbrido triplo	27,6	29,0	26,0	24,5	21,5
Híbrido duplo	42,8	23,0	26,0	19,7	10,2
Cultivar de polinização aberta	9,2	11,0	8,0	9,2	7,3

Em 2008, quatro híbridos triplos e 15 híbridos simples começaram a ser comercializados com o gene Bt, sendo a primeira safra em que o Brasil comercializava milho geneticamente modificado. Em 2012, dos 479 cultivares de milho do mercado brasileiro, 87 foram transgênicos. Desses cultivares transgênicos, 78,2% foram híbridos simples e o restante, híbridos triplos.

Com os avanços nas técnicas de produção de sementes e melhores híbridos, o custo de produção dos híbridos simples foi drasticamente reduzido, o que os tornou mais competitivos e levou-os a conquistar o mercado de sementes de milho nos Estados Unidos nas décadas de 1960 e 1970 (Eberhart, 1969). A superioridade em produtividade de grãos desses híbridos em relação aos híbridos duplos foi constatada por diversos pesquisadores (Eberhart; Russell, 1969; Weatherspoon, 1970). Na época, os dados experimentais eram contraditórios em relação à estabilidade de comportamento dos vários tipos de híbridos. Sprague e Federer (1951) observaram que os híbridos simples foram mais sensíveis às variações de ambiente do que os duplos e triplos. Entretanto, outros estudos indicaram que era possível desenvolver híbridos simples tão estáveis quanto os melhores híbridos duplos (Eberhart; Russell, 1969).

22.2 Fases para desenvolvimento dos híbridos

As fases do desenvolvimento dos cultivares híbridos são:
1. Melhoramento ou obtenção de linhagens endogâmicas estáveis, vigorosas e com alta produção de sementes.

2. Avaliação das linhagens endogâmicas para a capacidade de combinação.
3. Predição de comportamento dos híbridos.

22.2.1 Melhoramento de linhagens de híbridos

Nas últimas décadas, a obtenção de linhagens de milho não está mais associada ao melhoramento populacional, mas quase sempre ao estabelecimento dos grupos heteróticos para a obtenção de linhagens.

As populações melhoradas com base genética estreita originadas a partir de linhagens aparentadas, representando um grupo heterótico, servem para a extração de novas linhagens com maior frequência alélica favorável ou excelente desempenho *per se*. As combinações híbridas dessas linhagens desenvolvidas dentro do grupo heterótico tenderão a ter maior heterose com seu par heterótico do que com outros cruzamentos.

A seleção das linhagens de milho dentro de cada grupo heterótico deve se basear nos aspectos fitossanitários, no desempenho individual, na capacidade de ser receptora de pólen (boa produtividade de grãos) ou doadora de pólen (pendão com ramificações e grande produção de pólen) e na capacidade específica de combinação, ou seja, na produtividade do híbrido. O testador para a seleção de linhagens deve ser uma linhagem ou uma população de base genética estreita de seu par heterótico.

Os principais métodos empregados em milho para a obtenção de novas linhagens são o retrocruzamento e o método genealógico.

O método dos retrocruzamentos é realizado da mesma maneira que para culturas autógamas. Cruza-se diversas vezes a linhagem a ser melhorada com outra linhagem portadora do caráter a ser transferido, visando recuperar o genótipo da linhagem original. O tempo necessário para obter a linhagem é dependente do número de retrocruzamentos necessários. Apresenta a possibilidade de alterar o comportamento de linhagem melhorada.

No método genealógico, após a hibridação entre dois genitores e a obtenção do F_1, este é autofecundado para a obtenção da população F_2 ou S_0. Cada planta S_0 selecionada é autofecundada e conduzida em uma fileira na geração S_1. As linhas $S_{1:2}$ são avaliadas pelo desempenho individual e somente as plantas da extremidade das linhas são autofecundadas. Cada planta S_2 selecionada é conduzida em uma fileira na geração S_3 e, à semelhança do procedimento na geração anterior, as linhas $S_{2:3}$ consideradas superiores são submetidas à seleção individual de plantas que são autofecundadas.

Em $S_{1:2}$ ou $S_{2:3}$, é realizado o *top cross*, que consiste no cruzamento de um testador (linhagem ou variedade de polinização aberta) com as linhagens para avaliar a capacidade de combinação de cada linhagem. Uma das principais características desse método é o registro da genealogia de cada linhagem, o que permite estabelecer o grau de parentesco entre as plantas ou linhagens selecionadas. O registro inicia-se com a numeração de cada planta S_0 selecionada. Cada seleção individual dentro de uma progênie $S_{1:2}$ recebe um número, que é adicionado à designação daquela progênie. Esse procedimento é repetido durante as gerações seguintes até a obtenção de linhas homozigotas.

Durante as gerações de autofecundação, a seleção para caracteres aditivos pode ser feita com base no desempenho individual das linhagens. Para caracteres controlados principalmente por efeitos gênicos não aditivos, a seleção tem que ser realizada baseada no desempenho dos híbridos.

Por fim, os híbridos obtidos por meio do cruzamento dialélico entre as linhagens S_7 ou S_8 selecionadas de diferentes grupos heteróticos, ou, ainda, destas com linhagens superiores do programa, devem ser avaliados em ensaios preliminares. Os híbridos identificados como superiores são submetidos a ensaios de valor de cultivo e uso (VCU) e aqueles que apresentarem potencial produtivo e características diferenciais podem ser lançados como novos cultivares.

22.2.2 Capacidade de combinação

Para avaliar a capacidade de combinação de uma série de genitores potenciais, podem-se utilizar os cruzamentos dialélicos, em que todos os possíveis cruzamentos simples são realizados. Tal procedimento não é viável para os programas comerciais de obtenção de cultivares híbridos, em que grande número de genitores precisa ser avaliado. O número de combinações híbridas simples com *n* genitores é igual a [*n*(*n* –1)/2]. Por exemplo: para avaliação de 500 linhagens em todas as possíveis combinações, 124.750 híbridos, [500(500 – 1)/2], teriam de ser produzidos para testes, o que seria impossível na prática.

A obtenção de uma linhagem superior é caso raro. É comum se desenvolverem milhares de linhagens na expectativa de encontrar uma linhagem superior. Estima-se que, durante os primeiros 50 anos de pesquisas e desenvolvimento de híbridos comerciais de milho nos Estados Unidos, 100.000 linhagens foram desenvolvidas e avaliadas (Kiesselbach, 1951).

O comportamento dos híbridos é função da heterose expressa no cruzamento entre os genitores selecionados. A heterose geralmente é aumentada em função da distância genética entre os genitores. O objetivo no desenvolvimento de híbridos é identificar linhagens que, quando cruzadas entre si, expressam alto vigor por combinarem bem. Dois tipos de habilidade de combinação podem ser distinguidos: a capacidade geral de combinação (CGC) refere-se à habilidade de um genótipo produzir progênies com dado comportamento, quando cruzado com uma série de outros genitores, e a capacidade específica de combinação (CEC) refere-se ao comportamento de uma combinação específica, que pode desviar do comportamento esperado com base na CGC.

22.3 *Top cross*

Davis (1929) desenvolveu a metodologia do *top cross* para avaliação da capacidade de combinação de linhagens. Ele propôs que as linhagens a serem avaliadas fossem cruzadas com um testador comum para obtenção de informações preliminares (Fig. 22.2). O *top cross* deve ser realizado em um campo isolado, no qual apenas o testador é a fonte de pólen. As demais linhagens são despendoadas. As progênies de cada linhagem, meios-irmãos, são avaliadas no ano seguinte, em campo, para se estimar a CGC.

Dessa forma, as diferenças de comportamento entre os meios-irmãos refletem diferenças na capacidade de combinação das linhagens, e estas, com mais alta capacidade de combinação, posteriormente podem ser cruzadas entre si, e seus respectivos híbridos podem ser testados mais minuciosamente em ensaios comparativos de produtividade.

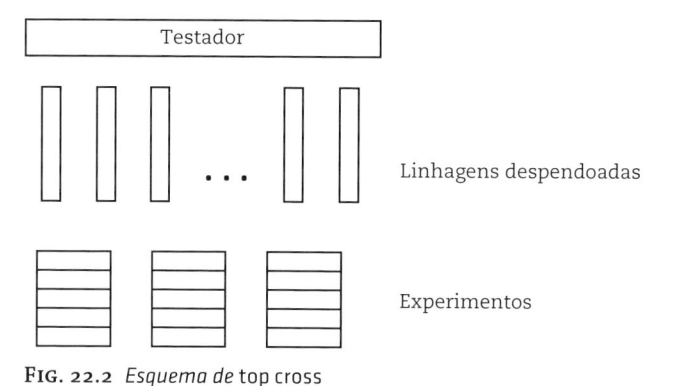

Fig. 22.2 *Esquema de* top cross

22.3.1 Escolha dos testadores

Um bom testador é aquele que classifica corretamente os genótipos avaliados, discriminando-os com nitidez e com o mínimo de avaliações. A teoria e os resultados experimentais indicam que linhagens altamente produtivas são consideradas testadores ruins, porque contêm grande número de alelos dominantes que tendem a mascarar o potencial genético dos genótipos em avaliação.

Hallauer (1975) relatou que a variância genética entre *top crosses* depende da frequência alélica (r) e do nível de dominância (d) do testador. Na ausência de dominância, ou seja, somente com efeitos aditivos, a variância genética (σ_T^2) é igual para todas as frequências alélicas do testador (ponto A na Fig. 22.3). Quando houver dominância (d = 1 ou 2), essa variância genética será maior para os testadores com frequência de alelos favoráveis, o que dificulta a seleção de linhagens com esses alelos (Fig. 22.3).

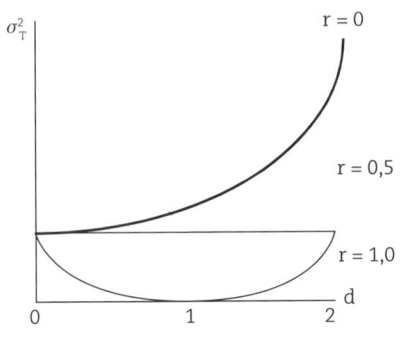

FIG. 22.3 *Variância genética entre* top crosses (σ_T^2) *para testadores com três diferentes frequências de alelos favoráveis (r), em diferentes níveis de dominância (d, 0: ausência de dominância, 1: dominância completa, 2: sobredominância)*

Testadores heterogêneos permitem a estimativa da CGC. Quando um grupo de linhagens é avaliado em combinações híbridas com um testador heterogêneo, as diferenças entre *top crosses* podem ser devidas a: (i) diferenças entre as linhagens em avaliação; (ii) diferenças entre os gametas produzidos pelo testador, isto é, erro de amostragem do testador; e (iii) interação genótipo × ambiente (G × E).

Os primeiros testadores utilizados para determinar a CGC eram cultivares de polinização aberta, cultivares sintéticos ou populações dotadas de ampla base genética. O mérito desses testadores estava na variabilidade, pois poderiam representar as mais variadas possibilidades de combinações híbridas que as linhagens pudessem apresentar.

Hallauer e Miranda (1988) relataram que, até a década de 1960, somente os testadores com ampla base genética eram utilizados para estimar a CGC. Considerava-se, até então, que um testador com base genética estreita, por exemplo, uma linhagem homozigótica, permitia somente a estimação da CEC. Uma linhagem homozigótica utilizada como testador possibilita melhor estimação da CEC, porque cada gameta do testador indica a capacidade das linhagens em teste de produzir progênies superiores.

O início do uso de testadores de base genética estreita para estimação da CGC deu-se durante a década de 1970. Russell, Eberhart e Vega (1973) observaram que linhagens homozigóticas utilizadas como testadores permitiam estimar a CEC e a CGC. Russell e Eberhart (1975) recomendaram o uso de linhagens extraídas das populações sob seleção para serem utilizadas como testadores para populações envolvidas em seleção recorrente recíproca. Zambezi, Horner e Martin (1986) apresentaram duas razões práticas para uso de testadores de base genética estreita, em relação aos de ampla base genética: (i) há uma redução do erro de amostragem de gametas, a menos que grandes amostras do testador com ampla base genética sejam utilizadas; e (ii) o uso de linhagens como testadores pode permitir a utilização mais rápida das novas linhagens em híbridos comerciais, especialmente se o testador for uma linhagem de uso comercial.

Quando um testador de ampla base genética é utilizado na fase inicial de um programa para estimar a capacidade de combinação, há clara distinção entre os testes de CGC e os testes de CEC. Entretanto, quando testadores de base genética estreita são utilizados desde a fase inicial do programa, a distinção entre as avaliações de CGC e CEC não é tão evidente.

22.4 Grupos heteróticos

Combinações híbridas de cruzamentos entre linhagens de diferentes conjuntos gênicos são, em geral, superiores àquelas que envolvem linhagens do mesmo germoplasma, porque a heterose é função das diferenças de frequência alélica entre as linhagens e do nível de dominância dos alelos que controlam a característica.

O conceito de grupos heteróticos ainda não se encontra descrito de forma concisa e completa, apesar de ser amplamente utilizado em empresas de melhoramento que visam híbridos. Hallauer e Miranda Filho (1988) definiram da seguinte maneira: "germoplasma (linhagens, sintéticos, populações etc.) que, quando avaliado como híbrido F_1, geralmente exibe níveis consistentes de alta heterose".

Essa definição pode ser ampliada para: conjunto de linhagens ou populações de origens distintas que, ao serem avaliadas como combinações híbridas, apresentam repetitivamente maior heterose do que outras linhagens ou populações também de origens distintas. Portanto, o estabelecimento de grupo heterótico é dependente do desempenho das combinações, sendo relativo para as linhagens ou populações em avaliação. Membros de grupos heteróticos distintos são mais contrastantes do que aqueles pertencentes ao mesmo grupo. Em muitas espécies alógamas, como o milho, a heterose é padrão para F_1, o que não caracteriza grupo heterótico.

Os grupos heteróticos precisam ser desenvolvidos para cada programa de melhoramento que visam híbridos. Todo novo germoplasma que entra no programa de melhoramento deve ser avaliado em combinação híbrida para ser alocado em um grupo heterótico existente ou para se estabelecer um novo grupo heterótico. Os grupos heteróticos podem ser caracterizados por marcadores moleculares para facilitar a alocação das linhagens desenvolvidas ou a introdução de novo germoplasma no programa de melhoramento.

Atualmente, os grupos heteróticos são formados com base em muitas outras informações, como o conhecimento agronômico com relação aos estresses bióticos e abióticos, a heterose e o germoplasma dentro de um programa de melhoramento, as associações dos marcadores moleculares ou dos alelos às características de interesse agronômico, a possibilidade de utilização em procedimentos biotecnológicos, como regeneração em cultura de tecidos, duplo-haploides, entre outros. Os grupos heteróticos são definidos por dezenas ou centenas de cruzamentos, à medida que o programa de melhoramento se torna mais estabelecido.

Para desenvolver linhagens com base em grupos heteróticos, deve-se priorizar a variabilidade genética entre esses grupos, e não dentro deles.

Tsotsis (1972), ao trabalhar com milho, determinou grupos heteróticos entre cultivares de polinização aberta, com o objetivo de maximizar a resposta heterótica em cruzamentos de linhagens endogâmicas. Os grupos heteróticos mais explorados no milho americano são *Reid Yellow Dent* e *Lancaster Sure Crop*, ambos de endosperma dentado e originários da raça *Corn Belt Dent* (Brown; Goodman, 1977). Essa raça é o produto de cruzamentos de *Southern Dents* com *Northern Flints*. *Iowa Stiff Stock Synthetic* (BSSS), um dos componentes do grupo *Reid Yellow Dent*, foi obtido por Sprague, em 1933, mediante o cruzamento de 16 linhagens endogâmicas. Essa população apresenta resistência ao acamamento, bom tamanho da espiga e, especialmente, alta capacidade de combinação. *Lancaster Sure Crop* originou-se de uma seleção praticada por um agricultor entre espigas previamente colhidas do cultivar WF9, que possui endosperma dentado. A linhagem B73 foi extraída da população BSSS, enquanto a linhagem Mo17 foi extraída do grupo *Lancaster Sure Crop*. Essas duas linhagens constituíram o híbrido simples de maior sucesso na história da cultura do milho nos Estados Unidos.

No Brasil, nas primeiras décadas de obtenção de híbridos de milho, dois grupos heteróticos foram muito utilizados e definidos de acordo com o tipo de grão e da heterose conhecida: o grupo Dentado, originário do cultivar de polinização aberta Tuxpeño, e o grupo Duro, resultante do cultivar de polinização aberta Cateto. A maioria dos híbridos comerciais no Brasil envolveu cruzamentos entre linhagens desses dois grupos heteróticos.

O primeiro híbrido de milho lançado no Brasil, em 1945, foi desenvolvido pela Agroceres, utilizando linhagens desenvolvidas pela UFV. Esse híbrido simples, designado "133 CS", proveniente do cruzamento entre Cateto 81-208--568 e Tuxpeño 1020-801, apresentava as seguintes características: altura de planta = 3,10 m; altura de espiga = 1,90 m; número de espiga por planta = 1,44; e potencial de produtividade = 5.824 kg/ha.

22.5 Predição de comportamento de híbridos

A etapa final de seleção das linhagens envolve a escolha daquelas que, em uma combinação específica, produzirão o melhor híbrido. O número de híbridos duplos a serem obtidos com um número n de linhagens pode ser calculado pela seguinte equação: $[n(n-1)(n-2)(n-3)/8]$. Com apenas 30 linhagens, podem-se obter 82.215 híbridos duplos distintos, um número inviável para obtenção e avaliação em ensaios de valor de cultivo e uso (VCU).

Jenkins (1934) desenvolveu um método de predição do comportamento dos possíveis híbridos duplos a partir de dados obtidos em híbridos simples, envolvendo as linhagens em avaliação. Em sua pesquisa, estudou 53 dos 55 possíveis híbridos simples, envolvendo 11 linhagens de milho, e 42 dos 990 possíveis híbridos duplos. Quatro métodos foram avaliados, baseando-se no comportamento das linhagens de: (a) seis possíveis híbridos simples, entre as quatro linhagens do híbrido duplo; (b) quatro híbridos simples não utilizados na composição do híbrido duplo; (c) cruzamentos dialélicos; e (d) *top crosses*. As correlações entre as estimativas de comportamento preditas e as obtidas nos 42 híbridos duplos, utilizando-se os quatro métodos, foram de: 0,75, 0,76, 0,73 e 0,61, respectivamente. Com base nesses resultados, o procedimento baseado no comportamento dos quatro híbridos simples não utilizados na composição do híbrido duplo, comumente conhecido como "Método B de Jenkins", em referência à letra do segundo método avaliado por esse cientista, passou a ser amplamente utilizado para identificar as combinações de linhagens com maior potencial, as quais são obtidas e avaliadas em campo.

No método B de Jenkins, o comportamento do híbrido duplo $HD_{(A \times B) \times (C \times D)}$ pode ser estimado por meio da seguinte fórmula:

$$HD_{(A \times B) \times (C \times D)} = 1/4 \ [(A \times C) + (A \times D) + (B \times C) + (B \times D)]$$

em que (A × C), (A × D), (B × C) e (B × D) são quatro dos seis possíveis híbridos simples entre as quatro linhagens envolvidas. Conforme pode ser observado, os híbridos simples que compõem o híbrido duplo em consideração não são incluídos na fórmula de predição.

Utilizando esse método, pode-se estimar o comportamento de grande número de híbridos duplos. Aqueles com estimativa de comportamento mais promissor podem ser obtidos e avaliados em campo. A predição de comportamento não elimina a necessidade das avaliações em diferentes locais e por mais de um ano para identificação do híbrido realmente superior.

A predição de comportamento também pode ser realizada para híbridos triplos de maneira semelhante. Basta obter a média dos híbridos simples que não estão envolvidos no híbrido simples. Por exemplo, o comportamento do híbrido triplo $HT_{(A \times B) \times C}$ pode ser estimado por meio da seguinte fórmula:

$$HT_{(A \times B) \times C} = 1/2 \ [(A \times C) + (B \times C)]$$

em que (A × C) e (B × C) são dois dos três possíveis híbridos simples entre as três linhagens envolvidas.

Atualmente, na literatura científica, existe grande número de preditores de comportamento de híbridos que fazem uso de estatísticas como a melhor predição não viciada (BLUP – *best linear unbiased prediction*).

Na composição de um híbrido, em geral, considera-se a inclusão de linhagens de diferentes grupos heteróticos, uma vez que o comportamento do híbrido depende da expressão da heterose entre as linhagens selecionadas. A heterose geralmente aumenta com a distância genética entre as linhagens. Os melhoristas de milho, no Brasil, trabalham principalmente com os dois grupos heteróticos: Cateto e Tuxpeño. Nos Estados Unidos, os grupos heteróticos *Iowa Stiff Stock Synthetic* e *Lancaster Sure Crop* têm originado os híbridos de milho de maior sucesso.

22.6 Heterose em espécies autógamas

A principal vantagem dos cultivares híbridos é o aumento da produtividade em razão da heterose. Eles também asseguram à empresa o controle da produção de sementes, possibilitando-lhe retorno econômico e disponibilizando ao agricultor sementes com alto valor agronômico com qualidade fisiológica, genética e fitossanitária, além de novas tecnologias a partir de novos genes.

Embora a heterose se manifeste em grande número de espécies autógamas, apenas em um número muito restrito dessas espécies ela é explorada comercialmente. A principal razão são as dificuldades inerentes à produção dos híbridos nessas espécies. Para a produção comercial de sementes híbridas, a macho-esterilidade genética citoplasmática tem sido a mais utilizada em diversas culturas autógamas, incluindo cevada, arroz e trigo.

O uso de gametocidas ou agentes químicos de hibridação vem recebendo mais atenção por parte dos melhoristas. Há diversas indústrias desenvolvendo esses agentes.

Robert Heiner, melhorista de trigo da AGRIPOW, na época, subsidiária da Shell Química, iniciou um programa para obtenção de híbridos de trigo em 1974. Diversos híbridos simples de trigo foram criados, mas eles nunca ocuparam um espaço representativo na área total cultivada com essa espécie. A maioria desses programas teve suas atividades restritas nos últimos anos. O grande desafio desses programas é desenvolver um híbrido com todos os caracteres agronômicos desejáveis, com heterose suficiente para cobrir os custos adicionais de produção das sementes e, ainda, garantir vantagens econômicas para o produtor.

O primeiro híbrido comercial de cevada foi Hembar. Esse híbrido foi desenvolvido utilizando-se o sistema balanceado da macho-esterilidade com um cromossomo terciário. Esse sistema foi denominado Trissômico Terciário Balanceado-BTT. O híbrido Hembar não apresentou vantagem comparativa de produtividade em relação aos cultivares homozigóticos lançados na mesma época e, portanto, nunca foi plantado em larga escala.

Híbridos de tomate têm sido extensivamente comercializados em diversos países. A heterose em tomate manifesta-se com o aumento do número de frutos por planta, resultando em incrementos de produtividade entre 20% e 30%, em comparação com o número de frutos por plantas dos cultivares homozigóticos. Embora o tomate seja uma espécie autógama e cada flor precise ser emasculada e polinizada, o sistema é economicamente viável, porque cada fruto contém grande número de sementes.

Outras espécies autógamas são exploradas na forma de cultivares híbridos, como é o caso do arroz. Na China, cerca de 50% das lavouras são plantadas com híbridos de arroz, o que tem garantido a segurança alimentar de mais de 70 milhões de pessoas anualmente. Nos Estados Unidos, 60% do mercado de sementes são devidos à utilização de híbridos de arroz, aumentando a produtividade de grãos em relação às variedades em mais de 40%, além de prover maior tolerância às doenças, utilização de menor adubação nitrogenada e menor uso de sementes por hectare (25 kg).

22.7 Produção comercial de híbridos

Uma vez identificadas as linhagens superiores, elas se tornam os estoques genéticos para produção dos híbridos. Esses estoques podem ser multiplicados por autopolinização ou por polinização aberta em campos isolados. Durante o ciclo de multiplicação dos estoques genéticos, os indivíduos com fenótipo atípico são eliminados para se manter a uniformidade genética do cultivar. Atualmente, utilizam-se marcadores moleculares para identificação de contaminantes ou com pureza genética inadequada.

A produção das sementes dos híbridos é uma operação com caráter industrial. O melhorista deve procurar maximizar a produtividade da linhagem utilizada como genitora feminina. Alguns aspectos agronômicos considerados incluem:

* densidade populacional de 50.000 plantas/ha;
* elevação da proporção do genitor feminino em relação ao masculino;
* eliminação da competição entre os genitores masculinos e femininos após a polinização, por meio da destruição daqueles (Fig. 22.4);
* redução do risco de mistura mecânica de sementes de autofecundação com as híbridas.

Para a produção de híbridos duplos, o padrão de distribuição de duas fileiras do genitor masculino para seis do genitor feminino (Fig. 22.4) é frequentemente utilizado. Para produção de híbridos simples, sendo o genitor masculino uma linhagem endógama de baixo vigor e, portanto, com baixo potencial de produção e

Fig. 22.4 *Equipamento utilizado para destruir fileiras de linhagens polinizadoras (macho) em campos de produção de híbridos*

dispersão de pólen, o padrão de intercalamento de uma fileira do genitor masculino para duas do feminino (Fig. 22.5) ou, ainda, o padrão de distribuição de genitores masculinos para femininos (1:2:1:3) têm sido utilizados.

Diferenças de ciclo entre genitores envolvidos podem exigir o plantio escalonado para se assegurar a coincidência do período de maturação e dispersão dos grãos de pólen do genitor masculino com a maturação dos estigmas nas espigas do genitor feminino.

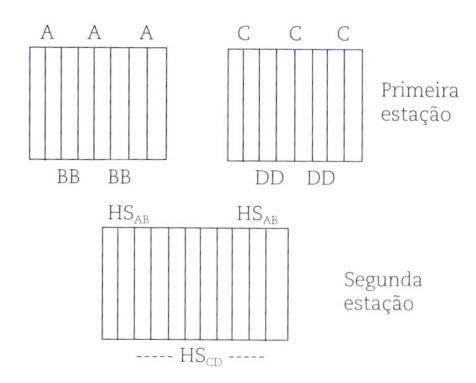

FIG. 22.5 *Esquema para produção de híbridos duplos de milho em campo isolado. Sementes do HD_{ABCD} são colhidas nas plantas HS_{CD} na segunda estação*

Para se garantir que o único pólen presente no campo de produção das sementes dos híbridos seja proveniente de genitor masculino, o campo deve ter um isolamento de no mínimo 300 m de qualquer outro campo de produção de milho, e os pendões dos genitores femininos devem ser removidos

FIG. 22.6 *Equipamentos utilizados no despendoamento mecânico de linhagens fêmeas na produção de híbridos de milho*

ainda imaturos (Fig. 22.6). Esse procedimento, denominado despendoamento, requer uso intensivo de mão de obra ou mecanização. Com a identificação da macho-esterilidade genético-citoplasmática na Estação Experimental do Texas (EUA) (Rogers; Edwardson, 1952), amplamente conhecida como citoplasma T, o despendoamento manual perdeu sua importância na produção de sementes dos híbridos. A macho-esterilidade genético-citoplasmática foi utilizada durante cerca de 20 anos na produção de híbridos. Com a descoberta de que as plantas com citoplasma T são suscetíveis à helmintosporiose (*Helmintosporium maydis*) e com a epidemia desse patógeno no início da década de 1970, a utilização da macho-esterilidade genético-citoplasmática foi novamente substituída pelo despendoamento manual. Todavia, algumas empresas já recomeçaram a utilizar essa característica na produção comercial de sementes dos híbridos. Em híbridos de autógamas, a macho-esterilidade é amplamente utilizada.

22.8 Tecnologia SPT (*seed production technology*)

Essa tecnologia foi desenvolvida e patenteada pela Pioneer Sementes com o objetivo de eliminar a necessidade de despendoamento (Fig. 22.7) ou a utilização de machos estéreis citoplasmáticos, normalmente empregados para evitar a autopolinização das plantas femininas em campos de produção de sementes híbridas. O evento DP-32138-1, denominado mantenedor SPT, foi obtido pela transformação de linhagens de milho convencional macho-estéreis, mediada por *Agrobacterium tumefaciens* modificada com o plasmídio PHP24597, que contém três cassetes de expressão: Ms45, zmaa1 e DsRed2 (Alt1).

O gene Ms45 é endógeno do milho e codifica a proteína Ms45, requerida para a restauração da fertilidade do pólen. O gene zmaa1 é endógeno do milho e codifica a produção da zmaa1 α-amilase, enzima que torna o pólen infértil por depleção do amido. O gene DsRed2 (Alt1) codifica uma proteína vermelha florescente, um marcador de cor que permite a identificação e a separação, de forma eficiente, do evento transgênico DP-32138-1 e da semente de milho não transgênica fértil. Assim, plantas de milho 32138 são heterozigóticas para a construção inserida e férteis devido à expressão do gene Ms45. Elas produzem 50% de pólen transgênico, mas infértil devido à presença de zmaa1 α-amilase, e 50% de pólen fértil e não transgênico para a construção inserida.

22 Cultivares híbridos | 263

```
[Mantenedor SPT multiplicado por autopolinização] → [Separação por cor para garantia de pureza do mantenedor SPT]
```

DuPont Pioneer
Produção de semente parental (linhagem)

Produção de semente híbrida
DuPont Pioneer

Campos dos produtores

[Multiplicação de linhagem estéril usando o mantenedor SPT] → [Separação por cor para garantia de pureza da linhagem estéril] → [Produção comercial de sementes híbridas usando linhagem estéril] → [Produção de milho *Commodity*]

◄── Transgênico para SPT ──── Não transgênico para SPT ──►

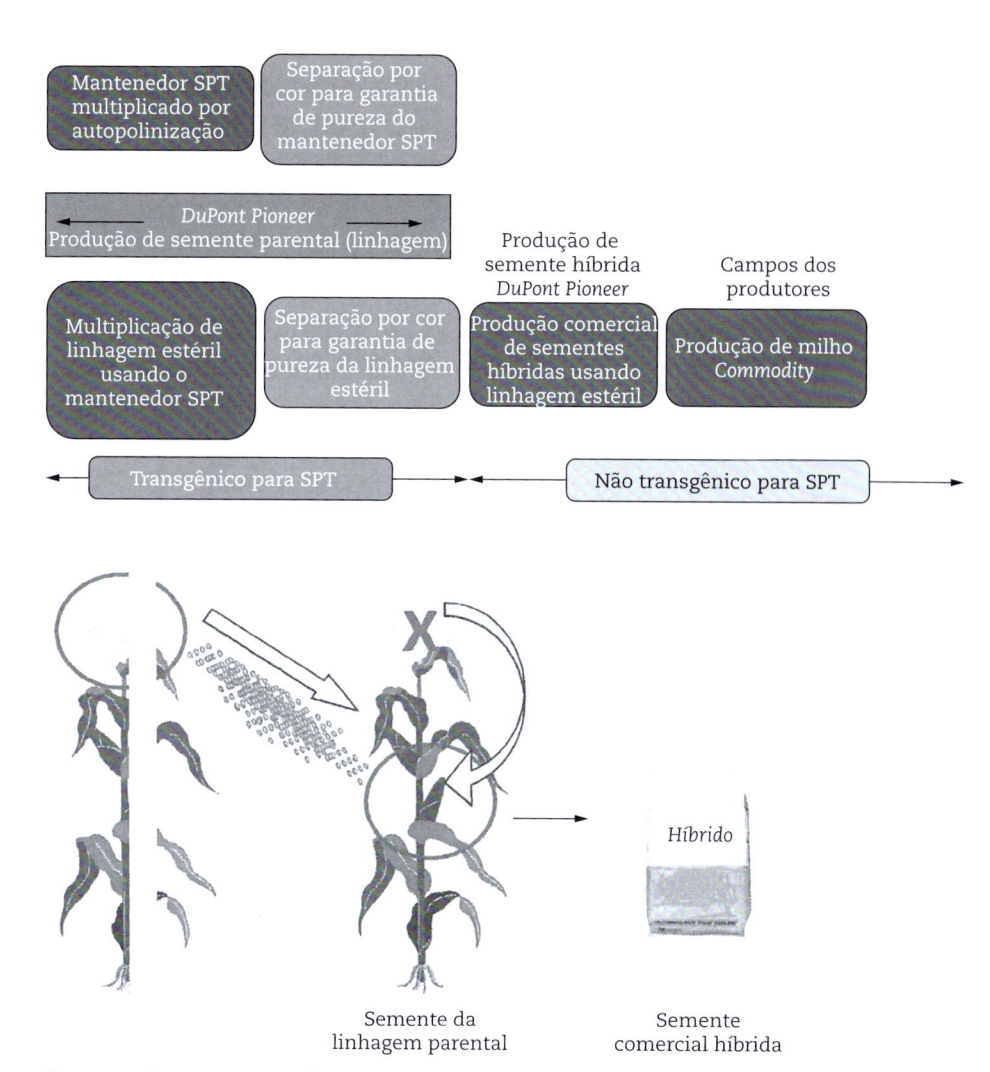

Semente da linhagem parental   Semente comercial híbrida

Híbrido

Fig. 22.7 *Fases e esquema de uso da tecnologia SPT para produção de híbridos de milho, sem despendoamento*
Fonte: adaptado de Pioneer (2016).

vinte e três

Melhoramento de espécies assexuadamente propagadas

Significante número de espécies de importância econômica é propagado assexuadamente, como cana-de-açúcar, batata, batata-doce, mandioca e inúmeras fruteiras, ornamentais e forrageiras.

Por meio da propagação vegetativa é possível multiplicar exponencialmente um determinado genótipo de forma integral (aditividade, dominâncias e epistasias) ao longo das gerações. Isso porque este método de propagação não depende de meiose e gametas. Com isso, o que muda no valor fenotípico de um determinado clone ao longo das gerações é apenas o efeito do ambiente (Fig. 23.1).

Geração 1 — 1 planta
Geração 2 — 10 plantas
Geração 3 — 100 plantas
Geração 4 — 1.000 plantas

Exponencial

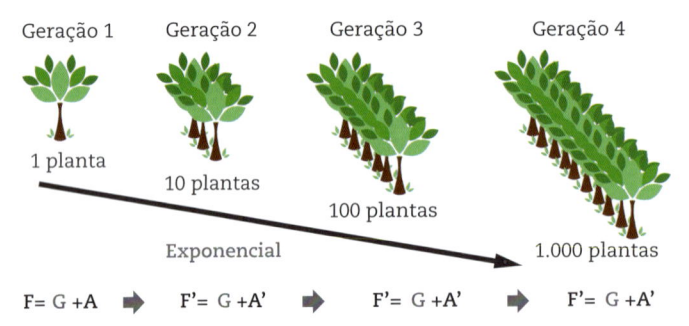

F= G +A ➡ F'= G +A' ➡ F'= G +A' ➡ F'= G +A'

Fig. 23.1 *Multiplicação exponencial de clones de um determinado genótipo por meio de propagação vegetativa*

Embora algumas espécies se reproduzam exclusivamente por propagação vegetativa (assexuadas restritas, como o alho), muitas apresentam alternativamente a reprodução sexual (assexuadas facultativas), como a batata. Entre as que apresentam os dois modos de reprodução, podem ser encontradas espécies que se reproduzem por autofecundação e por fecundação cruzada, como o pessegueiro e a cana-de-açúcar, respectivamente.

Outro tipo de propagação vegetativa, mas via semente, é a apomixia, que é a produção de sementes sem que ocorra a fecundação do embrião. Existem diversas causas para a ocorrência desse fenômeno, comum em citros e forrageiras, como a braquiária. Para identificar se as sementes produzidas são clones da planta-mãe ou oriundas de hibridação, é necessário avaliar a variabilidade na progênie. Caso esta seja homogênea, ocorreu apomixia. Por outro lado, caso haja variabilidade, trata-se de uma progênie segregante (Fig. 23.2)

Fig. 23.2 *Variabilidade em progênies oriundas de hibridação e apomixia*
Fonte: Embrapa Gado de Corte.

23.1 Estrutura genética

Muitas das espécies propagadas assexuadamente, como batata, alfafa e morango, são poliploides e apresentam, portanto, segregação complexa, mesmo para caracteres pouco influenciados pelo ambiente.

Outro aspecto importante de muitas dessas espécies é o longo período juvenil. Os citros, por exemplo, não atingem a maturidade antes de cinco anos. Muitas dessas espécies perenes também apresentam produção cíclica envolvendo reduzida produtividade alternada com produtividade normal, o que dificulta a avaliação dos genótipos.

Embora muitas das espécies perenes possam permanecer produtivas durante anos consecutivos, elas necessitam ser mantidas livres de doenças sistêmicas causadas por vírus, micoplasmas e fungos, principalmente. Com as técnicas da cultura de tecidos, muitas das espécies propagadas assexuadamente podem ser exploradas como espécies anuais, uma vez que a produção de propágulos clonais pode ser atingida rapidamente e de maneira uniforme, permitindo a renovação das lavouras anualmente. De forma análoga, algumas espécies de propagação sexual, como o eucalipto, estão sendo propagadas de forma vegetativa, com a obtenção dos propágulos via cultura de meristemas, possibilitando a obtenção de viveiros clonais uniformes.

A maioria das espécies de propagação clonal é alógama e, portanto, apresenta elevada heterozigose, além de manifestar acentuada perda de vigor com a endogamia. O vigor híbrido nessas espécies está associado à heterozigose e ao multialelismo, no caso dos poliploides.

23.2 Origem da variabilidade e escolha de genitores

A variabilidade genética surge devido à elevada heterozigosidade presente nos genitores. Por exemplo, cruzando dois clones genitores, os quais, para um determinado *locus*, possuem alelos diferentes, observa-se grande segregação da geração F_1 (Fig. 23.3). Note que para apenas um *locus* é possível obter quatro genótipos distintos, pois cada genitor gera 2^n gametas, sendo n o número de *loci*. Com isso, $2^1 \times 2^1 = 4$ genótipos.

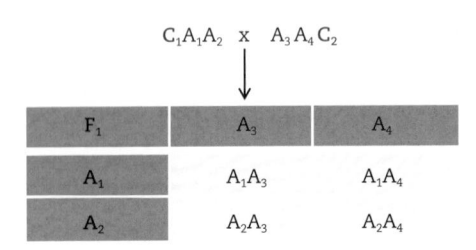

$C_1A_1A_2 \times A_3A_4C_2$

F_1	A_3	A_4
A_1	A_1A_3	A_1A_4
A_2	A_2A_3	A_2A_4

Fig. 23.3 *Variabilidade genética observada na geração F1 obtida do cruzamento de dois genitores heterozigotos para alelos diferentes*

Nesse contexto, é importante ressaltar que a escolha dos genitores deve visar à associação de produtividade e variabilidade genética na progênie. Isso porque a variabilidade genética passível de seleção é função do número de genes que controlam a característica e da divergência entre os genitores. Assim, os genitores devem apresentar bom desempenho *per se* e serem distantes geneticamente, para que seja possível explorar bem o multialelismo.

Com isso, no melhoramento de espécies de propagação vegetativa é evitado o cruzamento entre indivíduos aparentados. Para auxiliar esse processo, é crucial o uso de informações de *pedigree* ou de matrizes de parentesco via marcadores moleculares. Também se deve estar atento à complementariedade de caracteres entre os dois genitores, como a produtividade do genitor A e a resistência a um estresse do genitor B.

23.3 Esquema geral de seleção

Após obter a população segregante (geração F_1), o objetivo é fixar via propagação vegetativa todos os indivíduos (dependendo da espécie, por meio de bulbos, raízes, gemas, estacas, manivas, tubérculos, ...) e então identificar os superiores.

A maioria dos indivíduos na geração F_1 tende a ser inferior a ambos os genitores. Aparentemente, a recombinação mesmo entre dois clones superiores gera, sobretudo, indivíduos inferiores, provavelmente porque as combinações gênicas superiores dos genitores são alteradas. Entretanto, se um único indivíduo superior for identificado na população segregante, ele pode ser multiplicado assexuadamente, avaliado em testes comparativos e distribuído como novo clone. Nesse particular, o melhoramento dessas espécies pode ser considerado menos laborioso e mais rápido que o das espécies propagadas sexualmente.

O melhoramento das espécies consiste, portanto, em obter uma população segregante por hibridação entre genitores selecionados ou mesmo por autofecundação e seleção de indivíduos superiores. Como o genoma dos indivíduos é fixado por meio da propagação clonal, a seleção pode ser conduzida durante alguns anos e em diferentes ambientes sem a descaracterização genômica dos indivíduos selecionados (Fig. 23.4).

Durante a seleção dos clones superiores, as avaliações devem ser realizadas à semelhança daquelas feitas no melhoramento de espécies de propagação sexual, envolvendo unidades experimentais com vários indivíduos, com repetições e outras exigências estatísticas. Uma das diferenças entre o melhoramento das espécies de propagação clonal e o melhoramento das autógamas é que o potencial genético dos clones em avaliação é fixado desde a sua obtenção, enquanto no caso das linhagens, nas espécies autógamas, o seu potencial genético muda a cada geração, conforme o aumento da homozigose. No caso das autógamas, a avaliação de características quantitativas é postergada até que elevado grau de homozigose seja atingido pelas linhagens, o que normalmente ocorre após F_4 ou F_5. No caso das espécies de propagação vegetativa, não há necessidade de adiar essas avaliações, uma vez que o genoma dos clones é fixado. Com isso, a tendência é que a herdabilidade de caracteres seja sempre maior em espécies de propagação vegetativa do que em sexuais, pois são explorados todos os efeitos genéticos, e não apenas o aditivo:

$$h_g^2 = \frac{\sigma_A^2 + \sigma_D^2 + \sigma_I^2}{\sigma_A^2 + \sigma_D^2 + \sigma_I^2 + \sigma_e^2}$$

Todavia, na primeira geração após o cruzamento, a seleção normalmente é realizada com base na avaliação de plantas individuais e, portanto, deve ser conduzida principalmente para caracteres com alta herdabilidade. Nas gerações seguintes, quando maior número de indivíduos constitui cada clone, a seleção é também praticada para caracteres com menor herdabilidade. Nessa fase, os clones nitidamente inferiores ou portadores de características desqualificantes já deverão ter sido descartados, permitindo ao melhorista concentrar

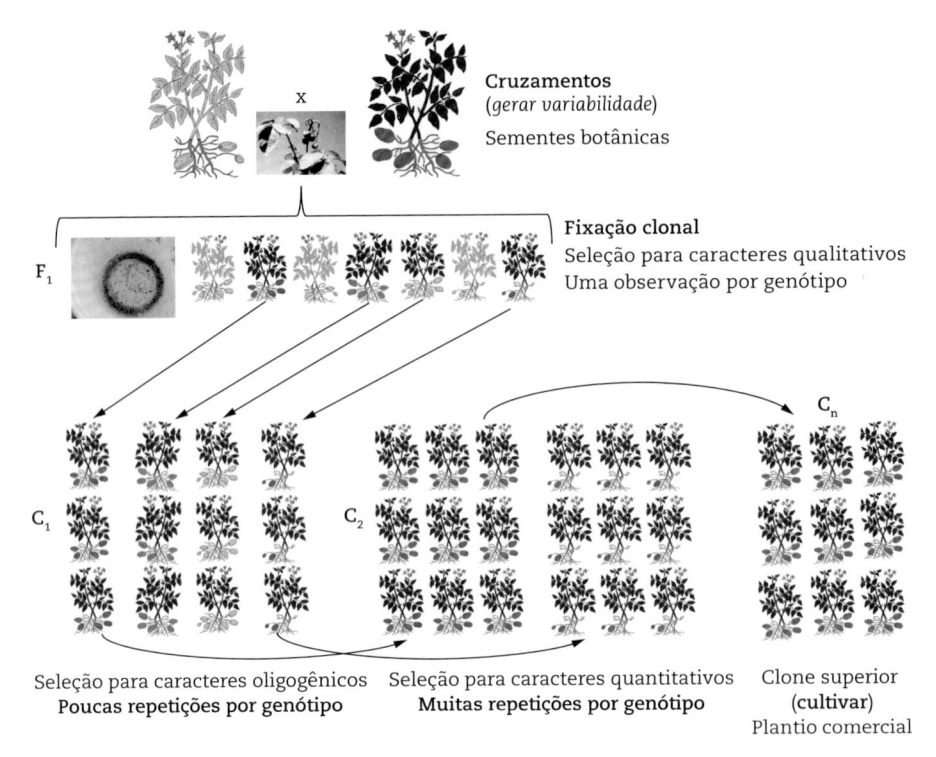

FIG. 23.4 *Esquema do desenvolvimento de cultivares clonais*

os recursos físicos e humanos em uma avaliação mais criteriosa de menor número de clones.

Embora o teste de geração precoce tenha sido exaustivamente estudado apenas com as espécies de reprodução sexual, as mesmas considerações podem ser aplicadas às espécies de propagação assexuada, isto é, embora o teste de geração precoce possa auxiliar na eliminação de clones inferiores nas fases iniciais do desenvolvimento do novo cultivar, o elevado custo a ele associado e a baixa eficiência para características quantitativas têm desestimulado seu uso.

A seleção em algumas espécies pode ocorrer dentro uma planta. Por exemplo, em fruteiras, é possível surgir uma mutação em um determinado ramo. Caso ela seja interessante, gemas desse ramo podem ser coletadas e usadas para a fixação de um novo genótipo. Por mais estranho que pareça, essa foi a origem da variedade de laranja Bahia e de muitos cultivares de maçã, derivados da Fuji e da Gala.

Quando a espécie é assexuada restrita, como é o caso do alho, não é possível explorar a hibridação para maximizar a variabilidade genética. Assim, apenas mutantes induzidos, variações somaclonais ou ecótipos encontrados nos centros de diversidade são as fontes de variabilidade passíveis de seleção.

23.4 Vantagens × desvantagens

A propagação vegetativa apresenta como vantagens a seleção e a multiplicação apenas do melhor clone. Além disso, permite fixar e explorar todos os efeitos genéticos que atuam sobre os caracteres. Também, pode ser considerada um esquema de melhoramento relativamente fácil e rápido.

Por outro lado, apresenta uma série de desvantagens quando comparada com a reprodução sexual. Tome-se o caso da batata como exemplo. O plantio da batata por tubérculos é uma operação muito mais cara que a semeadura da soja ou do milho. Não só a batata-semente é proporcionalmente muito mais cara do que as sementes de soja, como o plantio é intrinsecamente mais caro, em razão de demandar mais mão de obra e, frequentemente, equipamentos mais sofisticados. Outra desvantagem da propagação clonal é a disseminação de pragas e doenças, que é muito mais intensa quando se utilizam partes vegetativas. A reprodução via sementes elimina, ou pelo menos reduz, a transmissão de muitos vírus e fungos sistêmicos. Dessa forma, a longevidade de lavouras de espécies perenes, propagadas assexuadamente, tende a ser menor que a daquelas propagadas via sementes. A degenerescência dos cultivares clonais, devido ao acúmulo de patógenos sistêmicos, tem sido uma grande limitação desse tipo de cultivar.

Em razão das desvantagens que os cultivares clonais apresentam, os melhoristas têm sido estimulados a considerar o desenvolvimento de cultivares híbridos para as espécies que apresentam produção satisfatória de sementes, como no caso da alcachofra.

A alcachofra era, até algumas décadas atrás, exclusivamente propagada vegetativamente para fins comerciais. Os cultivares plantados eram clones melhorados, selecionados por melhoristas ou por produtores. Mais recentemente, alguns programas de melhoramento vêm desenvolvendo cultivares híbridos para plantio via sementes. Nesses casos, as espécies de propagação vegetativa são submetidas aos métodos de melhoramento de espécies de reprodução sexual. O objetivo do programa passa a ser o desenvolvimento de linhagens endogâmicas, e não de clones. Portanto, os indivíduos selecionados na primeira geração, após o cruzamento dos genitores, são submetidos à autofecundação em sucessivas gerações, até o restabelecimento da homozigose. Desenvolvidas as linhagens, estas são avaliadas quanto à capacidade de combinação, semelhantemente ao que ocorre com o milho, para identificação da melhor combinação a ser utilizada na produção do híbrido. Duas alternativas são possíveis na comercialização do cultivar híbrido: (i) comercialização da semente híbrida, para plantio comercial, à semelhança do que ocorre com o milho, ou (ii) comercialização de propágulos vegetativos removidos do híbrido. Nesse caso, o acúmulo de doenças sistêmicas só acontecerá a partir das plantas híbridas.

Alguns pesquisadores têm também visionado o desenvolvimento do cultivar híbrido e posterior introdução nele de um sistema de indução de apomixia, em que as sementes geradas são de natureza assexual e, portanto, portadoras exclusivamente da constituição genética da planta-mãe. Esse sistema permitirá a fixação genética do vigor híbrido presente no cultivar híbrido, associado aos benefícios da propagação por sementes, além de excluir as desvantagens da degenerescência, devido ao acúmulo de doenças sistêmicas. O sistema de apomixia, presente em citros, com seus embriões nucelares, e também em diversas espécies forrageiras, poderá, eventualmente, ser transferido para as espécies de interesse, via transformação gênica.

vinte e quatro

MELHORAMENTO VISANDO À RESISTÊNCIA A DOENÇAS

A redução de produtividade das culturas, em razão da incidência de doenças, tem contribuído para o desequilíbrio da demanda e da oferta de alimentos em todo o mundo. É difícil estimar as perdas decorrentes de doenças específicas, porque as culturas são atacadas por mais de um agente etiológico ao mesmo tempo (Fritsche-Neto; Borém, 2012).

A Tab. 24.1 apresenta algumas estimativas de redução na produtividade do feijoeiro, causada por diversas espécies de patógenos. Essas estimativas ilustram a importância econômica das doenças, especialmente quando se consideram grandes áreas de plantio.

Por estimativas, sabe-se que a área infestada pelo "nematoide de cisto" da soja no Brasil chega a milhões de hectares, causando prejuízos de milhões de dólares. As perdas decorrentes da ferrugem asiática da soja somente em 2006/7 foram estimadas em US$ 2,19 bilhões.

A resistência a doenças constitui um dos principais objetivos dos programas de melhoramento da maioria das espécies agronômicas e olerícolas. Os sucessos obtidos nessa área têm sido de grande importância para a estabilização da produtividade das culturas de safra para safra. Estima-se que 25% dos recursos destinados ao melhoramento convencional sejam utilizados no desenvolvimento de cultivares resistentes a doenças. A despeito da intensa atividade dos melhoristas nesse sentido, o uso de produtos químicos para o controle das doenças movimenta milhões de dólares anualmente, contribuindo para a elevação do custo da produção e para o desequilíbrio e a poluição do meio ambiente.

Tab. 24.1 Estimativas de redução da produtividade na cultura do feijoeiro, em virtude da ocorrência de diversas espécies de patógenos

Agente etiológico	Redução de produtividade (%)	Referência
Colletotrichum lindemuthianum	55	Vieira (1964)
Meloidogyne sp.	67	Freire e Ferraz (1977)
Phaeoisariopsis griseola	1-41	Santos Filho, Ferraz e Sediyama (1978)
Uromyces phaseoli var. typica	21-42	Nasser (1976)
Vírus do mosaico-dourado	43-73	Almeida et al. (1979)
Vírus do mosaico-dourado	100	Caner et al. (1981)

Fungos, bactérias, vírus e nematoides são os mais frequentes patógenos das plantas. Durante o processo evolutivo, a coexistência de parasita e hospedeiro desenvolveu-se de tal modo que permitiu a sobrevivência de ambos. Para muitos autores, isso quer dizer que as forças evolutivas não favoreceram os patógenos extremamente virulentos nem as plantas altamente resistentes. Patógenos extremamente virulentos destroem o hospedeiro, o que significa o seu próprio fim. Indivíduos imunes exercem pressão seletiva muito grande sobre o parasita, levando-o ao desenvolvimento da virulência ou, em caso contrário, à extinção.

O melhoramento visando à resistência a doenças evidencia a importância do trabalho de equipes multidisciplinares. Para o desenvolvimento de cultivares resistentes, são necessários conhecimentos e habilidades em áreas específicas, o que torna praticamente impossível a realização do trabalho sem a cooperação entre melhoristas e fitopatologistas.

24.1 Fontes de resistência

Alguns ecologistas acreditam que o melhoramento para alta produtividade está correlacionado com o aumento da suscetibilidade a doenças e que as variedades antigas são mais resistentes do que as atuais, o que não corresponde à realidade. Alguns estudos foram realizados visando esclarecer esse dilema. Cox et al. (1988) avaliaram cultivares de trigo desenvolvidos no período de 1874 a 1987 e verificaram aumento médio anual de 16,2 kg/ha na produtividade. Os cultivares testados não foram submetidos a aplicações de fungicidas, o que permitiu aos autores comparar avaliações realizadas em condições epidêmicas da ferrugem-do-colmo do trigo (*Puccinia graminis*) e evidenciar o progresso genético da cultura quanto à resistência a essa doença (Tab. 24.2). Em geral, os mais novos cultivares de trigo mostram-se mais resistentes à ferrugem-do-colmo. Resultados semelhantes foram encontrados por Austin et al. (1980).

Heiser (1988) desenvolveu a teoria da seleção inconsciente no melhoramento de plantas e definiu-a como aquela realizada pelo melhorista de forma não intencional. Quando o melhorista escolhe genitores para dar início a um novo ciclo de melhoramento visando à elevada produtividade, cultivares com alta produtividade são selecionados. Inconscientemente, o melhorista está selecionando genótipos que apresentam características correlacionadas com a produtividade, como resistência a doenças. Isso explica o fato de os cultivares atuais serem mais resistentes que os pioneiros.

Tab. 24.2 ANO DE LANÇAMENTO, MÉDIA DE PRODUTIVIDADE E ALTURA DE PLANTA DE DEZ CULTIVARES DE TRIGO LANÇADOS DE 1874 A 1987

Cultivar de trigo	Ano de lançamento	Média de produtividade (kg/ha)	Altura de planta (cm)
Turkey	1874	1.609	117
Cheyenne	1933	1.547	110
Comanche	1942	1.823	112
Bison	1956	1.944	111
Lancer	1963	1.857	110
Sturdy	1967	2.239	77
Mustang	1984	2.389	83
TAM 107	1985	2.727	83
Victory	1985	2.733	89
Century	1986	2.982	87

Fonte: Cox et al. (1988).

Durante o seu processo de domesticação, as espécies cultivadas e os patógenos desenvolveram mecanismos de sobrevivência mútua. A seleção natural, que favorece indivíduos com genes de resistência e patógenos com genes de virulência, estabeleceu um processo de coevolução do hospedeiro e patógeno. O melhorista pode usufruir da coevolução ocorrida em regiões geograficamente isoladas para o desenvolvimento de cultivares resistentes. Um exemplo ocorre com o feijão. A domesticação dessa espécie ocorreu simultaneamente em duas regiões geograficamente isoladas: sul do México e América Central (Centro Mesoamericano) e Peru e Bolívia (Centro Andino). Por causa da coevolução do patógeno e hospedeiro, feijões andinos tendem a ser resistentes às raças fisiológicas de *Phaeoisariopsts griseola* originárias do Centro Mesoamericano e vice-versa (Pastor-Corrales; Jara, 1995).

Atualmente, para registro e proteção de novos cultivares, é necessária a descrição de suas características. Com base em relatórios de comportamento de cultivares de uma espécie, é possível identificar aqueles que podem ser empregados como fonte de resistência. Uma revisão de literatura pode também evidenciar fontes de resistência no germoplasma exótico à região a que se destina. Caso existam fontes satisfatórias de resistência nos cultivares adaptados a esse local, estes devem ser preferidos por apresentarem maior probabilidade de serem portadores de outros genes desejáveis. Quando os cultivares locais ou exóticos não apresentam nível satisfatório de resistência, o melhorista deve recorrer às coleções mundiais nos bancos de germoplasma. Uma das dificuldades na utilização de acessos desses bancos é a frequente presença de caracteres indesejáveis na maioria dos genótipos. A utilização de acessos de bancos de germoplasma com características como deiscência de vagem, hábito de crescimento prostrado, desuniformidade de maturação e baixa produtividade dificulta o processo de introgressão gênica, em consequência do arrasto de ligação (*linkage drag*).

Na eventualidade de não existirem fontes de resistência no germoplasma da espécie, pode-se ainda avaliar a utilização de cruzamentos interespecíficos ou mesmo intergenéricos. As dificuldades nos casos de cruzamentos interespecíficos variam desde a completa inviabilidade do híbrido até situações em que a sua obtenção é simples.

Finalmente, o uso de agentes mutagênicos visando à obtenção de genes de resistência pode ser uma alternativa. A seleção *in vitro* também tem sido apresentada como alternativa para a obtenção de cultivares resistentes a doenças (Hammerschlag, 1990; Litz et al., 1991).

24.2 Interação patógeno × hospedeiro

Biffin (1905) foi o primeiro a demonstrar que a resistência a uma doença é herdada de acordo com as leis de Mendel. Grande parte da vida profissional de H. H. Flor foi dedicada à coleta e à identificação de raças da ferrugem-do-linho (*Melampsora lini*). Flor (1955, 1956), estudando a ferrugem-do-linho na Universidade Estadual de Dakota do Norte, nos Estados Unidos, foi o primeiro cientista a determinar a interação entre o hospedeiro e o patógeno, demonstrando que para cada gene de resistência no hospedeiro existe um que corresponde à virulência no patógeno. Essa interação é conhecida como teoria da interação gene a gene. Flor teorizou que, se existe um gene de resistência no hospedeiro, específico para determinada raça fisiológica do patógeno, esta não será capaz de lhe causar infecção, pois o cultivar é resistente àquela raça específica do patógeno e este, por sua vez, é avirulento.

No exemplo mostrado na Fig. 24.1, o gene LL do cultivar A proporciona resistência à raça 1, que apresenta o gene $A_L A_L$, e suscetibilidade à raça 2. O cultivar B não possui genes de resistência, sendo, portanto, suscetível a ambas as raças do patógeno. A proporção 3 suscetível : 1 resistente, apresentada nesse exemplo, evidencia a existência de apenas um gene.

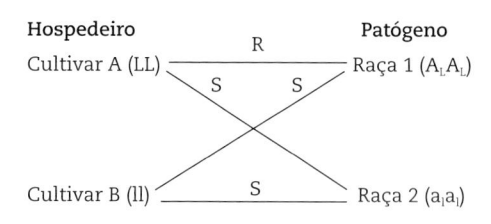

Fig. 24.1 *Interação gene a gene e as respectivas reações de resistência (R, resistente; S, suscetível)*

Atualmente, alguns autores preferem considerar a teoria gene a gene uma simplificação da complexa interação hospedeiro × patógeno. A maioria dos pesquisadores afirma que a teoria gene a gene se aplica somente aos casos de resistência vertical.

O tipo mais frequente de herança da resistência a patógenos parece ser simples, com apenas um ou dois genes envolvidos. A herança pode ser tanto dominante quanto recessiva, entretanto há predominância de genes de resistência dominantes. Obviamente, existem inúmeros casos em que a herança da resistência é complexa e envolve muitos genes. Um complicador no entendimento da relação hospedeiro × patógeno é a interação desse sistema com o ambiente (Fig. 24.2). Entre a imunidade e a completa suscetibilidade, os indivíduos podem manifestar reações intermediárias. Diversos programas de melhoramento utilizam a escala de 1 a 9 para classificar as reações dos genótipos aos patógenos, sendo a nota 1 correspondente à imunidade e a 9, à reação de completa suscetibilidade.

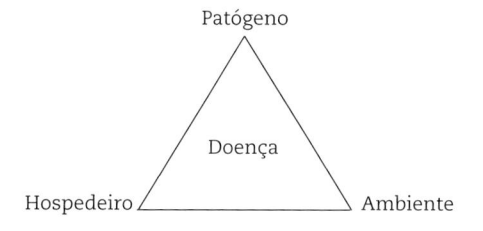

Fig. 24.2 *Interação patógeno × hospedeiro × ambiente na manifestação da doença*

24.3 Base molecular da interação patógeno × hospedeiro

Nos últimos anos, a biologia molecular avançou rapidamente com o isolamento e a clonagem de muitos genes de resistência em diversas espécies de interesse agronômico (Baker; Taskewicx; Dineshkumar, 1997; Hammond--Kosack; Jones, 1996). Tem sido observado que as proteínas codificadas por esses genes possuem muitas características em comum, sugerindo que os mecanismos de ação podem ser similares.

As plantas reagem à infecção causada pelo patógeno com respostas de rotas bioquímicas específicas. Embora relativamente pouco seja entendido sobre os mecanismos de resistência molecular, a hipersensibilidade e a resistência sistêmica adquiridas, que agem de forma generalizada em diferentes patógenos, estão bem caracterizadas (Dixon; Paiva, 1995).

O marco inicial nos estudos genéticos das interações patógeno × hospedeiro ocorreu logo após a redescoberta das leis de Mendel. Em 1905, Biffin postulou a existência de um gene recessivo de resistência à ferrugem-amarela do trigo, causada por *Puccinia striiformis*, o qual segregava em uma proporção de 1:3 (resistente : suscetível) na população F_2 resultante do cruzamento entre plantas resistentes suscetíveis. Desde então, muitos estudos indicaram que resistência × suscetibilidade era controlada por fatores genéticos.

O primeiro modelo de interação patógeno × hospedeiro foi proposto por Flor (1971), como resultado de seus estudos com o patossistema linho × *Melampsora lini*, agente causal da ferrugem-do-linho. A partir dos seus resultados, o autor formulou a sua famosa teoria gene a gene, na qual a resistência de determinado cultivar de linho a uma raça do fungo é o resultado da interação entre um gene de avirulência dominante (Avr) no patógeno e um gene de resistência correspondente (R), também dominante, na planta hospedeira. Após o pioneiro trabalho de Flor, resultados semelhantes têm sido obtidos em outros patossistemas, envolvendo parasitas biotróficos e hemibiotróficos, inclusive fungos, bactérias, vírus e nematoides (Gabriel; Rolfe, 1990; De Wit, 1997; Agrios, 1997).

O modelo da interação gene a gene assume a existência de uma interação do tipo receptor × elicitor, no qual o gene de resistência no hospedeiro é responsável pela síntese de proteínas receptoras que reconhecem e reagem especificamente com uma molécula elicitora produzida pelo patógeno (Camargo, 1995). Os genes Avr codificam para antígenos que interagem especificamente com o produto dos genes de resistência (R), levando à incompatibilidade (ausência de doença). Geralmente essa resposta de defesa se dá pela ativação da reação de hipersensibilidade (HR), que consiste na morte rápida de um número limitado de células em torno do sítio inicial de infecção. Por outro lado, se o patógeno não possuir um gene de avirulência, este não será reconhecido pela planta hospedeira, resultando numa interação compatível (presença da doença) (Johal et al., 1995).

Funcionalmente, a HR por si é suficiente para restringir o crescimento de patógenos biotróficos, os quais requerem células vivas para crescer no seu hospedeiro. Todavia, para conter patógenos necrotróficos (aqueles que colonizam apenas células mortas), a HR atua por meio de outros mecanismos (Johal; Rahe, 1990). Esses mecanismos podem funcionar única ou sinergisticamente e incluem acúmulo de fitoalexinas, fenóis e PR proteínas – proteínas relacionadas com a patogênese (quitinases e glucanases, por exemplo) –, além da elaboração de barreiras estruturais nas células vizinhas ao sítio de infecção, incluindo lignificação, deposição de calose e silício e produção de glicoproteínas ricas em hidroxiprolina (Johal et al., 1995).

De acordo com esse modelo, a resistência ao patógeno é herdada de forma dominante e a virulência no patógeno, como uma característica recessiva. Conforme verificado na Fig. 24.1, a resistência à doença só ocorrerá quando o patógeno apresentar o gene de Avr e o hospedeiro, o gene de resistência R correspondente. Qualquer outra situação resulta em suscetibilidade.

Quando um cultivar tem dois genes ou mais para resistência (R1, R2, ...) contra um patógeno particular, cada um desses genes corresponde a um ou mais genes para formar virulência/avirulência no patógeno (a1, a2, ...). Estes, uma vez reconhecidos por um dos genes para resistência no hospedeiro, funcionam como genes de avirulência no patógeno (Agrios, 1997). A combinação dos genes e os tipos de reações do hospedeiro e do patógeno são mostrados na Fig. 24.3.

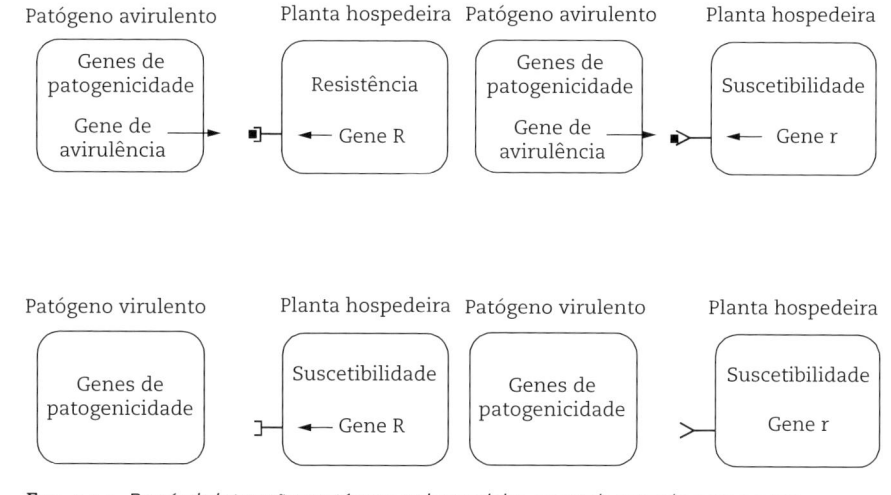

FIG. 24.3 *Possíveis interações patógeno × hospedeiro, segundo a teoria gene a gene*

O segundo modelo genético de interação patógeno × hospedeiro (Tab. 24.3) foi descoberto por Scheffer, Nelson e Ullstrup (1967) e diferencia-se da interação gene a gene pelo fato de um produto produzido pelo patógeno direcionar a interação para a compatibilidade, e não para a incompatibilidade, como no modelo de Flor (Briggs; Johal, 1994). Portanto, genes de compatibilidade controlam a produção de um fator de compatibilidade, que são moléculas que alteram a fisiologia dos hospedeiros, permitindo sua colonização pelo patógeno (Briggs; Johal, 1994; Johal et al., 1995). Nesses casos, a virulência é dominante sobre a avirulência e a resistência pode ser dominante ou recessiva. A resistência dominante pode ser devida à produção de uma enzima que degrada o fator de compatibilidade e a recessiva, à ausência de um produto sobre o qual o fator de compatibilidade atua. Para responderem ao ataque desses dois grupos de patógenos, as plantas desenvolveram estratégias distintas. Para as interações do tipo gene a gene, normalmente a resposta de defesa se dá pela ativação de HR, enquanto a resistência para patógenos que produzem fatores de compatibilidade geralmente decorre da insensibilidade ou da degradação desse fator.

Tab. 24.3 INTERAÇÃO COMPLEMENTAR DE DOIS GENES DO HOSPEDEIRO PARA RESISTÊNCIA E DOIS GENES CORRESPONDENTES NO PATÓGENO PARA VIRULÊNCIA E SEUS TIPOS DE REAÇÕES A DOENÇAS

Genes de avirulência (A) ou virulência (a) no patógeno	Genes de resistência (R) ou de suscetibilidade (r) no hospedeiro			
	R_1R_2	R_1r_2	r_1R_2	r_1r_2
A_1A_2	−	−	−	+
A_1a_2	−	−	+	+
a_1A_2	−	+	−	+
a_1a_2	+	+	+	+

+ Interação compatível (doença).
− Interação incompatível (HR).

Para se tornar um patógeno, uma saprófita precisou adquirir a habilidade de penetrar, crescer e reproduzir no hospedeiro. Algumas modificações podem ser simples, ao passo que outras são bem mais complexas (Knogge, 1996). Portanto, inicialmente o patógeno precisou desenvolver uma relação de compatibilidade básica. Posteriormente, a planta passou a reconhecer determinado produto do patógeno, tornando-se resistente. Essa pressão de seleção provavelmente selecionou genótipos do patógeno que não produzia aquele produto que estava sendo reconhecido pelo hospedeiro, surgindo, então, uma nova raça. Novamente, uma planta, ou algumas, dentro daquela população passou a reconhecer um outro produto produzido pela nova raça, forçando então mais uma modificação do patógeno (Briggs; Johal, 1994; Knogge, 1996). De acordo com essa linha de raciocínio, desenvolveu-se uma interação gene a gene entre o patógeno e o hospedeiro. Esse modelo de reconhecimento é muito complexo. Por exemplo, em aveia, mais de 90 genes de resistência contra as ferrugens P. *striiformis*, P. *recondita*, P. *graminis* e contra o oídio (*Erysiphe graminis*) são conhecidos (Crute; Pink, 1996).

O modelo da compatibilidade básica prediz que uma interação gene a gene se desenvolve como uma resposta à pressão de seleção sobre o hospedeiro após o patógeno alcançar a compatibilidade básica via produção de fatores de patogenicidade. A pressão de seleção resulta na evolução de uma resistência hipersensitiva raça-específica, após interação com o receptor, produto de um gene de resistência (De Wit, 1992). Portanto, o primeiro nível de interação entre patógeno e hospedeiro envolve o estabelecimento de relação compatível. Nessa interação, duas coisas são requeridas: o parasita tem que produzir o fator de compatibilidade e o hospedeiro deve ser sensível a esse fator (Briggs; Johal, 1994).

No caso dos patógenos que seguem uma relação gene a gene com o hospedeiro, uma possível função do fator de compatibilidade básica é suprimir a morte celular, em consequência da HR, engatilhada por um elicitor inespecífico liberado durante a tentativa de invasão. O fator de compatibilidade pode, portanto, bloquear direta ou indiretamente a via que conduz à HR. Nesse caso, a supressão da morte celular precisa atuar numa etapa posterior à ativação da HR pelo elicitor. Para o hospedeiro, ainda resta uma oportunidade de defesa, que é o reconhecimento do produto do gene Avr numa etapa posterior ao bloqueio da HR pelo fator de compatibilidade (Johal et al., 1995). Assim, a produção de um fator de incompatibilidade (produto de um gene Avr) se impõe à produção de um fator de compatibilidade (Briggs; Johal, 1994).

Do ponto de vista da resistência, acredita-se que aquela baseada na insensibilidade aos fatores de compatibilidade pode ser mais estável que a resistência gene a gene, porque, enquanto a primeira requer o ganho de uma função pelo parasita para vencer a resistência, ou seja, a produção de um novo fator de compatibilidade, a segunda pode ser vencida pela perda de uma função no patógeno, resultado da mutação de um gene de incompatibilidade (Pryor; Ellis, 1993; Johal et al., 1995). Todavia, pode não ser sempre fácil para o patógeno perder essa função, particularmente se o gene de Avr é requerido para a adaptabilidade (Kearney; Staskawics, 1990; Staskawics et al., 1995). Nesses casos, a resistência durável tem sido alcançada. No entanto, frequentemente a resistência gene a gene dura apenas poucos anos, ao passo que a resistência a fatores de compatibilidade básica em geral é mais duradoura. Por exemplo, a resistência da aveia a *Cochliobollus vitcoriae* já dura mais de 50 anos, enquanto a resistência ao

C. carbonum em milho só foi "vencida" na década de 1970, quando a raça 3 do patógeno foi primeiramente observada. Em conclusão, parece que uma grande ênfase à compreensão da base da compatibilidade pode ser uma estratégia mais efetiva para introduzir resistência durável contra fitopatógenos (Johal et al., 1995).

24.4 Raças fisiológicas

Alguns autores preferem fazer distinção entre os termos *raça fisiológica*, *raça fitopatogênica*, *patótipo* e *biótipo*. O termo genérico *raça fisiológica* vem sendo utilizado para descrever os patógenos da mesma espécie, morfologicamente semelhantes e com mesma virulência. Patógenos de distintas raças fisiológicas apresentam diferentes níveis de virulência.

Com a disseminação do uso de cultivares resistentes plantados em monocultivos em grandes áreas, a pressão de seleção sobre as populações de microrganismos fitopatogênicos aumentou substancialmente. Após alguns anos de plantio de um cultivar resistente, a elevada pressão de seleção sobre os patógenos da região pode resultar na "quebra" da resistência, por causa do surgimento de uma nova raça fisiológica, virulenta para o cultivar em plantio. Um novo ciclo de desenvolvimento de cultivares resistentes iniciado poderá ser neutralizado pelo subsequente surgimento de outra raça virulenta. Quando o microrganismo possui uma fase sexual, o surgimento de uma raça pode ser resultado de hibridação e segregação entre tipos geneticamente diferentes. As mutações, embora raras, podem também contribuir para o aparecimento de novas raças fisiológicas. O número de esporos de um patógeno em uma cultura é extremamente grande, aumentando a chance de ocorrência desse fenômeno. A heterocariose, isto é, a fusão de hifas plurinucleadas com a permuta de núcleos distintos, pode gerar variabilidade. O parassexualismo, fusão de hifas haploides que dá origem à fase diploide do fungo, é também importante fonte de variabilidade de alguns microrganismos.

Um exemplo da quebra de resistência foi observado no Estado do Mato Grosso, com o cultivar de soja BR 27 (Cariri), oriundo do cruzamento [Bragg × IAC 76-2736] × [Bragg × Santa Rosa]. O cultivar Santa Rosa era até então considerado excepcional fonte de resistência à *Cercospora sojina*. Com o surgimento da nova raça de *C. sojina* (raça Cs-15), patogênica para o cultivar Santa Rosa e para os cultivares originados de cruzamento com ele, como o BR 27 (Yorinori et al., 1989), a resistência foi "quebrada". O cultivar Embrapa 33, resistente à raça Cs-15, foi desenvolvido a partir do cruzamento BR 27 × Cristalina para contornar essa situação.

24.4.1 Identificação de raças fisiológicas

Inúmeros genes de resistência têm sido identificados em hospedeiros pelo teste da série diferenciadora com diversos isolados. Para que os resultados sejam comparáveis, um sistema internacional de identificação de genes de resistência e de raças fisiológicas foi estabelecido (Boskovic, 1980). Por exemplo, Menezes e Dianese (1988), trabalhando com isolados provenientes de 16 estados brasileiros, identificaram nove raças fisiológicas do agente causador da antracnose-do-feijoeiro (*Colletotrichum lindemuthianum*).

O Quadro 24.1 apresenta a série de cultivares diferenciadores e as nove raças fisiológicas, designadas pelo alfabeto grego.

Trabalhando também com a antracnose-do-feijoeiro, Pastor-Corrales (1991) propôs o sistema binário de Habgood (1970) para a nomenclatura das raças fisiológicas do patógeno dessa doença com base em séries diferenciadoras padronizadas (Quadro 24.2), em substituição ao sistema utilizado por Menezes e Dianese (1988). Cada cultivar da série diferenciadora recebe valores (2^n) de acordo com o nível de suscetibilidade, em que n varia de zero ao número de cultivares incluídos na série diferenciadora menos 1. Por exemplo, para a série diferenciadora utilizada para identificar raças de *C. lindemuthianum*, os valores são os seguintes: Michelite ($2^0 = 1$), Michigan Dark Red Kidney ($2^1 = 2$), Perry Marrow ($2^2 = 4$), Cornell 49-242 ($2^3 = 8$), Widusa ($2^4 = 16$), Kaboon ($2^5 = 32$), México 222 ($2^6 = 64$), PI 207262 ($2^7 = 128$), TO ($2^8 = 256$), TU ($2^9 = 512$), AB 136 ($2^{10} = 1.024$) e G 2333 ($2^{11} = 2.048$).

Quadro 24.1 Raças fisiológicas de *Colletotrichum lindemuthianum* identificadas por Menezes e Dianese (1988)

Cultivares diferenciadores	Raças[1]								
	Alfa[2]	Delta	Epsílon	Zeta	Eta	Teta	Capa	Lambda	Mu
Michelite	S	S	S	S	S	S	S	S	S
Aiguille Vert	S	S	S	S	S	S	S	S	S
Michigan DRK	R	S	R	R	R	S	S	S	S
Widusa	S	S	R	S	S	R	S	S	S
Imuna	R	S	R	S	R	S	S	S	S
BO 22	R	R	R	R	R	S	R	S	R
Sanilac	R	S	R	S	R	S	S	S	S
Cornell 49-242	R	R	R	R	R	S	R	R	R
Kaboon	R	R	R	R	S	R	S	R	R
TO	R	R	R	S	R	R	R	R	R
PI 207262	R	R	R	S	R	R	R	R	R
México 222	R	R	R	R	S	S	R	R	S

[1] R: resistente; S: suscetível.

[2] Raça mais comum no Brasil.

Conforme exemplificado no Quadro 24.1, se um isolado A infecta apenas os cultivares Michelite, Cornell 49-242 e TU, ele recebe a designação de Raça 521, que é a soma de 1 + 8 + 512. O número identificador da raça fisiológica é também um indicativo da sua agressividade. Em geral, as raças fisiológicas com valores elevados são mais agressivas que as de valores menores.

Quadro 24.2 Exemplos de nomenclatura de raças fisiológicas de *Colletotrichum lindemuthianum* pelo sistema binário proposto por Pastor-Corrales (1991)

Cultivares diferenciadores	Valor no sistema binário	Isolados		
		A	B	C
Michelite	1	S	S	S
Michigan DRK	2			
Perry Marrow	4		S	
Cornell 49-242	8	S		
Widusa	16			
Kaboon	32			
México 222	64			
PI 207262	128			
TO	256		S	S
TU	512	S		S
AB 136	1.024			
G 2333	2.048			S
Nomenclatura		521	261	2.817

S: suscetível.

24.5 Tipos de resistência

Algumas fontes de resistência são reconhecidas por causa do amplo espectro de raças fisiológicas contra as quais fornecem proteção. Outras fontes de resistência são, entretanto, específicas a uma ou a poucas raças fisiológicas. A observação desse fenômeno culminou com a formulação da teoria das resistências vertical e horizontal, proposta por Van der Plank (1963).

Van der Plank definiu resistência vertical como aquela efetiva contra uma ou algumas raças, mas não contra outras, e resistência horizontal como a efetiva contra todas as raças de determinado patógeno. A resistência horizontal é também conhecida como resistência de raça inespecífica ou generalizada e ocorre por meio da redução tanto do número de lesões formadas quanto da taxa de desenvolvimento das lesões e da quantidade de esporos produzidos por lesão. Van der Plank afirmou ainda que, em média, existe menor nível de resistência horizontal quando há resistência vertical. Entretanto, não há dados experimentais que suportam claramente tal conclusão. A maioria dos programas de introgressão de genes de resistência é baseada em retrocruzamentos. Nesses programas, a resistência horizontal presente no genitor recorrente e outras características são preservadas, a menos que exista associação negativa entre os genes introduzidos e essa resistência. A Fig. 24.4 apresenta o diagrama proposto por Van der Plank para ilustrar os tipos de resistência.

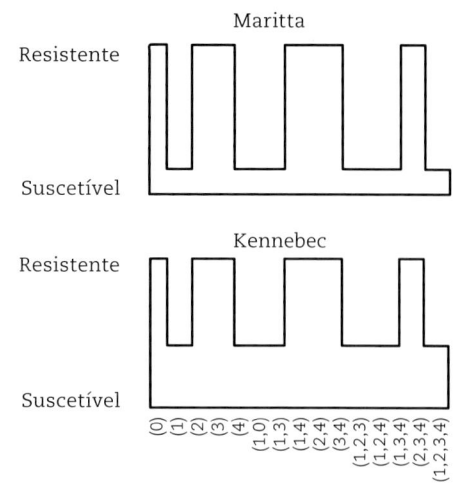

Fig. 24.4 *Resistência de dois cultivares de batata a diversas raças de* Phytophthora infestans

Nessa figura, ambos os cultivares mostram resistência vertical às raças (0), (2), (3), (4), (1,4), (3,4) e (2,3,4). A resistência às raças (1), (1,2), (1,3), (2,4), (1,2,3), (1,2,4), (1,3,4) e (1,2,3,4) é horizontal, ressaltando-se que o cultivar de batata Kennebec a expressa em menor nível.

Diversos trabalhos sucederam os de Van der Plank, e outras terminologias foram incorporadas à literatura, com o objetivo de descrever esses tipos de resistência. Foram incluídos no jargão científico, no caso da resistência horizontal, termos como *resistência de campo*, *durável*, *lateral*, *generalizada*, *não específica* e *quantitativa* e, no de resistência vertical, os termos *resistência específica*, *perpendicular*, *monogênica* e *qualitativa*, por exemplo. Obviamente, a separação semântica que esses termos apresentam não corresponde completamente ao tipo de resistência, mas tem certo mérito nas comunicações científicas.

O Quadro 24.3 apresenta algumas das diferenças entre a resistência vertical e a horizontal.

Quadro 24.3 Algumas diferenças entre a resistência vertical e a horizontal

Características	Resistência vertical	Resistência horizontal
Reação a raças fisiológicas	Específica	Não específica
Herança	Mono/oligogênica	Poligênica
Nível de resistência	Alto	Moderado
Reação nas séries diferenciadoras	Qualitativa	Quantitativa

Nelson, Mackenzie e Scheifele (1970) apresentaram evidências de que não deveria haver diferença entre a resistência vertical e a horizontal e de que devem ser utilizados todos os genes que possam ser introduzidos no novo cultivar para vencer o patógeno. Todavia, a maioria dos pesquisadores classifica a resistência em vertical e horizontal.

Robinson (1979) questionou a importância da resistência vertical no desenvolvimento de resistência duradoura e recomendou o uso exclusivo da resistência horizontal. Esse pesquisador recomendou também que se evite o uso das "boas" fontes de resistência e que os programas de melhoramento sejam iniciados com indivíduos com moderado nível de infecção, em detrimento das fontes com alto nível de resistência. Entretanto, como há inúmeras restrições a essa estratégia, ela nunca foi amplamente adotada. Alguns exemplos de resistência vertical que conferiu proteção duradoura ao cultivar são apresentados no Quadro 24.4.

Quadro 24.4 Exemplos de genes de resistência vertical que conferiram proteção duradoura a alguns cultivares

Doença	Cultura	Gene	Proteção
Ferrugem	Cevada	T	1940-1992
Ferrugem	Linho	N_1 (B1528)	Desde 1943
Ferrugem	Feijão	(Rico Baio)	1965-1990
Murcha-de-fusarium	Ervilha	–	1929-1973
Podridão-da-haste	Soja	Ps	Desde 1955
Requeima	Batata	R3	Desde 1952

O Quadro 24.5 apresenta nomes de algumas doenças que foram controladas satisfatoriamente com a introgressão de um único gene.

Quadro 24.5 Exemplos de doenças controladas com a introgressão de um único gene

Doença	Cultura
Ferrugem	Aveia
Ferrugem	Trigo
Míldio	Cevada
Murcha-de-fusarium	Tomate
Requeima	Batata

Embora seja consenso que a resistência vertical possa ser "quebrada", está claramente demonstrado que ela já contribuiu, e continua contribuindo, para a redução de perdas na produtividade de grãos, em diversas culturas, em razão do ataque de doenças.

24.6 Estratégias de melhoramento

A estratégia de melhoramento visando à resistência a doenças é relativamente simples quando se objetiva a introdução de apenas um único gene que confira resistência vertical. O procedimento mais indicado é o uso do método dos retrocruzamentos combinado com a inoculação artificial para seleção de indivíduos resistentes. Os cultivares de soja Doko RC, resistente a *Cercospora sojina,* desenvolvido pela Embrapa, e Cristalina RC, resistente ao cancro-da-haste, desenvolvido pela FT Pesquisas e Sementes em parceria com a UFV, foram obtidos por retrocruzamentos.

Antes de iniciar um programa para o desenvolvimento de cultivares resistentes a doenças, devem-se avaliar:

- danos econômicos ocasionados pela doença;
- fontes de resistência;
- mérito agrícola da fonte de resistência;
- complexidade da herança da resistência;
- facilidade de manipulação do patógeno;
- perspectiva de durabilidade da resistência;
- frequência, prevalência e distribuição de raças fisiológicas na região.

Com base nesse tipo de avaliação, deve-se, então, estabelecer um programa, utilizando os métodos de melhoramento disponíveis.

A principal estratégia para utilização da resistência vertical é a *piramidação*, novo termo empregado para caracterizar a introgressão de vários genes de resistência em um único cultivar. A piramidação pode ser estabelecida com a introdução de genes maiores e menores, genes específicos e não específicos, ou qualquer outro tipo de gene que confira resistência ao patógeno (Pedersen; Leath, 1988). Combinar três ou quatro genes, por exemplo, em um único cultivar e manter outras características superiores não é um trabalho simples.

A estratégia para uso da resistência horizontal como principal meio de controle das doenças é diferente daquela usada quando o objetivo é utilizar a resistência vertical. Esta vem sendo empregada na grande maioria dos programas de melhoramento, em razão da sua facilidade de manipulação.

A seleção assistida por marcadores moleculares apresenta grande potencial de utilização para a piramidação de genes de resistência.

Em razão da complexidade da herança da resistência horizontal, muitos autores a consideram resultado da combinação de um grande número de genes com pequenos efeitos.

Uma das estratégias sugeridas para a introdução de genes de resistência horizontal em espécies autógamas tem sido o estabelecimento dos cruzamentos compostos a partir de grande número de cruzamentos simples. Os cruzamentos compostos são submetidos à ação dos patógenos, que promovem uma seleção massal negativa, eliminando os indivíduos com reduzido nível de resistência horizontal. A eficácia desse método ainda deve ser comprovada antes da sua recomendação generalizada, em razão do longo período requerido para o desenvolvimento de um novo cultivar, muitas vezes inaceitável nos dias atuais.

A utilização de cultivares com reações intermediárias ao patógeno, a exemplo dos cultivares com presença de pequenas lesões, em detrimento de outros que apresentam reação de imunidade, não é atrativa.

A seleção de cultivares altamente produtivos, avaliados em experimentos conduzidos com alta incidência de doenças, para serem utilizados como genitores, não é garantia de que estão sendo selecionados indivíduos portadores de resistência do tipo horizontal, embora alguns autores recomendem tal estratégia (Fritsche-Neto; Borém, 2012).

O nível de resistência horizontal só pode ser realmente avaliado após o germoplasma perder sua resistência vertical, uma vez que a resistência remanescente após a quebra da resistência vertical é genuinamente horizontal. Infelizmente, não existe uma metodologia comprovadamente eficiente para o desenvolvimento de cultivares com elevado nível de resistência horizontal.

Finalmente, é necessário que se faça referência à estratégia de uso das multilinhas no controle das doenças. As multilinhas são misturas, em proporções previamente estabelecidas, de linhagens fenotipicamente semelhantes, que, entretanto, diferem entre si quanto a uma ou mais características, como a presença de diferentes genes de resistência. As multilinhas foram sugeridas por Borlaug (1959) como uma alternativa para minimização das perdas decorrentes de doenças causadas por patógenos que apresentam raças fisiológicas, cuja prevalência se modifica de ano para ano. O uso de multilinhas nunca se estabeleceu como uma prática rotineira. O tempo requerido no desenvolvimento das linhagens a serem combinadas, o elevado custo de produção das sementes certificadas envolvidas nas multilinhas e a necessidade de monitoramento constante das raças fisiológicas prevalecentes na região, bem como as exigências da Lei de Sementes (Lei nº 10.711 de 5 de agosto de 2003), limitaram a sua utilização.

vinte e cinco

MELHORAMENTO POR MEIO DE IDEÓTIPOS

A maioria dos programas de melhoramento que objetivam o aumento da produtividade tem pelo menos uma destas três filosofias: (i) eliminação de defeitos nas culturas; (ii) aumento do potencial de produção por si; e (iii) otimização das características morfofisiológicas das plantas.

A eliminação de defeitos na cultura compreende a introgressão de genes de resistência a fatores bióticos e abióticos ou a introdução de características que facilitam a colheita mecanizada.

Nos programas que visam aumentar o potencial de produção por si não há preocupação com determinadas características que possam estar correlacionadas com a produtividade. Nesses programas, são cruzados os genitores com características complementares e, nas populações segregantes, selecionados genótipos altamente produtivos. Quando o objetivo é a exploração do vigor híbrido, procura-se cruzar genitores que apresentem boa capacidade de combinação.

Na terceira filosofia, isto é, otimização individual da produtividade pela manipulação de diversas características morfofisiológicas da planta, define-se previamente um fenótipo-modelo para as características de interesse.

O melhoramento de plantas por ideótipo tem se destacado para espécies ornamentais ou flores nas quais uma ou poucas características podem dar um diferencial de mercado. Em espécies comercializadas como matéria-prima, o melhorista foca inicialmente a produtividade ou a qualidade do produto e, posteriormente, a característica ideal a ser selecionada, como o tipo de planta mais ereta, a cor da planta, a presença de tanino nos grãos, ou seja, características que beneficiam a competitividade ou a planta isoladamente.

Os maiores méritos do melhoramento por ideótipo estão associados à obtenção de um cultivar com característica específica a uma condição particular de ambiente que o diferencia de outros cultivares, por exemplo, o maior sistema radicular, que faz com que a planta tenha maior disponibilidade de água.

As maiores críticas ao melhoramento por ideótipo têm sido o longo tempo necessário para obter o cultivar ideal e o fato de este, após obtido, não apresentar uma ampla adaptação necessária ao cultivar ou a diferentes condições edafoclimáticas.

Os melhoristas têm procurado elevar a produtividade das culturas por meio da seleção de características individuais desde o início do melhoramento. Os melhores exemplos ocorreram com trigo, arroz e cevada. Durante a década de 1950, os melhoristas de trigo e arroz desenvolveram cultivares com porte baixo e, no caso do arroz, além do porte baixo, folhas eretas (Jennings, 1964; Reitz; Salmon, 1968). Uma nova dimensão foi dada a essa filosofia quando Donald (1968) a caracterizou e recomendou o "melhoramento" por meio de modelos de plantas ou, simplesmente, ideótipos. Tipos ideais ou ideótipos têm sido descritos para trigo, milho, cevada, arroz, entre outras espécies.

Ideótipo é um modelo hipotético com características correlacionadas com a produtividade. Melhoramento por meio de ideótipos é o método que procura elevar o potencial genético da produtividade mediante a modificação individual de características, em que o objetivo (fenótipo) de cada uma é especificado. Um melhorista, ao utilizar esse método, provavelmente dará mais prioridade a características morfofisiológicas individuais do que quando utiliza métodos convencionais.

25.1 Fundamentos do melhoramento por meio de ideótipos

Enquanto Donald (1968) concentrou sua descrição de ideótipos em características morfológicas, Rasmusson (1987) expandiu esse conceito, adicionando-lhe características fisiológicas, bioquímicas, anatômicas e fenológicas.

Existem fortes argumentos que suportam o melhoramento por meio de ideótipos, isto é, há bases científicas para identificação de características de valor para seleção e especificação do fenótipo desejado para cada uma. Um dos principais argumentos é o de que a produtividade tem sido aumentada por meio da seleção de características com ela relacionadas. Cultivares semianãos de trigo e de arroz com folhas eretas são exemplos contundentes, conforme mencionado anteriormente (Jennings, 1964; Reitz; Salmon, 1968). A elevação dos componentes de produção e do índice de colheita é considerada a base para o aumento da produtividade em diversas culturas (Grafius, 1978; Austin et al., 1980; Gymer, 1981; Hamid; Grafius, 1978). A alteração no ciclo e período juvenil da soja e a reduzida altura de plantas de sorgo têm influenciado a área de adaptação e a produtividade dessas espécies no Brasil.

Uma terceira razão para enfatizar as características individuais em um programa de melhoramento é a de que os cultivares atuais provavelmente não apresentam as características morfofisiológicas em um nível ótimo, uma vez que apenas uma pequena amostra da variabilidade do germoplasma tem sido utilizada ao longo dos anos. Finalmente, o melhoramento por meio de ideótipos estimula hipóteses sobre a produção, bem como a definição clara dos objetivos do programa de melhoramento, o que, em última instância, conduz a estratégias mais eficientes. Todo melhorista que lida com o processo de seleção de progênies ou seleção entre genitores, consciente ou inconscientemente, considera as características morfofisiológicas dos genótipos. A definição clara dos objetivos da utilização das características mais importantes, ou seja, a definição do ideótipo, torna o processo de seleção mais elaborado e consciente.

25.2 Procedimento

O melhoramento por meio de ideótipos deve iniciar-se com a escolha das características que serão utilizadas no programa e com a definição do fenótipo ideal para cada uma. Nessa fase, devem-se coletar informações a respeito da influência de cada característica na determinação da produção. Parte dessas informações pode ser encontrada na literatura especializada, porém o melhorista provavelmente necessitará desenvolver estudo dos dados aplicáveis ao seu germoplasma. Características de fácil avaliação, em geral, são inicialmente consideradas. Outras, de difícil mensuração ou de mais elevado custo de avaliação, entretanto, não devem ser ignoradas, porque podem causar substancial impacto na produção.

Definidas as características que integrarão o ideótipo, deve-se avaliar a diversidade genética disponível e selecionar, dentro do germoplasma, as principais fontes para cada característica. A diversidade pode estar presente no germoplasma melhorado ou exclusivamente em acessos agronomicamente inferiores. Se os genes desejáveis para a característica considerada estão apenas nesses acessos inferiores, o progresso genético da produtividade pode ficar limitado por causa dos demais genes indesejáveis ligados a eles. Nesses casos, uma etapa intermediária de transferência dos genes desejáveis para o germoplasma-núcleo pode ser necessária.

Uma vez constituído o germoplasma-núcleo, procede-se à introgressão dos genes desejáveis, visando obter uma população que segregue todos os caracteres considerados. Diversos ciclos de seleção podem ser necessários para elevar a probabilidade de se obterem progênies com características múltiplas desejáveis. No entanto, o melhorista deve estar predisposto a introduzir genes desejáveis em diferentes conjuntos gênicos, uma vez que, em razão dos efeitos epistáticos, eles podem se expressar em níveis não satisfatórios.

A decisão sobre o valor deste método, à semelhança dos demais, é tomada com base no mérito dos genótipos desenvolvidos com essa técnica quando avaliados nos campos comerciais dos produtores. Para um trabalho dessa natureza, duas condições precisam ser satisfeitas. Inicialmente, deve haver profundo conhecimento sobre a morfologia e a fisiologia da espécie, de sorte a permitir o delineamento dos modelos de alta produtividade. Infelizmente, para a maioria das espécies cultivadas, esses conhecimentos são ainda insuficientes. Em segundo lugar, deve existir adequada diversidade genética, a fim de possibilitar a identificação e o uso das características morfológicas e fisiológicas relacionadas com a produtividade.

Esse procedimento tem sido usado pelos melhoristas por meio da incorporação, nos cultivares, de "características ideais". Assim, em cereais, folhagem ereta é característica que tem merecido atenção, pois, em plantios densos, ela permite adequada iluminação de maior área da superfície foliar. Quando as folhas são horizontais ou tombadas, as superiores sombreiam as inferiores. Os melhoristas de arroz têm verificado que maior resposta à alta fertilidade do solo e à alta densidade de plantio é obtida com plantas baixas, de caules firmes e folhas eretas.

As características-modelo da planta, especialmente as mais frequentemente utilizadas em estudos fisiológicos, têm sido empregadas nos trabalhos de melhoramento de plantas por meio de ideótipos. Possivelmente, a maioria dos ideótipos é desenvolvida de forma progressiva, com a adoção de características-modelo individuais até o estabelecimento do modelo completo. De qualquer forma, o ideótipo de uma espécie para determinado local deve ser considerado como um atributo dinâmico, que evolui com as mudanças nas práticas agrícolas.

25.3 Fatores que limitam o progresso genético

Para uma consideração pragmática do melhoramento por meio de ideótipos, deve-se reconhecer a complexidade das relações entre as características neles incluídas e a sua produtividade.

Exemplos de três fatores ou tipos de associação entre características que podem limitar o progresso de melhoramento por meio de ideótipos são apresentados nos tópicos subsequentes.

25.3.1 Harmonia no tamanho das partes da planta

Donald (1968) propôs um ideótipo de trigo que apresentava folhas pequenas, estreitas e eretas, e uma espiga grande e ereta. Embora tais características isoladamente sejam desejáveis, não podem ser associadas em um único indivíduo, por limitações morfogenéticas. Grafius (1978) demonstrou que as plantas tendem a apresentar elevado grau de proporcionalidade entre diferentes órgãos. Esse autor relatou ainda que a plasticidade ou habilidade de manipulação de características é inversamente proporcional à proximidade ontogenética, isto é, as características que se desenvolvem próximo ou simultaneamente a partir do mesmo meristema são de difícil manipulação independente.

25.3.2 Pleiotropia

A característica arista múltipla em cevada exemplifica a limitação que a pleiotropia pode exercer em um programa baseado em ideótipos. Johnson, Willmer e Moss (1975) relataram que genótipos de cevada portadores de aristas múltiplas apresentam maior taxa fotossintética do que genótipos monoaristados. Entretanto, os genótipos multiaristados tendem a apresentar menor número de grãos por espiga, menor peso médio do grão e, consequentemente, menor produtividade. Enquanto elevada taxa fotossintética é desejável, o menor número de grãos por espiga e o menor peso médio de grãos, associados à primeira característica, inviabilizam-na para uso em um programa aplicado.

25.3.3 Efeito de compensação

Um típico efeito de compensação em cereais e leguminosas ocorre com os componentes da produção. Por exemplo, um aumento do número de grãos por vagem, em geral, está associado a uma redução do peso médio destes.

Outro exemplo do efeito de compensação foi apresentado por Miskin e Rasmusson (1970), ao verificarem que genótipos de cevada com estômatos grandes, em geral, apresentam menor densidade de estômatos nas folhas. Essas duas características, tamanho e densidade, são negativamente correlacionadas.

Embora o peso desses argumentos seja reconhecido, acredita-se que eles não invalidam a ideia de que melhores tipos de plantas possam ser desenvolvidos.

Exemplos de ideótipos de quatro espécies agronômicas são a seguir apresentados.

25.4 Ideótipo de trigo

Donald (1968) apresentou um modelo de planta de trigo (Fig. 25.1) destinado à alta produção de grãos. Todos os atributos do ideótipo proposto são características morfológicas, mas baseados em considerações fisiológicas.

Ao conceber o modelo, Donald não considerou os indivíduos que apresentam altas produtividades em consequência de bom perfilhamento, de produção de muitas espigas, espiguetas ou grãos, porque tais características se referem a plantas que crescem isoladas. Ao contrário, ele definiu um tipo de planta para monocultura em alta densidade populacional. Quando estabelecido no campo, em altas densidades, esse modelo deve possibilitar a obtenção de grandes produções por unidade de área.

Segundo Donald, no campo, cada planta poderá manifestar sua capacidade de produção de forma mais completa se for mínima a interferência das plantas vizinhas, que devem ser competidoras fracas. Assim, se a cultura é formada de indivíduos com o mesmo genótipo, o ideótipo deve ser de baixa capacidade competidora, a fim de reduzir a um mínimo a competição entre as plantas na densa cultura de campo.

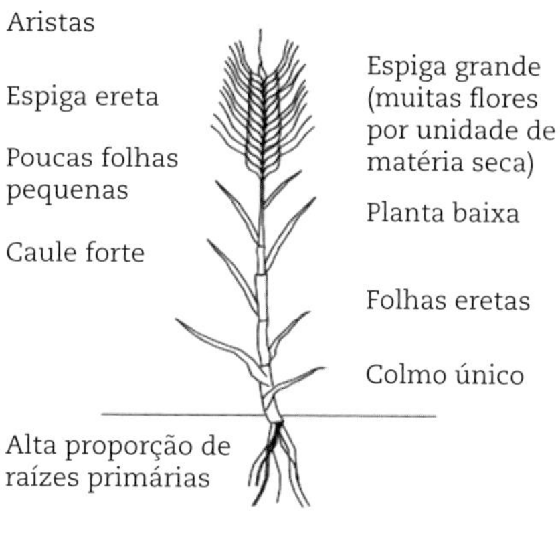

Numa comunidade dessa natureza, a produção eficiente de matéria seca dependerá da capacidade de cada indivíduo para fazer o máximo uso dos recursos à sua disposição no limitado ambiente onde vive, invadindo o mínimo possível o ambiente de seus vizinhos. Embora cada indivíduo tenha baixa demanda de recursos para atender às suas

Fig. 25.1 *Ideótipo básico de trigo, conforme a concepção de Donald (1968)*

Aristas
Espiga ereta
Poucas folhas pequenas
Caule forte
Alta proporção de raízes primárias
Espiga grande (muitas flores por unidade de matéria seca)
Planta baixa
Folhas eretas
Colmo único

necessidades, a comunidade como um todo deverá tê-los em grau máximo, pois somente assim haverá plena produção.

Conforme mostrado na Fig. 25.1, o ideótipo de trigo delineado por Donald tem o seguinte aspecto morfológico: caule baixo e forte; poucas folhas, pequenas e eretas; espiga grande e ereta; aristas; e colmo único.

O caule baixo e forte protege contra o acamamento de plantas. Quanto à disposição das folhas, horizontais ou eretas, as últimas apresentam as vantagens de permitir adequada iluminação de maior área de superfície foliar e possibilitar o aumento da densidade de plantio com menor competição mútua.

Os conhecimentos a respeito dos processos fisiológicos ainda são insuficientes para uma definição clara do ideótipo para uma espécie e um ambiente. Por exemplo, especula-se sobre a importância do número de folhas por planta para a produtividade de grãos, mas existem evidências de que maior número de colmos em trigo favorece altas produções. Todavia, caso as folhas já sejam suficientes para interceptar toda a luz, não há vantagem em aumentar o número de colmos. A espiga grande permite maior número de flores por unidade de matéria seca total, garantindo à espiga capacidade suficiente para aceitar todos os fotossintetizados, tanto de suas próprias superfícies verdes quanto de outras partes da planta. Espigas eretas são mais facilmente iluminadas de todos os lados. A presença de aristas significa superfície fotossintetizante adicional, que contribui modestamente para o incremento da fotossíntese na espiga, concorrendo diretamente para o aumento da produtividade agrícola. Um único colmo evita a competição interna entre a espiga em desenvolvimento e as brotações jovens, como ocorre em plantas que perfilham. Algumas dessas brotações são estéreis, mas nem por isso deixam de usar recursos do ambiente. Em plantas de um só colmo, as raízes primárias adquirem maior importância.

O modelo proposto por Donald não apresenta boa capacidade de competição com as ervas daninhas, por isso a utilização de ideótipo requer maior atenção no controle daquelas plantas.

25.5 Ideótipo de milho

Mock e Pearce (1975) afirmaram que, para o *Corn Belt* americano se beneficiar ao máximo de um ideótipo, o ambiente de produção deve apresentar: (i) umidade adequada; (ii) temperaturas favoráveis durante todo o ciclo da cultura; (iii) adequada fertilidade do solo; (iv) altas densidades de plantio; (v) espaçamentos estreitos entre fileiras; e (vi) semeaduras realizadas bem cedo. Os três primeiros fatores são, obviamente, necessários para que as plantas alcancem crescimento ótimo, e os três outros fatores influenciarão a máxima utilização da radiação solar. Altas densidades de plantio e espaçamentos estreitos entre fileiras permitirão aumento do índice da área foliar (área foliar por unidade de superfície do solo), possibilitando excelente intercepção da luz solar. O plantio do milho, se realizado cedo, permitirá que a formação dos grãos, na espiga, comece precocemente, coincidindo com o período de máxima energia luminosa. No momento, é difícil para o homem controlar a umidade, sobretudo a temperatura. Os outros fatores, entretanto, são facilmente manejáveis.

O ideótipo de milho para a máxima produção no referido ambiente de produção deveria apresentar as seguintes características: (i) folhas verticais acima da espiga (abaixo, as folhas devem assumir a posição horizontal); (ii) máxima eficiência fotossintética; (iii) translocação eficiente de fotossintetizados para os grãos; (iv) curto intervalo entre a soltura do pólen e a emergência dos estilo-estigmas nas espigas; (v) prolificidade de espigas; (vi) pendão de pequeno tamanho; (vii) insensibilidade ao fotoperíodo; (viii) tolerância ao frio pelas sementes em germinação e pelas plantas jovens (para os genótipos a serem cultivados em áreas em que o plantio é realizado em baixas temperaturas); (ix) período de enchimento dos grãos o mais longo possível; e (x) senescência foliar vagarosa.

Além de todas as características citadas, evidentemente o ideótipo deve apresentar as qualidades agronômicas imprescindíveis aos cultivares, como resistência a pragas e doenças, grãos de qualidade aceitável etc.

25.6 Ideótipo de feijoeiro

Adams (1973, 1982) apresentou suas ideias sobre o tipo ideal de feijoeiro para o sistema de monocultura em condições favoráveis de umidade, luz, nutrientes e temperatura: período de 100 dias, plantas espaçadas de 35 cm entre fileiras e 6 cm dentro das fileiras, ou seja, cerca de 500.000 plantas por hectare. O ideótipo que ele propôs foi descrito com base nas seguintes características morfológicas: hábito de crescimento determinado, estreito, ereto; eixo central formado por um só caule ou com o mínimo de ramas eretas; grosso e vigoroso, com numerosos nós; taxa de crescimento que permita rápida acumulação de área foliar ótima; folhas numerosas, pequenas, capazes de orientar-se verticalmente; racimos axilares em cada nó, com muitas flores; vagens longas, com muitas sementes; sementes do maior tamanho possível, dentro dos limites da sua classe comercial; taxa fotossintética alta e constante em todas as folhas; e alta taxa de translocação dos produtos da fotossíntese das folhas para os órgãos de utilização.

No caso de cultivares destinados ao consórcio com milho, Adams recomendou o seguinte tipo: de crescimento indeterminado, com longos entrenós, muitas ramas, folhas médias a pequenas; grande número de flores por racimo; grande número de vagens por planta; grande número de sementes por vagem; ciclo vegetativo longo; alta eficiência fotossintética; alta capacidade de translocação dos produtos de fotossíntese para o órgão utilizador; e alto índice de colheita.

Conforme mostrado na Fig. 25.2, o ideótipo de feijoeiro para monocultivo proposto por Adams (1973, 1982) apresenta as seguintes características: hábito de crescimento determinado, folhas pequenas, ausência de ramos laterais, porte ereto, elevado número de nós na haste principal e vagens e hipocótilo longos.

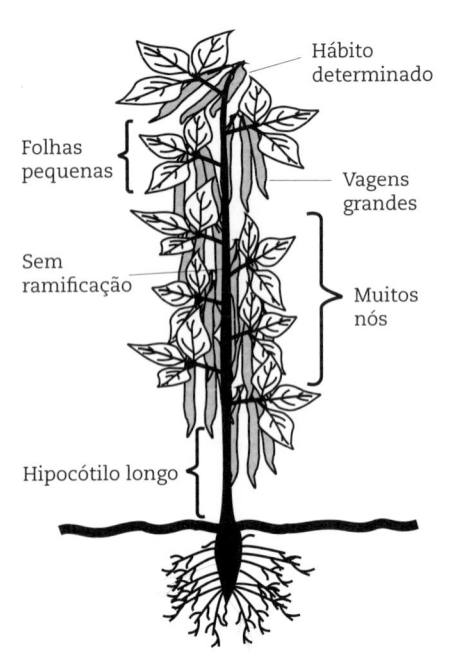

FIG. 25.2 *Ideótipo básico de feijoeiro para monocultivo, conforme a concepção de Adams (1973, 1982)*

25.7 IDEÓTIPO DE CEVADA

Rasmusson (1987) definiu um ideótipo de cevada para as condições do meio-oeste americano, com base em experiência própria e em estudos conduzidos naquela região. Das 27 características estudadas por ele, ao longo de 20 anos de pesquisa com ideótipos, 14 foram eleitas para caracterizar o ideótipo de cevada (Tab. 25.1). Dessas, duas são características fenológicas e as demais, morfológicas. Rasmusson relatou que o atual nível das características número de perfilhos e de espigas deve permanecer, em razão do antecipado efeito negativo de compensação. Maior tamanho e maior número de grãos por espiga foram recomendados por esse autor.

Colmos de grande diâmetro, folhas largas e grande biomassa, preconizados no ideótipo de cevada estabelecido por Rasmusson, são características que conflitam com o ponto de vista de Donald (1968). Segundo este, os campos de produção de trigo devem ser constituídos por fracos competidores com folhas pequenas e estreitas. Já Rasmusson questiona se colmos com diâmetro pequeno e pequena biomassa são mais desejáveis do que o oposto. Conforme se pode observar, conhecimentos mais detalhados da fisiologia vegetal poderão ajudar a estabelecer o tipo ideal de planta, considerando o complexo sistema de inter e intrarrelacionamento das diversas partes da planta.

Tab. 25.1 IDEÓTIPO DE CEVADA DE SEIS FILEIRAS PARA O MEIO-OESTE AMERICANO

Característica	Fenótipo atual[1]	Nível atual preferido	Fenótipo sugerido
Colmo			
Número de perfilhos/m²	450	X	
Diâmetro (mm)	5,0		5,2
Comprimento (cm)	86		80
Espiga			
Número/m²	350	X	
Grãos/espiga (número)	54		
Peso médio dos grãos (mg)	34		60
Comprimento da arista (mm)	13	X	40
Folha (penúltima)			
Comprimento (cm)	20	X	
Largura (mm)	16		18
Ângulo	–		Semiereto
Ciclo			
Enchimento de grãos (dias)	30		32
Período vegetativo (dias)	52		54
Outros			
Biomassa (mg/ha)	4,5		5,2
Índice de colheita (%)	47	X	

[1] Com base em dois cultivares-padrão.
Fonte: Rasmusson (1987).

vinte e seis

Produção de duplo-haploides

Indivíduos haploides são portadores de uma única cópia de cada cromossomo característico da espécie e apresentam no tecido somático o número n de cromossomos típicos dos gametas do organismo. Assim, uma planta haploide é considerada em estádio esporofítico, porém com número de cromossomos de estádio gametofítico.

Os primeiros relatos de identificação e/ou trabalhos com indivíduos haploides remontam à década de 1920. Segundo Dunwell (2010), a primeira angiosperma haploide identificada foi uma planta anã de algodão. Nos anos seguintes, novos trabalhos foram publicados com *Datura stramonium* (Blakelsee et al., 1922), *Nicotiana tabacum* (Clausen; Mann, 1924) e *Triticum compactum humboldtii* (Gaines; Aase, 1926).

Hoje, são vários os métodos de obtenção de duplo-haploides (DH), como: uso de gene indutor da haploidia, cultura de anteras e micrósporos e cruzamentos interespecíficos. Esses métodos vêm fortalecer a tendência de aceleração dos processos de melhoramento com redução do número e do tempo de gerações ou entre gerações, atualmente denominados *speed breeding*.

Em termos de aplicação direta na agricultura, como cultivares, os haploides têm pouco valor, pois geralmente produzem plantas menores e menos vigorosas do que os diploides. Além disso, são mais sensíveis a estresses bióticos e abióticos e, sobretudo, apresentam alto grau de esterilidade.

No melhoramento, os haploides também não têm aplicação direta, mas podem ser integrados aos programas de desenvolvimento de cultivares se tiverem os seus cromossomos duplicados, ou seja, o interessante é a obtenção dos chamados duplo-haploides (DH). Quando se fala no uso de duplo-haploides em melhoramento, deve-se reconhecer que se trabalha com indivíduos totalmente homozigóticos (100% dos loci em homozigose) e obtidos em espaço de tempo extremamente curto, no máximo três plantios, se comparados com as muitas gerações de autofecundações necessárias para se obter um nível razoável de homozigose.

Pelos métodos tradicionais, por mais autofecundações que sejam realizadas, um pequeno percentual de loci gênicos continuará em heterozigose. Em geral, os melhoristas realizam entre seis e sete autofecundações para atingir a homozigose sob o ponto vista prático, exigindo número igual de plantios (Tab. 26.1). A partir desse ponto, eles direcionam essas linhagens conforme seu programa de melhoramento. No caso de autógamas, em geral direcionam-se as linhagens para avaliação e, se for o caso de um programa de alógamas, as linhagens serão direcionadas para avaliação em combinações híbridas, na formação de sintéticos, populações ou compostos, ou mesmo em processos de reciclagem de linhagens.

Alguns programas de melhoramento, principalmente de autógamas, buscam reduzir o tempo necessário para iniciar os testes de produtividade das linhagens. Nesse caso, após cinco autofecundações (F_6), ou seja, com 96,88% de loci em homozigose (Tab. 26.1), essas linhagens são conduzidas nos primeiros ensaios de produtividade em campo. No entanto, mesmo após sete autofecundações, chega-se a um percentual médio de 99,22% de loci em homozigose. Dessa forma, entende-se que o tempo gasto do cruzamento, passando pelos ensaios intermediários e de valor de cultivo e uso (VCU), até o lançamento do cultivar pode levar de 10 a 12 anos.

Com a técnica de di-haploidização in vivo (intermediada por indutores de haploidia), a mais utilizada e mais promissora para as empresas de melhoramento, é necessário um plantio para obtenção da população, por meio do cruzamento do qual se deseja extrair linhagens com o indutor de haploidia. Nesse plantio, são selecionados os grãos que darão origem às prováveis plantas haploides e, ainda, realizadas as duplicações cromossômicas. No segundo plantio, os indivíduos são plantados para produzir sementes das novas linhagens duplo-haploides. No terceiro plantio, essas linhagens são avaliadas em campo visualmente e ainda se pode cruzá-las com um testador, no caso do milho em processo mais acelerado. Assim, utilizam-se três plantios para obter linhagens homozigotas, que devem ser realizados no máximo em um ano e meio, no caso do milho. As linhagens mais promissoras são selecionadas e direcionadas para ensaios de linhagens avançadas (autógamas) ou para composição de híbridos (alógamas).

Tab. 26.1 Percentual de homozigose e número de autofecundações necessárias para obtenção de linhagens homozigóticas em programa tradicional de melhoramento de plantas autógamas

Plantios	Método tradicional			
	Gerações		Porcentagem de *loci* em homozigose	Número de autofecundações
	Plantio	Colheita		
1	Bloco de cruzamento	F_1	0%	
2	F_1	F_2	50%	1
3	F_2	F_3	75%	2
4	F_3	F_4	87,50%	3
5	F_4	F_5	93,75%	4
6	F_5	F_6	96,88%	5
7	F_6	F_7	98,44%	6
8	F_7	F_8	99,22%	7

Basicamente, são necessárias, desde o cruzamento com o indutor, ensaios intermediários e de VCU até o lançamento de cultivares, cinco a sete anos, observando-se que em dois anos o melhorista obtém as primeiras sementes das linhas puras. Comparando com o método tradicional, tem-se economia de tempo que pode variar de quatro a seis anos, com a vantagem de que todos os loci gênicos estão fixados nas linhagens obtidas. Além disso, os indivíduos haploides são genotipados e podem ser selecionados para os genes de interesse, aumentando os ganhos de seleção.

Os programas de melhoramento necessitam produzir elevado número de linhagens ou híbridos em período de tempo cada vez mais curto, de modo a se manterem competitivos no mercado. Empresas de grande porte, especialmente as de melhoramento de milho, têm seus programas de melhoramento atuais baseados, quase que na sua totalidade, na tecnologia de duplo-haploides para obtenção de linhagens, sem a qual certamente não se manteriam no mercado.

26.1 Obtenção de indivíduos haploides

Um programa de melhoramento de espécies autógamas ou alógamas baseado em duplo-haploides inicia-se, à semelhança dos métodos convencionais, com a seleção de genitores para os cruzamentos. Após a realização dos cruzamentos, as sementes F_1 obtidas são preferencialmente avançadas até plantas F_2, e essas novas populações segregantes, então, são utilizadas como fonte de variabilidade para iniciar o processo de extração de linhagens.

Dependendo do método empregado, as plantas F_1 ou uma amostra da população F_2 são cruzadas com indivíduos de outras espécies (cruzamentos interespecíficos) ou de outros gêneros da mesma família ou, ainda, como no caso do milho, com linhagens indutoras de haploidia. Essas plantas F_1 podem também ser utilizadas como fonte de óvulos, anteras ou micrósporos, para a produção de haploides via cultura de tecidos, comum na cultura do arroz. Estes podem ser extraídos de gerações mais avançadas, mas os gametas da geração F_1 constituem uma amostra da variabilidade genética que se expressaria na geração F_2.

Uma das críticas ao uso de duplo-haploides obtidos a partir de plantas F_1 está relacionada com o limitado número de oportunidades para que estreitas ligações gênicas sejam quebradas por *crossing over*. Além disso, considera-se que essa potencial variação genética obtida por meio da recombinação do material genético herdado dos genitores pode não estar disponível nas gerações seguintes (Hu, 1986). Nesse sentido, estudos de simulação conduzidos por Yonezawa, Nomura e Sasaki (1987) indicaram que o método a partir de indivíduos F_2 pode ser mais eficiente devido à maior segregação e à oportunidade adicional de quebra das ligações gênicas com a geração de autofecundação de F_1 para F_2. Hu (1997) e Ma et al. (1999) recomendam, como estratégia, que se realize a haploidização não só em F_2 como também em F_3, buscando-se favorecer a recombinação gênica ou mesmo realizar uma seleção para caracteres de interesse antes da produção dos haploides. Entretanto, deve-se avaliar o custo do atraso para obtenção dos duplo-haploides a partir de indivíduos F_2 ou F_3 em relação aos benefícios citados.

Existem diversos métodos para obtenção de haploides, e a eficiência de cada um varia de acordo com a espécie em estudo. Por exemplo, o método da cultura de anteras é relativamente eficiente em cevada, trigo e brássicas, mas ainda não apresenta potencial para soja, feijão e aveia. Em milho, o método com os melhores resultados e o mais utilizado atualmente por diversas empresas é o que emprega linhagens indutoras de haploidia androgenética ou gimnogenética.

26.2 Cultura de anteras

A totipotência celular foi inicialmente teorizada em meados do século XIX, baseada em observações da elevada capacidade de regeneração das plantas.

Em 1953, Muir (Henshaw; O'Hara; Webb, 1982) conseguiu regenerar plantas a partir de células isoladas, demonstrando a teoria da totipotência celular. A partir desse princípio, os primeiros protocolos para produção in vitro de indivíduos haploides foram desenvolvidos nas décadas de 1960 e 1970 a partir de cultura de anteras (Guha; Maheshwari, 1964, 1966), tendo os primeiros cultivares comerciais, de canola e cevada, sido lançados nessa mesma época. Trinta anos após a descoberta dessa técnica, segundo Veilleux (1994), diversos cultivares e novas fontes de germoplasma foram desenvolvidos para aspargo, milho, arroz, tabaco e trigo. Segundo Belicuas (2004), em mais de 200 espécies haviam sido obtidos genótipos duplo-haploides via cultura de anteras.

O processo pelo qual uma célula gamética imatura é desviada da sua rota normal de desenvolvimento (gametogênese) e levada a se desenvolver como uma célula somática (embriogênese ou organogênese) propicia a formação de haploides (Borém; Miranda, 2009).

Existem duas rotas para a regeneração de plantas a partir da cultura de anteras: embriogênese gamética e organogênese (Fig. 26.1). Na embriogênese gamética, o micrósporo, ou grão de pólen imaturo, cultivado em meio nutritivo, divide-se repetidamente, formando embrioides. Com o crescimento, os embrioides desenvolvem, em meio nutritivo, com adequado balanço de reguladores de crescimento, a parte aérea e o sistema radicular, podendo ser aclimatados e transplantados para casa de vegetação. Na via organogênica, os micrósporos diferenciam-se e, com sua divisão, no método indireto, formam uma massa amorfa denominada "calo", que pode ser induzida à regeneração de parte aérea e, posteriormente, de sistema radicular, processo denominado organogênese (Henshaw et al., 1982).

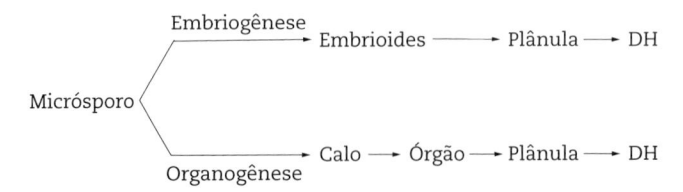

```
                 Embriogênese
                      → Embrioides ──→ Plânula ──→ DH
    Micrósporo <
                      → Calo ──→ Órgão ──→ Plânula ──→ DH
                 Organogênese
```

Fig. 26.1 *Rotas embriogênica e organogênica para produção de duplo-haploides via cultura de anteras*

O esquema simplificado da produção de duplo-haploides via cultura de anteras é ilustrado na Fig. 26.2.

Protocolo completo para produção de duplo-haploides via cultura de anteras é descrito por Bjornstad (1989). Esse procedimento tem sido utilizado comercialmente na produção de linhagens de trigo, cevada, entre outras espécies.

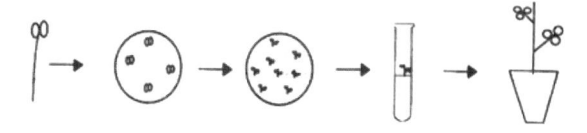

FIG. 26.2 *Produção de duplo-haploides via cultura de anteras*

26.3 Cruzamentos interespecíficos

Cruzamentos interespecíficos com o objetivo de obter haploides têm sido bem-sucedidos entre diversas espécies, como batata, alfafa, brássicas, trigo, aveia, triticale e morango, entre outras (Riera-Lizarazu; Mujeeb-Kazi, 1993). Essa metodologia é referida na literatura como cruzamentos divergentes.

Tomando o exemplo do trigo, realiza-se o plantio preferencialmente em casa de vegetação. Em seguida, as espigas são emasculadas, ou seja, é feita a retirada das anteras com pólen ainda imaturo. Três dias após a emasculação, faz-se a polinização artificial com pólen de anteras maduras de milho, colocando-o sobre os estigmas de ovários receptivos da planta-mãe, no caso, o trigo. Deve ser ressaltado que a origem genética do pólen influencia a frequência de formação de cariopses e a frequência de formação de embriões, bem como o tipo de meio de cultura utilizado de germinação dos embriões (Moura et al., 2008). A polinização é realizada preferencialmente pela manhã, quando as temperaturas são mais amenas, e a mesma espiga emasculada é polinizada, geralmente, por dois dias seguidos, buscando-se maior eficiência dos cruzamentos. É realizada a aplicação de 2,4-D e nitrato de prata, como descrito por Bidmeshkipour et al. (2007), 24 horas após a polinização. Quando a semente ainda estiver imatura, 16 a 18 dias após a fertilização, faz-se o resgate do embrião, o qual é transferido para o meio de cultivo *in vitro* P2 (Chuang et al., 1978). Nesse meio, a planta, haploide, irá crescer e desenvolver-se até o momento da duplicação cromossômica, o qual será abordado mais adiante.

O desenvolvimento de um organismo a partir de óvulos não fertilizados é denominado partenogênese. Frequentemente, a partenogênese ocorre *in vivo* e, nesse caso, é designada poliembrionia, como em citros. Sementes de citros, em geral, apresentam embriões nucleares e zigóticos.

Após a fertilização dupla, se o desenvolvimento do endosperma é bloqueado em razão da incompatibilidade dos genomas dos genitores, como é caso do exemplo anterior, a semente em desenvolvimento pode abortar. Entretanto, a excisão do embrião imediatamente após a fertilização e seu cultivo em meio nutritivo podem assegurar a sua viabilidade. As funções do endosperma anormal são, portanto, substituídas pelo meio de cultura, o que permite o desenvolvimento do embrião. Dependendo do grau de incompatibilidade do genoma dos genitores, híbridos diploides podem ser formados ou, ainda, um dos genomas pode ser parcial ou completamente eliminado. Se o genoma masculino for completamente eliminado, um embrião haploide é formado em processo similar ao da partenogênese.

O processo de eliminação cromossômica do genitor masculino interespecífico – no caso do exemplo apresentado, o do milho – pode ocorrer principalmente por duas maneiras: (i) dependente de mitose e (ii) independente de mitose. Na via dependente da mitose, devido à não segregação perfeita na anáfase entre os cromossomos das duas espécies durante as divisões celulares, ou seja, ocorrência de assincronismo do ciclo mitótico, há formação de micronúcleos. Nesses micronúcleos ficam localizados os cromossomos que migraram de modo "isolado" para os polos da célula. Como não estão em seu conjunto cromossômico completo, o processo mitótico descarta, desintegra ou heterocromatiza esses cromossomos como DNA exógeno. Assim, no decorrer dos ciclos mitóticos, todo o material genético do doador de pólen é eliminado.

Na segunda via, independente da mitose, as divisões celulares não são equacionais, ou seja, igualmente divididas, e há separação dos genomas parentais. O do genitor masculino "migra" para as extremidades do embrião e, no decorrer das divisões, é eliminado deste, também pelos processos de heterocromatização e desintegração.

26.3.1 Linhagens indutoras

Os haploides em milho ocorrem naturalmente a uma taxa menor que um para cada mil sementes formadas (Chase, 1974), contudo alguns métodos podem ser utilizados para aumentar essa frequência. Um deles baseia-se no uso de linhagens indutoras, que podem gerar haploides maternos ou paternos, dependendo do tipo de linhagem empregada. É uma metodologia de baixo custo que não depende do uso de reagentes ou equipamentos caros (Belicuas, 2004).

Grande parte das linhagens indutoras conhecidas atualmente são derivadas de duas linhagens originais: a W23 (Kermicle, 1969), que gera haploides androgenéticos (a população-alvo é utilizada como doadora de pólen), e a Stock 6 (Coe, 1959), que gera haploides gimnogenéticos (a população-alvo é utilizada como receptora de pólen). A taxa de indução original varia de 1% a 2% para o caso da Stock 6 e de 0% a 2% para o caso da W23. No entanto, essa taxa pode apresentar diferentes variações, dependendo da origem genética do material que se deseja induzir (Lashermes; Beckert, 1988) ou mesmo por diferentes métodos de melhoramento, buscando-se novas linhagens indutoras.

Ao longo dos últimos anos, novos indutores com maior capacidade de indução de haploides, especialmente gimnogenéticos, foram desenvolvidos, como as linhagens KMS (Tyrnov; Zavalishina, 1984), ZMS (Chalyk, 1994), MHI (Chalyk, 1999), M741H (desenvolvido pelo Maize Genetics Cooperation-Stock Center, USDA/ARS), RWS (Röber; Gordillo; Geiger, 2005), HZI1 (Zhang et al., 2008) e PHI 1, 2 3 e 4 (Rotarenco et al., 2010), além de linhagens derivadas de cruzamentos entre W23 e Stock 6, por exemplo, a WS14 (Lashermes; Gaihard; Beckert, 1988). A frequência de indução, nesses casos, pode atingir mais de 15%, dependendo do indutor e do genótipo a ser induzido.

Os mecanismos de indução de haploides *in vivo* ainda não são bem compreendidos, mas diversas hipóteses têm sido formuladas, e o consenso é de que irregularidades durante a microesporogênese e/ou fertilização devem estar envolvidas com a indução de haploides.

Entre os resultados encontrados na literatura, citam-se o de Kermicle (1969), que constatou que a mutação chamada de gametófito indeterminado (ig), na linhagem W23, estaria relacionada a algumas alterações no desenvolvimento do saco embrionário, promovendo a geração de haploides de origem paterna. Mais tarde, foi verificado que o mutante "ig" interfere antes da formação do saco embrionário, alterando a atividade de outros genes relacionados à formação deste (Huang; Sheridan, 1996). Hu (1990) constatou diferenças entre as velocidades de transmissão dos núcleos espermáticos, observando que o de maior velocidade fertilizou normalmente, enquanto o de menor velocidade foi perdido, quebrando, desse modo, a fertilização dupla normal e gerando grãos com embriões haploides. Bylich e Chalik (1996) detectaram núcleos espermáticos morfologicamente diferentes na linhagem indutora ZMS, verificando que um dos núcleos fertilizou normalmente, enquanto o outro não. Chalyk et al. (2003) observaram ocorrência de aneuploidia acima de 15% em microsporócitos no indutor MHI e apenas 1% em duas linhagens utilizadas como testemunhas. Eles concluíram que essa anormalidade na microsporogênese e na fertilização pode ser uma das razões da indução de haploides. Coe e Neuffer (2005) acrescentaram que a eliminação cromossômica, após fertilização, pode ser um mecanismo importante na indução *in vivo* de haploides.

A preferência pela utilização de indutores gimnogenéticos pelas empresas está relacionada não só às altas taxas de indução dos indutores modernos, mas também à praticidade. Quando se utiliza um indutor gimnogenético, o manejo no campo de indução torna-se mais fácil pelo fato de se poder induzir diferentes genótipos simultaneamente. Os genótipos a serem induzidos (utilizados como receptores de pólen) podem ser plantados em um único campo isolado e divididos em blocos de duas a quatro linhas com 10 a 20 metros de comprimento cada, os quais serão separados pelo indutor (utilizado como doadores de pólen). Antes do florescimento, as plantas da população-alvo são despendoadas e a polinização pelo indutor ocorre naturalmente.

Para obtenção dos haploides androgenéticos (Fig. 26.3), utiliza-se a planta da qual se tem interesse em extrair linhagens como genitor masculino (doador de pólen) e a linhagem indutora como genitor feminino. No caso de se utilizar um único campo isolado, os cruzamentos deverão ser controlados, demandando mais mão de obra, além de custos adicionais, o que pode limitar o número de genótipos a partir dos quais se deseja induzir duplo-haploides, em comparação à utilização de indutores gimnogenéticos.

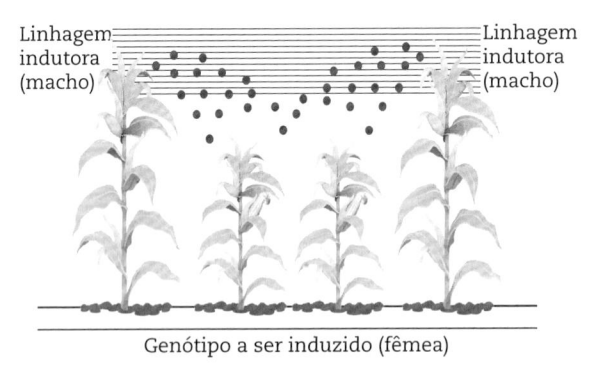

FIG. 26.3 *Obtenção de haploides por meio de linhagens indutoras gimnogenéticas*

Nos casos mencionados anteriormente, utilizam-se linhagens puras indutoras de haploidia que, originalmente, são de germoplasma temperado em sua maioria. Em condições tropicais, as taxas de indução podem ser reduzidas devido à falta de adaptabilidade, mas essa limitação pode ser contornada com a tropicalização dessas linhagens indutoras (Tab. 26.2) ou mesmo com a sua utilização em outras formas, como híbridos simples, duplos ou triplos indutores, ou mesmo populações avançadas indutoras de haploidia. No caso de sucesso com o uso dessas alternativas, pode-se considerar que não só a origem genética do material a ser induzido influencia a taxa de indução, como também a heterose pode exercer influência direta ou indireta.

Tab. 26.2 Obtenção de indutores de haploidia gimnogenéticos, com diferentes níveis de tropicalização, utilizando-se o marcador dominante R-navajo (R-nj) para seleção

Ano	Fase	% Germoplasma tropical
Estação 1	Linhagem tropical rr × Indutor temperado $R_{nj} R_{nj}$ ♀ (sem pigmentação) ♂ (sementes pigmentadas) Espigas obtidas: 100% sementes pigmentadas ($R_{nj} r_{nj}$)	50%
Estação 2	Linhagem tropical rr × Plantas $R_{nj} r_{nj}$ $r^{nj} r^{nj}$ ♂ (sementes pigmentadas) ♀ (sem pigmentação) Espigas obtidas: 50% sementes $R_{nj} r_{nj}$ (pigmentadas) 50% sementes $r_{nj} r_{nj}$ descartadas (sem pigmentação)	75%
Quatro estações	a) Podem-se utilizar os genótipos $R_{nj} r_{nj}$ para iniciar as autofecundações.	75%
	b) Caso queira níveis maiores de tropicalização, avançar mais quatro ciclos de retrocruzamento.	> 98%
Safra normal	Plantas $R_{nj} r_{nj}$ (embrião roxo): autofecundação e colheita	
Safrinha	Plantio e autofecundação apenas das sementes pigmentadas para analisar a segregação	
	Separam-se apenas as espigas com pigmentação: 33% das espigas serão de plantas $R_{nj} R_{nj}$ (todos os grãos pigmentados) 66% das espigas serão de plantas $R_{nj} r_{nj}$ (segregaram para grãos sem pigmentação)	75%
	A partir desse ponto, pode-se trabalhar em dois níveis:	
Safrinha	a) Recombinar as plantas $R_{nj} R_{nj}$ (33%) para compor populações indutoras de haploidia. Iniciam-se os testes para analisar as taxas de indução*.	75%
	b) Avançar mais cinco ciclos de autofecundação das plantas $R_{nj} R_{nj}$ para extrair linhagens indutoras e/ou posteriormente obter HS, HT ou HD indutores de haploidia.	

* Identificação da ploidia e contagem cromossômica.

26.3.2 Marcadores fenotípicos

Em milho, para identificação de haploides obtidos pelos métodos *in vivo*, utiliza-se o sistema de marcador morfológico de pigmentação com antocianina (Nanda; Chase, 1966). Nesse sistema, o gene R-navajo (R_1-nj) é utilizado para distinguir haploides de diploides, pois promove pigmentação tanto no endosperma quanto no embrião. Com indutores gimnogenéticos ou androgenéticos, sementes da população-alvo que apresentam coloração roxa no endosperma e com o embrião descolorido são selecionadas como possíveis haploides (Fig. 26.4).

Fig. 26.4 *Marcador morfológico da coloração das sementes de milho, para identificação da ploidia. A quarta semente da esquerda para a direita é a que apresenta haploidia*
Fonte: ESALQ-USP.

O endosperma é um tecido triploide, sendo um conjunto haploide do genoma do parental masculino e dois do feminino. Já o embrião é um tecido diploide. Como o marcador é dominante, em um cruzamento ele sempre será expresso no endosperma; no caso de um embrião haploide, o marcador não estará presente, pois esse tipo de embrião não contém o genoma da linhagem indutora que carrega o alelo R-navajo e dá a coloração roxa (Belicuas, 2004). No entanto, o sistema não é 100% efetivo, pois o marcador pode ser expresso em uma taxa muito baixa no embrião, que visualmente passa a impressão de o marcador não estar sendo expresso. Nessa situação, o melhorista acaba por selecioná-lo como um falso-positivo para haploidia, sendo descartado, por exemplo, na próxima fase de plantio em campo, em que as plantas serão mais vigorosas e muito contrastantes em relação às demais. Essa variação na expressão do marcador está diretamente ligada à genética da população-alvo que se deseja induzir ou a casos em que há inibidores de genes (C1-I) nas fêmeas, muito comum em milho com grãos do tipo duro (Rotarenco et al., 2010). No que se refere à colheita, é importante que os grãos não estejam com umidade elevada, pois isso pode dificultar muito a seleção dos prováveis haploides.

Outro marcador fenotípico muito utilizado em milho para identificar a ploidia das plantas obtidas é a presença da lígula, por meio dos genes lg_1, lg_2 e lg_3, que conferem arquitetura mais ereta das folhas. Plantas com a presença dessas folhas são diploides, e aquelas em que não se as observam são haploides (Fig. 26.5).

FIG. 26.5 *Marcador morfológico quanto à presença de lígula em milho, para identificação da ploidia*
Fonte: Belicuas (2004).

Recentemente, diferentes marcadores integrados a novas linhagens indutoras utilizam a pigmentação por antocianina nas raízes das plantas, sendo um ótimo exemplo do melhoramento direcionado para indutores de haploidia. Rotarenco et al. (2010) desenvolveram novas linhagens indutoras (PHI) a partir do cruzamento entre a linhagem MHI, usada como fonte de características favoráveis e alta taxa de indução de haploides, e a linhagem Stock 6 como fonte dos genes marcadores B1 e Pl1, que não dependem da luz solar para expressar a pigmentação com antocianina. Nesse caso, a falta de coloração por antocianina nas raízes é que permite identificar os prováveis haploides.

Entre as ferramentas biotecnológicas, a mais simples é a contagem cromossômica. Essa é uma técnica que não necessita de equipamentos e reagentes de alto custo, porém exige habilidade na confecção das lâminas, além de ser bastante trabalhosa e demorada.

Para a realização da contagem cromossômica, são necessárias preparações citológicas com alta frequência de metáfases. Para isso, é necessário o estabelecimento de uma rotina de obtenção de raízes apresentando meristemas com alto índice mitótico. Sementes recém-germinadas são as melhores fontes dessas raízes, mas, no caso de espécies que apresentem raízes muito pequenas ou de difícil germinação, outros métodos de indução de raízes devem ser tentados, como enraizamento de estacas em vasos ou meios de cultura específicos. Diversos pré-tratamentos para acúmulo de metáfase têm sido descritos em plantas, como a combinação de agentes inibidores do fuso mitótico e da síntese proteica, bem como o emprego de hidroxiureia para a sincronização do ciclo celular das células meristemáticas (Cuco et al., 2003).

Após a confirmação da haploidia, é necessário que a planta seja novamente diploide para ser utilizada em melhoramento e, para isso, utiliza-se a colchicina.

A colchicina é um inibidor mitótico muito utilizado para a indução de duplicação cromossômica e em pré-tratamentos para confecção de lâminas de mitose. Ela se liga à tubulina e inibe a formação dos microtúbulos que compõem as fibras do fuso, não havendo, assim, a migração dos cromossomos para os polos da célula, permitindo que permaneçam na forma mais condensada na placa equatorial metafásica da célula, cuja visualização ao microscópio óptico é favorecida. Para que essa visualização ocorra, é necessário diferenciar os cromossomos do restante da célula. Para tanto, um método muito utilizado é o de Feulgen, no qual o DNA reage com uma solução de ácido clorídrico que retira as bases púricas e forma agrupamentos aldeídos na desoxirribose; então, na presença de fucsina básica descorada pelo anidrido sulfuroso, conhecido como reativo de Schiff, esse elemento combina com os radicais aldeídos, formando um composto vermelho insolúvel. Esse método de coloração possui proporcionalidade entre a intensidade da coloração e a quantidade de DNA presente na célula (Belicuas, 2004).

26.3.3 Citometria de Fluxo

A fim de aumentar a eficiência e a acurácia na identificação da ploidia das plantas, foram desenvolvidos outros métodos, por exemplo, a citometria de fluxo. Esse método é bastante preciso e permite a quantificação de dezenas de amostras por dia, porém tem como desvantagem a necessidade do citômetro de fluxo, o que resulta em elevado custo das análises quando não se tem a utilização de duplo-haploides como rotina no programa de melhoramento.

A citometria de fluxo é baseada no processo de divisão celular dos eucariotos, que é um processo cíclico, dividido em três fases: G1, S e G2. Durante a fase G1, período de crescimento celular de tecido somático, uma célula diploide apresenta conteúdo de DNA celular igual a 2C, ou seja, possui duas cópias de cada cromossomo. Na fase S ocorre uma duplicação do material genético e, posteriormente, na fase G2, nova fase de crescimento celular em que o conteúdo de DNA nuclear é 4C. A partir dessa fase, a célula está pronta para se dividir em duas células-filha (mitose), quando cada núcleo possuirá, novamente, o conteúdo de DNA original, 2C.

A quantificação do nível de ploidia por citometria de fluxo é realizada pela análise da intensidade de fluorescência emitida pelos núcleos corados com fluorocromos específicos para DNA. Os picos dominantes gerados nos histogramas são relativos à quantidade de DNA dos núcleos na fase G1 do ciclo celular. A estimativa do nível de ploidia é feita comparando-se os picos G1 do histograma de uma amostra com o pico de uma planta-padrão com ploidia conhecida (Dolezel, 1997).

A análise por citometria de fluxo do conteúdo de DNA nuclear é uma excelente alternativa aos métodos clássicos de contagem cromossômica. Comparativamente, a citometria de fluxo apresenta as seguintes vantagens: é mais conveniente, pois a amostra é de fácil preparação; é mais rápida, processando dezenas de amostras em um dia; não necessita de células em divisão; é um método não destrutivo; e é capaz de detectar mixoploidia (Loureiro; Santos, 2004).

26.3.4 Marcadores moleculares

Outra ferramenta que pode ser utilizada na identificação da ploidia são os marcadores moleculares, entre os quais os microssatélites são muito importantes, uma vez que são multialélicos e codominantes. É uma técnica simples, rápida e precisa, pois acessa diretamente o genótipo, não sofrendo influência do ambiente. Além disso, há elevado número deles identificados para muitas espécies de interesse agronômico.

No contexto dos haploides, a estabilidade da herança mendeliana dos *loci* microssatélites e sua codominância permitem a fácil identificação dos indivíduos heterozigotos, tornando os marcadores moleculares uma alternativa interessante para diferenciação de indivíduos haploides dos F_1 heterozigotos quando da utilização de linhagens indutoras de haploidia para obtenção de linhagens homozigóticas.

A escolha entre citometria de fluxo, observação microscópica ou marcadores moleculares é dependente da espécie. Em milho, a observação em campo é bastante eficiente e pode ser realizada pela própria equipe responsável pela atividade de obtenção de duplo-haploides.

26.4 Obtenção dos duplo-haploides

Após a identificação das plantas ou embriões haploides, é necessário iniciar a segunda etapa: a da duplicação cromossômica. Praticamente todos os protocolos de duplicação cromossômica, para todas as espécies vegetais, são baseados no tratamento das plantas haploides ou, mais precisamente, das sementes com colchicina. No entanto, devido ao fato de a colchicina ter forte ação cancerígena, diversos grupos de pesquisa buscam alternativas que sejam menos tóxicas e de descarte mais fácil. Entre os produtos que têm se mostrado promissores para diferentes espécies, podem ser citados herbicidas do grupo das dinitroanilinas, como a trifluralina (Kato, 1997), orizalina (Binsfeld et al., 2000) e pendimetalina (Zhou; Cheng; Meng, 2009), e do grupo organofosforado, como o amiprofós-metil (Binsfeld et al., 2000), entre outros apresentados em uma extensa revisão feita por Dhooghe et al. (2011).

Como mencionado, a colchicina impede a polimerização das proteínas do fuso mitótico na metáfase da divisão celular, impedindo a migração das cromátides para os polos, mantendo os cromossomos duplicados. Após o tratamento com a colchicina, os genótipos passarão para o estádio de aclimatação e posterior colheita das plantas, conforme sua maturação.

No processo de duplicação em milho, por exemplo, as sementes das plantas haploides são primeiramente germinadas em papel de germinação umedecido (Fig. 26.6A). Após a emissão da radícula (Fig. 26.6B), é feito um pequeno corte no coleóptilo das plântulas, para que haja melhor penetração da solução com colchicina (Fig. 26.6C). Para o tratamento com colchicina, é feita a secagem das raízes das plantas com papel-toalha, e, então, estas são colocadas em um béquer ou em uma bandeja, de modo que as raízes fiquem submersas por completo. A solução usada na duplicação tem como base o método I, proposto por Deimling et al. (1997), em que a colchicina é utilizada na ordem de 0,06%, com adição de 0,5% a 0,75% de DMSO (*Dimethyl Sulfoxide*), deixando os *seedlings* por 12 a 17 horas, dependendo da adaptação que o pesquisador realiza no protocolo. Com esse tratamento, as estruturas reprodutivas a serem formadas apresentarão cromossomos duplicados. Após o tratamento, as plantas são secas e transplantadas para bandejas contendo solo e vermiculita (1:1) (Fig. 26.6D), e água é borrifada constantemente para evitar a desidratação delas.

Após esse período de aclimatação, as plantas são levadas ao campo, onde serão produzidas as sementes de novas linhagens duplo-haploides. Em milho, cerca de 30% das plantas haploides submetidas ao tratamento (colchicina) conseguem ser autofecundadas e produzem sementes, com cada planta haploide produzindo uma linhagem 100% homozigótica. Essa fase é conhecida como duplo-haploide de primeira geração. Como a quantidade de sementes

FIG. 26.6 Duplicação cromossômica: (A) germinação das plantas haploides, (B) tamanho ideal para corte do coleóptilo, (C) corte do coleóptilo e (D) transplante para bandejas

por linhagem nessa fase é pequena, precisa ser multiplicada, ou seja, as plantas necessitam ser autofecundadas, iniciando-se a fase de duplo-haploides de segunda geração. Nessa fase, as linhagens que são visualmente mais propensas a doenças, ou outras características indesejadas pelos melhoristas, podem ser eliminadas, de modo a otimizar o processo, concentrando-se os esforços em linhagens promissoras para os primeiros cruzamentos com um testador.

Para o caso do trigo, depois do resgate de embriões e da transferência para o meio de cultivo P2, a planta haploide é produzida após a eliminação dos cromossomos de milho durante a primeira divisão celular. Quando as plântulas atingem de 1 cm a 2 cm de comprimento, são transferidas para a câmara de crescimento até que atinjam o estádio de duas a três folhas. Em seguida, essas plantas são acondicionadas em bandejas com vermiculita até que atinjam o estádio de quatro a seis folhas verdadeiras, seguindo o modelo apresentado por Jobet, Zúñiga e Quiroz (2003). Nessa etapa, as raízes são lavadas e colocadas em solução de colchicina de 500 mg/L a 2% de DMSO, durante seis horas, à temperatura de 22 °C e aeração permanente. As plantas são transferidas para vasos com solo, utilizado como substrato, mais adubação complementar e conduzidas até a colheita, para obtenção de sementes duplo-haploides.

26.4.1 Aplicações no melhoramento de plantas autógamas

Nas espécies autógamas, como mencionado, o objetivo é a obtenção de linhagens que se mostrem superiores, a fim de utilizá-las diretamente como cultivares. Em soja, o principal método de condução de populações é o SSD (Fig. 26.7). Nesse método, são necessárias de seis a sete gerações de autofecundação para obter linhagens homozigóticas; contudo, quando se usa a tecnologia de DH, em apenas uma geração isso pode ser alcançado, mas com três plantios. Entretanto, em espécies autógamas anuais, a obtenção de plantas homozigóticas em única geração pode não representar um ganho real de tempo no processo de melhoramento, uma vez que são ainda necessários alguns ciclos para multiplicação e seleção até que seja possível destinar as melhores linhagens aos ensaios de VCU.

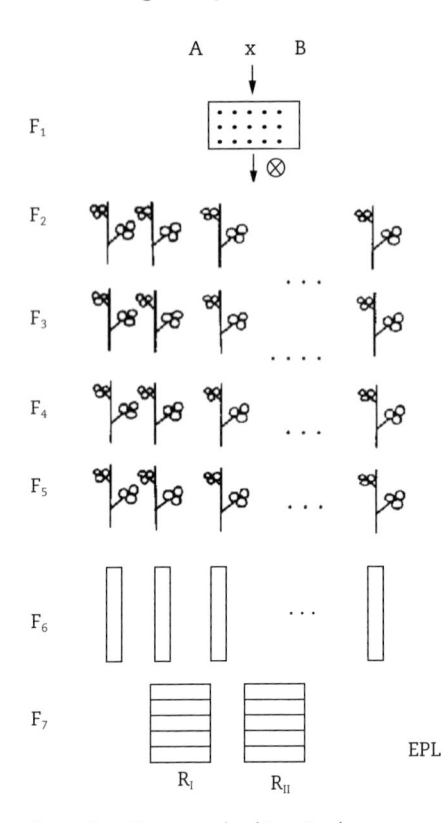

FIG. 26.7 Esquema de obtenção de linhagens pelos métodos SSD e por meio de duplo-haploides
Fonte: adaptado de Borém e Miranda (2009).

26.4.2 Aplicações no melhoramento de plantas alógamas

Em espécies alógamas, os duplo-haploides podem ser utilizados principalmente de duas formas: (i) obtenção de linhagens para serem usadas como genitoras de híbridos ou mesmo na reciclagem de linhagens; e (ii) viabilização e aumento dos ganhos de seleção dos métodos de seleção recorrente.

A primeira forma é semelhante ao que foi descrito em autógamas, substituindo o tradicional método genealógico, que é o mais usual em alógamas. Essa técnica é amplamente utilizada em empresas privadas, especialmente via linhagens indutoras. A segunda forma tem sido assunto de diversos estudos científicos, mas ainda apresenta poucos relatos de uso em populações de melhoramento de empresas. Nesse sentido, com o uso do DH, há alguns métodos de melhoramento que poderiam se tornar mais atrativos para as empresas privadas, entre os quais o da seleção recorrente, devido à maximização nos ganhos com a seleção pelo uso de progênies completamente endogâmicas na etapa de recombinação. Além desse, outros métodos seriam viabilizados, como o da seleção recorrente genômica.

26.4.3 Vantagens e desvantagens no uso dos DH

Para adoção generalizada do método de duplo-haploides em programas de melhoramento de plantas, é necessário atender aos seguintes requisitos: (i) que possibilite a produção de grande número de DH de forma econômica e tecnicamente compatível com os recursos físicos e humanos disponíveis; (ii) que seja satisfatório para todo o germoplasma trabalhado (reduzida interação genótipo × método); (iii) que os DH produzidos constituam uma amostra da variabilidade genética dos indivíduos de que se originaram, não permitindo que ocorra seleção gamética; e (iv) que exista um sistema para duplicação do número de cromossomos dos haploides.

No Quadro 26.1, de modo resumido, têm-se as principais vantagens e desvantagens do uso dos DH no melhoramento de plantas.

Quadro 26.1 Vantagens e desvantagens do sistema do gene indutor a haploidia

Vantagens	Desvantagens
Rápida produção de linhagens homozigóticas	Baixa eficiência
Imediata identificação de genes mutantes	Possibilidade de desvios da segregação esperada
Segregação diferenciada: menor número de indivíduos para obter combinações desejáveis	Baixa taxa de recombinação
Purificação e reciclagem de linhagens	Perigo de escape gênico dos alelos indutores de haploidia
Eliminação de genes letais e deletérios	O germoplasma é selecionado para regeneração *in vitro*
Aumento de variabilidade e eficiência da seleção	Variabilidade sem nenhuma seleção prévia
Rápida disponibilização de novos materiais no mercado de sementes	A obtenção de DH pode não representar um ganho real de tempo no processo de melhoramento

26.4.4 Aplicações na estatística genômica

A capacidade de detectar (ou mapear) um QTL (*quantitative trait loci*) depende de vários fatores, entre eles o tipo e o tamanho da população segregante avaliada (Lynch; Walsh, 1998). Nesse sentido, o uso de populações duplo-haploides pode possibilitar grandes avanços, principalmente em espécies de ciclo longo ou com alguma dificuldade de obtenção de progênies endogâmicas, por exemplo, em citros, maracujá e café.

A obtenção de linhagens endogâmicas recombinantes (RILs) por meio de duplo-haploides, visando ao mapeamento de QTL, tem como grande vantagem a diminuição da probabilidade de ocorrência de recombinações entre a região de interesse e o marcador, a cada geração de autofecundação. Além disso, assim como as RILs tradicionais, elas podem ser perpetuadas. Outras vantagens são a rápida obtenção em relação ao método tradicional e o menor efeito da seleção ambiental sobre a população de mapeamento, pois as RILs não serão expostas a várias gerações de autofecundação em campo.

Sugere-se ao leitor suplementar seus conhecimentos com vídeos que ilustram a aplicação de haploides em programas de melhoramento, como o disponível em <https://youtu.be/V2jOEuZjjrg>. Atualmente, há diversos grupos buscando aumentar a taxa de formação de duplo-haploides espontâneos a partir de cruzamentos com linhagens indutoras melhoradas para este fim. Com isso, reduz-se o tempo de obtenção de linhagens para apenas um ciclo e elimina-se a fase de uso de colchicina para duplicação, a qual, além de ter baixa eficiência, é de elevada toxicidade.

Registro e proteção de cultivares

O cultivar somente poderá ser comercializado no Brasil se estiver cadastrado no Registro Nacional de Cultivares (RNC) do Ministério da Agricultura. O RNC é, portanto, o cadastro de cultivares habilitados para produção e comercialização de sementes e mudas certificadas e fiscalizadas, em todo o território nacional. Seu objetivo é ordenar o mercado para proteger o agricultor da venda de cultivares não avaliados nas diferentes condições brasileiras e durante os anos. Além disso, o Ministério da Agricultura exige o registro no RNC dos genitores de híbridos importados.

O Ministério da Agricultura, Pecuária e Abastecimento, por intermédio do Serviço Nacional de Proteção de Cultivares, da Secretaria de Desenvolvimento Rural, estabeleceu os mecanismos e os instrumentos necessários à inscrição de cultivares no RNC.

Os objetivos do RNC foram substituir os antigos sistemas de avaliação e recomendação e de registro de cultivares, por meio da implantação de sistema de informações cadastrais fornecidas pelo obtentor ou detentor dos direitos de exploração do cultivar, promover a inscrição prévia de cultivares nacionais e estrangeiros, habilitando-se para a produção e a comercialização de sementes e mudas certificadas e outras classes, implementar a elaboração da listagem atualizada das espécies e dos cultivares disponíveis no mercado, cadastrar informações sobre o valor de cultivo e uso (VCU) dos cultivares, publicar periodicamente os cultivares registrados e ordenar o mercado, impedindo a comercialização de sementes e mudas de cultivares não registrados.

Os cultivares que podem ser registrados são aqueles que demonstrarem qualidade condizente com as exigências de mercado. Para isso, são estabelecidos os critérios mínimos a serem observados nos ensaios de determinação do valor intrínseco de combinação das características agronômicas do cultivar com as suas propriedades de uso em atividades agrícolas, industriais, comerciais e/ou de consumo in natura.

A pessoa física ou jurídica que seja obtentora de um novo cultivar ou detentora dos direitos de exploração comercial do cultivar pode solicitar a inscrição no RNC. Os procedimentos para registro estão relacionados às informações da identidade, do desempenho prévio do cultivar em relação ao seu VCU, avaliado pelo obtentor ou pelo detentor dos direitos comerciais, ou por terceiro, de comprovada capacidade e qualificação, por meio de formulário específico fornecido pelo SNPC.

O VCU é específico para cada espécie agronômica e deve ser consultado no site do Ministério da Agricultura (www.agricultura.gov.br). Os requisitos mínimos para determinação do VCU estão relacionados com o número de locais, épocas e anos de experimentos para determinar o desempenho do cultivar, delineamento experimental, tamanho da parcela, número de repetições e testemunhas experimentais, coeficiente de variação experimental, descritores (características) a serem avaliados, características agronômicas, reação a doenças, características especiais relacionadas às pragas, estresses edafoclimáticos, resistência a herbicidas, descrição molecular, avaliação da produtividade e qualidade tecnológica e industrial. Os ensaios de VCU devem ser informados anualmente ao RNC por formulário próprio antes da instalação.

A título de exemplo, apresentam-se a seguir os requisitos mínimos para determinação do VCU de milho para inscrição de novos cultivares no RNC:

1. Ensaios:
    a. Número de locais: três locais por região edafoclimática de importância para o cultivar, por ano. A região edafoclimática é definida pelo responsável da execução do VCU.
    b. Período mínimo de realização: dois anos e/ou duas estações de cultivo. No caso de cultivar já registrado e modificado via transformação genética (OGM), será necessária a apresentação de dados de pelo menos um ano de ensaios.
2. Delineamento experimental:

a. Blocos: critério do pesquisador responsável. Tratando-se de blocos casualizados, limitar o número de entradas por ensaio em no máximo 50.
b. Tamanho da parcela: as parcelas úteis deverão ter no mínimo duas fileiras de 4,0 m de comprimento, com espaçamento e densidade usuais na região de realização do(s) teste(s) e na dependência do(s) cultivar(es) testado(s).
c. Número de repetições: no mínimo duas por local.
d. Testemunhas: devem ser utilizados no mínimo dois cultivares inscritos no RNC, identificados entre aqueles mais representativos na região de realização dos testes, sendo pelo menos um da mesma categoria do cultivar objeto de registro.
e. Somente serão válidos ensaios com Coeficiente de Variação (CV) de até 20%.
3. Características a serem avaliadas:
   a. Descritores:
      * Forma da ponta da primeira folha: pontiaguda, pontiaguda/arredondada, arredondada, arredondada/espatulada, espatulada.
      * Ângulo entre a lâmina foliar e o caule, medido logo acima da espiga superior: pequeno, médio, grande.
      * Comportamento da lâmina foliar acima da espiga superior: reta, recurvada, fortemente recurvada.
      * Comprimento da haste principal do pendão, medido entre o ponto de origem e o ápice da haste central: curto, médio, longo.
      * Ângulo entre a haste principal do pendão e a ramificação lateral, no terço inferior do pendão: pequeno, médio, grande.
      * Coloração do estigma pela antocianina: ausente, presente.
      * Tipo de grão, medido no terço médio da espiga: duro, semiduro, semidentado, dentado, doce, pipoca, farináceo, opaco, ceroso.
   b. Características agronômicas:
      * Florescimento masculino: somatório do número de dias da germinação até 50% das plantas liberando pólen.
      * Florescimento feminino: somatório do número de dias da germinação até 50% das plantas exibindo estilo-estigmas.

Obs.: Faculta-se aos requerentes apresentar, a título de informações adicionais aos itens supracitados, o número de graus/dia, devendo utilizar para isso a fórmula:

$$GD = \sum \frac{(T.max + T.min - 10)}{2}$$

em que:
GD = graus/dia;
T.max = temperatura máxima em °C;
T.min = temperatura mínima em °C.

Deve-se considerar temperatura mínima inferior a 10 °C como 10 e temperatura máxima superior a 30 °C como 30.

* Altura da planta: altura média das plantas na parcela medindo-se sempre do nível do solo até a inserção da folha bandeira.
* Altura da espiga: altura média da base da espiga na parcela medindo-se sempre do nível do solo até a inserção da primeira espiga (espiga superior).
* Stand final: número de plantas por ocasião da colheita.
* Comprimento médio das espigas.
* Diâmetro médio das espigas.
* Número de fileiras de grãos.
* Textura dos grãos.
* Coloração dos grãos.
* Empalhamento.
* Peso de 1.000 sementes.
* Peso hectolítrico.

c. Reação a doenças:
* Antracnose de colmo – *Colletotrichum graminicola*.
* Ferrugem comum – *Puccinia sorghi*.
* Mancha foliar de Helminthosporium – *Exserohilum tursicum*.
* Pinta branca – *Phaeosphaeria maydis*.
* Ferrugem polisora – *Puccinia polysora*.
* Ferrugem branca – *Physopella zeae*.
* Complexo enfezamento do milho *Corn stunt*.
* *Diplodia maydis*.
* Fusariose – *Fusarium moniliforme*.
* *Gibberella zeae*.
* Outras doenças.

d. Características especiais: para fins de melhor identificação do cultivar, poderão ser apresentadas, a critério do obtentor/detentor, informações sobre:
   * Reação a pragas: apresentar indicadores de resistência/tolerância (por exemplo, *Spodoptera*, *Elasmopalpus*, *Diatraea* etc.).
   * Reação a adversidades: apresentar indicadores de tolerância (por exemplo, seca, salinidade, toxidade de alumínio, frio etc.).
   * Reação a herbicidas/pesticidas.
   * Descrição em nível molecular.
e. Avaliação da produtividade:
   * Peso de grãos e/ou espigas espalhadas, em kg/ha, ajustado para 13% de umidade, do cultivar de milho a ser inscrito no RNC e dos cultivares e das testemunhas avaliados, por região edafoclimática, local e ano;
   * Umidade dos grãos na colheita – percentagem de umidade dos grãos (% de umidade base úmida).
f. Avaliação da qualidade tecnológica/industrial: apresentar informações sobre qualidades nutricionais: no caso de milhos especiais, deverão ser apresentados indicadores de caracteres qualitativos/quantitativos de interesse (teor de óleo, proteínas, amido, produção de massa seca, produção de massa verde).
4. Atualização de informações: novas informações sobre o cultivar, como mudanças na região de adaptação, reação a pragas, doenças, limitações etc., devem ser enviadas, nos mesmos modelos do VCU, para serem anexadas ao documento de inscrição.

27.1 Proteção de cultivares

A Lei de Proteção de Cultivares – LPC (Lei nº 9.456, de 25 de abril de 1997) reconhece o direito de propriedade dos novos cultivares vegetais desenvolvidos pelos programas de melhoramento genético. As espécies agrícolas passíveis de proteção são aquelas cuja proteção possua descritores previamente definidos pelo Ministério da Agricultura e cujas plantas tenham sido submetidas à domesticação e à seleção.

A Lei de Proteção de Cultivares e a Lei de Propriedade Industrial (Lei de Patentes) são mecanismos distintos de proteção à propriedade intelectual. A LPC dispõe sobre a proteção dos direitos intelectuais do melhorista ao desenvolver um novo cultivar, conferindo direitos de exclusividade na comercialização. Essa lei não impede o uso, pela pesquisa, do cultivar protegido na obtenção de um novo cultivar por terceiros, mesmo sem a autorização do detentor do direito. A Lei de Patentes, no entanto, confere direito de propriedade intelectual sobre genes construídos por processos biotecnológicos. Muito mais restritiva, protege os direitos intelectuais do detentor da patente mesmo para fins de pesquisa, não podendo, portanto, um cultivar transgênico ser utilizado para o desenvolvimento de novos cultivares sem autorização prévia do detentor da patente.

A LPC constitui-se, para todos os efeitos legais, na única forma de proteção de cultivares e de direito, que poderá obstar a livre utilização de plantas ou de suas partes de reprodução ou de multiplicação vegetativa no País. Antes dessa lei, não havia maneira legal de as instituições de pesquisa recuperarem o investimento financeiro, exceto pela venda da semente inicial de multiplicação de um novo cultivar, pelo fato de, na ausência da LPC, o cultivar ficar em domínio público assim que era lançado e poder ser multiplicado por qualquer empresa. Assim, era permitido aos multiplicadores privados de semente angariar os lucros da sua venda, sem que qualquer benefício retornasse para o melhorista ou sua instituição obtentora do cultivar.

A LPC trouxe benefícios para a agricultura brasileira e todos os seus atores, como as empresas de melhoramento, empresa de sementes, melhoristas, agricultores, consumidores e mercados regionalizados.

Essa lei forneceu os mecanismos legais que possibilitam a recuperação razoável dos investimentos realizados e, ainda, motiva melhoristas e instituições a continuarem com o processo criativo, com a possibilidade de reinvestimento na pesquisa. Atualmente, o mercado de todas as espécies com cultivares híbridos e espécies autógamas, principalmente com eventos transgênicos, como a soja, é caracterizado por fortes investimentos privados. O mercado brasileiro de cultivares ou sementes proporcionou a presença tanto de empresas transnacionais como de empresas nacionais.

Além disso, por causa da LPC, foram ofertados aos agricultores centenas de novos cultivares desenvolvidos para as diversas condições brasileiras, atendendo todo o território nacional com cultivares específicos para regiões e mercados. Os novos lançamentos de cultivares têm proporcionado maiores patamares produtivos e específicos para nichos de mercado, o que gera empregos e renda para as diferentes realidades agrícolas brasileiras e também novas regiões de cultivo, com a expansão de culturas para locais antes impossibilitados de ser cultivados, devido principalmente à seca ou aos solos inadequados, como em regiões semiáridas no Nordeste brasileiro.

O cultivar é uma variedade de qualquer gênero vegetal claramente distinta de outros cultivares conhecidos e que resulta do melhoramento genético realizado pelo melhorista. Poderão ser protegidos todos os cultivares que sejam distintos, homogêneos e estáveis e que integrem a lista oficial de espécies passíveis de proteção elaborada pelo Ministério da Agricultura. O cultivar é distinto quando possui descritores (características) que permitam identificá-lo como diferente dos demais por margem mínima de descritores. É homogêneo quando todas as suas plantas apresentam a mesma expressão da característica. E é estável quando os seus descritores se mantêm ao longo das gerações. Por exemplo, se o cultivar de milho apresenta a forma da ponta da primeira folha arredondada na safra deste ano, as sementes desse cultivar e plantadas nas safras seguintes deverão também apresentar a forma da ponta da primeira folha arredondada.

A produção e a comercialização de um cultivar protegido somente poderão ser realizadas com os prévios licenciamentos com o detentor dos direitos intelectuais. Em geral, o detentor desses direitos negocia o pagamento de *royalties* – taxas que podem incidir sobre o valor das sementes ou da produção. Entretanto, a LPC permite o uso dos cultivares protegidos, sem incidência de *royalties* nos seguintes casos:

a. Para o agricultor que reserva e planta sementes para uso próprio, em seu estabelecimento ou em estabelecimento de terceiros, cuja posse detenha.
b. Para o agricultor que usa ou vende como alimento ou matéria-prima o produto obtido do seu plantio, exceto para fins reprodutivos.
c. Para o melhorista que utiliza o cultivar como fonte de variação no melhoramento genético ou na pesquisa científica.
d. Para o agricultor que multiplica material vegetativo de cana-de-açúcar destinado à produção para fins de processamento industrial, em áreas de até quatro módulos fiscais.
e. Para o pequeno produtor rural que multiplica sementes para doação ou troca, exclusivamente para outros pequenos produtores rurais, no âmbito de programas de financiamento e de apoio a pequenos produtores rurais, conduzidos por órgãos públicos ou organizações não governamentais, autorizadas pelo Poder Público.

Quando os cultivares são protegidos, os detentores possuem exclusividade de produção e exploração a seu detentor por um período determinado na LPC caso a caso, tornando-se de domínio público a partir de então. A proteção tem validade de 15 anos, excetuando-se as videiras, as árvores frutíferas, as árvores florestais e as árvores ornamentais, para as quais a duração é de 18 anos. Após esses prazos, o cultivar pode ser multiplicado sem a prévia autorização dos seus detentores.

Pode ser titular da proteção de cultivares qualquer pessoa física ou jurídica que detiver um novo cultivar cumprindo o conjunto de exigências do Ministério da Agricultura. No caso de pedido de proteção de cultivar proveniente do exterior, somente haverá deferimento para as pessoas domiciliadas em país que tenha proteção assegurada por tratado em vigor no Brasil e que garanta aos brasileiros a reciprocidade de direitos iguais ou equivalentes.

O Brasil segue leis internacionais em relação à proteção de cultivares de acordo com a UPOV (União Internacional para Proteção das Obtenções Vegetais), organização internacional com sede em Genebra (Suíça) responsável pela implementação da Convenção Internacional de Proteção de Novas Variedades de Plantas, cuja primeira versão data de 1961 e sofreu três revisões: em 1972, 1978 e 1991. Com a LPC, o Brasil aderiu à Convenção UPOV/78.

Algumas das espécies passíveis de proteção são listadas a seguir:

* Espécies agrícolas:

    Algodão (*Gossypium hirsutum* L.), arroz (*Oryza sativa* L.), aveia (*Avena* spp.), batata (*Solanum tuberosum* L.), café (*Coffea* spp.), cana-de-açúcar (*Saccharum* sp.), cevada (*Hordeum vulgare* L. sensu lato), feijão (*Phaseolus vulgaris* L.), milho (*Zea mays* L.), soja (*Glycine max* (L.) Merrill), sorgo (*Sorghum* spp.), trigo (*Triticum aestivum* L.) e triticale (x *Triticosecale* Witt).

* Espécies florestais:

    Eucalipto (gênero: *Eucalyptus*; subgênero: Symphyo-myrthus; seções: Transversaria, Exsertaria, Maidenaria).

* Espécies forrageiras:

    Brachiaria brizantha, B. decumbens, B. ruzizienses e híbridos Brachiaria humidicola, B. dictyonera e híbridos, capim-colonião (*Panicum maximum* Jacq.), capim-elefante (*Pennisetum purpureum* Schum. e híbridos interespecíficos com *Pennisetum* spp.), guandu (*Cajanus cajan* (L.) Millsp.), macrotyloma (*Macrotyloma axillare* (E. Mey) Verdc.; Sinonímia: *Dolichos axillare* E. Mey) e milheto (*Pennisetum glaucum* L. R. BR.).

* Espécies frutíferas:

    Abacaxi (*Ananas comosus* (L.) Merrill), bananeira (*Musa* spp.), macieira frutífera (*Malus* spp.), macieira porta-enxerto (*Malus* spp.), mangueira

(*Mangifera indica* L.), pereira europeia frutífera (*Pyrus communis* L.), pereira porta-enxerto (*Pyrus* L.), tangerina (*Citrus* L.) e videira (*Vitis* spp.).

* Espécies olerícolas:

Abóbora (*Cucurbita* spp.), alface (*Lactuca sativa* L.), alho (*Allium sativum* L.), cebola (*Allium cepa* L.), cenoura (*Daucus carota* L.), ervilha (Pisum sativum L.), morango (*Fragaria* spp.), pimentão e pimentas (*Capsicum* spp.), quiabo (*Abelmoschus esculentus* (L.) Moench) e tomate (*Lycopersicon esculentum* Mill.).

* Espécies ornamentais:

Alstroemeria (*Alstroemeria* L.), amarílis (*Hippeastrum* Herb.), antúrio (*Anthurium* Schott), aster (*Aster* L.), begônia elatior (Begonia x hiemalis Fotsch.), bromélia (*Guzmania* spp.), calancoe (*Kalanchoe* Adans.), cimbídio (*Cymbidium* Sw.), copo-de-leite (*Zantedeschia* Spreng.), cravo (*Dianthus* L.), crisântemo (*Chrysanthemun* spp.), estatice (*Limonium* Mill., *Goniolimon Boiss.* e *Psylliostachys* (Jaub.& Spach) Nevski), gérbera (*Gerbera* Cass.), grama bermuda (*Cynodon daction* (L.) Pers), grama esmeralda e Santo Agostinho (*Zoysia japonica* Steud e *Stenotaphrum secundatum* (Walt.) Runtze), gipsofila (*Gypsophila* spp.), hibisco (*Hibiscus rosa-sinensis*), hipérico (*Hypericum* L.), impatiens (*Impatiens walleriana* Hook f.), impatiens Nova Guiné (*Impatiens X Nova Guiné*), lírio (*Lilium* L.), poinsetia (*Euphorbia pulcherrima* Willd. Ex Klotzsch), rosa (*Rosa* L.), solidago (*Solidago virgaurea* L.) e violeta (*Saintpaulia* H. Wendl.).

vinte e oito

Perspectivas do melhoramento de plantas

Com o acréscimo populacional de aproximadamente três bilhões de pessoas no mundo nos últimos 50 anos, a pressão sobre a oferta de alimentos aumentou e, assim, novas técnicas aplicadas à agricultura foram desenvolvidas. Por exemplo, no período de 1960 a 1990, a produção mundial de cereais passou de 800 milhões para dois bilhões de toneladas, sendo mais de 80% desse incremento devido a maiores produtividades. Acredita-se que pelo menos metade desse aumento seja decorrente do desenvolvimento e da utilização de cultivares geneticamente superiores.

O melhoramento de plantas é considerado estratégico para a humanidade, a segurança alimentar, os efeitos das mudanças climáticas e o desenvolvimento econômico e social de países, e economicamente básico e fundamental para a geração de negócios agrícolas e para o desenvolvimento regional.

A avaliação de alguns dos principais desenvolvimentos científicos do século XX permite analisar as perspectivas de evolução e possíveis tendências do melhoramento de plantas para o futuro. O Quadro 28.1 apresenta algumas das principais descobertas que tiveram impacto no melhoramento de plantas. Embora exista superposição entre alguns períodos em que esses desenvolvimentos ocorreram, eles foram convenientemente separados por décadas. Uma das conclusões que podem ser tiradas dessas informações é que o tempo necessário entre o desenvolvimento de uma nova tecnologia e a sua aplicação vem sendo reduzido gradativamente. Alguns dos desenvolvimentos científicos listados nesse quadro criaram expectativas muito maiores do que foram as suas reais contribuições para o melhoramento, enquanto outros realmente o revolucionaram. Por exemplo, houve uma euforia muito grande com o avanço dos conhecimentos nas áreas de fisiologia e morfologia. Diversos programas de melhoramento desenvolveram linhas de pesquisa visando ao aumento da produtividade via características morfológicas e fisiológicas, como plantas com folhas eretas ou com alta eficiência de uso da água. Outro exemplo foi a descoberta da possibilidade de indução a mutações como estratégia de melhoramento de plantas. A contribuição dessas descobertas no desenvolvimento de novos cultivares foi limitada.

Quadro 28.1 ALGUNS DOS PRINCIPAIS MARCOS CIENTÍFICOS QUE TIVERAM IMPACTO NO MELHORAMENTO DE PLANTAS

Década	Desenvolvimento científico
1900	Redescoberta das leis de Mendel
1910	Heterose
1920	Métodos de melhoramento
1930	Mutagênese, métodos estatísticos
1940	Genética quantitativa
1950	Fisiologia e morfologia
1960	Bioquímica e informática
1970	Cultura de tecidos
1980	Biologia celular
1990	Genética molecular
2000	Transgênicos
2010	Ômicas
2020	Edição gênica

O desenvolvimento de um novo cultivar tradicionalmente demanda longo tempo, cerca de dez anos ou mais, e tem sido reduzido para cinco anos. Os cultivares a serem lançados nos próximos cinco ou dez anos são o resultado de cruzamentos já realizados ou em fase de realização. A expectativa é de que o melhoramento de plantas continue evoluindo de forma significativa. A fonte de genes mais utilizada no desenvolvimento de cultivares será o germoplasma-núcleo das espécies cultivadas. Os principais métodos para o desenvolvimento de novos cultivares serão aqueles que utilizam a hibridação. A mais onerosa etapa no desenvolvimento de cultivares continuará a ser a avaliação de campo das características quantitativas, e a necessidade do trabalho em equipe multidisciplinar se tornará mais evidente. A biotecnologia está sendo gradativamente incorporada à rotina do melhoramento como instrumento para desenvolver novos cultivares, tornando o melhoramento genético mais preciso. As principais aplicações da biotecnologia são para diminuir o tempo e o custo para obtenção de novos cultivares e expandir o conjunto gênico disponível para cada programa de melhoramento.

Além do desenvolvimento tecnológico, a globalização, as questões sociais e a conscientização ecológica estão tendo profundo impacto nos objetivos do melhoramento vegetal. Atualmente, o principal objetivo da maioria dos programas de melhoramento é aumentar a produtividade, mesmo em países onde existe produção em excesso. Com a conscientização ecológica, está sendo cobrado dos programas de melhoramento o desenvolvimento de cultivares para sistemas de agricultura sustentável. Nesse sentido, serão exploradas características como habilidade de fixação de nitrogênio; alta capacidade de competição com plantas daninhas; resistência a doenças e insetos; resposta a baixas doses de fertilização; qualidade nutricional; e desenvolvimento de cultivar com múltiplas qualidades.

28.1 Iniciativa privada e o setor público

O melhoramento de plantas é conduzido pelos setores público e privado no Brasil. Os programas suportados com recursos públicos encontram-se nas universidades, na Embrapa, nos institutos e nas empresas de pesquisa estaduais. A contribuição dessas instituições para a agricultura nacional pode ser avaliada na elevação da produtividade de diversas espécies e na qualidade dos produtos agrícolas observada nos últimos anos.

A iniciativa privada começou suas atividades de melhoramento de plantas no Brasil há aproximadamente meio século, de forma diferenciada, com as principais espécies agronômicas. Para as espécies cujas sementes são adquiridas a cada safra, como os híbridos de milho, as empresas privadas desenvolveram programas mais extensivos e proeminentes do que para as outras cujos grãos são usados como sementes para plantio da safra seguinte.

É por meio da venda de sementes dos cultivares que os programas de melhoramento privados recuperam o investimento no desenvolvimento de cultivares. Empresas como Bayer, Corteva, Basf e Limagrain desenvolveram programas de melhoramento para grande número de espécies no Brasil. Entretanto, para as espécies autógamas de menor valor econômico, a maioria dos cultivares lançados no mercado é desenvolvida pelo setor público.

Na Europa, a iniciativa privada também se encontra envolvida no melhoramento das espécies autógamas, atraída pelo direito de exclusividade na comercialização dos cultivares desenvolvidos. Em 1980, a Suprema Corte dos Estados Unidos declarou que organismos vivos poderiam ser protegidos pela Lei das Patentes. Uma das diferenças entre a Lei de Proteção de Cultivares (LPC) no Brasil e a Lei das Patentes em vigor nos Estados Unidos é que aquela abre exceções para pesquisa e intercâmbio direto entre pequenos agricultores. A exceção prevista para a pesquisa permite que cultivares protegidos possam ser utilizados como genitores em cruzamentos, sem necessidade de permissão ou pagamento de *royalties* ao criador do cultivar. A exceção prevista para os pequenos agricultores permite a troca de sementes de cultivares protegidos pela LPC. Cultivares protegidos pela Lei das Patentes não apresentam tais exceções.

28.2 Empresas da iniciativa privada

As empresas de melhoramento de plantas de diversos países estão mudando de mãos. Em decorrência da demanda de elevados investimentos no desenvolvimento de novos processos e produtos na área da biotecnologia, não suportável pelas empresas de melhoramento de plantas, estas têm estabelecido *joint ventures* ou sido adquiridas por grandes corporações que atuam na área da biotecnologia, em geral empresas da área de defensivos químicos e de fármacos.

As mudanças foram enormes e incluem aquisições e *joint ventures* de grandes empresas globais de sementes, como a subsidiária da Limagrain em Vilmorin-Mikado (França), a DLF (Dinamarca) e a Longping High-Tech (China), que adquiriu a Nidera no Brasil. Após aquisições, consolidações e fusões, formaram-se quatro grandes empresas:

* Corteva, criada a partir da fusão da Dow com a DuPont;
* Chemchina, que adquiriu a Syngenta;
* Bayer, que adquiriu a Monsanto;
* Basf, que adquiriu as divisões de sementes da Bayer (incluindo as marcas Stone vile, Nunhems, FiberMax, Credenz e InVigor).

Atualmente, as quatro maiores empresas de melhoramento controlam a maior parte do faturamento mundial de sementes, correspondendo ao valor aproximado de $ 28 bilhões de dólares por ano. Esse valor é inferior ao mercado de defensivos, de aproximadamente $ 36 bilhões, e relativamente modesto em relação às vendas da indústria farmacêutica, de $ 500 bilhões.

vinte e nove

EXEMPLOS DE PROGRAMAS DE MELHORAMENTO

Programa de melhoramento refere-se à organização geral do processo conduzido pelo melhorista para o desenvolvimento de novas variedades ou de germoplasma, e envolve o uso de germoplasma, recursos humanos e financeiros, infraestrutura para testes e avaliações, métodos de seleção e métodos de melhoramento. Assim, esses programas diferem entre si de forma surpreendente. Por exemplo, os programas de melhoramento de milho grão, milho doce e milho pipoca compartilham os mesmos métodos de melhoramento, mas são conduzidos de forma distinta, com base nos objetivos e métodos de seleção.

Neste capítulo são apresentados alguns exemplos de programas de melhoramento de espécies autógamas, alógamas e de propagação assexuada, nas iniciativas pública e privada, com o intuito de ilustrar para o jovem melhorista em início de carreira algumas possíveis estratégias e planos de ação. Em nenhum momento os autores deste livro estão endossando as estratégias aqui apresentadas, pois os métodos de melhoramento e as ferramentas à disposição dos melhoristas variam com a espécie, os objetivos do programa e os recursos humanos, genéticos e financeiros disponíveis, além de outros fatores. Deve-se também lembrar que os programas de melhoramento são dinâmicos e, com o avanço dos novos conhecimentos e a redução dos custos de aplicação das novas tecnologias, aquelas que hoje não são viáveis economicamente se tornarão acessíveis e rotineiras nos programas de desenvolvimento de novas variedades.

A seguir é apresentada uma comparação entre dois programas de melhoramento de soja, um público e outro privado. A definição dos objetivos deve ser um dos primeiros passos ao se iniciar o programa de melhoramento, pois esses objetivos direcionam a maioria das decisões subsequentes, como escolha do germoplasma, número de cruzamentos e de populações a serem conduzidas, número de gerações necessárias, métodos de melhoramento, adoção de diferentes ferramentas no processo de seleção, critérios e intensidade de seleção, multiplicação e purificação de sementes, conforme apresenta o Quadro 29.1.

Quadro 29.1 COMPARAÇÃO ENTRE ALGUNS ASPECTOS DE PROGRAMAS DE MELHORAMENTO DE SOJA NO SETOR PÚBLICO E PRIVADO

Atividade	Programa público	Programa privado
Foco e objetivos do programa	• Produtividade • Características de qualidade • Demandas do mercado • Demandas específicas	• Produtividade • Resistência a doenças • Outras características
Critérios para lançamento	• Pelo menos 95% da produtividade das variedades comerciais • Características específicas	• Voltado para as demandas dos produtores • Melhor que as variedades atuais
Seleção de genitores	• Genitores portadores das características específicas • Cruzamentos mais divergentes e uso de dialelos	• Baseada no comportamento *per se* (produtividade) • Estabilidade de comportamento • Priorizar genitores convergentes
Avanço de gerações	Acelerar, incluindo plantios em viveiros de inverno	Acelerar, incluindo plantios em viveiros de inverno
Novas tecnologias	Depende das circunstâncias: SAM, NIR etc.	SAM, GS etc.
Reciclagem de genitores	Gerações mais avançadas	Intermediárias e avançadas
Número de lançamentos anuais	Variável	Grande (10 a 20, a depender da região-alvo)
Número de cruzamentos	150	800-1.500 (a depender da capacidade operacional da empresa e da região-alvo)
Tamanho de populações F_2	100 a 300	50 a 200
Número de linhagens iniciais	10.000	25.000
Número de linhagens nos EPLs	2.000	10.000
Número de linhagens nos EILs	500	5.000
Número de linhagens nos EFLs	35	500

Quadro 29.1 (Continuação)

Número de linhagens nos ERLs, fase 1	15	150
Número de linhagens nos ERLs, fase 2	7	30
Delineamento experimental	• Distintos, a depender da fase de avaliação • Fase final de avaliação: DBC, Látice etc.	• Distintos, a depender da fase de avaliação • Fase final de avaliação: DBC
Método de condução de população segregante	SSD ou SPD	• SSD com colheita mecanizada da parte superior da planta • *Bulk* dentro de progênie
Multiplicação e purificação de sementes	A partir de F_7	• Algumas empresas fazem concomitante com os ensaios intermediários • A partir de F_7
Colocação de variedades no mercado	• Parcerias com produtores • Licenciadas a outros programas	Comercializadas aos produtores
Purificação das variedades e produção de sementes	Seleção visual	• Seleção visual • Por meio de marcadores moleculares
Número de lançamentos anuais	Eventual – poucos	Grande
Orçamento	Centenas de milhares de reais	Centenas de milhões de reais

As atividades do melhorista à frente de um programa de melhoramento não se encerram com o lançamento de uma nova variedade. O melhorista deve se responsabilizar pelo registro e pela proteção das suas variedades no Registro Nacional de Cultivares (RNC – http://www.agricultura.gov.br/guia-de-servicos/registro-nacional-de-cultivares-rnc), do Ministério da Agricultura, Pecuária e Abastecimento (MAPA). Durante o tempo em que a variedade permanecer no mercado, o melhorista deve assegurar sua pureza e disponibilidade de estoques de sementes genéticas para os produtores de sementes.

Tecnologias com custo-benefício favorável, já empregadas em muitos programas de melhoramento de soja no Brasil, incluem: código de barra, *tablets*, aplicativos e interfaces para coleta de dados, sistemas de duplo controle a cada etapa para reduzir erros, plantio e colheita mecanizados, coordenadas GPS etc. O uso da fenotipagem de larga escala, também conhecida como fenômica, está sendo integrado de forma progressiva nos programas de melhoramento. Sensores, veículos autônomos não tripulados (drones), automação e coleta remota de dados se tornarão cada vez mais comuns no desenvolvimento de novas variedades.

Para iniciar um programa convencional, os melhoristas selecionam o germoplasma e os locais para testes (Fig. 29.1A). Os genótipos são testados em vários anos e locais, e os dados fenotípicos são analisados. A seleção de genótipos é realizada com base no comportamento fenotípico dos genótipos. Em programas de melhoramento moderno (Fig. 29.1B), os melhoristas iniciam as atividades de forma similar ao convencional, mas os genótipos são genotipados usando plataformas de genotipagem de alto rendimento, melhoramento acelerado (*speed breeding*) e fenotipagem de alto rendimento, realizados em várias localidades (Araus et al., 2018; Li et al., 2018). Modelos de predição genômica baseados em modelos de crescimento de plantas são usados para estimar o desempenho de genótipos não fenotipados em ambientes testados ou para estimar o desempenho de genótipos em ambientes não testados. Essas estimativas são empregadas para obter valores genômicos estimados para os genótipos e, assim, apoiar a seleção de genótipos.

Na Fig. 29.2 é apresentado, de forma resumida, um exemplo das principais etapas de um programa público de melhoramento de soja em sua maturidade. Deve-se lembrar que para essa cultura há o domínio das grandes empresas multinacionais e que a maioria dos programas públicos estão focados no desenvolvimento de variedades para nichos específicos e na formação das novas gerações de melhoristas.

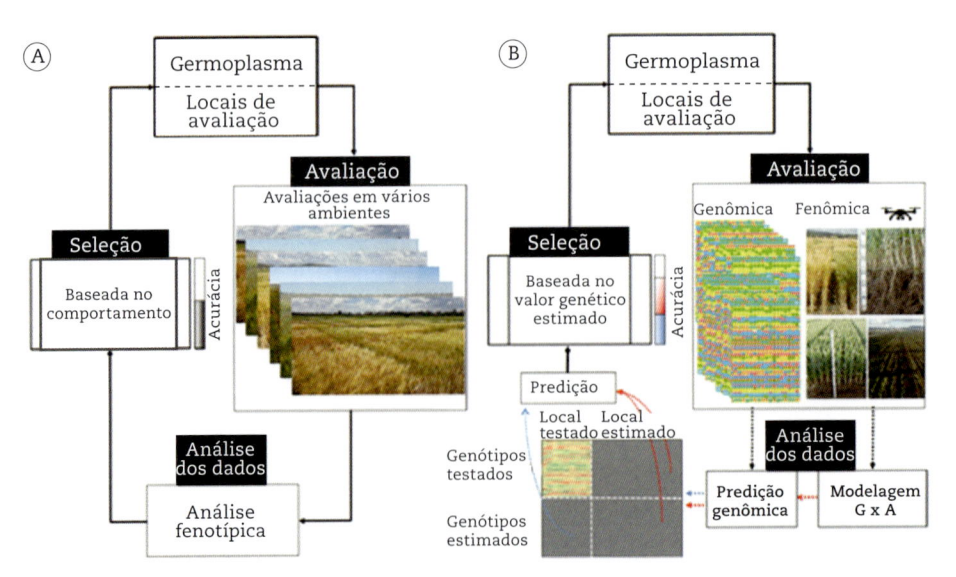

FIG. 29.1 *Esquema de programas de melhoramento (A) convencional e (B) moderno*
Fonte: Voss-Fels, Cooper e Hayes (2018).

A cada ano o melhorista inicia novos cruzamentos; portanto, em um mesmo ano existem em andamento todas as gerações descritas no fluxograma da Fig. 29.2. A estação 2 pode ser conduzida em casa de vegetação ou em uma estação fora da região de adaptação.

Local	Geração	Atividade
Estação principal	$P_1 \times P_2$	~genitores
Estação 2	F_1	~150 cruzamentos
Estação principal	F_2	~100-300 plantas/pop.
Estação 2	F_3	
Estação principal	F_4	Seleção ~15.000 plantas
---------- NIR, MAS (doenças, teor de óleo etc.) ----------------		
Estação 1	$F_{4:5}$	Plantio de ~10.000 linhas
2 locais	$F_{4:6}$	EPL (~2.000 linhas)
3 locais	$F_{4:7}$	EIL (~500 linhas)
7-15 locais	$F_{4:8}$	EFL (~50 linhas)
7-15 locais	$F_{4:9}$	ERL_1 (~15 linhas)
7-15 locais	$F_{4:10}$	ERL_2 (~7 linhas)

SSD → Multiplicação de sementes → Purificação de sementes → Lançamento

FIG. 29.2 *Fluxograma de um programa público de melhoramento de soja. EPL, EIL, EAL, EFL e ERL se referem aos ensaios preliminares, intermediários, avançados e regionais de competição de linhagens*

Com o intuito de exemplificar como os esquemas de diferentes programas de melhoramento variam mesmo entre as espécies autógamas, a seguir é apresentado o fluxograma de um programa de melhoramento de cevada (Fig. 29.3). Para essa cultura, diferentemente da soja, a maioria das variedades é desenvolvida pelos programas públicos, quer de universidades ou de empresas públicas de pesquisa.

Na geração F_1 são obtidas de 15 a 18 sementes por cruzamento, mas esse número pode variar bastante.

O método de melhoramento SSD em geral é adotado com diferentes modificações (Cap. 17).

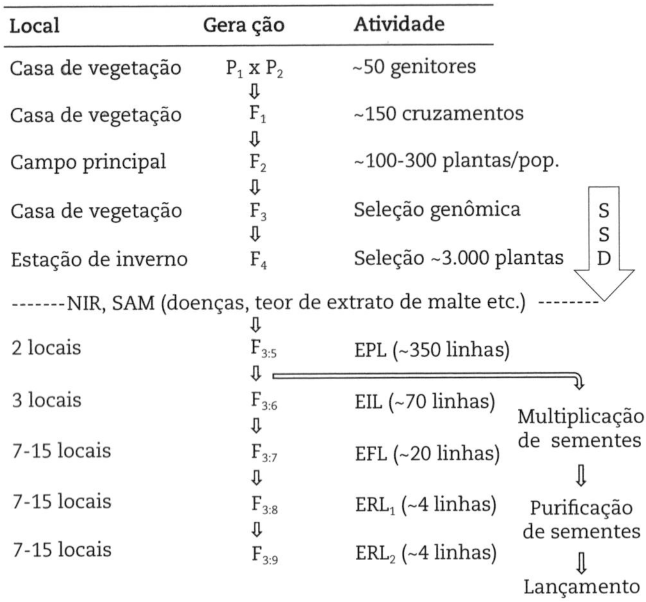

Local	Geração	Atividade
Casa de vegetação	$P_1 \times P_2$ ⇩	~50 genitores
Casa de vegetação	F_1 ⇩	~150 cruzamentos
Campo principal	F_2 ⇩	~100-300 plantas/pop.
Casa de vegetação	F_3 ⇩	Seleção genômica
Estação de inverno	F_4	Seleção ~3.000 plantas

SSD

-------NIR, SAM (doenças, teor de extrato de malte etc.) --------
⇩

2 locais	$F_{3:5}$ ⇩	EPL (~350 linhas)	
3 locais	$F_{3:6}$ ⇩	EIL (~70 linhas)	Multiplicação de sementes
7-15 locais	$F_{3:7}$ ⇩	EFL (~20 linhas)	⇩
7-15 locais	$F_{3:8}$ ⇩	ERL_1 (~4 linhas)	Purificação de sementes
7-15 locais	$F_{3:9}$	ERL_2 (~4 linhas)	⇩ Lançamento

Fig. 29.3 *Fluxograma de um programa público de melhoramento de cevada. EPL, EIL, EAL, EFL e ERL se referem aos ensaios preliminares, intermediários, avançados e regionais de competição de linhagens*

Os EPLs (Tab. 29.1), em geral, são conduzidos em dois locais em experimento com delineamento em blocos casualizados ou látice, com duas repetições. A unidade experimental pode ser uma fileira de 6 m, espaçada de 1 m, sendo considerada área útil toda a parcela, exceto 50 cm de cada extremidade.

Tab. 29.1 Informações complementares referentes aos ensaios de rendimento de grãos de um programa de melhoramento de soja

Ensaio	Unidade experimental	Número de locais	Número de repetições	Número de linhas
EPL	1 fileira × 6 m Área útil: 1 fileira × 5 m	2 locais	2	~2.000
EIL	2 fileiras × 5 m Área útil: 2 fileiras × 4 m	3 locais	2	~500
EFL	4 fileiras × 5 m Área útil: 2 fileiras centrais × 4 m	7-15 locais	3	~50
ERL_1	4 fileiras × 5 m Área útil: 2 fileiras centrais × 4 m	7-15 locais	3	~15
ERL_2	4 fileiras × 5 m Área útil: 2 fileiras centrais × 4 m	7-15 locais	3	~7

Os EILs, em geral, são conduzidos à semelhança dos EPLs, exceto que a unidade experimental é constituída de duas fileiras de 5 m, com 50 cm de entrelinhamento.

Os EFLs e os ERLs normalmente possuem os mesmos detalhes dos EIL, mas são conduzidos com quatro fileiras, em maior número de localidades e com menor número de linhagens. Como parcela útil, normalmente são consideradas as duas fileiras centrais, eliminando-se 50 cm das extremidades. Os ERLs são conduzidos por entidades federais ou estaduais de pesquisa que reúnem as linhagens de vários programas atuando na região. Em geral, cada programa possui um determinado número de vagas nos ERLs para inclusão de suas linhagens.

Nos programas privados, o método de melhoramento SSD em geral é adotado com diferentes modificações, sendo uma delas a mecanização da colheita da parte superior das plantas para conduzir as populações em *bulk*. Ainda nesses programas, a seleção genômica é aplicada nos EPLs, quando as linhagens são genotipadas e a informação gerada é utilizada para a seleção e a constituição dos EILs. Entretanto, a tendência é que seu uso seja ampliado para etapas mais precoces nos programas.

Algumas das informações referentes aos ensaios de rendimento dos programas privados são semelhantes àquelas dos públicos; entretanto, alguns aspectos são considerados de interesse do proprietário e, portanto, não são disponíveis. Também, por questões éticas, optou-se por não apresentar o nome dos programas de melhoramento que foram considerados para reunir os exemplos neste capítulo.

Uma diretriz que tem orientado muitos melhoristas é que uma linhagem, antes de ser lançada, deve ser avaliada no mínimo durante três anos, acumulando pelo menos 30 ambientes de avaliação (*data points*). Esse número varia entre os programas, mas em geral é alcançado com a combinação de localidades de testes, épocas de plantio e anos de avaliação. Assim, uma empresa privada, que possui grande estrutura e logística, pode alcançar os 30 ambientes em um ou dois anos de avaliação, enquanto as públicas em geral avaliam suas linhagens-elites por três, quatro anos ou mais para atingirem o valor de referência de 30 *data points* para o lançamento da linhagem.

A seguir são apresentados exemplos de programas de melhoramento de alógamas. Para isso será usado o caso do milho como espécie modelo. Apesar de ter um sistema reprodutivo diferente, aqui são válidas muitas das comparações feitas entre os programas de melhoramento público e privado de soja (Quadro 29.1).

As diferenças surgem em aspectos relacionados aos métodos de melhoramento e tecnologias usadas (Quadro 29.2).

Quadro 29.2 COMPARAÇÃO ENTRE ALGUNS ASPECTOS DE PROGRAMAS DE MELHORAMENTO DE MILHO NO SETOR PÚBLICO E PRIVADO

Atividade	Programa público	Programa privado
Novas tecnologias	Depende das circunstâncias: SAM, duplo-haploides etc.	SAM, GS, duplo-haploides, edição gênica etc.
Número de cruzamentos (*testcrosses*)	1.000 a 3.000	3.000-100.000 (dependendo da capacidade operacional da empresa e da região-alvo)
Número de grupos heteróticos	2	2 a 6
Número de testadores por grupo heterótico	1 a 3	2 a 6
Método de obtenção de linhagens	Autofecundação e duplo-haploides	Duplo-haploides
Despendoamento	Manual	Mecanizado

No Quadro 29.3 é apresentado, de forma resumida, um exemplo das principais etapas de um programa público de melhoramento de milho em sua maturidade. Assim como na soja, a cada ano o melhorista inicia novos cruzamentos e, assim, em um mesmo ano existem em andamento todas as gerações descritas no fluxograma do quadro.

Quadro 29.3 PROCESSOS PARA OBTENÇÃO DE HÍBRIDOS DE MILHO EM UM PROGRAMA DE MELHORAMENTO CONTEMPORÂNEO

Estações	Atividades de melhoramento	
	Público	Privado
Ano 1: inverno	Cruzamento das 50 plantas S_0 com indutores de haploidia	Cruzamento das milhares de plantas S_0 com indutores de haploidia
Ano 1: verão	Obtenção das linhagens duplo-haploides e autofecundação de 4.000 plantas DH_0, com eliminação das não sadias e estéreis	Obtenção das linhagens duplo-haploides e autofecundação de milhões de plantas DH_0, com eliminação das não sadias e estéreis
Ano 2: inverno	Obtenção de plantas DH_1, selecionando e autofecundando 1.000 plantas em DH_0	Obtenção de plantas DH_1, selecionando e autofecundando centenas de milhares de plantas em DH_0
Ano 2: verão	Obtenção de plantas DH_2, selecionando e autofecundando 500 plantas DH_1	Obtenção de plantas DH_2 via autofecundação, selecionando as melhores via marcadores moleculares para capacidade de combinação com testadores e seu valor genético

Quadro 29.3 (Continuação)

Ano 3: inverno	Cruzamentos entre as 500 linhagens duplo-haploides com dois testadores-elite de grupos heteróticos diferentes	Cruzamentos entre as dezenas de milhares de linhagens duplo-haploides com diversos testadores oriundos de diversos grupos heteróticos diferentes. A escolha dos cruzamentos é orientada por meio de predição *in silico*
Ano 3: verão	Avaliação dos 1.000 *testcrosses*	Avaliação dos milhares de *testcrosses*
Ano 4: inverno	Identificação dos 20 genótipos mais promissores e obtenção de sementes híbridas suficientes para a realização de ensaios multilocais	Identificação das centenas de genótipos mais promissores e obtenção de sementes híbridas suficientes para a realização de ensaios multilocais
Ano 4: verão	Avaliação dos 20 híbridos obtidos em diversas localidades para o ano 1 do ensaio de valor de cultivo e uso (VCU). Informação dos ensaios de VCU ao Ministério da Agricultura	Avaliação das dezenas de híbridos obtidos em diversas localidades para o ano 1 do ensaio de VCU. Informação dos ensaios de VCU ao Ministério da Agricultura
Ano 5: verão	Avaliação dos 10 híbridos superiores do ano 1 de VCU. Ano 2 do VCU. Informação dos ensaios do VCU ao Ministério da Agricultura	Avaliação dos 10 híbridos superiores do ano 1 de VCU. Ano 2 do VCU. Informação dos ensaios do VCU ao Ministério da Agricultura
Ano 6: verão	Definição do pacote tecnológico para os híbridos superiores, como população e espaçamento de plantas, adubação de plantio e cobertura, fitotoxicidade de herbicidas e outros produtos. Adaptabilidade e estabilidade comparativa com híbridos do mercado	Definição do pacote tecnológico para os híbridos superiores, como população e espaçamento de plantas, adubação de plantio e cobertura, fitotoxicidade de herbicidas e outros produtos. Adaptabilidade e estabilidade comparativa com híbridos do mercado
Ano 7: verão	Repetição dos processos anteriores e realização de ensaios em fazendas na futura região de cultivo	Repetição dos processos anteriores e realização de ensaios em fazendas na futura região de cultivo

Algumas importantes atividades relacionadas com a produção de sementes e o programa de melhoramento que precisam ser realizadas simultaneamente são descritas no Quadro 29.4.

Assim como na soja, os ensaios usados ao longo dos ciclos de seleção de híbridos de milho mudam em função de vários fatores. No início, com poucas sementes disponíveis, é comum a avaliação em um ou no máximo cinco locais, com o uso de delineamentos experimentais de alfa-látices ou mesmo blocos aumentados de Federer, em que a parcela é composta por uma linha única ou no máximo dupla, com 4 metros de comprimento. Apesar de menor precisão,

Quadro 29.4 Atividades da produção de sementes de híbridos

Estação	Atividades de produção de sementes
Ano 3: verão	Multiplicação de sementes das linhagens duplo-haploides selecionadas em DH_2
Ano 4: inverno	Nova multiplicação de sementes das linhagens duplo-haploides selecionadas por meio do *testcross*. Avaliação da potencialidade de uso como genitora de híbridos e dos dias de florescimento para sincronia entre linhagens de machos e fêmeas
Ano 4: verão	Multiplicação de sementes genéticas. Testes de DHE para proteção legal das linhagens, ano 1
Ano 5: verão	Multiplicação de sementes básicas. Obtenção experimental de sementes do híbrido. Determinação de rendimento de sementes para os diferentes tipos de peneira. Testes de DHE para proteção legal das linhagens, ano 1
Ano 6: verão	Multiplicação de sementes certificadas
Ano 7: verão	Obtenção de sementes de híbridos comerciais
Ano 8: verão	Lançamento comercial dos híbridos. Informe ao Zoneamento Agrícola da recomendação de plantio do novo híbrido

a seleção com base em produtividade já é usual. Nas etapas finais, em que há muitas sementes disponíveis e busca-se capitalizar a interação G × A, é comum a avaliação em dezenas de locais, com o uso de delineamentos experimentais como os látices ou blocos completos casualizados. Nestes, a parcela geralmente é composta por quatro linhas de 4 metros de comprimento, sendo colhidas as duas centrais como úteis.

A seguir são apresentados exemplos de desenvolvimento de variedades de espécies propagadas assexuadamente. Na Tab. 29.2 é apresentado um esquema de programa público de batata.

Muitos programas de melhoramento de batata iniciam com os cruzamentos entre um grupo de genitores, gerando cerca de 200 a 300 populações, que expressam grande realidade. Com as sementes híbridas, geram-se plântulas que são cultivadas em casa de vegetação, as quais, na geração seguinte, são plantadas em covas no campo, gerando uma população de 60.000 a 100.000 plantas, que são submetidas à seleção visual. A maioria dos indivíduos, em geral, apresenta características inaceitáveis pelo mercado e muitas vezes nem tuberifica, sendo assim descartada. A partir do quarto ano, são realizadas avaliações e multiplicações até que as linhas-elite sejam identificadas e avaliadas nos ensaios nacionais de competição para posterior lançamento. A Fig. 29.4 também ilustra o programa de melhoramento de batata de uma empresa pública e os principais critérios de seleção ao longo das gerações clonais.

O processo de melhoramento de plantas de propagação vegetativa se aproxima muito do formato de um funil, em que os critérios de seleção e número de genótipos vão mudando ao longo dos ciclos de seleção (Fig. 29.5).

Tab. 29.2 FLUXOGRAMA DE UM PROGRAMA DE MELHORAMENTO DE BATATA

Ano	Estágio	Plantas/parcela	População	Local	Atividade
1	Cruzamentos	–	~300	Casa de vegetação	
2	Gerar minitubérculos a partir das sementes	–	Mínimo de 200 indivíduos por família	Casa de vegetação	
3	Plantio em covas	1	60.000-100.000	1	Seleção visual (~1-2% seleção)
4	12 covas	12	600-2.000	1	Seleção visual, seleção de características para classes de batata, testes de densidade (25% de intensidade de seleção)
3	PREL sem repetição	20	150-500	2	O mesmo do ano anterior mais testes de rendimento e verificação de defeitos internos
4-6	EIL	20+	100	Muitos	2 repetições no ano 4, 3 repetições nos anos 5 e 6. Início de avaliação nos testes nacionais de competição de variedades. Avaliações de pós-colheita, resistência a doenças
5-13	Avaliação final e lançamento	–	–	–	Indexação viral (+1 ano), linhas selecionadas para produção de sementes durante 3 anos, nomeação e lançamento

Softwares como Prism (https://www.teamcssi.com/), Doriane (https://www.doriane.com/), E-Brida (https://www.e-brida.com/), Integrated Breeding Plaform (https://www.integratedbreeding.net/) e Field Book (disponível como aplicativo para celulares no Google Play) vêm sendo usados por melhoristas na gestão dos mais variados processos, a exemplo de armazenamento e compartilhamento de dados, confecção de caderneta de campo, impressão de relatórios e etiquetas com códigos de barras, croquis de campo, análise de dados, entre outros. Vários deles são compatíveis com as planilhas Excel.

A carreira do melhorista é desafiadora e gratificante. Os desafios são constantes e diferentes a cada ano, mas a oportunidade que o profissional possui de selecionar entre milhares de plantas ou linhagens aquelas que vão transformar a agricultura nos anos seguintes é altamente recompensadora. Para que o

Híbridação
biparental
200 mil sementes

⬇

F_1
Fixação clonal
100 mil *seedlings*

⬇

1ª e 2ª geração clonal
Início da seleção
Caracteres de alta herdabilidade
100 a 300 clones

⬇

3ª e 4ª geração clonal
Caracteres de média herdabilidade
10 a 50 clones

⬆

Ensaios avançados
Caracteres de baixa herdabilidade

⬆

Ensaios de VCU
Fim do processo de seleção

➡

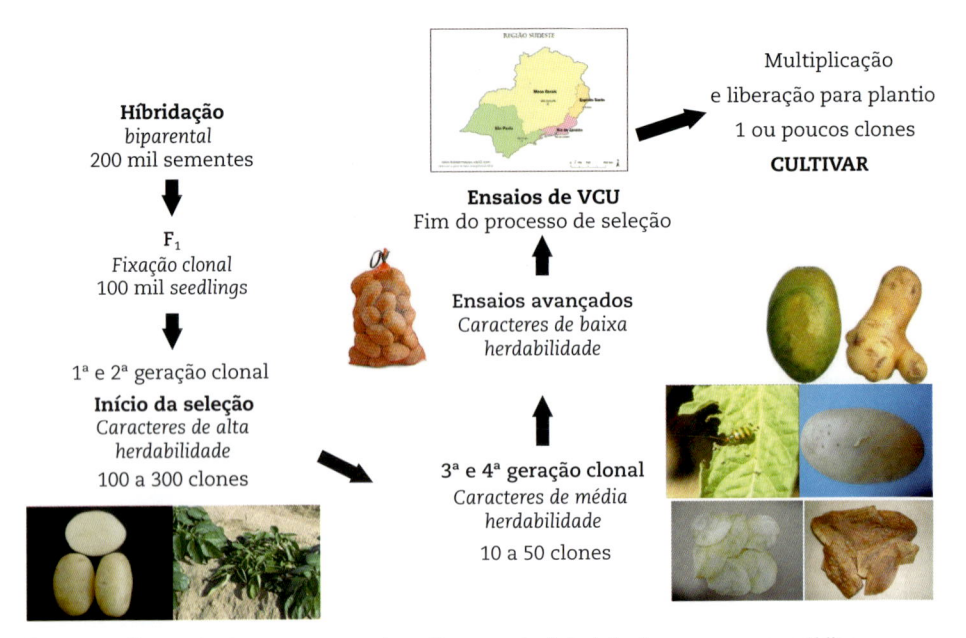

Multiplicação e liberação para plantio
1 ou poucos clones
CULTIVAR

FIG. 29.4 *Ilustração de um programa de melhoramento de batata de uma empresa pública de pesquisa*

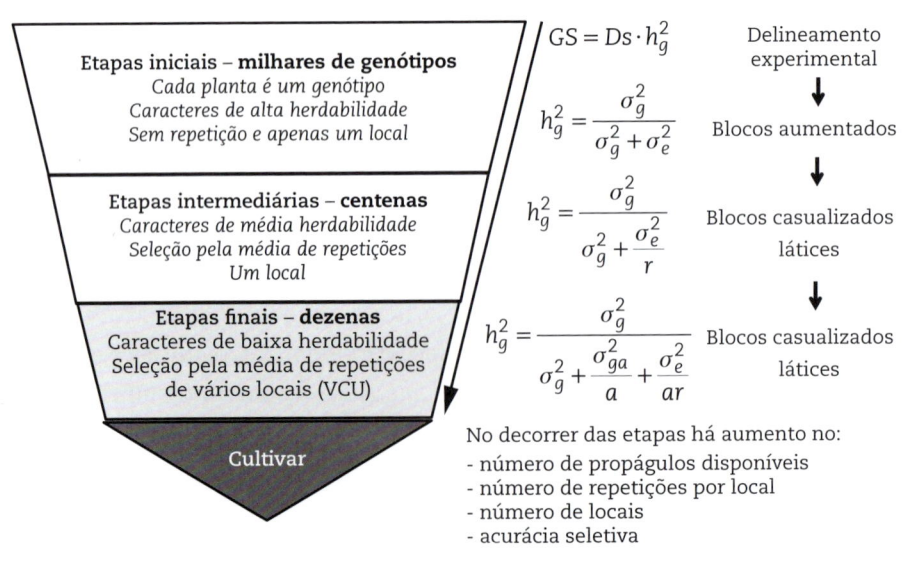

Etapas iniciais – milhares de genótipos
Cada planta é um genótipo
Caracteres de alta herdabilidade
Sem repetição e apenas um local

Etapas intermediárias – centenas
Caracteres de média herdabilidade
Seleção pela média de repetições
Um local

Etapas finais – dezenas
Caracteres de baixa herdabilidade
Seleção pela média de repetições de vários locais (VCU)

Cultivar

$$GS = Ds \cdot h_g^2$$

$$h_g^2 = \frac{\sigma_g^2}{\sigma_g^2 + \sigma_e^2}$$

$$h_g^2 = \frac{\sigma_g^2}{\sigma_g^2 + \frac{\sigma_e^2}{r}}$$

$$h_g^2 = \frac{\sigma_g^2}{\sigma_g^2 + \frac{\sigma_{ga}^2}{a} + \frac{\sigma_e^2}{ar}}$$

Delineamento experimental

⬇

Blocos aumentados

⬇

Blocos casualizados láticas

⬇

Blocos casualizados láticas

No decorrer das etapas há aumento no:
- número de propágulos disponíveis
- número de repetições por local
- número de locais
- acurácia seletiva

FIG. 29.5 *Formato típico de um programa de melhoramento de espécies de propagação vegetativa*

futuro profissional, ainda no início de sua formação como melhorista, saiba o que normalmente é esperado na contratação desses profissionais, e quais suas atividades e responsabilidades diárias, no Quadro 29.5 é listada a descrição de uma vaga real postada, em inglês, na *homepage* de uma grande empresa empregadora de melhoristas no Brasil. Por razões éticas, o nome do empregador foi omitido.

Quadro 29.5 VAGA PARA MELHORISTA DE MILHO – LÍDER

Suas tarefas e responsabilidades
• Desenvolver, avaliar e avançar o germoplasma de milho para a linha de desenvolvimento de milho Tropical Safrinha do Brasil.
• Gerenciar uma linha de desenvolvimento, desde a criação da população até os testes de campo para avaliar e avançar o germoplasma de melhor desempenho.
• Participar no desenvolvimento e na implementação de novas estratégias, tecnologias, processos operacionais e recursos digitais de melhoramento.
• Integrar a ciência de dados em todo o processo de criação para permitir um fluxo de trabalho cognitivo na tomada de decisões e impulsionar a automação das operações posteriores.
• Promover fortes relações de colaboração com testes de campo, bioinformática, engenharia, melhoramento molecular, logística, introgressão de características e caracterização de produtos para fornecer uma linha de desenvolvimento robusta e garantir transferência significativa de conhecimento da linha de desenvolvimento durante a safra.
Cronogramas de ciclo
• Garantir a identidade preservada e a qualidade dos produtos (sementes).
• Atrair e desenvolver talentos, promover o codesenvolvimento e a cultura de segurança e impulsionar a colaboração entre as funções.
Quem é você
• Doutorado em melhoramento vegetal, genética, ciência de culturas ou áreas de estudo relacionadas.
• Inglês avançado e português fluente.
• Sólida formação em melhoramento de plantas, genética molecular, desenho experimental, análise estatística e melhoramento molecular.
• Familiaridade com bioinformática e programação de computadores e capacidade demonstrada de realizar análises de dados com grandes conjuntos de dados. Domínio do "R".
• Experiência demonstrada trabalhando em colaboração em equipes multifuncionais e transculturais para alcançar objetivos comuns.
• Experiência com fenotipagem automatizada/sensoriamento remoto e interpretação de dados de imagem.
• Experiência em *software* de codificação como "R", "Python" etc.

glossário

Aberração cromossômica: anormalidade da estrutura ou do número cromossômico.
Abiótico: relativo a fatores físicos e químicos do ambiente; que não possuem condições de adaptabilidade, como água, temperatura, solo etc.
Abscisão: separação de uma das partes da planta (exemplo: folhas, flores, vagens etc.).
Acamamento: tombamento das plantas, devido à sua fragilidade, sem a ruptura das hastes.
Ação gênica: maneira pela qual o gene ou os genes controlam a expressão de uma característica.
Acasalamento ao acaso: tipo de acasalamento em que todos os indivíduos de uma população possuem a mesma chance de polinizar e de serem polinizados.
Acesso: amostra de germoplasma representativa de um indivíduo ou de vários indivíduos da população. Em caráter mais geral, qualquer registro individual constante de uma coleção de germoplasma (exemplo: uma plântula, uma maniva etc.).
Ácido abscísico (ABA): hormônio com propriedades inibitórias do crescimento celular, isto é, inibição da síntese proteica e de ácidos nucleicos. Está associado a dormência, dominância apical, abscisão de folhas e frutos, e fechamento da abertura estomatal.
Aclimatização: processo de adaptação do indivíduo às condições ambientais antes do transplantio da planta cultivada in vitro para a casa de vegetação ou para o campo.
Adaptação: processo pelo qual indivíduos, populações ou espécies mudam de forma ou função para sobrevivência em determinadas condições de ambiente.
Aditividade: somatório dos efeitos dos genes.
Adventício: órgão vegetal formado em posição diferente daquela onde se forma no desenvolvimento natural (por exemplo: folhas a partir de raiz e folhas a partir de calos).
Albino: indivíduo com ausência de pigmentação normal.

Alelo: forma alternativa do gene.
Alelo neutro: aquele que permanece na população com alta frequência, independentemente de diversas condições ambientais.
Alelo raro: aquele que aparece na população em uma frequência inferior a 5%. Nesse caso, são requeridas grandes amostras para a permanência desse alelo na nova população.
Alelos codominantes: alelos que contribuem para o fenótipo, porém sem a dominância de um sobre o outro.
Alelos múltiplos: mais de duas formas alternativas de um gene; chamados também de série alélica.
Alogamia: fertilização cruzada; numa população pan-mítica, é o transporte e a fusão do gameta masculino de um indivíduo com o gameta feminino de outro indivíduo; tipo de reprodução sexual com mais de 40% de polinização cruzada. Ver autofertilização; autogamia; fertilização cruzada; polinização cruzada.
Alopoliploide: poliploide que contém conjuntos de cromossomos geneticamente diferentes de duas ou mais espécies.
Ambiente: soma total de todas as condições externas que afetam o crescimento e o desenvolvimento de um organismo.
Aminoácido: composto orgânico que contém radical carboxílico e grupos amino.
Anáfase: fase da divisão meiótica em que os centrômeros se separam e migram para polos opostos.
Análise de trilha (*path coefficient analysis*): mede a influência direta de uma variável sobre outra, independentemente das demais, no contexto das relações causa e efeito, permitindo desdobrar os coeficientes de correlações simples em seus efeitos diretos e indiretos.
Análise de variância: técnica estatística para separação da variância total de uma característica em diferentes fontes de variação.
Ancestral: em evolução, é a espécie nativa que deu origem ao estoque a partir do qual se domesticou a cultura hoje integrante da agricultura. Espécies ancestrais podem ainda existir na natureza ou ser consideradas extintas. Ver cultígeno; domesticação.
Androgênese: desenvolvimento do embrião a partir de micrósporo ou pólen.
Aneuploide: poliploide cujo número cromossômico somático não é múltiplo do número haploide.
Anfidiploide: poliploide cujo complemento cromossômico é constituído por dois complementos somáticos completos de duas espécies.
Anfimixia: processo normal de reprodução em que há formação de sementes através de fertilização dupla, ou seja, há fusão de gametas. É a união de dois germoplasmas distintos (singamia).
Antese: abertura floral.
Antibiose: associação antagonística, em que um organismo causa efeito prejudicial ao crescimento ou ao desenvolvimento de um outro.

Anticódon: sequência de três ribonucleotídeos na molécula do tRNA, que se emparelham com três nucleotídeos complementares do códon no mRNA.

Ápice caulinar: segmento do ápice do caule, composto pelo meristema apical juntamente com os primórdios foliares e com as folhas em desenvolvimento.

Apogamia: tipo de agamospermia em que há desenvolvimento de um esporófito a partir de qualquer célula do gametófito não reduzido (saco embrionário) em vez da oosfera; as células do saco embrionário são 2n, e não n, porque não foram obtidas por meiose.

Apomixia: reprodução em que os órgãos sexuais participam do processo, não ocorrendo, porém, a fertilização (natureza assexuada).

Apoptose: processo pelo qual, quando funcionando normalmente, programa-se a morte celular. Se o processo de apoptose estiver defeituoso, a divisão celular pode ocorrer desordenadamente e resultar em câncer.

Aptidão genética: contribuição para a próxima geração de um genótipo numa população, relativa às contribuições de outros genótipos. É um processo de seleção natural que tende a favorecer os genótipos com maior aptidão genética.

Asséptico: ausência de microrganismos vivos.

Ativador: proteína que se liga a um sítio do DNA, permitindo ou estimulando a transcrição gênica.

Autofecundação: união dos gametas masculino e feminino do mesmo indivíduo.

Autofertilização: 1) fecundação do óvulo pelo grão de pólen de uma mesma flor ou de flores distintas de um mesmo indivíduo, dando origem ao zigoto; 2) união de dois núcleos de um mesmo indivíduo. Ver alogamia; autogamia; fertilização cruzada; polinização cruzada.

Autógama: espécie que se reproduz por autofecundação.

Autogamia: 1) autofertilização; numa população pan-mítica, é a fusão do gameta masculino com o gameta feminino do mesmo indivíduo. No caso de plantas monoicas hermafroditas ou monoclinas (exemplo: goiabeira), a flor reúne os dois sexos e a fertilização se dá entre pólen e óvulo da mesma flor. No caso de plantas monoicas com flores unissexuais ou diclinas (exemplo: mandioca), o indivíduo apresenta flores masculinas e femininas separadas, chamando-se de geitonogamia este tipo particular de polinização autógama; 2) tipo de reprodução sexual em que existem menos de 5% de polinização cruzada. As plantas que se reproduzem por autofecundação são quase ou completamente homozigóticas. Ver alogamia; autofertilização; autopolinização; fertilização cruzada; polinização cruzada.

Autoincompatibilidade: impedimento fisiológico geneticamente controlado para a autofecundação. Pode ser homomórfica ou heteromórfica (esporofítica ou gametofítica).

Autopolinização: transporte do grão de pólen para o estigma da mesma flor.

Autopoliploide: poliploide resultante da multiplicação do genoma completo de uma única espécie (exemplo: autotetraploide possui quatro conjuntos idênticos de cromossomos).

Autotrófico: indivíduo capaz de sintetizar os compostos necessários para o seu crescimento e desenvolvimento.

Auxinas (AIA, ANA): classe de hormônio produzido nos ápices caulinares e na extremidade das raízes; estão envolvidas na dominância apical, na iniciação da formação de raízes, no estímulo da divisão, no alongamento celular e na produção de calos em cultura de tecidos. Soluções de auxinas em geral são armazenadas sob refrigeração e na ausência de luz, para prolongada conservação.

Auxotrófico: indivíduo que não se desenvolve em meio nutritivo que não contém os nutrientes essenciais para o crescimento de tipos selvagens.

Banco de germoplasma: coleção de todo o patrimônio genético de uma espécie, mantido com a finalidade de preservar a sua variabilidade.

Base genética: total da variação genética presente em um material genético. Em princípio, quanto maior a amplitude da variação genética, maior a capacidade de a população fazer frente às flutuações ambientais, em benefício de sua perpetuação.

Biodiversidade: no sentido mais geral, é o somatório de formas de vida que habitam o planeta. Atualmente, há dois pontos de vista sobre essa definição: 1) o conceito amplo afirma que é o total de organismos vivos existentes, sua variação genética e os complexos ecológicos por eles habitados; a diversidade considerada abrange aquela dentro da espécie, entre espécies e entre ecossistemas; 2) o conceito restrito considera que é a multitude de bioformas, em todas as suas categorias taxonômicas e ecológicas, que habitam a biosfera; a inclusão de fatores abióticos não é essencial para a formulação do conceito, pois o que importa é descrever um fenômeno natural, que não é dependente, para sua visualização, da inclusão de fatores físicos e químicos do ambiente.

Bioinformática: ciência da computação aplicada à pesquisa biológica. Informática é a manipulação e análise de dados usando técnicas avançadas de computação. Bioinformática é especialmente importante em pesquisas genômicas, por causa da complexidade dos dados gerados.

Biossegurança: estudo dos riscos de impactos, decorrentes do uso da biotecnologia, no meio ambiente.

Biotecnologia: desenvolvimento de produtos por processos biológicos, utilizando-se tecnologia do DNA recombinante, cultura de tecidos etc.; uso industrial de processos de fermentação de leveduras para produção de álcool ou cultura de tecidos para extração de produtos secundários.

Biótipo: grupo de indivíduos com o mesmo genótipo.

bp: pares de bases, unidade utilizada no sequenciamento cromossômico.

Bivalente: par de cromossomos homólogos, unidos na primeira divisão meiótica.

Calo: massa de células indiferenciadas que se proliferam de forma desorganizada em meio nutritivo.

Candivar: linhagem-elite, candidata a lançamento como novo cultivar; termo cunhado por Jensen (1988).

Capacidade Específica de Combinação (CEC): desvio do comportamento esperado de um genótipo, tomando como base a sua capacidade geral de combinação.

Capacidade Geral de Combinação (CGC): comportamento médio de um genótipo em uma série de cruzamentos.

Capacidade Média de Combinação (CMC): desempenho relativo de uma linha homozigota quando cruzada com grande número de testadores homozigotos de base genética restrita. Quando o número de testadores é muito grande, aproxima-se da capacidade de combinação geral.

Caráter: atributo de um organismo que é resultado da interação de um gene ou genes com o ambiente.

Caráter qualitativo: caráter em que a variação é descontínua.

Caráter quantitativo: caráter em que a variação é contínua, de tal forma que não é possível sua classificação em categorias discretas.

Cariótipo: número, tamanho e formato (bandas) dos cromossomos de uma célula somática.

cDNA (DNA complementar): fita simples do DNA, complementar à molécula do RNA. É sintetizado *in vitro*, a partir de RNA, pela enzima transcriptase reversa.

Célula germinativa: célula espermática ou óvulo e seus precursores. As células germinativas são haploides e possuem somente um conjunto de cromossomos típicos da espécie.

Células stem (*stem cells*): células indiferenciadas com a capacidade de multiplicar-se e diferenciar-se em células especializadas. Podem ser mantidas em cultura *in vitro* indefinidamente. No homem, são encontradas na medula óssea. Alguns pesquisadores as designam como células-tronco.

Centro de diversidade: região geográfica que contém uma concentração da diversidade genética de uma ou mais espécies. Anteriormente denominado centro de origem.

Centro de domesticação: região geográfica onde se domesticou determinada espécie. Muitas espécies (exemplo: seringueira) foram domesticadas, independentemente, por vários grupos humanos, em épocas e áreas diferentes, como decorrência da sua grande distribuição geográfica. Essa origem é chamada de acêntrica. Outras espécies (exemplo: tomate) foram domesticadas fora da área de ocorrência natural do ancestral silvestre.

Centro de origem: região onde o ancestral silvestre de uma espécie distribui-se em estado nativo. Na concepção de Vavilov, o centro de origem de uma espécie equivalia à região onde o ancestral silvestre exibia a maior diversidade genética para um número seleto de características, diminuindo a variabilidade à medida que se deslocava para a periferia da distribuição. O conhecimento atual raramente valida a proposição de que o centro de origem de uma cultura coincide com a região em que esta mostra maior diversidade genética, possivelmente porque a relação entre ambos foi enunciada de maneira equivocada.

Centro de recursos genéticos: instituição incumbida de conservar e promover a utilização do germoplasma de espécies domesticadas ou de potencial econômico.

Centrômero: região cromossômica que interage com as fibras do fuso; está associado à movimentação dos cromossomos durante a divisão celular.

Citocinina (BAP, BA): classe de hormônio envolvido na divisão, no crescimento celular e na diferenciação de órgãos quando em presença de auxinas. Em cultura de tecidos, é utilizada para indução da formação da parte aérea. A sua remoção do meio de cultura induz à formação do sistema radicular; apresenta função fisiológica semelhante à das cinetinas.

Cleistogamia: polinização antes da antese.

Clonagem: processo assexual de produção de um grupo de células ou indivíduos (clone), todos geneticamente idênticos, a partir de um único indivíduo. Na tecnologia do DNA recombinante, é o uso da manipulação do DNA para produzir múltiplas cópias de um único gene ou fragmento de DNA.

Clone: grupo de indivíduos que descendem, por reprodução assexuada, de um único indivíduo.

Código genético: combinações triplas de bases orgânicas contidas no DNA, que resultam na formação de enzima específica.

Codominância: expressão de ambos os alelos no indivíduo heterozigoto.

Códon: trinca de bases no DNA ou RNA que codifica um aminoácido.

Coeficiente de endogamia: 1) medida quantitativa da intensidade de endogamia; 2) probabilidade mínima de que dois alelos de um indivíduo sejam idênticos por ascendência. Ver endogamia.

Coeficiente de parentesco: medida da distância genética entre dois indivíduos ou variedades.

Coeficiente de regressão: medida numérica da intensidade de mudança da variável dependente com relação à independente.

Colchicina: alcaloide que impede a formação das fibras do fuso e, consequentemente, a não disjunção dos cromossomos-filhos. Em células meióticas, pode resultar em duplicação cromossômica.

Coleção ativa: coleção de acessos rotineiramente usada para propósitos de pesquisa, caracterização, avaliação e utilização de materiais. É multiplicada de acordo com a demanda e regenerada periodicamente. O caráter dinâmico da coleção ativa é indicado pelo fato de que acessos entram e saem de seu inventário, conforme decisões gerenciais. No caso de eliminação de acessos, estes podem (ou não) vir a integrar a coleção-base, que é maior em escopo. A coleção ativa, geralmente, funciona em dois ciclos: plantas vivas crescendo no campo e sementes armazenadas para regeneração ou multiplicação de materiais. Deve corresponder a um subconjunto da coleção-base.

Coleção-base: coleção abrangente de acessos conservada no longo prazo. A coleção--base ideal deve conter amostras representativas de todo o germoplasma da espécie. É vista como uma estratégia de segurança, abrigando em seu acervo a coleção ativa duplicada. Seus acessos não são utilizados para intercâmbio. As coleções-base existentes são todas compostas de sementes ortodoxas.

Coleção de campo: coleção de plantas mantidas para conservação, pesquisa etc. Plantas com as quais se pretende promover cruzamentos controlados ou multiplicação de sementes. Espécies perenes, como frutíferas e florestais, são preferencialmente mantidas nessas condições.

Coleção de trabalho: coleção de germoplasmas com acessos avaliados, mantida para propósitos específicos do melhorista. A coleção é sempre de tamanho limitado e geralmente composta por germoplasmas-elite.

Coleóptilo: nas gramíneas, bainha que envolve o meristema apical com os seus primórdios foliares no embrião. Interpretado também como primeira folha.

Complementação: ação gênica complementária em um único citoplasma, que permite a expressão do gene.

Conservação in situ: ação de conservar plantas e animais em suas comunidades naturais. As unidades operacionais são várias, destacando-se parques nacionais, reservas biológicas, reservas genéticas, estações ecológicas, santuários de vida silvestre etc. Acredita-se que o material vivendo nessas condições está sob influência direta das forças seletivas da natureza e, portanto, em contínua evolução e adaptação ao ambiente, desfrutando de uma vantagem seletiva em relação ao material que cresce ou é conservado *ex situ*.

Constitutivo: um tecido é assim denominado quando uma substância é produzida continuamente em quaisquer condições de ambiente.

Criopreservação: conservação de materiais em baixas temperaturas, normalmente próximas à temperatura do nitrogênio líquido (–196 °C).

Cromatídio: um dos filamentos do DNA resultante da replicação cromossômica.

Cromatina: parte da substância nuclear que forma a parte mais proeminente da malha nuclear e dos cromossomos. É chamada assim por causa da rapidez com que fica corada com o uso de certos corantes.

Cromômero: menor partícula identificável do cromossomo, pelas suas características, tamanho e posição nos fios cromossomais. Subdivisão minúscula de cromatina arranjada em forma linear (como um colar) no cromossomo.

Cromonema: um único fio de material cromático dentro do cromossomo distinguido oticamente.

Cromossomo: estrutura nuclear constituída de uma hélice dupla de DNA que contém os genes.

Cromossomos homoeólogos: são aqueles parcialmente homólogos.

Crossing over: permuta de material genético entre cromossomos homólogos.

Cruzamento composto: mistura de genótipos de diferentes cruzamentos, mantida em conjunto por várias gerações.

Cruzamento convergente (*narrow cross*): hibridação entre genitores aparentados entre si, em geral genótipos agronomicamente superiores.

Cruzamento dialélico: cruzamento de todas as possíveis combinações de uma série de genótipos.

Cruzamento divergente (*wide cross*): hibridação entre genitores com grande distância genética entre si. Os genitores podem pertencer à mesma espécie ou a diferentes espécies. O comportamento médio esperado das populações originadas desses cruzamentos é inferior ao das originadas de cruzamentos convergentes entre genitores superiores.

Cruzamento recíproco: é aquele em que se invertem os gametas masculinos e femininos.

Cruzamento-teste: cruzamento de um heterozigoto duplo ou múltiplo com o correspondente recessivo duplo ou múltiplo, para comprovar a homozigose ou ligação.

Cultivar: variedade cultivada; grupo de indivíduos de uma espécie que se relaciona por ascendência e se apresenta uniforme quanto às características fenotípicas.

Cultura de meristema: cultura *in vitro* da estrutura meristemática dos ápices caulinares ou das brotações.

Cultura de tecidos: termo usado em cultivo *in vitro* de células, tecidos ou órgãos, em condições assépticas, em um meio nutritivo.

Cultura em suspensão: tipo de cultura em que as células ou os agregados de células se multiplicam quando suspensos em meio líquido.

DAF (*DNA Amplification Fingerprinting*): estratégia para detecção de diferenças genéticas entre organismos por meio da amplificação enzimática de DNA genômico, utilizando-se um único oligonucleotídeo iniciador de sequência arbitrária.

Deficiência: ausência ou deleção de um segmento cromossômico.

Depressão endogâmica: perda de vigor como consequência da autofecundação ou de acasalamentos endogâmicos em espécies alógamas.

Deriva genética: oscilação ao acaso de frequências gênicas em uma população devido à ação de fatores casuais em vez da seleção natural. O fenômeno é mais visível em populações pequenas e isoladas.

Descritor: característica mensurável ou subjetiva de um acesso, como altura da planta, cor da flor, comprimento do pecíolo, forma da folha etc. Os descritores são agrupados na forma de lista para cada espécie em particular e são aferidos através do estado do descritor, ou seja, as categorias reconhecidas como válidas para aquele descritor (exemplo: cor da flor: roxa, branca, violácea; cor de pecíolo: verde, verde-avermelhada, vermelho-esverdeada). Descritores são aplicados na caracterização e na avaliação de coleções de germoplasma para tornar suas propriedades agronômicas conhecidas.

Desequilíbrio de ligação: combinação de alelos de genes ligados, com frequência diferente daquela esperada em combinações ao acaso.
Desinfestação: eliminação de microrganismos superficiais em um explante.
Desnaturação: quebra das estruturas secundária e terciária das proteínas ou dos ácidos nucleicos por agentes físicos ou químicos.
Despendoamento: emasculação por meio da retirada do pendão (inflorescência masculina) da espécie, como ocorre no milho.
Desvio-padrão: medida de variabilidade. Matematicamente, é a distância da média até o ponto de inflexão da curva normal no eixo das abscissas.
Digestão completa: tratamento do DNA com enzimas de restrição por um período suficiente para que todos os sítios de restrição sejam clivados.
Di-haploide: indivíduo completamente homozigótico, obtido pela duplicação do número cromossômico a partir de um haploide.
Dioica: planta em que flores masculinas e femininas estão em indivíduos diferentes.
Diploide: organismo com dois cromossomos de cada classe.
Direitos de propriedade intelectual: proteção de uma invenção por meio do uso de instrumentos legais (exemplo: patentes, direitos do autor, direitos do melhorista, direitos do agricultor, marcas e segredos comerciais, proteção de variedades vegetais etc.).
Direitos do melhorista: poderes legais garantidos ao criador de uma variedade de planta ou direito exclusivo de sua comercialização durante tempo determinado. As variedades protegidas por esse tipo de legislação podem ser usadas por outros melhoristas para o desenvolvimento de outras atividades.
Diversidade: variabilidade; existência de diferentes formas em qualquer nível ou categoria. Há uma tendência de associar diversidade com o nível macro (exemplo: diversidade de espécies ou diversidade de flores).
Diversidade biológica: engloba todas as espécies de plantas, animais e microrganismos, além dos ecossistemas e processos ecológicos dos quais fazem parte.
DNA: ácido desoxirribonucleico; hélice dupla de bases purinas (adenina e guanina) e bases pirimidinas (citosina e timina), mantidas emparelhadas por ligações do tipo fosfato-desoxirribose.
DNA complementar (cDNA): DNA que é sintetizado a partir de um molde de RNA mensageiro (mRNA) pela transcriptase reversa; a fita simples que é sintetizada é frequentemente usada como sonda em mapeamento.
DNA recombinante: aquele constituído pela agregação de segmentos naturais ou sintéticos de DNA com outras moléculas de DNA capazes de duplicar em células vivas.
Dogma central da genética: teoria que postula que a informação genética pode ser transferida somente a partir de ácidos nucleicos para ácidos nucleicos ou a partir de ácidos nucleicos para proteína, isto é, de DNA para DNA ou RNA e de RNA para proteína.

Domesticação: conjunto de atividades que visa incorporar uma planta silvestre ao acervo de plantas disponíveis para uso e consumo pelo homem. As atividades incluem uma série de técnicas cognitivas (exemplo: modo de reprodução da espécie, sistemas de cruzamento, manejo etc.) que pode tornar a espécie inteiramente dependente do ser humano para sua propagação, perdendo a capacidade de sobreviver na natureza. Atingindo esse estádio, uma espécie domesticada tem evolução determinada pela seleção natural e pela artificial, tornando o homem um agente seletivo de maior força que os tradicionais agentes (exemplo: mutação, recombinação) da seleção natural. Ver ancestral; cultígeno.

Dominância: interação intra-alélica que faz com que um alelo se expresse quando em heterozigose, excluindo a manifestação do seu alelo alternativo.

Dominante: característica que se expressa em indivíduos heterozigóticos em relação a um par de alelos específicos. Dominância parcial ou incompleta, expressa-se na forma reduzida ou intermediária em indivíduos heterozigóticos, em relação a um par de alelos específicos.

Dominante: 1) alelo que se expressa quando o outro membro do par (alelo recessivo) está no cromossomo homólogo; 2) dominância parcial ou incompleta que se expressa na forma reduzida ou intermediária em indivíduos heterozigóticos em relação a um par de alelos específicos. Ver epistasia; recessivo; variância genética.

Duplex: ver nuliplex.

Duplicação: ocorrência dupla de um segmento de cromossomo no conjunto haploide.

Efeito aditivo: ação gênica em que os efeitos de uma característica genética sofrem alteração de cada alelo adicional introduzido.

Efeito de dose: influência do número de vezes que o mesmo alelo é encontrado na manifestação fenotípica.

Efeito dominante: ação gênica que ocorre em razão dos desvios do efeito aditivo, como na situação em que o heterozigoto é mais semelhante a um dos genitores.

Efeito fundador: referindo-se à evolução, designa a modificação na estrutura da variabilidade genética quando alguns indivíduos deixam a população original e formam outra. Esses indivíduos, portadores de parte da variabilidade genética original, continuam o processo de evolução de forma diferente em relação à população original.

Eliminação cromossômica: eliminação seletiva de uma parte ou de todo o genoma em gerações subsequentes após um cruzamento divergente.

ELISA (*Enzyme-Linked Immunosorbent Assay*): teste imunológico com dois anticorpos. O primeiro é específico para o antígeno de interesse, e o segundo é uma antiglobulina a que uma enzima se fixa. O primeiro anticorpo liga-se ao antígeno e, então, a antiglobulina, ao anticorpo primário.

Elite: linhagem agronomicamente superior, com elevada produtividade.

Emasculação: remoção das anteras ou dos gametas masculinos de uma flor.

Embriogênese: processo de formação de embrião por meios sexuais ou assexuais. Na embriogênese assexuada, os embriões formam-se diretamente do explante ou de calos.
EMS: etilmetanossulfonato. É um agente mutagênico.
Endogamia: cruzamento entre indivíduos aparentados.
Endomitose: processo de duplicação cromossômica dentro da membrana nuclear intacta, não seguido de citocinese, resultando em células.
Endonuclease: enzima que cliva uma cadeia polinucleotídica em posições não terminais.
Engenharia genética: transferência de DNA de um indivíduo doador para outro receptor, por meio da tecnologia do DNA recombinante.
Enzima: proteína que age como catalisador em reações biológicas.
Enzimas de restrição: são aquelas com capacidade de clivar o DNA em sítios específicos.
Epidemia: expansão ininterrupta de uma doença.
Epistase: dominância de um gene sobre outro não alélico. O gene que tem seu efeito suprimido chama-se hipostático. Geralmente, este termo é usado para descrever todos os tipos de interação não alélica em que qualquer manifestação que ocorre em um *locus* é afetada por alelos de qualquer um dos demais *loci*.
Equilíbrio de Hardy-Weinberg: condição em que, numa grande população, com acasalamentos ao acaso e na ausência de seleção, mutação ou migração, tanto as frequências gênicas como as genotípicas se mantêm constantes.
Equilíbrio genético: condição em que gerações sucessivas de uma população contêm as mesmas frequências genotípicas, nas mesmas proporções ou combinações de genes.
Erosão genética: perda da variabilidade genética de uma espécie. A perda pode atingir populações ou um genótipo particular, com a supressão de genes e/ou séries alélicas do reservatório gênico da espécie.
Erro-padrão: estatística correspondente ao valor estimado do desvio-padrão (parâmetro).
Escherichia coli: bactéria comum que tem sido exaustivamente estudada por geneticistas em razão do seu pequeno genoma e que normalmente não apresenta patogenicidade. É de fácil cultivo em laboratório e tem sido usada em manipulação gênica.
Especiação: processo de diversificação genética de populações e de multiplicação de espécies. Na prática, é usada para monitorar o fenômeno da evolução. Há várias modalidades de especiação, com destaque para a simpátrica e a alopátrica. Ver evolução; espécie; simpatria; alopatria.
Espécie: unidade de classificação taxonômica em que os gêneros estão subdivididos; grupo de indivíduos similares que difere de outros conjuntos semelhantes de indivíduos. Em organismos que se reproduzem sexuadamente, é o grupo de máximo

intercruzamento que se encontra isolado de outras espécies, por esterilidade ou incapacidade reprodutiva.

Espécie alóctone (exótica): espécie que é introduzida em uma área onde não existia originalmente. Várias espécies de importância econômica caem nessa categoria (exemplo: introdução da soja nas Américas, Europa e África, da seringueira na Malásia ou do caju na África Oriental e Índia).

Espécie autóctone: espécie nativa, indígena, que ocorre como componente natural da vegetação de um país. As espécies desta categoria são de origem exclusiva e não apresentam populações ancestrais em territórios estrangeiros (exemplo: milho, com origem no México).

Espécie domesticada: espécie silvestre manipulada pelo homem, que influencia e direciona seu processo evolutivo para atender às necessidades de sobrevivência da humanidade. As espécies domesticadas são cultivadas para uma variedade de propósitos, daí os grupos de plantas medicinais ornamentais etc. Destaca-se o grupo utilizado em agricultura com os nomes de cultura, cultivo agrícola, produto ou *commodities* (geralmente cereais ou grãos com cotação em bolsas de mercadorias).

Espécie endêmica: espécie com distribuição geográfica restrita a determinada área.

Espécie feral: espécie domesticada que foi reintegrada na natureza e encontra-se em processo oposto ao de domesticação.

Espécie silvestre: espécie que ocorre em estado selvagem na natureza e que não passou pelo processo de domesticação. Uma espécie silvestre pode apresentar grande distribuição geográfica e ocorrer em vários países simultaneamente.

Estabilidade genética: 1) manutenção de determinado índice de equilíbrio genético no indivíduo ou na população; 2) capacidade dos organismos de se reproduzirem ou se modificarem sem grandes alterações.

Esterilidade somatoplástica: degenerescência dos zigotos durante os estados embrionários, em virtude das alterações nas relações endosperma-embrião.

Eugenia: ciência que ganhou importância no início do século XX, a qual advogava a manipulação do genoma humano, por meio da seleção artificial, visando identificar indivíduos com características consideradas superiores.

Exon: região gênica que é transcrita e representada no mRNA.

Exonuclease: enzima que remove (cliva) um nucleotídeo de cada vez, a partir das extremidades de 3' ou 5' de uma cadeia polinucleotídica.

Explante: tecido tomado de seu sítio original e transferido para um meio de cultura para crescimento ou manutenção.

Expressividade: grau de manifestação de uma característica genética.

F_1: primeira geração filial de um cruzamento.

F_2: segunda geração filial obtida por autofecundação, ou cruzamento entre si, de indivíduos F_1.

F_3: progênie obtida por autofecundação de indivíduos F_2.

Farmacogenômica: ciência que estuda a correlação entre a constituição genética do indivíduo e sua resposta à droga usada no tratamento de doenças. Algumas drogas funcionam bem em certas pessoas, mas não em outras. O estudo da base gênica da resposta do paciente a diferentes terapias permitirá o desenvolvimento de medicamentos mais eficientes.
Fase de aproximação: fase de ligamento de heterozigotos duplos em dois *loci* ligados, que receberam os alelos dominantes de um genitor e os alelos recessivos de outro.
Fase de repulsão: fase de ligamento de heterozigotos duplos em dois *loci* ligados, que receberam um alelo dominante e um alelo recessivo de cada genitor.
Fenótipo: aparência de um indivíduo sem referência à sua composição genética ou ao genótipo; é também utilizado para designar um grupo de indivíduos com aparência semelhante, porém não necessariamente com idênticos genótipos.
Fertilidade: capacidade de produzir descendência viável.
Fertilização: fusão dos núcleos dos gametas masculino e feminino.
Fertilização dupla: união dos núcleos espermáticos com a oosfera e com os núcleos polares para a formação do zigoto (2*n*) e do endosperma (3*n*).
Frequência gênica: proporção em que aparecem, em uma população, os alelos alternativos de um gene.
Gameta: célula sexuada e haploide dos organismos vivos, encarregada da reprodução mediante a fecundação e a fusão nuclear.
Ganho ou progresso de seleção: obtido quando se melhora a característica em seleção de uma geração para a outra.
Geitonogamia: polinização por flores vizinhas, porém do mesmo indivíduo.
GMO (*Genetically Modified Organism*): qualquer organismo vivo modificado pelas técnicas do DNA recombinante, isto é, organismo transgênico.
Gene: unidade física e funcional da hereditariedade que codifica uma proteína funcional ou molécula de RNA; segmento cromossômico, plasmídio ou molécula de DNA que contém regiões precedendo e seguindo a região codificadora.
Gene antissenso: gene sintetizado na orientação inversa à do promotor que, quando transcrito, produz um polinucleotídeo complementar ao do gene com a orientação original.
Gene estrutural: aquele cuja sequência determina a estrutura primária de seu produto. Se o produto é um polipeptídio, a estrutura primária é sua sequência de aminoácidos.
Gene marcador: gene que governa uma característica que pode ser utilizada para identificação da progênie oriunda dos cruzamentos artificiais e de autofecundação. Os genes marcadores mais utilizados são aqueles que governam características facilmente observáveis, a exemplo da cor da flor e da pubescência, da resistência a doenças, do hábito de crescimento etc.
Gene marcador de seleção: gene que governa uma característica que pode ser usada para seleção de indivíduos transformados (bactéria ou plantas). Os genes marcadores

de seleção mais utilizados em bactérias são aqueles que codificam para resistência a antibióticos, como canamicina e ampicilina. Em plantas, são usados genes de resistência a antibióticos neomicina e higromicina e de tolerância a herbicida, como fosfinotricina acetil transferase (*Bar*).

Gene modificador: aquele que afeta a expressão de outro gene ou de genes não alélicos.

Gene quimérico: gene recombinante que contém sequências de mais de uma fonte de material genético.

Gene regulador: aquele que sintetiza uma substância repressora que, sozinha ou com um correpressor, previne a transcrição de um "operon" específico. Genes reguladores afetam a expressão de genes estruturais.

Gene repórter: gene inserido no cassete de transformação, visando permitir a identificação visual de células, tecidos ou indivíduos transformados. Exemplo: genes que codificam para glucaronidase (GUS), luciferase ou proteína verde fluorescente (GFP).

Genética de populações: estudo quantitativo e mensurável de populações mediante metodologia e critérios estatísticos.

Genética molecular: estudo da função gênica no controle de atividades celulares e da sua organização física dentro dos genomas.

Genética quantitativa: estudo da hereditariedade mediante o emprego de análise estatística e da teoria de probabilidade matemática. Ver poligenes; variação contínua.

Genética reversa: na genética direta, o mapeamento gênico é realizado a partir do fenótipo. Na genética reversa, a associação entre genes e fenótipo é estabelecida pela manipulação do gene e pela observação de alterações ocasionadas no fenótipo. A clonagem de genes a partir de marcação com transpósons é um exemplo de genética reversa. Nesse caso, quando um transpóson se integra no gene, sua expressão resulta em um fenótipo alterado ou mutante, permitindo o isolamento do gene.

Genitor: aquele que gera; procriador, pai, ascendente.

Genitor doador: é aquele que doa genes ao genitor recorrente em um melhoramento por retrocruzamentos. Geralmente, o número de genes transferidos é pequeno.

Genitor recorrente: aquele que é utilizado repetidas vezes nos retrocruzamentos, visando à restauração das suas características.

Genoma: grupo de cromossomos correspondente ao conjunto haploide de uma espécie.

Genômica: estudo da sequência, função e inter-relacionamento de todos os genes em um organismo. A genômica tem permitido a manipulação gênica envolvendo organismos de diferentes espécies. Os recentes avanços em genômica têm permitido o desenvolvimento de medicamentos inovadores na maneira de tratar doenças.

Genômica estrutural: estuda a forma de distribuição e arranjo dos genes no genoma de um organismo.

Genômica funcional: estuda a definição da função de todos os genes em um organismo.

Genótipo: constituição genética total de um organismo.
Germoplasma: soma do material hereditário de uma espécie.
Giberelinas (GA): classe de hormônio envolvido no alongamento caulinar e no florescimento. Em cultura de tecidos, as giberelinas são utilizadas para induzir a formação da parte aérea.
Grupo de ligação: conjunto de genes interligados.
Halopoliploide: poliploide que contém conjuntos de cromossomos de diferentes origens genéticas.
Haploide: célula ou organismo com número (n) de cromossomos dos gametas.
Hemizigoto: indivíduo diploide portador de apenas um alelo de dado gene.
Herança citoplasmática: transmissão de caracteres hereditários pelo citoplasma, em contraste com a transmissão por meio dos genes nucleares. Herança extracromossômica.
Herdabilidade: medida da relação entre o fenótipo e o genótipo. No sentido restrito, é a relação entre a variância genética aditiva e a variância fenotípica. No sentido amplo, é a relação entre a variância genética e a fenotípica.
Heterose: vigor híbrido que ocorre quando o híbrido F_1 se situa acima da média de seus genitores. Geralmente, este termo se aplica a tamanho, velocidade de crescimento ou características agronômicas.
Heterozigoto: indivíduo ou organismo com alelos diferentes em um ou mais *locus* de cromossomos homólogos. Um organismo pode ser heterozigoto em um, em vários ou em todos os *loci*.
Hexaploide: poliploide com seis conjuntos básicos de cromossomos.
Hibridação somática: fusão de dois protoplastos geneticamente diferentes.
Hibridização: pareamento de fitas complementares de DNA ou RNA para produzir hélices duplas do tipo DNA-DNA ou DNA-RNA.
Hibridização *in situ*: uso de sondas de DNA ou RNA para detectar, em células, a presença de uma sequência complementar do DNA.
Híbrido: produto do cruzamento de dois ou mais genitores geneticamente distintos.
Híbrido duplo: cruzamento de dois híbridos simples F_1.
Híbrido triplo: cruzamento de híbrido simples F_1 com uma linhagem endogâmica.
Homologia: similaridades na sequência do DNA ou de proteína entre indivíduos da mesma espécie ou de diferentes espécies.
Homozigoto: indivíduo ou organismo que tem alelos iguais em *loci* correspondentes de cromossomos homólogos. Um organismo pode ser homozigoto em um, em vários ou em todos os *loci*.
Ideótipo: modelo hipotético de uma espécie que define características morfofisiológicas positivamente correlacionadas com a produção econômica; modelo ideal de uma espécie, estabelecido com base em correlações entre características morfofisiológicas e produção econômica.

Indexação: processo de detecção de patógenos em plantas ou culturas, visando à identificação de plantas sadias, especialmente no caso de vírus.

Índice de colheita: proporção entre a produção econômica e a produção biológica total.

Índice de seleção: função linear dos valores fenotípicos de diferentes características, em que cada uma é ponderada por um coeficiente. O objetivo deste índice é atribuir um valor global aos indivíduos com base na avaliação de diversas características simultaneamente.

Iniciador (*primer*): pequena sequência de polinucleotídeo à qual desoxirribonucleotídeos podem ser adicionados pela DNA polimerase.

Inserto (*insert*): fragmento de DNA exótico introduzido em um vetor.

Integração: inserção de uma pequena molécula de DNA por recombinação, a exemplo de um vírus, no cromossomo de uma célula receptora.

Interação gênica não alélica: modificação da ação de um gene por gene(s) não alélico(s).

Interferência: fenômeno em que a presença de recombinação em uma região do cromossomo afeta a recombinação em outra.

Introgressão: pequena quantidade de informação genética transferida de um acesso, espécie ou gênero para outro.

Intron: sequência de DNA dentro do gene, transcrita e removida do mRNA durante seu processamento.

Inversão: rearranjo de um segmento de um cromossomo, de forma que os genes fiquem em ordem linear invertida.

***In vitro*:** literalmente "no vidro"; termo aplicado para designar crescimento de células, tecidos ou órgãos vegetais em meio de cultura, em condições assépticas.

***In vivo*:** literalmente "em vida"; refere-se a fenômenos que ocorrem nas células ou em organismos vivos.

Irmãos germanos: descendentes dos mesmos genitores que provêm de diferentes gametas; meios-irmãos.

Isoenzimas: formas diferentes da mesma enzima que ocorrem num mesmo organismo com afinidade para um mesmo substrato.

kb: abreviatura para pares de quilobase (1.000 bp).

Lei de biossegurança: lei que estabelece normas de segurança e mecanismos de fiscalização no uso das técnicas de engenharia genética na construção, no cultivo, na manipulação, no transporte, na comercialização, no consumo, na liberação e no descarte de organismo geneticamente modificado, visando proteger a vida e a saúde do homem, dos animais e das plantas, bem como o meio ambiente.

Ligação: associação entre caracteres hereditários, em virtude da localização de genes no mesmo cromossomo.

Linhagem: grupos de indivíduos que têm uma ascendência comum.

Linhagem A: aquela com citoplasma macho-estéril sem genes restauradores da fertilidade no núcleo. Utilizada como genitor feminino na produção de sementes híbridas e em geral representada por *(E) rf rf*.

Linhagem B: mantenedora das linhagens A e portadora de citoplasma normal sem genes restauradores da fertilidade no núcleo. Geralmente é representada por *(N) rf rf*.

Linhagem endógama: produzida por endogamia continuada; é uma linhagem quase homozigótica, desenvolvida por sucessivas autofecundações, acompanhadas de seleção.

Linhagem pura: linhagem homozigótica em todos os *loci*, obtida geralmente por autofecundações sucessivas no melhoramento genético de plantas.

Linhagem R: portadora de genes restauradores da fertilidade; é utilizada para produção de sementes híbridas quando cruzada com uma linhagem A. Em geral, é representada por (N) *Rf Rf*.

Linhagens isogênicas: duas ou mais linhagens que diferem geneticamente entre si em um só *locus*. Distinguem-se dos clones e dos gêmeos idênticos, que apresentam todos os *loci* com os mesmos alelos.

Liofilização: desidratação no estado sólido (congelado), no vácuo.

Loco, locus: posição ocupada por um gene em um cromossomo.

M_1, M_2, M_3: símbolos utilizados para designar a primeira, a segunda e a terceira geração, após o tratamento com um agente mutagênico.

Macho-esterilidade: ausência ou inviabilidade dos grãos de pólen em plantas.

Mapa cromossômico: localização dos genes nos cromossomos, determinada pelas relações de recombinação.

Mapa de ligação: diagrama que representa a ordem linear e a posição dos genes pertencentes ao mesmo grupo de ligação.

Marcador genético: alelo usado para identificar um gene, segmento cromossômico ou cromossomo.

Marcador molecular: segmento cromossômico que pode ser utilizado para detectar diferenças entre dois ou mais indivíduos.

Meio de cultura: solução nutritiva, quimicamente definida, utilizada para o crescimento de células, tecidos ou órgãos *in vitro*.

Meiose: dupla divisão nuclear sucessiva que ocorre na reprodução sexual e resulta na produção de gametas com número haploide (*n*) de cromossomos.

Melhoramento genealógico: sistema em que se selecionam plantas individuais nas gerações segregantes de um cruzamento, tomando como base suas características agronômicas, julgadas individualmente, e sua genealogia.

Meristema: tecido composto de células não diferenciadas e envolvido com a síntese protoplasmática e a formação de novas células por divisão mitótica, nos ápices caulinares e da raiz.

Metáfase: estado da meiose ou da mitose em que os cromossomos estão na placa equatorial.

Metaxenia: influência do pólen sobre os tecidos maternos do fruto (ver xenia).

Método da população (*bulk*): cultivo de conjunto de plantas autógamas, geneticamente diferentes, sob a ação da seleção promovida pelo meio ambiente.

Método dos retrocruzamentos: sistema de melhoramento genético em que se efetuam retrocruzamentos com um dos genitores de um híbrido, seguido de seleção de um ou mais caracteres.

Micoplasma: organismo procarioto causador de doenças em plantas; é o menor microrganismo de vida livre com ribossomas DNA e RNA.

Micropropagação: propagação de plantas em ambiente artificial controlado, utilizando-se meio de cultura nutritivo.

Mitose: processo pelo qual o núcleo é dividido em dois núcleos-irmãos com complementos cromossômicos equivalentes, geralmente seguido da divisão da célula que contém o núcleo.

Monoicia: produção de flores masculinas e femininas separadamente na mesma planta.

Monossômico: organismo que não possui um cromossomo no complemento diploide, tendo, portanto, a fórmula $(2n - 1)$ cromossomos.

Morfogênese: surgimento de qualquer órgão em células ou tecidos.

mRNA (RNA mensageiro): RNA transcrito de um gene que especifica a síntese de uma proteína.

MS: abreviatura do meio de cultura desenvolvido por Murashige e Skoog (1962). É o meio nutritivo mais utilizado em cultura de tecidos de diversas espécies vegetais; apresenta, em relação aos outros meios, níveis mais altos de nitrogênio, potássio e cálcio.

Multivar: termo cunhado por Zeven (1990), utilizado para descrever uma variedade multilinha.

Mutação: variação herdável de um gene ou de uma estrutura de um cromossomo.

Nuliplex: condição na qual um poliploide apresenta apenas alelos recessivos para um gene. Simplex denota recessividade para todos os *loci*, exceto um; duplex, dois; triplex, três; quadruplex, quatro etc.

Nulissômico: indivíduo sem os dois membros de um par de cromossomos específicos no conjunto diploide, tendo, portanto, $(2n - 2)$ cromossomos.

OGM (Organismo Geneticamente Modificado): qualquer organismo vivo modificado por técnicas do DNA recombinante, isto é, organismo transgênico.

Operon: bloco gênico que afeta diferentes fases de uma via metabólica. É regulado por uma unidade integrada.

Organogênese: processo de neoformação de órgãos (brotos e raízes) a partir de células ou tecidos.

Oscilação genética: mudanças na frequência gênica e genotípica de populações pequenas em razão de um processo de amostragem.

Pan-mixia: cruzamento ao acaso, ou seja, sem restrição.

Paquíteno: estado da meiose em que os filamentos são duplos.

Parâmetro: quantidade numérica que especifica a população no que diz respeito a alguma característica.

Partenogênese: desenvolvimento de um organismo a partir de uma célula sexual, porém sem fertilização.

Patente: título outorgado por instituição governamental, a cujo detentor confere o direito de excluir outros de utilizar, produzir ou comercializar o produto ou processo objeto da patente. Em muitos países, incluindo o Brasil, a patente confere proteção a partir da data em que foi outorgada por 20 anos.

Patógeno: agente causal de uma doença.

Patótipo: ver raça fisiológica.

PCR (*Polymerase Chain Reaction*): reação *in vitro* de amplificação do DNA por ação da DNA polimerase na presença de iniciadores e moldes de DNA.

Penetrância: frequência com que um gene produz efeito distinguível nos indivíduos que o contêm.

Piramidação: termo cunhado por melhoristas para definir a incorporação, em uma variedade, de dois ou mais genes maiores para resistência específica a um patógeno.

Plasmídio: pequena molécula de DNA circular, capaz de autorreplicação, que pode transportar genes a outro indivíduo. Os plasmídios são utilizados como vetor em transformação mediada por *Agrobacterium tumefaciens*.

Plasmídio Ti: classe de plasmídios que facilmente se conjugam, encontrados em *Agrobacterium tumefaciens*.

Pleiotropia: condição em que mais de uma característica é afetada por um único gene.

Pluripotente: com a capacidade de regenerar a maior parte dos tecidos de um organismo. Ver também totipotente.

Policross: polinização aberta de um grupo de genótipos (geralmente selecionados), isolados de outros genótipos compatíveis, de tal forma que se promova o seu intercruzamento.

Poligenes: genes cujos efeitos são demasiadamente pequenos para serem identificados individualmente; com efeitos semelhantes e suplementares, podem ter importância na variabilidade total.

Polimerase: grupo de enzimas que catalisam a formação do DNA ou RNA a partir de precursores, na presença de moldes de DNA ou RNA.

Polimorfismo: ocorrência, em uma mesma população, de duas ou mais formas distintas.

Poliploide: organismo com um número de conjuntos de cromossomos distintos do conjunto básico (por exemplo, monoploide, triploide, tetraploide e vários aneuploides).
População: grupo de indivíduos que compartilham um mesmo grupo de genes.
População heterogênea: aquela constituída por indivíduos com diferentes genótipos.
População homogênea: população constituída por indivíduos com mesmo genótipo, que podem estar em homozigose ou heterozigose.
Prepotência: capacidade de um genitor de transferir características a seu descendente, de maneira que ambos sejam mais semelhantes que o esperado.
Prevalência: frequência de certa doença em uma população ou região.
Primer: ver iniciador.
Promotor: sequência de DNA localizada em frente ao gene, que contém o sítio, onde as enzimas envolvidas na transcrição se ligam e iniciam o processo de transcrição. Os promotores são críticos no processo de regulação gênica.
Promotor constitutivo: aquele que promove a expressão gênica durante todo o ciclo de vida do indivíduo. O promotor CaMV 35S é um exemplo de um forte promotor constitutivo frequentemente utilizado em engenharia genética.
Promotor tecido específico: aquele que promove a expressão gênica apenas em determinados tecidos ou órgãos do indivíduo. Vicilina é um exemplo de promotor de expressão exclusiva nas sementes.
Protandria: maturação das anteras antes do pistilo.
Proteômica: estuda a definição da sequência, função e inter-relacionamento de todas as proteínas estruturais e funcionais de um organismo.
Protogenia: maturação do pistilo antes das anteras.
Protoplasto: célula vegetal desprovida da parede celular.
Quadrivalente: ver univalente.
Quadruplex: ver nuliplex.
Quarentena: período em que ficam submetidos a isolamento indivíduos ou tecidos vegetais, para verificação da presença de insetos ou agentes patogênicos.
Quiasma: troca de partes entre cromatídios emparelhados na primeira divisão da meiose.
Quimera: indivíduo com duas ou mais linhagens de células geneticamente distintas.
Raça ecológica: população ou conjunto de populações com distribuição restrita e que está estritamente adaptada às condições de um *habitat* local. Na prática, pode ser difícil caracterizar uma população como ecótipo ou raça ecológica, especialmente na ausência de testes de cultivo experimental.
Raça edáfica: população adaptada para as condições físicas e químicas do solo local. Raças edáficas são uma modalidade de raça ecológica, cujos indivíduos geralmente apresentam características morfológicas peculiares. A especiação edáfica é vista hoje como proeminente no grupo das angiospermas.

Raça fisiológica: patógenos da mesma espécie com morfologia similar ou idêntica, mas diferentes níveis de virulência. É também denominada raça patogênica ou patótipo.

Raça geográfica: população ou populações de uma espécie que ocorrem em determinada região geográfica da distribuição da espécie. Geralmente são populações alopátricas isoladas que mostram uma diferenciação fenotípica para um ou mais caracteres e se habilitam como categoria taxonômica formal. A subespécie em botânica corresponde, em geral, à raça geográfica em zoologia.

Raça local: 1) forma antiga e primitiva de uma espécie agrícola, cultivada em sistemas agrícolas tradicionais por agricultores indígenas e populações rurais, cuja evolução é principalmente direcionada pela seleção artificial que o homem lhe impõe; 2) variedade crioula ou *landrace*.

Recessivo: alelo que não se expressa na presença do alelo dominante.

Recombinação: formação de combinações de genes como resultado da segregação em cruzamentos de genitores geneticamente distintos. É também o rearranjo de genes ligados em virtude da permuta (*crossing over*).

Regeneração: formação de partes aéreas ou embriões num calo ou em suspensão de células não organizadas, permitindo a recuperação de uma planta completa.

Repicagem: ato de subdividir o material vegetal em cultivo em vários explantes e transferi-los para um novo meio nutritivo para subcultura.

Reprodução assexuada: reprodução que não envolve a união de gametas.

Resistência cruzada: fenômeno no qual tecidos infectados por uma estirpe de um vírus tornam-se protegidos contra a infecção por outras estirpes desse mesmo vírus.

Resistência horizontal: resistência efetiva contra todas as raças de um patógeno. Também denominada resistência geral, de campo, não específica ou quantitativa.

Resistência vertical: resistência efetiva contra raças específicas de um patógeno. É também denominada resistência específica ou qualitativa.

Retrocruzamento: cruzamento de um híbrido F1 com qualquer um de seus genitores.

RNA antissenso: polinucleotídeo produzido a partir de um gene antissenso. O RNA antissenso é complementar ao polinucleotídeo normal (alvo), codificador do gene considerado. A complementariedade permite a formação de uma fita dupla do tipo RNA-RNA entre os polinucleotídeos antissenso e o alvo, interferindo com a expressão do gene-alvo.

Roguing: remoção dos indivíduos indesejáveis para purificar uma população.

rRNA (*Ribossomal* RNA): RNA que transporta os aminoácidos na síntese proteica.

Satélite: segmento distal do cromossomo separado do resto do cromossomo por um fino filamento denominado constrição secundária.

S_1, S_2, S_3: símbolos para determinar as gerações de autofecundação (primeira, segunda, terceira etc.) a partir de uma planta original (S_0).

Segregação: separação dos cromossomos paternos e maternos na meiose e consequente separação dos genes, o que torna possível a recombinação da descendência.

Segregação transgressiva: aparecimento, em gerações segregantes, de indivíduos que estão fora do intervalo dos genitores quanto a alguma característica.

Seleção: discriminação entre indivíduos quanto ao número de descendentes que são preservados para a geração seguinte; favorecimento de determinados indivíduos em relação a outros.

Seleção natural: seleção (pressão seletiva) exercida pelo conjunto de fatores ambientais bióticos e abióticos sobre o indivíduo. A seleção natural atua sobre o fenótipo de maneira discriminativa. Há três tipos principais de seleção natural: 1) seleção estabilizadora; 2) seleção direcional; e 3) seleção disruptiva.

Seleção visual: identificação visual de genótipos desejáveis.

Semente básica: aquela produzida a partir da semente genética, por produtor credenciado. É a origem da semente certificada, seja diretamente, seja por meio da semente registrada.

Semente certificada: aquela utilizada para produção comercial da espécie produzida a partir da semente básica. É registrada segundo o regulamento de uma agência legalmente constituída.

Semente fiscalizada: aquela produzida a partir de semente básica, por um produtor credenciado, sob a fiscalização da Secretaria de Agricultura do Estado.

Semente genética: aquela produzida pela agência que desenvolveu a variedade. É utilizada para produzir a semente básica.

Semente ortodoxa: aquela que é tolerante ao dessecamento em baixos teores de umidade (variável de espécie para espécie), sem danos em sua viabilidade. Essa categoria é normalmente tolerante a temperatura subzero em armazenamento a longo prazo (exemplo: arroz, feijão, milho, soja e trigo).

Semente recalcitrante: aquela que não sofre desidratação durante a maturação; quando é liberada da planta-mãe, apresenta altos teores de umidade. É sensível ao dessecamento e morre se o conteúdo de umidade for reduzido abaixo do ponto crítico, usualmente um valor relativamente alto. Essa categoria é também sensível a baixas temperaturas.

Semente registrada: aquela originada da multiplicação de sementes básicas e cultivada normalmente para produzir a semente certificada. Os campos de produção desta categoria de semente precisam ser registrados na Secretaria de Agricultura do Estado.

Sequência codificadora: porção do gene que, diretamente, especifica a sequência de aminoácidos do seu produto. As sequências não codificadoras incluem *introns* e regiões de controle, como promotores, operadores e terminadores.

Sequência conservada: sequência de bases em uma molécula de DNA (ou sequência de aminoácidos em uma proteína) que permaneceu essencialmente sem se alterar durante o processo de evolução.

Sequenciamento: determinação da ordem dos nucleotídeos na molécula do DNA ou RNA, ou determinação da ordem de aminoácidos em proteínas.

Silenciamento: redução ou eliminação da atividade gênica, associada a fenômenos de homologia. O silenciamento de transgenes tem sido creditado a diferentes eventos em nível molecular: metilação, efeito de posição, mecanismos transcricionais e mecanismos pós-transcricionais.

Sinapse: conjugação de cromossomos homólogos no zigóteno e no paquíteno.

Sintenia: fenômeno em que dois ou mais genes ocorrem na mesma ordem em diferentes partes do genoma ou em diferentes genomas. Dois genes que ocorrem no mesmo cromossomo são sintênicos, porém genes sintênicos podem estar ou não ligados.

SNP: polimorfismo de nucleotídeo único ou polimorfismo de nucleotídeo simples (em inglês, *single nucleotide polymorphism*), é uma variação na sequência de DNA que afeta somente uma base – adenina (A), timina (T), citosina (C) ou guanina (G) – na sequência do genoma. Alguns autores consideram a troca de poucos nucleotídeos, assim como pequenas inserções ou deleções (indel), como SNPs. Nesses casos, o termo *polimorfismo de nucleotídeo simples* é mais adequado. Usado como marcador molecular devido à sua eficiência, reprodutibilidade e abundância.

Sobredominância: superioridade do heterozigoto; em um *locus* com dois alelos, o heterozigoto é mais adaptado que ambos os homozigotos.

Somaclonal: clonagem de células somáticas.

Somático: termo que se refere a células ou tecidos dos indivíduos não envolvidos com os gametas.

Sonda de DNA (*DNA Probe*): molécula de DNA marcada (frequentemente ^{32}P, ^{35}S ou biotina), utilizada para detectar moléculas de ácido nucleico com sequência complementar por meio da hibridização.

Subcultivo: transferência de células de um meio nutritivo para outro.

T_0, T_1, T_2: símbolos utilizados para designar o indivíduo transformado e sua primeira e segunda gerações filiais, respectivamente.

Tamanho efetivo da população: número de indivíduos que contribuem igualmente para formar a próxima geração.

tDNA (*Transfer DNA*): segmento de DNA do plastídio Ti que é transferido do *Agrobacterium* para o genoma da planta receptora, causando formação de tumor.

Telófase: último estado da divisão celular antes que o núcleo volte à condição de repouso.

Tendência: desvio consistente ou falso de uma estatística em relação a seu próprio valor.

Terminador: sítio da sequência do DNA na qual a transcrição e a replicação do DNA são paralisadas.

Teste de progênie: teste do valor de um genótipo com base no comportamento de sua descendência.

Tetraploide: organismo com quatro conjuntos básicos (x) de cromossomos.

Tolerância: habilidade de uma planta em suportar o ataque de um patógeno sem expressiva redução da produtividade.

Top cross: cruzamento entre seleções, linhagens ou clones e um genitor comum masculino, que pode ser variedade, linhas endógamas, cruzamento simples etc. O genitor comum masculino é denominado testador.

Totipotência: potencial de uma célula indiferenciada para se regenerar como uma planta completa, quando cultivada *in vitro*.

Totipotente: com capacidade ilimitada. Células totipotentes possuem a capacidade para se diferenciarem em tecidos extraembriogênicos, isto é, embriões e todo tipo de tecidos e órgãos embriogênicos. Ver também pluripotente.

Tradução: síntese de um polipeptídio cuja sequência de aminoácidos é estabelecida pelo códon do mRNA correspondente.

Transcrição: processo pelo qual a informação genética é transmitida do DNA para o mRNA.

Transcriptase reversa: enzima usada pelo retrovírus para produzir uma sequência de DNA complementar (cDNA) a partir de um molde de RNA.

Transferência de núcleo de célula somática: transferência do núcleo de uma célula somática (2n) para um óvulo cujo núcleo foi removido. Este é um procedimento básico utilizado em clonagem de animais.

Transformação: alteração herdável e estável no fenótipo de um indivíduo, promovida por genes introduzidos via DNA recombinante.

Transgênica: 1) célula, planta ou progênie que possui um gene exótico introduzido por meio de um dos vários métodos de transformação; 2) organismo cujo genoma foi alterado pela introdução de DNA exógeno. O DNA exógeno pode ser derivado de outros indivíduos da mesma espécie ou de uma outra espécie completamente diferente. O material genético pode ser inclusive artificial, isto é, sintetizado em laboratório.

Translocação: mudança na posição de um segmento em um mesmo cromossomo ou deslocamento para outro.

Transpóson (*transposable element*): termo geral utilizado para uma unidade genética que se pode inserir ou translocar em diferentes regiões cromossômicas; é tipicamente flanqueado por uma sequência de bases repetidas na ordem inversa e contém genes codificadores para o processo de transposição.

Transversão: mutação causada pela substituição de uma purina por uma pirimidina e vice-versa, no DNA ou RNA.

Triplex: ver nuliplex.

Triploide: organismo com três conjuntos básicos (x) de cromossomos.

Trissômico: organismo diploide, exceto para uma classe de cromossomos em que está triplicado; possui (2n + 1) cromossomos.

Triticale: alopoliploide obtido pela combinação de cromossomos do trigo com os do centeio, constituindo uma nova espécie.

tRNA: classe de uma pequena molécula de RNA que se liga a aminoácidos específicos, que são transferidos no processo de tradução do mRNA.
Valor fenotípico: valor da expressão do genótipo.
Valor genético: valor do indivíduo devido aos seus genes, resultante das interações alélicas e não alélicas.
Valor genético aditivo: um dos tipos de interação alélica, que consiste na diferença entre os genótipos homozigotos, ou seja, são os valores da contribuição dos alelos favoráveis de todos os *loci* envolvidos no controle da característica. Somente este valor ou efeito poderá ser transmitido de uma geração para a seguinte, pois exclusivamente o alelo passa entre gerações. Com predominância do efeito aditivo, a descendência de um indivíduo ou população apresentará a mesma média do valor genético aditivo do indivíduo ou população.
Valor genético devido aos desvios da dominância: tipo de interação alélica que consiste no valor devido ao desvio do heterozigoto, em relação à média dos homozigotos, para todos os genes envolvidos no controle da característica. Com predomínio de dominância ou sobredominância, a descendência de um indivíduo apresentará a média inferior à do valor genético do indivíduo ou do grupo de indivíduos.
Valor genético epistático: valor obtido em virtude das interações interalélicas de diferentes genes.
Variação: diferenças entre indivíduos devido a diferenças em sua composição genética ou ao meio em que se desenvolvem.
Variação epigenética: variação transitória induzida pelo ambiente no fenótipo; é perpetuada por propagação assexuada sem envolver mudanças permanentes (herdáveis) no genótipo.
Variação fisiológica: variação entre indivíduos em virtude dos estímulos de ambiente; desaparece com a remoção da causa. Variação não persistente (não herdável).
Variação genética: variação de natureza herdável, que se perpetua com a reprodução sexuada nas gerações subsequentes.
Variação somaclonal: variação entre indivíduos regenerados de cultura de tecidos, a qual pode ser fisiológica, epigenética ou genética, como resultado do processo de cultivo *in vitro*.
Variância: média dos quadrados dos desvios de uma variável em relação à sua média; é o quadrado do desvio-padrão.
Variância fenotípica: variação dos valores fenotípicos dos indivíduos da população.
Variância genética: variação dos valores genéticos dos indivíduos da população.
Variância genética aditiva: variação dos valores genéticos aditivos dos indivíduos da população.
Variância genética dominante: variação dos valores genéticos devido aos desvios da dominância dos indivíduos da população.
Variância genética epistática: variação dos valores genéticos epistáticos.
Variável: simples observação ou medida.

Variedade: subdivisão de uma espécie, ou grupo de indivíduos dentro de uma espécie, que se distingue de outra por sua forma ou função.

Variedade crioula (*Landrace*): variedade não melhorada, cultivada por produtores locais, originária de populações silvestres.

Variedade sintética: variedade produzida pelo intercruzamento de um grupo de clones, linhagens ou indivíduos selecionados para alta capacidade de combinação.

Variegado: indivíduos que apresentam diferentes cores, por exemplo: verde e albino, em um mesmo órgão.

Vetor: veículo, a exemplo de plasmídios ou vírus, usado para introdução de DNA recombinante em uma célula ou em um organismo vivo.

Virulência: capacidade de um patógeno para induzir uma doença; patogenicidade.

Xenia: efeito hereditário do pólen no endosperma.

Zigóteno: estado da prófase meiótica em que se emparelham os filamentos cromossômicos.

Zigoto: célula formada pela união de dois gametas.

referências bibliográficas

ABLETT, G. R.; BUZZELL, R. I.; BEVERSDORF, W. D.; ALLEN, O. B. Comparative stability of 40 indeterminate and semideterminate soybean lines. *Crop Sci.*, v. 34, p. 347-51, 1994.

ABREU, A. F. B. et al. Progresso do melhoramento genético do feijoeiro nas décadas de setenta e oitenta nas regiões sul e Alto Paranaíba em Minas Gerais. *Pesquisa Agropecuária Brasileira,* Brasília, v. 29, n. 1, p. 105-112, 1994.

ADAMS, M. W. Plant architecture and physiological efficiency in the field bean. In: *Potentials Of Fiedl Beans And Other Food Legumes In Latin America.* Cali: CIAT, 1973. p. 266-278.

ADAMS, M. W. Plant architecture and yield breeding. *Iowa State J. Res.*, v. 56, p. 225-254, 1982.

AGRIOS, G. N. *Plant pathology.* 4. ed. San Diego: Academic Press, 1997. 635 p.

AKERMAN, A.; MACKEY, J. The breeding of self-fertilized plants by crossing. In: AKERMAN, A.; TEDIN, O.; FRÖIER, K. (Ed.). *Svalöf, 1886-1946.* Lund, Sweden: Carl Bloms Boktryckeri, 1948.

ALLARD, R. W. *Princípios do melhoramento de plantas.* New York: John Wiley & Sons, 1960. 485 p.

ALLARD, R. W. *Principles of plant breeding.* 2. ed. New York: John Wiley & Sons, 1977. 254 p.

ALLARD, R. W. *Princípios do melhoramento genético de plantas.* Rio de Janeiro: USAID, 1971. 381 p.

ALLARD, R. W.; BRADSHAW, A. D. Implications of genotype-environmental interactions in applied plant breeding. *Crop Sci.*, v. 4, p. 503-507, 1964.

ALLEN, F. L.; COMSTOCK, R. E.; RASMUSSON, D. C. Optimal environments for yield testing. *Crop Sci.*, v. 18, p. 477-751, 1978.

ALMEIDA, L. D.; PEREIRA, J. C.; RONZELLI, P.; COSTA, A. S. Avaliação de perdas causadas pelo mosaico dourado do feijoeiro em condições de campo. *Summa Phytop.*, v. 5, p. 30-31, 1979.

ANTUNES, I. F. et al. Progresso no melhoramento genético do feijão no Rio Grande do Sul, no período 1987/88 – 1998/99. In: REUNIÃO TÉCNICA ANUAL DO FEIJÃO E REUNIÃO SUL-BRASILEIRA DO FEIJÃO, 4., 2000, Santa Maria. *Anais...* Santa Maria: UFSM, 2000. CD-ROM.

ARAUS, J. L.; KEFAUVER, S. C.; ZAMAN-ALLAH, M.; OLSEN, M. S.; CAIRNS, J. E. Translating High-Throughput Phenotyping into Genetic Gain. *Trends in Plant Science,* v. 23, p. 455-466, 2018.

ATKINS, R. G.; MURPHY. Evaluation of yield potentialities of oat crosses from bulk hybrid tests. *Agron. J.*, v. 41, p. 41-44, 1949.

ATLIN, G. N.; FREY, K. J. Selecting oat lines for yield in low productivite environments. *Crop Sci.*, 30, p. 556-561, 1990.

AUERBACH, C.; ROBSON, I.M. *Report to the Ministry of supply*. [S.l.: s.n.], 1942.

AUSTIN, R. B.; BINGHAM, J.; BLACKWELL, R. D.; EVANS, L. T.; FORD, M. A.; MORGAN, C. L.; TAYLOR, M. Genetic improvements in winter wheat yields since 1900 and associated physiological changes. *J. Agric. Sci.*, v. 94, p. 675-689, 1980.

BAKER, A. J. M. Accumulators and excluders – strategies in the response of plants of heavy metals. *J. Plant Nutr.*, v. 3, p. 643-654, 1981.

BAKER, R. J. Issues in diallel analysis. *Crop Sci.*, v. 18, p. 533-536, 1978.

BAKER, R. J. Quantitative genetic principles in plant breeding. *Stadler Genet Symp.*, v. 16, p. 147-176, 1984.

BAKER, Z. P.; TASKAWICX, B.; DINESHKUMAR, S. P. Signaling in plant microbe interactions. *Science*, v. 276, p. 726-733, 1997.

BANDILLO, N.; RAGHAVAN, C.; MUYCO, P. A. et al. Multi-parent advanced generation inter-cross (MAGIC) populations in rice: progress and potential for genetics research and breeding. *Rice 6*, v. 11, 2013. DOI: 10.1186/1939-8433-6-11.

BASFORD, K. E.; KROONENBERG, D. M.; DELACY, I. H.; LAWRENCE, P. K. Multi attribute evaluation of regional cotton variety trials. *Theor. Appl. Gen.*, v. 79, p. 225-234, 1990.

BEAVER, J. S.; JOHNSON, R. R. Yield stability of determinate and indeterminate soybeans adapted to the northern United States. *Crop Sci.*, v. 21, p. 449-454, 1981.

BECKER, H. C.; LEON, J. Stability analysis in plant breeding. *Plant Breeding*, v. 101, p. 1-23, 1988.

BELICUAS, P. R. *Obtenção, identificação e caracterização de haploides androgenéticos em milho*. 52 f. Dissertação (Mestrado) – UFLA, Lavras, 2004.

BERNARDO, R. *Breeding for quantitative traits in plants*. 2. ed. Woodbury: Stemma Press, 2010.

BERNARDO, R. Parental selection, number of breeding populations, and size of each population in inbred development. *Theor. Appl. Genet.*, v. 107, p. 1252-1256, 2003.

BERNARDO, R. Prediction of maize single-cross performance using RFLPs and information from related hybrids. *Crop Sci.*, v. 34, p. 20-25, 1994.

BIDMESHKIPOUR, A.; THENGANE, R. J.; BAHAGVAT, M. D.; GHAFFARI, S. M.; RAO, V. S. Production of haploid wheat via maize pollination. *Journal of Sciences*, v. 18, n. 1, p. 5-11, 2007.

BIFFIN, R. H. Mendel's laws of inheritance and wheat breeding. *J. Agric. Sci.*, v. 1, p. 4-8, 1905.

BINSFELD, P. C.; PETERS, J. A.; SCHNABL, H. Efeito de herbicidas sobre a polimerização dos microtúbulos e indução de micronúcleos em protoplastos de *Helianthus maximiliani*. *Revista Brasileira de Fisiologia Vegetal*, v. 12, n. 3, p. 263-272, 2000.

BJORNSTAD, A. *Protocol for barley anther culture*. [S.l.]: Department of Genetics and Plant Breeding, Agricultural University of Norway, 1989. 74 p.

BLAKELSEE, A. F.; BELLING, J.; FARHNAM, M. E.; BERGNER, A. D. A haploid mutant in the Jimson weed, *Datura stramonium*. *Science*, v. 55, p. 646-647, 1922.

BORÉM, A.; MIRANDA, G. V. *Melhoramento de plantas*. 5. ed. Viçosa: Editora UFV, 2009. 529 p.

BORLAUG, E. N. The use of multiline or composite varieties to control airborne epidemic diseases of self-pollinated crop plants. In: INTERNATIONAL WHEAT SYMPOSIUM, 1., 1959. *Proceedings...* Winnipeg, 1959. p. 12-27.

BOSKOVIC, M. M. The use of some new differencials in international pathogenicity surveys of *Puccinia recondita* sp. *tritici*. In: EUROPEAN, MEITER CEREAL RUST CONF, 5., 1980. *Proceedings...* Bari: [s.n.], 1980. p. 185-190.

BRADSHAW, A. D. Evolutionary significance of phenotypic plasticity in plants. *Adv. Gent.*, v. 13, p. 115-155, 1965.

BRAVO, J. A.; FEHR, W. R.; CIANZIO, S. R. Use of pod width for indirect selection of seed weight in soybeans. *Crop Sci.*, v. 20, p. 507-510, 1980.

BRIGGS, S. P.; JOHAL, G. S. Genetics patterns of host-pathogen interactions. *Trends in Genetics*, v. 10, p. 12-16, 1994.

BRIM, C. A. A modified pedigree method of selection in soybeans. *Crop Sci.*, v. 6, p. 220, 1966.

BROWN, W. L.; GOODMAN, M. M. Races of maize. In: SPRAGUE, G. F.; DUDLEY, J. W. (Ed.). *Corn and corn improvement*. Madison: ASA, 1977. p. 49-88.

BRUCKNER, C. H. Universidade Federal de Viçosa, Departamento de Fitotecnia. Viçosa, MG, 2001. (Comunicação Pessoal.)

BUSBICE, H.; WILSIE, C. P. Genetics of Medicago sativa L. I. Inheritance of Dwarf Character, Dw1. *Crop Science*, v. 6, p. 327-330, 1966.

BUSBICE, T. H.; HILL JR., R. R.; CARNAHAN, H. L. Genetics and breeding procedures. In: HANSON, C. H. (Ed.). *Alfalfa science and technology*. Madison: American Society of Agronomy, 1972.

BYLICH, V. G.; CHALYK, S. T. Existence of pollen grains with a pair of morphologically different sperm nuclei as a possible cause of the haploid-inducing capacity in ZMS line. *Maize Genet. Coop. Newslett.*, v. 70, p. 33, 1996.

CAMARGO, L. E. A. Análise genética da resistência e da patogenicidade. In: Manual de fitopatologia, princípios e conceitos. 3. ed. *Agronomica Ceres*, v. 1, p. 470-492, 1995.

CANER, J.; KUDAMATSU, M.; BARRADOS, M. M.; FAZIO, G.; NORONHA, A.; VICENTE, M.; ISSA, E. Avaliação dos danos causados pelo vírus-do-mosaico dourado do feijoeiro (VMDF) em três regiões do Estado de São Paulo. *Biológico*, v. 47, p. 39-46, 1981.

CANNON, W. B. *The wisdom of the body*. New York: WW Norton, 1932.

CARPENTER, J. A.; FEHR, W. R. Genetic variability for desirable agronomic traits in populations containing Glycine max germplasm. *Crop Sci.*, v. 26, p. 681-686, 1986.

CECCARELLI, S.; GRANDO, S. Selection environment and environmental sensitivity barley. *Euphytica*, v. 57, p. 157-167, 1991.

CHALYK, S. T. Creating new haploid-inducing lines of maize. *Maize Genet. Coop. Newslett.*, v. 73, p. 53-54, 1999.

CHALYK, S. T. Properties of maternal haploid maize plants and potential application to maize breeding. *Euphytica*, v. 79, p. 13-18, 1994.

CHALYK, S.; BAUMANN, A.; DANIEL, G.; EDER, J. Aneuploidy as a possible cause of haploid-induction in maize. *Maize Genet. Coop. Newslett.*, v. 77, p. 29, 2003.

CHANG, T. T. Crop history and genetic conservation: rice – a case study. *Iowa State J. Res.*, v. 59, p. 425-455, 1985.

CHASE, S. S. Utilization of haploids in plant breeding: breeding diploid species. In: KASHA, K. J. (Ed.). *Haploids in higher plants*: advances and potential. Canada: First Inter. Symp. Guelph, 1974. p. 211-230.

CHUANG, C. C.; OUYANG, T. W.; CHIA, H.; CHOU, S. M.; CHING, C. K. A set of potato media for wheat anther culture. *Proc. Symp. on Plant Tissue Culture*, Peking, p. 51-56, 1978.

CLAUSEN, R. R.; MANN, M. C. Inheritance in nicotiana tabacum. v. the occurrence of haploid plants in interspecific progenies. *Proceedings of the National Academy of Sciences*, v. 10, n. 4, p. 121-124, 1924.

COE, E. H. A line of maize with high haploid frequency. *The American Naturalist*, Chicago, v. 93, p. 381-382, 1959.

COE, E. H.; NEUFFER, M. G. Darker orange endosperm color associated with haploid embryos: Y1 dosage and the mechanism of haploid induction. *Maize Genet. Coop. Newslett.*, p. 79-7, 2005.

COLLINS, G. N. Dominance and the vigor of first generation hybrids. *Amer. Nat.*, v. 55, p. 116-133, 1921.

COMPTON, W. A.; COMSTOCK, R. E. More on modified ear-to-row selection in corn. *Crop Sci.*, v. 16, p. 122, 1976.

COMSTOCK, R. E.; MOLL, R. H. Genotype-environment interactions In: HANSON, W. D.; ROBINSON, H. F. Statistical genetics and plant breeding. *Nat. Bes. Coun Publ.*, v. 982, Washington, D.C., 1963.

COMSTOCK, R. E.; ROBINSON, N. F. Estimation of average dominance of genes. In: *Heterosis, Ch.*, v. 30, p. 494-516, 1952.

COMSTOCK, R. E.; ROBINSON, H. F.; HARVEY, P. H. A breeding procedure designed to make maximum use of both general and specific combining ability. *Agron. J.*, v. 41, p. 360-367, 1949.

COX, T. S.; SHROYER, J. P.; LIU, B. H.; SEARS, R. G.; MARTIN, T. J. Genetic improvement in agronomic traits of hard red winter wheat cultivars from 1919 to 1987. *Crop Sci.*, v. 28, p. 756-760, 1988.

COX, T. S.; LOOKHART, G. L.; WALKER, D. E.; HARRELL, L. G.; ALBERS, L. D.; RODGERS, D. M. Genetic relationships among hard red winter wheat cultivars as evaluated by pedigree analysis and gliadin polyacrilamide gel eletrophoretic patterns. *Crop Sci.*, v. 25, p. 1058-1063, 1985.

CREGAN, P. B.; BUSCH, R. H. Early generation bulk hybrid yield testing of adapted hard red winter wheat crosses. *Crop Sci.*, v. 17, p. 887-891, 1977.

CRUTE, I. R.; PINCK, D. A. C. Genetics and utilization of pathogen resistance in plants. *The Plant Cell*, v. 8, p. 1747-1755, 1996.

CUCO, S. M.; MONDIN, M.; VIEIRA, M. L. C.; AGUIAR-PERECIN, M. L. R. Técnicas para a obtenção de preparações citológicas com altas frequências metáfases mitóticas em plantas: Passiflora (Passifloraceae) e *Crotalaria eguminosae*). *Acta Botânica Brasilica*, v. 17, n. 3, p. 363-370, 2003.

DAVENPORT. Degeneration, albimism and inbreeding. *Science*, v. 28, p. 454-455, 1908.

DAVIS, R. L. Report of the plant breeder. *Annual report of Puerto Rico Experimental Station for 1927*. Rio das Pedras: Puerto Rico Experiment Station, 1929. p. 14-15.

DE WIT, P. J. M. Molecular characterization of gene-for-gene systems in plant-fungus interactions and the application of avirulence genes in control of plant pathogens. *Annual Review of Phytopathology*, v. 30, p. 391-418, 1992.

DE WIT, P. J. M. The molecular basis of gene-for-gene system in plant-pathogen interactions. In: *Palestras do XXX Congresso Brasileiro de Fitopatologia*, 1997. p. 64-69.

DEIMLING, S.; RÖBER, F. GEIGER, H. H. Methodik und Genetik der in-vivo-Haploidendinduktion bei Mais. *Vortr Pflanzenzüchtung*, v. 38, p. 203-204, 1997.

DEWEY, D. R. Synthetic Agropyron-Elymus hyrids I Elymus canadensis x Agropyron subsecundum. *Amer. J. Bot.*, v. 53, p. 87-94, 1966.

DHILLON, B. S.; KHEHRA, A. S. Modified S1 recurrent selection in maize improvement. *Crop Sci.*, v. 29, p. 226-228, 1989.

DHOOGHE, E.; VAN LAERE, K.; EECKHAUT, T.; LEUS, L.; HUYLENBROECK VAN, J. Mitotic chromosome doubling of plant tissues in vitro. *Plant Cell Tissue Organ Cult*, v. 104, p. 359-737, 2011.

DIXON, R. A.; PAIVA, N. Stress-induced phenylpropanoid metabolism. *Plant Cell*, v. 10, p. 1985-1097, 1995.

DOBZHANSKY, T. *Genetics and the origin of species*. 3. ed. New York: Columbia University Press, 1951. 364 p.

DOLEZEL, J. Applications of flow cytometry for the study of plant genomes. *Journal of Applied Genetics*, v. 38, n. 3, p. 285-302, 1997.

DONALD, C. M. The breeding of crop ideotypes. *Euphytica*, v. 17, p. 385-403, 1968.

DUDLEY, J. W. A method of identifying lines for use in improving parents of single cross. *Crop Sci.*, v. 24, p. 355-357, 1984.

DUDLEY, J. W. Modification of methods for identifying inbred lines useful for improving parents of elite single crosses. *Crop Sci.*, v. 27, p. 944-947, 1987.

DUDLEY, J. W.; LAMBERT, R. J. Ninety cicles of selection for oil and protein in maize. *Maydica*, v. 37, p. 1-7, 1992.

DUDLEY, J. W.; SAGHAI MAROOF, M. A.; RUFENER, G. K. Molecular marker information and selection of parents in corn breeding programs. *Crop Sci.*, v. 32, p. 301-304, 1992.

DUNBIER; BINGHAM. Maximum Heterozygosity in Alfalfa: Results Using Haploid-derived Autoteraploids. *Crop Science*, v. 15, p. 527-531, 1975.

DUNWELL, J. M. Haploids in flowering plants: origins and exploitation. *Plant Biotechnology Journal*, v. 8, n. 4, p. 377-424, 2010.

DUVICK, D. N. Ideotype evolution of hybrid maize in the USA, 1930-1990. In: ATTI. Vol. II, II NATIONAL MAIZE CONFERENCE RESEARCH, ECONOMY, ENVIRONMENT GRADO (GO) – ITALY. September 19-20-21, 1990, Bologna. Centro Regionale per la Sperimentazione agraria pozzuolo del friule edagiocoli s.p.d. *Proceedings...* Bologna, Italy, 1990. p. 557-570.

DUVICK, D. N. The contribution of breeding to yield advances in maize (*Zea mays* L.). *Advances in Agronomy*, v. 86, p. 3-145, 2005.

EAST, E. M. Heterosis. *Genetics*, v. 21, p. 375-397, 1936.

EAST, E. M. *Inbreeding in corn Rep. Conn. Agric. Exp. Sta. for 1907*, p. 419-428, 1908.

EATON, D. L.; BUSCH, R. H.; YOUNGS, V. L. Introgression of unadapted germplasm intro adapted spring wheat. *Crop Sci.*, v. 26, p. 473-478, 1986.

EBERHART, S. A. Yield stability of single cross genotypes. In: ANNUAL CORN AND SORGHUM RESEARCH CONFERENCE, 24. *Proceedings...* [S.l.: s.n.], 1969. p. 22-35.

EBERHART, S. A., RUSSELL, W. A. Stability parameters for comparing varieties. *Crop Sci.*, v. 6, p. 36-40, 1966.

EBERHART, S. A.; RUSSEL, W. A. Yield and stability for a 10-line diallel of single-cross and double-cross maize hybrids. *Crop Sci.*, v. 9, p. 357-361, 1969.

EMPIG, L. T.; FEHR, W. R. Evaluation of methods for generation advance in bulk hybrid soybean populations. *Crop Sci.*, v. 11, p. 51-54, 1971.

ERWIN, D. C.; KHAN, R. A. Registration of six nondormant alfalfa germplasms resistants to verticillium wilt. *Crop Sci.*, v. 33, p. 1425-1426, 1993.

FEHR, W. R. Soybeans. In: FEHR, W. R. (Ed.). *Principles of cultivar development* – crop species. v. 2. [S.l.: s.n.], 1987. 761 p.

FINLAY, K. W.; WILKINCSON, G. N. The analysis of adaptation in a plant breeding programme. *Aust. J. Agric. Res.*, v. 14, p. 742-754, 1963.

FLOR, H. H. Current status of the gene-to-gene concept. *Ann. Rev. Phytopathology*, v. 9, p. 275-296, 1971.

FLOR, H. H. Host-parasite interactions in flax rust, its genetics and other implications. *Phytopathology*, v. 45, p. 680-685, 1955.

FLOR, H. H. The complementary genic systems in flax and flax rust. *Adv. Genet.*, v. 8, p. 29-54, 1956.

FLORELL, V. H. Bulked-population method of handling cereal hybrids. *J. Am. Soc. Agron.*, v. 21, p. 718-724, 1929.

FONSECA JÚNIOR, N. S. et al. Estimativas do ganho genético para o feijão do grupo cores no Paraná. In: REUNIÃO NACIONAL DE PESQUISA DE FEIJÃO, 5., 1996, Goiânia. Anais... Goiânia: EMBRAPA, 1996a. p. 298-300.

FONSECA JÚNIOR, N. S. et al. Estimativas do ganho genético para o feijão do grupo preto no Paraná. In: REUNIÃO NACIONAL DE PESQUISA DE FEIJÃO, 5., 1996, Goiânia. Anais... Goiânia: EMBRAPA, 1996b. p. 295-297.

FOWLER, W. L.; HEYNE, E. G. Evaluation of bulk hybrid tests for predicting performance of pure line selection in hard red winter wheat. Agron. J., v. 47, p. 430-434, 1955.

FRANKEL, O. H. The dynamics of plant breeding. Journal of Australian Institute of Agriculture Science, v. 24, n. 112, 1958.

FRANKEL, O. H.; BENNETT, E. Genetic resources in plants: their exploration and conservation. Oxford: Blackwell, 1970. p. 469-89.

FREEMAN, G. H. Statistical methods for the analysis of genotype-environment interactions. Heredity, v. 31, p. 339-354, 1973.

FREIRE, F. C. O.; FERRAZ, S. Resistência de cultivares de feijoeiro a Meloidogyne incognita e M. javanica e influência da temperatura e exudados radiculares sobre a eclosão de suas larvas. Rev. Ceres, v. 133, p. 247-260, 1977.

FREY, G. New Melolonthiden (Col.). Ent. Arb Mus. Frey, v. 15, p. 691-701, 1964.

FREY, K. J. Plant breeding in the seventies: useful genes from wild species. Egypt. J. Gent. Citol., v. 5, p. 460-482, 1976.

FREY, K. J. The use of F_2 lines in predicting the performance of F_3 selections in two barley crosses. Agronomy Journal, v. 46, p. 541-544, 1954.

FREY, K. J.; HORNER, T. Heritability in standard units. Agron. Jour., v. 49, p. 59-62, 1957.

FREY, K. J.; CHANDHANAMUTTA, P. Spontaneous mutations as a source of variation in diploid, tetraploid and hexaploid oats (Avena spp.). Egypt. J. Genet. Cyto., v. 4, p. 238-249, 1975.

FRITSCHE-NETO, R.; BORÉM, A. Melhoramento de plantas para condição de estresses abióticos. Visconde do Rio Branco, MG: Suprema Editora, 2012. 240 p.

FUTUYAMA, D. J. Biologia evolutiva. Ribeirão Preto: Sociedade Brasileira de Genética, 1992. 646 p.

GABRIEL, D.; ROLFE, B. Working models of specific recognition in plant-microbe interactions. Annual Review of Phytopathology, v. 28, p. 365-391, 1990.

GAINES, E. F.; AASE, H. C. A haploid wheat plant. American Journal of Botany, v. 13, n. 6, p. 373-385, 1926.

GARDNER, C. O. An evaluation of the effects of mass selection and seed irradiation with thermal neutrons on yield of corn. Crop Sci., v. 1. p. 241-245, 1961.

GARDNER, C. O. Estimates of genetic parameters in cross-fertilizing plants and their implications in plant breeding. Sta. Gen. and Plant Brd., NAS-NRC Pub 982, p. 225-252, 1963.

GOOD, R. L., HALLAUER, A. R. Inbreeding depression in maize by selfing and full-sibbing. Crop Sci., v. 17, p. 935-940, 1977.

GOULDEN, C. H. Problems in plant selection. In: BURNETT, R. C. (Ed.). INTERNATIONAL GENETICS CONGRESS, 7., 1939, Edinburgh. Proceedings... Edinburgh: Cambridge University Press, 1939. p. 132-133.

GRAFIUS, J. Multiple characters and correlated response. Crop Sci., v. 18, p. 931-934, 1978.

GRAFIUS, J. E. Short cuts in plant breeding. Crop Sci., v. 5, p. 377, 1965.

GRIFFING, B. Concept of general and specific combining ability in relation to diallel crossing systems. Aust. J. Biol. Sci., v. 9, p. 463-493, 1956.

GUHA, S.; MAHESWARI, S. C. Cell division and differentiation of embryos in the pollen grains of *Datura in vitro*. *Nature*, v. 212, p. 202-297, 1966.

GUHA, S.; MAHESHWARI, S. C. *In vitro* production of embryos from anthers of *Datura*. *Nature*, v. 204, p. 497, 1964.

GYMER, P. T. The achievements of 100 years of barley breeding. In: ASHER, M. J. C. (Ed.). *International Barley Genetics Symposium*, 4., 1981. Edinburgh: Edinburg University Press, 1981. p. 112-117.

HABGOOD, H. Designation of physiological races of plant pathogens. *Nature*, v. 227, p. 1268-1269, 1970.

HALLAUER, A. R. Relation of gene action and type of testers in maize breeding programs. In: ANNUAL CORN SORGHUM CONFERENCE, 30, 1975. *Proceedings...* [S.l.: s.n.], 1975. p. 150-159.

HALLAUER, A. R. Zygote selection for the development of single-cross hybrids in maize. *Adv. Front. Plant Sci.*, v. 25, p. 75-81, 1970.

HALLAUER, A. R.; EBERHART, S. A. Reciprocal full-sib selection. *Crop Sci.*, v. 10, p. 315-316, 1970.

HALLAUER, A. R.; MIRANDA, J. B. *Quantitative genetics in maize breeding*. 2. ed. Ames: Iowa State University Press, 1988. 468 p.

HAMBLIN, J.; FISHER, H. M.; RIDINGS, H. I. The choice of locality for plant breeding when selecting for high yield and general adaptation. *Euphytica*, v. 29, p. 161-168, 1980.

HAMID, Z. A.; GRAFIUS, J. E. Developmental allometry and its implication to grain yield in barley. *Crop Sci.*, v. 18, p. 83-86, 1978.

HAMMERSCHLAG, F. A. Resistant responses of plants regenerated from peach callus to *Xanthomonas campestris* pv. *pruni*. *J. Am. Soc. Horticul. Sci.*, v. 115, p. 1034-1037, 1990.

HAMMOND-KOSACK, K. E.; JONES, J. D. G. Plant disease resistance genes. *Annu. Rev. Plant Physiol. Plant Mol. Biol.*, v. 48, p. 575-607, 1996.

HANSON, J. *Pratical manuals for genebanks*, 1. Procedures for handling seeds in genebanks. Rome: Internacional Board for Plant Genetic Resources, 1985.

HANSON, W. D. Genotypic stability. *Theor. Appl. Genet.*, v. 40, p. 226-231, 1970.

HARLAN, H. V.; MARTINI, M. L. *Problems and results in barley breeding*. (1936 Yearbook Separate 1571). Washington: USDA, 1937. p. 303-346.

HARLAN, H. V.; POPE, M. N. The use and value of backcross in small-grain breeding. *J. Hered.*, v. 13, p. 319-322, 1922.

HARLAN, H. V.; MARTINI, M. L.; HARLAN, S. *A study of methods in barley breeding*. Washington: USDA, 1940.

HARLAN, J. R. Agricultural origins: centers and noncenters. *Science*, v. 174, p. 468-474, 1971.

HARLAN, J. R. Anatomy of gene centers. *Am. Bat.*, v. 85, p. 97-103, 1951.

HARLAN, J. R. *Crops and man*. Madison, WI: American Society of Agronomy, 1975.

HARLAN, J. R.; ZOHARY, Y. D. Distribution of wild wheats and bas leys. *Science*, v. 153, p. 1074-1080, 1966.

HARRINGTON, J. B. The mass-pedigree method in the hybridization improvement of cereals. *J. Am. Soc. Agron.*, v. 29, p. 379-384, 1937.

HEGEMAN; LENG; DUDLEY, J. A biochemical approach to corn breeding. *Advances in Agronomy*, v. 19, p. 45-86, 1967.

HEISER, C. B. Aspects of unconscions selection and the evolution of domesticated plants. *Euphytica*, v. 115, p. 1034-1037, 1988.

HENSHAW, G. G.; O'HARA, J. F.; WEBB, K. J. Morphogenetic studies in plant tissue culture. In: YEOMAN, M. N.; TRUMAN, D. E. S. (Ed.). *Differentiation in vitro*. Cambridge: Cambridge University Press, 1982. p. 231-251.

HOPKINS, C. G. Improvement in the chemical composition of the corn Kernel. Urbana Ill. *Agri. Exp. Stn. Bull.*, 55, p. 205-240, 1899.

HORNER, T. W.; FREY, K. J. Methods of determining natural areas of oat varietal recommendations. *Agron. J.*, v. 49, p. 313-315, 1957.

HU, H. In vitro *induced haploids in wheat*. In: VELLEIUX, J. S. (Ed.). *In vitro* haploid production in higher plants. Dordrecht, Boston: Kluwer Academic Publishers, 1997. p. 73-97.

HU, H. Variability and gamete expression in pollen-derived plants in wheat. In: HAN, H.; HONGYUANG, Y. (Eds.). *Haploids of higher plants* in vitro. Berlin: Springer Verlag, 1986. p. 67-68.

HU, S. Male germ unit and sperm heteromorphism: the current status. *Acta Bot Sin*, v. 32, p. 230-240, 1990.

HUANG, B.; SHERIDAN, W. F. Embryo sac development in the maize *indeterminate gametophyte 1* mutant: abnormal nuclear behavior and defective microtubule organization. *The Plant Cell*, v. 8, p. 1391-1407, 1996.

HÜHN, M. Estimation of heritabiliy in Norway spruce Picea abies populations without progeny test: use of an improved method. *Silvaegenet.*, v. 28, p. 13-20, 1979.

HÜHN, M. Nonparametric measures of phenotype stability. Part 1: Theory and Part 2: Applications. *Euphytica*, v. 39, p. 204-209, 1990.

HULL, F. H. Recurrent selection and specific combining ability in corn. *J. Am. Soc. Agron.*, v. 37, p. 134-145, 1945.

HURD, E. A. Trends in wheat breeding methods. *Can. J. Plant Sci.*, v. 57, p. 313, 1977.

JAIN, S. K. The evolution of inbreeding in plants. *Ann. Rev. Ecol. Syst.*, v. 7, p. 469-495, 1976.

JANSKY, S. H.; CHARKOWSKI, O.; DOUCHES, D. S.; GUSMINI, G.; RICHAEL, C.; BETHKE, P. C.; SPOONER, D. M.; NOVY, R. G.; JONG, H. D.; JONG, W. S. D.; BAMBERG, J. B.; THOMPSON, A. L.; BIZIMUNGU, B.; HOLM, D. G.; BROWN, C. R.; HAYNES, K. G.; SATHUVALLI, V. R.; VEILLEUX, R. E.; MILLER, J. C.; BRADEEN, J. M.; JIANG. J. M. Reinventing potato as a diploid inbred line-based crop. *Crop Sci.*, v. 56, p. 1-11, 2016.

JENKINS, M. T. Methods of estimating the performance of double crosses in corn. *Am. Soc. J. Agron.*, v. 26, p. 199-204, 1934.

JENKINS, M. T. The segregation of genes affecting yield of grain in maize. *J. Am. Soc. Agron.*, v. 32, p. 55-63, 1940.

JENNINGS, P. R. Plant type as a rice breeding objective. *Crop Sci.*, v. 4, p. 13-15, 1964.

JENNINGS, P. R.; AQUINO, R. C. Studies on competition in rice. III. The mechanism of competition among phenotypes. *Evolution*, v. 22, p. 529-542, 1968.

JENSEN, N. F. *Plant breeding methodology*. New York: John Wiley & Sons, 1988. 676 p.

JINKS, J. L.; POONI, H. S. Predicting the properties of recombinant inbred lines derived by single seed descent. *Heredity*, v. 36, p. 253-266, 1976.

JOBET, J.; ZÚÑIGA, J.; QUIROZ, H. C. Plantas doble haplóides generadas por cruza de trigo x maíz. *Agricultura Técnica*, v. 63, p. 3, p. 323-328, 2003.

JOHAL, G. S.; RAHE, J. E. Role Phytoalexins in *Colletotrichum lindemuthianum* by glyphosate. *Canadian Journal Plant Pathology*, v. 12, p. 225-235, 1990.

JOHAL, G. S.; GRAY, J.; GRUIS, D.; BRIGGS, S. P. Convergent insights into mechanisms determining disease and resistance response in plant-fungal interactions. *Canadian Journal Plant Pathology*, v. 73, p. 468-474, 1995.

JOHANNSEN, W. L. *Veber erblichkeit in populationen and in reinem leinem*. Jena: Gustav. Fischer, 1903.

JOHNSON, I. J.; ELBANNA, A. S. Effectiveness of successive cycles of phenotypic recurrent selection in sweetclover. *Agron. J.*, v. 49, p. 120-125, 1957.

JOHNSON, R. R.; WILLMER, C. M.; MOSS, D. N. Role of awns in photosynthesis, respiration, and transpiration of barley spikes. *Crop Sci.*, v. 15, p. 217-221, 1975.

JONES, D. F. Dominance of linked factors as a means of accounting for heterosis. *Genetics*, v. 2, p. 466-479, 1917.

JONES, D. F. *The Effects of inbreeding and crossbreeding upon development*. Washington, DC: U.S. Department of Agriculture, 1918. p. 1-100. (Connecticut Agricultural Experiment Station Bulletin, 207.)

KANG, M. S. *Genotype-by-environment interaction and plant breeding*. Baton Rouge: LSU Press, 1990. 392 p.

KATO, A. Induced single fertilization in maize. *Sex Plant Reprod*, v. 10, p. 96-100, 1997.

KAUFMANN, M. L. A proposed method of oat breeding for central Alberta. *Cereal News*, v. 6, p. 15-18, 1961.

KEARNEY, B.; STASKAWICZ, B. J. Widespread distribution and fitness contribution of Xanthomonas campestris avirulence gene *avrBs2*. *Nature*, v. 346, p. 385-386, 1990.

KELLY, J. D.; BLISS, F. A. Heritability estimates of percentage seed protein and available methionine and correlations with yield in dry beans. *Crop. Sci.*, v. 15, p. 753-757, 1975.

KEMPTHORNE, O. *An introduction to genetic statistics*. New York: John Wiley Sons, 1957.

KERMICLE, J. L. Androgenesis conditioned by a mutation in maize. *Science*, v. 166, p. 1422-1424, 1969.

KIESSELBACH, T. A. A half-century of corn research. *Am. Scient.*, v. 39, p. 629-655, 1951.

KIMMELMAN, B. A. 'The American Breeders' Association: Genetics and Eugenics in an Agricultural Context, 1903-13. *Social Studies of Science*, v. 13, n. 2, p. 163-204, 1983.

KNOGGE, W. Fungal infection of plants. *The Plant Cell*, v. 8, p. 1711-1722, 1996.

KNOTT, D. R.; TALUKDAR, B. Increasing seed weight in wheat and its effects on yield, yield components, and quality. *Crop Sci.*, v. 11, p. 280-283, 1971.

LAMKEY; DUDLEY. Mass Selection and Inbreeding Depression in Three Autotetraploid Maize Synthetics. *Crop Science*, v. 24, p. 802-806, 1984.

LANGER, S.; FREY, K. I.; BAILY. Associations among productivity, production response and stability indexes in oat varieties. *Euphytica*, v. 28, p. 17-24, 1979.

LARKIN, P. J.; SCOWCROFT, W. R. Somaclonal variation: a novel source of variability from cell cultures for plant improvement. *Theoretical and Applied Genetics*, New York, v. 60, p. 197-214, 1981.

LASHERMES, P.; BECKERT, M. Genetic control of maternal haploidy in maize (*Zea mays* L.) and selection of haploid inducing lines. *Theor. Appl. Genet.*, v. 76, p. 405-410, 1988.

LASHERMES, P.; GAIHARD, A.; BECKERT, M. Gymnogenetic haploid plants analysis for agronomic and enzymatic markers in maize (*Zea mays* L.). *Theoretical and Applied Genetics*, v. 76, p. 570-572, 1988.

LAWRENCE, P. K.; FREY, K. J. Backcross variability for grain yield in oats species crosses (*Avena sativa* x *A. sterilis* L.). *Euphytica*, v. 24, p. 77-86, 1975.

LEON, J. Beitrage zur Erfassung der phan'otypischen Stabilitat unter besonderer Berücksichtigung unterschiedlicher Heterogenitats- und Heterozygotiegrade sowie einer zusammenfassenden Beurteilung von Ertragshohe und Ertragssicherheit. Dissertation, Christian-Albrechts-Universit, at Kie, 1985.

LERNER, I. M. *Genetie homeostasis*. Edinburgh: Oliver & Boyd, 1954. 134 p.

LI, H.; RASHEED, A.; HICKEY, L. T.; HE, Z. Fast-forwarding genetic gain. *Trends in Plant Science*, v. 23, p. 184-186, 2018.

LIANG, G. H. L.; HAYNE, E. G.; WALTER, T. L. Estimation of variety x environmental interactions in yield tests of three small grains and their signficance on the breeding programs. *Crop Sci.*, v. 16, p. 135-139, 1966.

LITZ, R. E.; MATHEWS, V. H.; HENDRIX, R. C.; YURGALEVITCH, C. Mango somatic cell genetics. *Acta Horticul.*, v. 291, p. 133-140, 1991.

LONNQUIST, J. H. Modifications of the ear-to-row procedure for improvement of maize populations. *Crop Sci.*, v. 4, p. 227-228, 1964.

LOUREIRO, J.; SANTOS, C. Aplicação da citometria de fluxo ao estudo do genoma vegetal. *Boletim de Biotecnologia*, v. 77, p. 18-29, 2004.

LOVE, H. H. A program for selecting and testing small grain in sucessive generations following hybridization. *J. Am. Sec. Agron.*, v. 19, p. 705-712, 1927.

LUPTON, F. G. G.; WHITEHOUSE, R. N. H. Studies on the breeding of self-pollinating cereals. I. Selection methods in breeding for yield. *Euphytica*, v. 6, p. 169-125, 1957.

LYNCH, M.; WALSH, B. *Genetics and analysis of quantitative traits*. Massachusetts: Sinauer Sunderland, 1998. 980 p.

MA, H.; BUSCH, R.; RIERA-LIZARAZU, O.; RINES, H. Agronomic performance of lines derived from another culture, maize pollination and singleseed descent in a spring wheat cross. *Theor. Appl. Genet.*, v. 99, p. 432-436, 1999.

MAC KEY, J. Recombination in future plant breeding. In: OLSSON, G. (Ed.). *Svalof 1886-1986*: research and results in plant breeding. Estocolmo: [s.n.], 1986. p. 275-280.

MAC KEY, J. *The 75 years development of swedish plant breeding*. Hodowla Roslin, Aklimatyzacja I Nasiennictwo, 1962. p. 437-467.

MAHMUD, I.; KRAMER, H. N. Segregation for yield, height, and maturity following a soybean cross. *Agron. J.*, v. 43, p. 605-609, 1951.

MALECOT, G. *Les Mathematiques de l'heredite*. Paris, France: Masson et Cie, 1948.

MANSUR, L.; HASHIDI, R. Trait recovery program. *J. Hered.*, v. 81, p. 407-408. 1990.

MARTIN, R. J.; WILCOX, J. R.; LAVUIKETTE, F. A. Variability in soybean progenies developed by single seed descent at two plant populations. *Crop Sci.*, v. 18, p. 359-363, 1978.

MATZINGER, D. F.; COCKERHAM, C. W. Single character and index mass selection with random mating in naturally self-fertilizing species. In: INTERNATIONAL CONFERENCE QUANT. GENET., 1976. *Proceedings...* [S.l.: s.n.], 1976. p. 503-518.

MAYO, O. *The theory of plant breeding*. 2. ed. Oxford: Clarendon Press, 1980. 340 p.

MELCHINGER, A. E.; LEE, M.; LAMKEY, K. R.; WOODMAN, W. L. Genetic diversity for restriction fragment lenght polymorphisms: relation to estimated genetic effects in maize inbreds. *Crop Sci.*, v. 30, p. 1033-1040, 1990.

MENEZES, J. R.; DIANESE, J. C. Resistance to races of *Colletotrichum lindemuthianum* in bean cultivars grown in Brazil. *Fitopat. Bras.*, v. 13, p. 382-384, 1988.

METZ, G. Probability of net gain of favorable alleles for improving an elite single cross. *Crop Sci.*, v. 34, p. 668-672, 1994.

MISKIN, K. E.; RASMUSSON, D. C. Frequency and distribution of stomata in barley. *Crop Sci.*, v. 10, p. 575-578, 1970.

MOCK, J. J.; PEARCE, R. B. An ideotype of maize. *Euphytica*, v. 24, p. 613-623, 1975.

MOURA, M. M.; ROSA, L. M. P.; OLIVEIRA, L. A.; FIGUEIRA, D. P.; MARTINS, P. K; FRANCO, F. A.; MARCHIORO, V. S.; VIEIRA, E. S. N.; SCHUSTER, I. Otimização de plantas duplo-haplóides de trigo através da hibridação trigo x milho: seleção de híbridos polinizadores e meios de cultura. In: CONGRESSO BRASILEIRO DE GENÉTICA, 54., Salvador-BA. *Resumos...*, Salvador-BA, 2008.

MUMAW, C. R.; WEBER, C. R. Competition and natural selection in soybean varietal composites. *Agron. J.*, v. 49, p. 154-160, 1957.

NANDA, D. K.; CHASE, S. S. An embryo marker for detecting monoploids of maize (*Zea mays* L.). *Crop Science*, v. 6, p. 213-215, 1966.

NASSAR, R.; HÜHN, M. Studies on estimation of phenotypic stability. Tests of significance for nonparamentic measures of phenotypic stability. *Biometrics*, v. 43, p. 45-53, 1987.

NASSER, L. C. *Efeito da ferrugem em diferentes estágios de desenvolvimento do feijoeiro e dispersão de esporos de* Uromyces phaseoli *var.* typica. 1976. Dissertação (Mestrado) – Impr. Univ., UFV. Viçosa, MG, 1976.

NELSON, R. R.; MACKENZIE, D. R.; SCHEIFELE, G. L. Interaction of genes for pathogenicity and virulence in *Trichometasphaeria turcica* with different numbers of genes for vertical resistance in *Zea mays*. *Phytopathology*, v. 60, p. 1250-1254, 1970.

OPENSHAW, S. J.; JARBOE, S. G.; BEAVIS, W. D. Marker-assisted selection in backcross breeding. In: LOWER, R. (Ed.). *ASHS/CSSA Joint Plant Breeding Symposium on Analysis of Molecular Marker Data*. Corvallis, OR: Oregon State University, 1994.

PASTOR-CORRALES, M. A. Estandarizacion de variedades diferenciales y la designacion de razas de *Colletotrichum lindemuthianum*. *Phytopathology*, v. 81, n. 6, p. 694, 1991.

PASTOR-CORRALES, M. A.; JARA, C. E. La evolucion de *Phaeoisariopsis griseola* con el frijol comun en America Latina. *Fitopatol. Colomb.*, v. 19, p. 15-24, 1995.

PATERNIANI, E. *Melhoramento e produção do milho no Brasil*. Piracicaba. SP: ESALQ, Marprint, 1978. 650 p.

PATERNIANI, E.; VENCOVSKY, R. Reciprocal recurrent selection in maize (*Zea mays* L.) based on testcrosses of half-sib families. *Maydica*, v. 22, p. 141-152, 1977.

PEDERSEN, W. L.; LEATH, S. Pyramiding major genes for resistance to maintain residual effects. *Ann. Rev. Phytopathol*, v. 26, p. 369-378, 1988.

PHILLIPS, R. L.; PLUNKETT, D. J.; KAEPPLER, S. M. Novel approaches to the induction of genetic variation and plant breeding implications. In: STALKER, H. T.; MURPHY, J. P. (Eds.). *Plant breeding in the 1990s*. International, 1991. 530 p.

PIONEER. *Petition for the Determination of Nonregulated Status for Maize 32138 SPT Maintainer Used in the Pioneer Seed Production Technology (SPT) Process*. 11 Submitted by N. Weber, Registration Manager. Pioneer Hi-Bred International, Inc., Johnston, IA, 2016.

PRIOR, C. L.; RUSSELL, W. A. Stability of yield performance of prolific and nonprolific maize hybrids. *Iowa State J. Res.*, v. 50, p. 17-27, 1975.

PRYOR, T.; ELLIS, J. The genetics complexity of fungal resistance in plants. *Advances in Plant Pathology*, v. 10, p. 281-305, 1993.

QUALSET, C. O.; VOGT, H. E. Efficient methods of population management and utilization in breeding wheat for mediterranean type climates. *Proc. Int. Wheat Conference Madrid*, Spain Nebrasta Agricultural Experiment Station. MP 41, p. 166-168, 1980.

RAMALHO, M. A. P.; ABREU, A. F. B.; SANTOS, J. B. Melhoramento de espécies autógamas. In: NASS, L. L.; VALOIS, A. C. C.; MELO, I. S.; VALADARES-INGLIS, M. C. *Recursos genéticos e melhoramento – plantas*. 2001. p. 201-230.

RAMALHO, M. A. P.; SANTOS, J. B.; ZIMMERMANN, M. J. O. *Genética quantitativa em plantas autógamas: aplicações ao melhoramento do feijoeiro*. Goiânia: Editora UFG, 1993. 271 p.

RASMUSSON, D. C. An evaluation of ideotype breeding. *Crop Sci.*, v. 27, p. 1140-1146, 1987.

RASMUSSON, D. C. Selection procedure based on cross and line performance. *Crop Sci.*, v. 31, p. 1074-1075, 1991.

RASMUSSON, D. C.; GLASS, R. L. Estimates of genetic and environmental variability in barley. *Crop. Sci.*, v. 7, p. 185-188, 1967.

RASMUSSON, D. C.; SMITH, L. N.; KLEESE. R. A. Inheritance of ^{89}Sn accumulation in wheat and barley. *Crop. Sci.*, v. 4, p. 586-589, 1964.

REITZ, L. P.; SALMON, S. C. Origin, history, and use of Norin 10 wheat. *Crop Sci.*, v. 8, p. 686-689, 1968.

RIBEIRO, N. S.; POSSEBON, S. B.; STORCK, L. Genetic gain in agronomic traits in common bean breeding. *Cienc. Rural.*, v. 33, n. 4, p. 629-633, 2003.

RICHEY, F. D. Hybrid vigor and corn breeding. *J. Am. Soc. Agron.*, v. 38, p. 833-41, 1946.

RICKEY, F. D. Convergent improvement in selfed alfalfa. *Am. Nat.*, v. 61, p. 430-449, 1927.

RIEIRA-LIZARAZU, O.; MUJTEEB-KAZI, A. Polyhaploid production in *Triticae*: wheat x *Tripsacum* crosses. *Crop Sci.*, v. 33, p. 973-976, 1993.

RÖBER, F. K.; GORDILLO, G. A.; GEIGER, H. H. In vivo haploid induction in maizeperformance of new inducers and significance of doubled haploid lines in hybrid breeding. *Maydica*, v. 50, p. 275-283, 2005.

ROBINSON, R. A. Permanent and impermanent resistance to crop parasites. A re-examination of the pathosystem concept with especial reference to rice blast (*Pyricularia oryzea*). *Z-Pflanzemzucht*, v. 83, p. 1-39, 1979.

ROEMER, J. Sinde die ertagdreichen Sorten ertagissicherer. *Mitt DLG*, v. 32, n. 1, p. 87-89, 1917.

ROGERS, J. S.; EDWARDSON, J. R. The utilization of cytoplasmic male-sterile inbreds in the production of corn hybrids. *Agron.*, v. 44, p. 8-13, 1952.

ROOD, S. B.; BUZZEL, R. I.; MANDER, L. N.; PEARCE, D.; PHARIS, R. P. Gibberellins: a phytohormanal bases for heterosis in maize. *Science*, v. 24, p. 1216-1218, 1988.

ROTARENCO, V.; DICU, G.; STATE, D.; FUIA, S. New inducers of maternal haploids in maize. *Maize Genetics Cooperation Newsletter*, v. 84, 2010.

RUSSELL, W. A.; EBERHART, S. A. Hybrid performance of selected maize lines form reciprocal recurrent and test cross selection programs. *Crop Sci.*, v. 15, p. 1-4, 1975.

RUSSELL, W. A.; EBERHART, U. A.; VEGA, O. Recurrent selection for specific combining ability in two maize populations. *Crop Sci.*, v. 13, p. 257-261, 1973.

SANTOS FILHO, H. P.; FERRAZ, S.; SEDIYAMA, C. S. Influência da época de inoculação de *Isariopsis griseola* sacc., sobre três cultivares de feijoeiro. *Fitop. Bras.*, v. 3, p. 175-180, 1978.

SCHEFFER, R. P.; NELSON, R. R.; ULLSTRUP, A. J. Inheritance of toxin production and pathogenicity in *Cochliobolus carbonum* and *Cochliobolus victoriae*. *Phytopathology*, v. 57, p. 1288-1201, 1967.

SEDCOLE, J. R. Number of plants necessary to recover a trait. *Crop Sci.*, v. 17, p. 667-668, 1977.

SHULL, G. H. A pure-line method in corn breeding. *Am. Breed. Assoc.*, v. 5, p. 51-59, 1908a.

SHULL, G. H. *The composition of a field of maize*. (Am. Breeders' Assoc. Rep. 4). [S.l.: s.n.], 1908b. 296 p.

SILVA, J. C.; HALLAUER, A. R.. Estimation of epistatic variance in Iowa Stiff Stalk Synthetic variety of maize. *J. Heredity*, v. 66, p. 290-296, 1975.

SINGH, R. J.; KOLLIPARA, K. L.; HYMOWITZ, T. Backcross (BC2-BC4) derived fertile Plants from *Glycine max* and *G. tomentella* intersubgeneric hybrids. *Crop Sci.*, v. 33, p. 1.002-1.007, 1993.

SINGH, S. P. Gamete selection for simultaneous improvement of multiple traits in common bean. *Crop Sci.*, v. 34, p. 352-355, 1994.

SMITH, J. D.; KINMAN, M. L. The use of parent-off spring regression as an estimator of heritability. *Crop Sci.*, v. 5, p. 595-596, 1965.

SMITH, J. S. C.; SMITH, O. S. Associations among inbred lines of maize using electrophoretic, chromatographic, and pedigree data. *Theor. Appl. Gen.*, v. 73, p. 654-64, 1987.

SMITH, O. S.; SMITH, J. S. C.; BOWEN, S. L.; TENBORG, R. A.; WALL, J. S. Similarities among a group of elite maize inbreds as measured by pedigree, F1 grain yield, heterosis and RFLPs. *Theor. Appl. Genet.*, v. 80, p. 833-840, 1990.

SNAPE, J. W.; RIGGS, T. J. Genetical consequences of single seed descent in breeding of self-pollinating crops. *Heredity*, v. 35, p. 211-219, 1975.

SNEPP, J. Selection for yield in early generations of self-fertilizing crops. *Euphytica*, v. 26, p. 27-30, 1977.

SPRAGUE, G. F. Quantitative genetics and plant improvement. In: FREY, K. J. (Ed.). *Plant breeding*. [S.l.: s.n.], 1967. 390 p.

SPRAGUE, G. F.; FEDERER, W. T. A comparison of variance components in yield trials: II error, year x variety, location x variety, and variety components. *Agron. Jour.*, v. 43, p. 535-541, 1951.

STADLER, L. J. Gamete selection in corn breeding. *J. Am. Soc. Agron.*, v. 36, p. 988-989, 1944.

STAM, P.; ZEVEN, A. C. The theoretical proportion of the donor genome in near-isogenic lines of self-fertilizers bred by backcrossing. *Euphytica*, v. 30, p. 227-238, 1981.

STASKAWICZ, B. J.; AUSUBEL, F. M.; BACKER, B. J.; ELLIS, J. G.; JONES, J. D. G. Molecular genetics of plants disease resistance. *Science*, v. 268, p. 661-667, 1995.

STOSKOPF, N. C.; TOMES, D. T.; CHRISTIE, B. R. *Plant breeding: theory and practice*. Boulder: Westview Press, 1993. 300 p.

STRINGFIELD, G. H.; SALTER, R. M. Differential response of corn varieties to fertility levels and to seasons. *J. Agric. Res.*, v. 49, p. 991-1000, 1934.

STUBER, C. W.; MOLL, R. N. Epistasis in maize (Zea mays L.). In: F1 hybrids and their S_1 progeny. *Crop. Sci.*, v. 9, p. 124-127, 1969.

STUBER, C. C.; MOLL, R. N. Epistasis in maize (Zea mays L.). II: comparison of selected with unseleced populations. *Genetics*, v. 67, p. 137-149, 1971.

SUNESON, C. A. An evolutionary plant breeding method. *Agron. J.*, v. 48, p. 188-191, 1956.

TAYLOR, L. H.; ATKINS, R. E. Effects on natural selection in segregating generations of bulk populations of barley. *Iowa State J. Sci.*, v. 30, p. 147-162, 1954.

TSOTSIS, B. Objectives of industry breeders to make efficient and significant advances in the future. *Annu. Corn. Sorghum Res. Conf. Proc.*, v. 27, p. 93-107, 1972.

TYRNOV, V. S.; ZAVALISHINA, A. N. Inducing high frequency of matroclinal haploids in maize. *Dokl Akad Nauk SSSR*, v. 276, p. 735-738, 1984.

VALENTINE, J. Accelerated pedigree selection: an alternative to individual plant selection in the normal pedigree method in the self-pollinated cereals. *Euphytica*, v. 33, p. 943-951, 1984.

VAN DER KLEY, F. K. The efficiency of some selection methods in populations resulting from crosses between self-fertilizing plants. *Euphytica*, v. 4, p. 58-66, 1955.

VAN DER PLANK, J. E. *Plant diseases: epidemic and control*. New York: Academic Press, 1963. 349 p.

VAVILOV, N. I. The origin, variation, immunity and breeding of cultivated plants. *Chronica Botanica*, New York, v. 13, p. 1-366, 1935.

VEILLEUX, R. E. Development of new cultivars via anther culture. *Hortscience*, v. 29, v. 11, p. 1238-1241, 1994.

VENCOVSKY, R. Tamanho efetivo populacional na coleta e preservação de germoplasma de espécies alógamas. *Instituto de Pesquisa e Estudos Florestais*, v. 35, p. 79-84, 1987.

VIEIRA, C. Melhoramento do feijoeiro (*Phaseolus vulgaris* L.) no Estado de Minas Gerais. *Experientiae*, v. 4, p. 1-68, 1964.

VOSS-FELS, K. P.; COOPER, M.; HAYES, B. J. Accelerating crop genetic gains with genomic selection. *Theoretical and Applied Genetics*, v. 132, p. 669-686, 2019.

WARNER, J. N. A method for estimating heritability. *Agron. J.*, v. 44, p. 427-430, 1952.

WEATHERSPOON, J. H. Comparative yields of single, three-way and double crosses in maize. *Crop Sci.*, v. 10, p. 157-159, 1970.

WESTCOTT, B. Some methods of analysing genotype-environment interaction. *Heredity*, v. 56, p. 243-253, 1986.

WHITEHEAD, W. F.; ALLEN, F. L. High- vs. low-stress yield test environments for selecting superior soybean lines. *Crop Sci.*, v. 30, p. 912-918, 1990.

WILLIAMS, W. *Genetic principles and plant breeding*. Oxford: Blackwell, 1964.

WITT, S. C. *Biotechnology and genetic diversity*. [S.l.]: Cal. Agric. Lands Proj., 1985. 145 p.

WRICKE, G. Zur berechning der okovalenz bei sommerweizen und hafer. *Pflanzenzuchtung*, v. 52, p. 127-138, 1965.

WRIGHT, S. Coefficients of inbreeding and relationship. *Am. Natur.*, v. 56, p. 333-338, 1922.

YATES, F.; COCHRAN, W. G. The analysis of groups of experiments. *J. Agric. Sci.*, v. 28, p. 556-580, 1938.

YEH, S. D.; JAN, F. J.; CHIANG, C. H.; DOONG, T. J.; CHEN, M. C.; CHUNG, P. H.; BAU, H. J. Complete nucleotide sequence and genetic organization of papaya ringspot virus RNA. *Journal of General Virology*, v. 73, p. 2531-2541, 1992.

YONEZAWA, K.; YAMAGATA, H. Selection strategy in breeding of self-fertilizing crops. IV. The sizes of F_2 and F_3 populations in consideration of selection. *Ikushu Zassh Jap. Breed.*, v. 32, p. 35-44, 1982.

YONEZAWA, K. O.; NOMURA, T.; SASAKI, Y. Conditions favouring doubled haploid breeding over conventional breeding of self-fertilizing crops. *Euphytica*, v. 36, p. 441-453, 1987.

YORINORI, J. I.; GARCIA, A.; KIIHL, R. A. S.; HIROOKA, T. Nova raça de *Cercopora sojina* Hara, patogênica ao gene de resistência da cultivar Santa Rosa. In: SEMINÁRIO NACIONAL DE PESQUISA DE SOJA, 5., 1989, Campo Grande. *Resumos...* Londrina: EMBRAPA-CNPSo, 1989. p. 31.

ZAMBEZI, B. T.; HORNER, E. S.; MARTIN, F. G. Inbred lines and testers for general combining ability in maize. *Crop Sci.*, v. 26, p. 908-910, 1986.

ZEVEN, A. C. Multivar and candicrop: two new specialist terms. *Euphytica*, v. 45, p. 201-202, 1990.

ZEVEN, A. C.; KNOTT, D. R.; JOHNSON, R. Investigation of linkage drag in near-isogenic lines of wheat by testing for seedling reaction to races of stem rust, leaf rust and yellow rust. *Euphytica*, v. 32, p. 319-327, 1983.

ZHANG, Z.; QIU, F.; LIU, Y.; MA, K.; LI, Z.; XU, S. Chromosome elimination and *in vivo* haploid production induced by Stock 6-derived inducer line in maize (*Zea mays* L.). *Plant Cell Rep.*, v. 27, p. 1851-1860, 2008.

ZHOU, X.J.; CHENG, Z.H.; MENG, H.W. Effects of pendimethalin on garlic chromosome doubling *in vitro*. *Acta Botanica Boreali-Occidentalia Sinica*, v. 29, n. 12, p. 2571-2575, 2009.